高职高专土建类专业系列教材

工程造价系列

建筑识图与构造

（第2版）

主　编　王　鹏
副主编　杨学英　孙庆霞　齐　翀
参　编　陈剑波　郑　楷　杨　慧
主　审　李元美

机械工业出版社

本书是根据全国高职高专教育土建类专业教学指导委员会制定的《工程造价专业教育标准和培养方案及主干课程教学大纲》编写的，能够适应高职高专工程造价专业教学及课程改革的需要，并可以作为其他相关专业教学用书。

本书力求突出职业教育特色，把强化技能训练及实际岗位能力作为重点，采用了国家2002年3月以来颁布的建筑、结构、砌体等一系列规范，内容编排上图文并茂、由浅入深、便于教学。

本书共十七章，主要介绍制图基本知识，投影基本知识，点、直线、平面的正投影规律，基本几何体的投影，建筑形体的投影，剖面图和断面图，建筑识图及建筑构造的有关知识。本书可作为高职高专造价专业和土建类相关专业的教材，也可作为相关工程技术人员的参考用书和培训教材。

图书在版编目（CIP）数据

建筑识图与构造/王鹏主编. —2版. —北京：机械工业出版社，2019.7（2024.8重印）

高职高专土建类专业系列教材. 工程造价系列

ISBN 978-7-111-62848-4

Ⅰ.①建… Ⅱ.①王… Ⅲ.①建筑制图－识图－高等职业教育－教材②建筑构造－高等职业教育－教材 Ⅳ.①TU2

中国版本图书馆CIP数据核字（2019）第101193号

机械工业出版社（北京市百万庄大街22号 邮政编码100037）

策划编辑：张荣荣 责任编辑：张荣荣 李宣敏

责任校对：梁 静 封面设计：张 静

责任印制：郜 敏

中煤（北京）印务有限公司印刷

2024年8月第2版第2次印刷

184mm×260mm · 17.25印张 · 5插页 · 437千字

标准书号：ISBN 978-7-111-62848-4

定价：48.00元

电话服务

客服电话：010－88361066

010－88379833

010－68326294

网络服务

机 工 官 网：www.cmpbook.com

机 工 官 博：weibo.com/cmp1952

金 书 网：www.golden－book.com

机工教育服务网：www.cmpedu.com

第 2 版前言

本书是在《建筑识图与构造》（第 1 版）的基础上，以新颁布的相关规范、规程和技术标准为基础，根据当前高等职业教育人才培养目标修订的，内容上较第 1 版做了一些删减，对局部文字和插图进行了调整及更新，改正了第 1 版错误和遗漏之处。

“建筑识图与构造”作为建筑类专业的一门整合课程，是高等职业教育建筑类专业教学改革的产物。本教材教学时数为 96 学时左右，主要介绍画法几何的一般知识，一般民用建筑和工业建筑的构造原理、常见构造的基本做法，建筑专业工程图的识读等方面的内容。其中，以民用建筑构造和建筑施工图识读为重点。

高等职业教育培养的是面向施工一线的高素质技术技能人才，教材编写必须符合职业教育规律和技能型人才成长规律，因而在教材内容构建上，依据《高等职业学校专业教学标准（试行）》，充分考虑支撑本课程的核心技能，即学生绘图、识图能力，空间想象能力和应用能力的学习贯穿教材始终，兼顾不同地域和不同经济状况地区对建筑业专业人才需求的个性特点，把培养学生应当具备的岗位知识、职业技能放在首要地位，突出课程内容的实践性，尽力提升本教材的兼容性和通用性。本教材的特色是文字叙述力求简明扼要，深度适中，通俗易懂，图文并茂。

本次修订时为满足学有余力的学生深入学习的需要以及拓展学习共享空间，培养学生再学习的能力，将“互联网 + 课堂”教学模式融入教材中，以二维码的形式将传统知识与信息创新技术相融合加以展现。二维码展现的微视频方便学生随时随地移动学习，激发学生的学习兴趣。

本书由山东城市建设职业学院王鹏担任主编并编写第二 ~ 五章；山东城市建设职业学院杨学英任副主编，并编写第八 ~ 十一章；吉林工程职业技术学院齐翀、山东城市建设职业学院孙庆霞任副主编，并编写第六、七章；南京交通职业技术学院陈剑波、山东城市建设职业学院杨慧参编，并编写第十二 ~ 十五章；吉林建筑工程学院职业技术学院郑楷参编，并编写第一、第十六和第十七章。山东城市建设职业学院李元美主审了本书，并对本书的编写提出了很多有益的建设性的意见，在此表示衷心的感谢。

由于建筑的地域特征很明显，工程质量水平发展不一，编者水平有限，书中难免存在疏漏、不妥和错误之处，敬请使用本书的各位读者批评指正，以便在以后修订时得到及时改正。

编　者

目录

第一章　绪　　论

学习目标：

掌握建筑构成的基本三要素。

学习重点：

建筑构成的基本三要素。

学习建议：

适当看些与建筑发展历史有关的书籍。

第一节　课程的基本内容、任务和学习方法

一、课程的基本内容

建筑识图与构造是研究建筑工程图样的绘制、识读规律以及建筑构造的一门专业基础课程。

建筑识图与构造课程的基本内容包括下列四部分：

（1）建筑制图基本知识——介绍建筑制图工具、仪器、用品的使用和维护方法、建筑制图标准和几何作图等基本知识。

（2）投影基本知识——包括正投影、轴测投影、基本几何体投影、建筑形体投影和剖面图与断面图部分。

（3）专业识图——介绍房屋建筑施工图和建筑装饰施工图的种类、特点及绘制与阅读的方法。这部分内容是本课程的学习重点之一。

（4）建筑构造——介绍建筑六大基本组成的作用及构造要点，使用性能优良、经济可行的建筑材料和建筑制品构成建筑构配件以及构配件之间的连接方法。

二、课程的任务和学习方法

1. 本课程的任务

（1）了解现行房屋建筑制图标准和有关的专业制图标准。

（2）研究投影的基础理论及基本原理，主要是正投影法的基本原理及应用。

（3）掌握绘制和阅读建筑工程图样的基本知识、基本方法和技能。

（4）培养空间想象、空间构思及其分析表达能力。

（5）学习民用与工业建筑构造知识。

（6）培养严肃认真的工作态度和耐心细致的工作作风。

2. 学习方法建议

《建筑识图与构造》课程是高等职业学院工程造价专业和建筑工程技术专业的一门专业基础课程，又是一门实践性、综合性较强的课程，涉及的相关知识较多。课程内容各部分之间既相对独立，又有一定的联系，在学习时应注意各部分内容之间的关联性。

下面就本课程的学习方法，提出几点建议。

1）掌握正投影基本规律和作图方法，是学好建筑识图的关键。

2）学习建筑识图要能够从空间到平面，再从平面回到空间；要在制图和识图的反复过程中自觉地培养和发展空间想象力。

3）学习建筑识图的关键在于实践，要在制图和识图的实践中掌握识图的基本规律和技能。对于高等职业院校的学生来说，识图能力的培养尤为重要。

4）建筑工程图是工程施工的技术依据，图样上的任何一点差错都会直接影响工程质量，甚至给国家建设事业带来巨大的经济损失，因而应培养耐心细致的工作作风和严肃认真的工作态度。

课程的基本内容、任务和学习方法

5）平时注意多观察周围的建筑物，积累一定的感性认识，适当地阅读一些与本专业课程有关的参考书，以拓宽自己的知识面，培养自学能力。

第二节　建筑发展史简介和建筑构成要素

一、建筑发展史简介

在原始社会，人们为了防避风雨雷电的袭击和猛兽的伤害，利用天然的树洞和山洞作为巢穴。随着新石器时代的来临以及人类的定居，人类开始利用树枝、石块等材料构筑巢穴，供蔽身之用，从而产生了原始建筑物。建筑活动成为人类在地球环境中最重要的活动之一，它深刻地改变了人类的生活环境和自然环境。

距今已有四千余年的苏格兰的索尔兹伯里的石环，其所体现的梁柱结构方式至今仍为建筑的基本结构体系之一，表明原始社会已经产生了“作为艺术的建筑术的萌芽”。

随着生产力的发展，奴隶社会代替了原始社会。在奴隶社会中，奴隶主利用奴隶们的劳动，建造了大规模的建筑物，推动了社会文明的进步，也极大地促进了建筑技术的发展。古埃及的金字塔，以其造型的简单、建筑的精确和结构的稳定，成为人类最伟大的文化遗产。同一时期的太阳神庙也充分体现了石材作为主要材料在建筑上的应用。古希腊和古罗马建筑是欧洲文明的摇篮，其古典建筑风格对欧洲建筑技术的发展产生了重要而深远的影响。

当欧洲各国先后进入封建社会之后，这一时期的建筑技术与艺术比奴隶社会有了更大的发展，建筑形象丰富多彩，建筑装饰精致、华丽。

19 世纪资本主义在欧洲全面获胜。在建筑技术上出现了钢筋混凝土结构和钢结构，建筑形式上形成了古典主义、浪漫主义和折中主义建筑。

19 世纪末至 20 世纪初，现代建筑的先驱者相继掀起了“新建筑”运动。20 世纪 70 年代后，建筑是从艺术走向技术的年代，建筑技术与建筑艺术已经融为一体。

20 世纪 80 年代以美国为代表的高层和超高层建筑多功能的综合体增多，到了 20 世纪末，亚洲已经成为高层建筑发展最快的地区。进入 21 世纪，世界的高层建筑在向更耀眼的高度冲刺。

中国建筑具有悠久的历史和鲜明的特色，在世界建筑历史上占有重要的地位。距今约六七千年的新石器时代末期，我国已经有榫卯技术构筑木结构建筑的实例。西周时代，陶瓦已经在建筑中得到应用，到汉晋时期，烧制砖已经在建筑中普遍应用。战国时期的宫殿建筑遗址已具备取暖、排水、冷藏、洗浴等设施，显示了战国时期的建筑水平已达到一个新的高度。

我国古代建筑使用的建筑材料多种多样，用石料、木材、砖瓦等建筑材料建造了大量保存至今的著名建筑，成为人类宝贵的文化遗产，例如建于隋朝的河北赵县安济桥、建于辽代的山西应县佛宫寺木塔、建于明代的北京故宫等著名的古代建筑。

现代建筑在材料应用、施工手段、结构形式和结构理论等方面都有了很大的进步，随着预应力混凝土、建筑钢材、建筑塑料、节能材料的广泛应用，框架、网架、悬索、壳体、筒体、膜等结构层出不穷，给建筑的生产提供了极大的发展空间。2008 年建成并使用的北京奥运会场馆“水立方”是世界上最大的膜结构工程，看起来形状很随意的建筑立面却遵循严格的几何规则，因为弯曲的表面反射阳光，因此整个建筑的表面看起来像是阳光下晶莹的水滴。21 世纪，建筑向着生态、科技、建筑文化和艺术的方向发展。

二、建筑构成要素

从建筑的起源发展到建筑文化，经历了万千年的变化。但从根本上说，建筑功能、建筑物质技术条件和建筑形象，仍称之为建筑构成的基本三要素。

1. 建筑功能

满足功能要求是建筑的主要目的，在构成要素中起主导作用。不同建筑有不同的使用要求，不同性质的建筑物在使用上有不同的特点。因此建筑的内部空间和外部形象千变万化，但建筑功能在其中起决定性作用。

2. 建筑物质技术条件

建筑的物质技术条件是指建造房屋的手段。包括建筑材料及制品技术、结构技术、节能技术、施工技术和设备技术等，所以建筑是多门科学技术的综合产物，是建筑发展的重要因素。其中，建筑材料是建造房屋必不可缺的物质基础；结构是构成建筑空间环境的骨架；设备（含水、电、通风、空调、通信、消防等）是保证建筑物达到某种要求的技术条件；施工技术则是实现建筑生产的过程和方法。

3. 建筑形象

构成建筑形象的因素有建筑的体形、立面形式、细部与重点的处理、材料的色彩和质感、光影和装饰处理等，建筑形象是功能和技术的综合反映。建筑形象处理得当，就能产生良好的艺术效果，给人以美的享受。有些建筑使人感受到庄严雄伟、朴素大方、简洁明朗等，这就是建筑艺术形象的魅力。

建筑的构成要素

建筑构成的基本三要素是相互联系、相互约束的，是不可分割的，三者之间是辩证统一的关系。

本章小结

本章主要介绍了建筑识图与构造课程的基本内容、任务和学习方法、建筑发展简史和建筑构成要素等相关内容。

复习思考题

1. 中外建筑在发展过程的各个时期有哪些重大成就？有哪些代表性建筑？
2. 21 世纪建筑的发展将受到哪些因素的影响？应遵循哪些原则？
3. 构成建筑的基本三要素是什么？如何正确认识三者的关系？

第二章　制图基本知识

学习目标：

掌握绘图工具的正确使用方法；熟练掌握制图标准中图幅、图线、字体、比例、尺寸的标注及绘制工程图所必须的基本技能——几何作图。

学习重点：

图幅、图线、字体、比例、尺寸的标注及几何作图。

学习建议：

通过课后练习熟练掌握各种线型的画法，为绘制工程图打下坚实的基础。

第一节　绘图工具和用品

常用的制图工具有图板、丁字尺、三角板、圆规、分规、比例尺、绘图笔等。

一、绘图工具

1. 图板

图板的作用是用来固定图纸。图板的规格有 3 种，分别是 0 号（900mm×1200mm）、1 号（600mm×900mm）和 2 号（420mm×600mm）。图板的板面要平整，工作边（即短边）要平直（图 2-1）。

2. 丁字尺

丁字尺的规格是和图板相适应的，其尺寸有 1200mm、900mm、640mm，依次分别配 0 号图板、1 号图板、2 号图板。丁字尺由尺头和尺身组成，其夹角为 90°，是用来画直线的（图 2-1），还可与三角板配合画垂线、15°倍数的倾斜线，使用丁字尺画线时，尺头应紧靠图板左边，以左手扶尺头，使尺上下移动（图 2-2）。丁字尺的工作边要保证平直、光滑，不

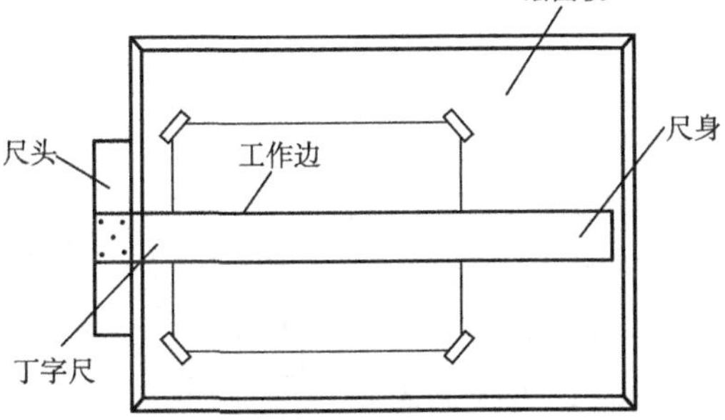

图 2-1　绘图板与丁字尺

图 2-2　丁字尺的移动

得用利器刻、划。

3. 三角板

一副三角板有两块，一块是45°等腰直角三角形，另一块是两锐角分别为30°和60°的直角三角形（图2-3）。

三角板与丁字尺配合使用，可画垂直线及与丁字尺工作边呈15°、30°、45°、60°、75°角的各种斜线（图2-4）。

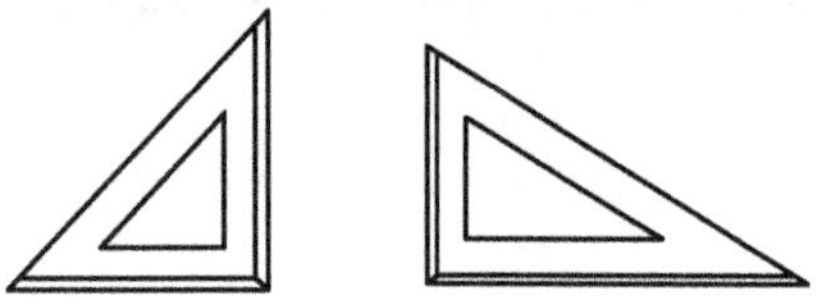

图2-3　三角板

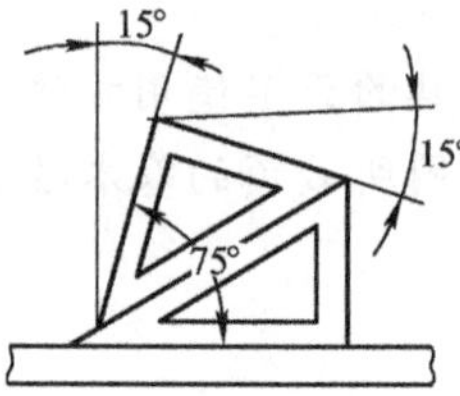

图2-4　用丁字尺和三角板作垂直线和斜线

4. 绘图墨水笔（又称针管笔）

图2-5　绘图墨水笔

绘图墨水笔是专门用来绘制墨线的，除笔尖是钢管针且内有通针外，其余部分的构造与普通钢笔基本相同（图2-5）。笔尖针管直径有0.1～1.2mm粗细不同的多种规格，供绘制图线时选用。使用时如发现流水不畅，可将笔上下晃动，当听到管内有撞击声时，表明管芯已通，可继续使用。

5. 圆规和分规

（1）圆规。圆规是画圆和圆弧的工具，一条腿上安装针脚，另一条腿上安装铅芯、钢针、直线笔三种插脚（图2-6）。

（2）分规。分规是等分线段和量取线段的工具，两腿端部均装有固定钢针。用分规将已知线段等分时，一般应采用试分的方法（图2-7）。

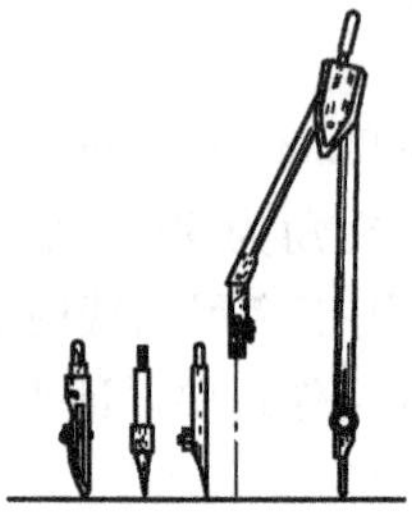

图2-6　圆规及其插脚

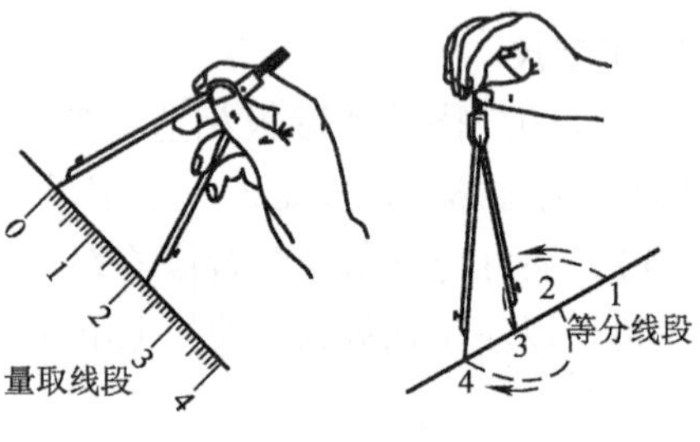

图2-7　分规

6. 比例尺

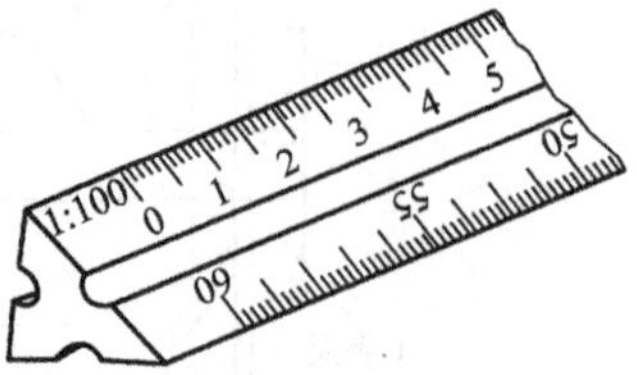

图2-8　比例尺

比例尺又称三棱尺（图2-8）。尺上刻有几种不同比例的刻度，可直接用它在图纸上绘出物体按该比例的实际尺寸，不需计算。常用的比例尺一般刻有6种不同的比例刻度（如1∶100、1∶200、1∶300、1∶400、1∶500、1∶600），可根据需要选用。绘图时千万不要用比例尺当作三角板来画线。

二、绘图用品

绘图时应准备好图纸、胶带、绘图铅笔、小刀、橡皮和软毛刷等制图用品。

1. 图纸

图纸分绘图纸和描图纸两种。

（1）绘图纸。绘图纸要求纸面洁白，质地坚硬，用橡皮擦拭不易起毛，画墨线时不渗化，图纸幅面应符合国家标准。绘图纸不能卷曲、折叠和压皱。

（2）描图纸。描图纸要求洁白、透明度好、带柔性。受潮后的描图纸不能使用，保存时应放在干燥通风处。

2. 绘图铅笔

绘图铅笔的铅芯有软硬之分，分别用字母 B 和 H 表示，B 前的数字越大表示铅芯越软；H 前的数字越大，表示铅芯越硬；HB 表示软硬适中。铅笔应从没有标志的一端开始使用，以便保留标记，供使用时辨认（图 2-9）。

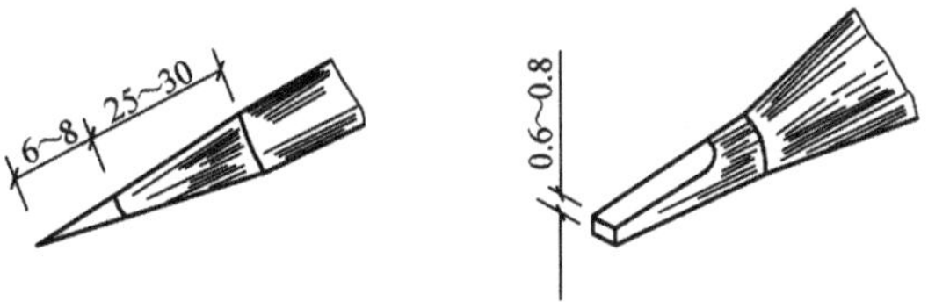

图 2-9　绘图铅笔及铅芯

H 铅笔用来画底稿，HB 铅笔用来加深细线、描粗线和写字。

3. 墨水

墨水有碳素墨水和绘图墨水之分。碳素墨水不易结块；绘图墨水干得较快，易结块。目前市场上的高级绘图墨水也适用于绘图墨水笔。

4. 其他用品

（1）胶带纸，用于固定图纸。

（2）橡皮，用于擦去不需要的图线等，应选用软橡皮擦铅笔图线，硬橡皮擦墨线。

（3）小刀，削铅笔用。

（4）刀片，用于修整图纸上的墨线。

（5）软毛刷，用于清扫橡皮屑，保持图面清洁。

绘图工具和用品

第二节　建筑制图标准

工程图样是工程界的技术语言，是房屋建造施工的依据。为了统一房屋建筑制图规则，便于技术交流，保证制图质量，提高制图效率，做到图面清晰、简明，符合设计、施工、存档的要求，必须对图样的格式、画法、图例、字体、尺寸标注等制定统一的标准，这些标准由行业主管部门组织有关单位（部门）编制，是房屋建筑制图的基本规定。

本节主要介绍《房屋建筑制图统一标准》（GB/T 50001—2017）中的图幅、图线、字体、比例、尺寸的标注。

一、图幅

图纸幅面简称图幅，绘图时规定图样大小应符合表 2-1 中规定的图纸幅面尺寸。图纸既可横向使用也可竖向使用，如图 2-10 和图 2-11 所示。

表 2-1　幅面及图框尺寸　（单位：mm）

尺寸代号＼幅面代号	A0	A1	A2	A3	A4
$b \times l$	841×1189	594×841	420×594	297×420	210×297
c	10			5	
a	25				

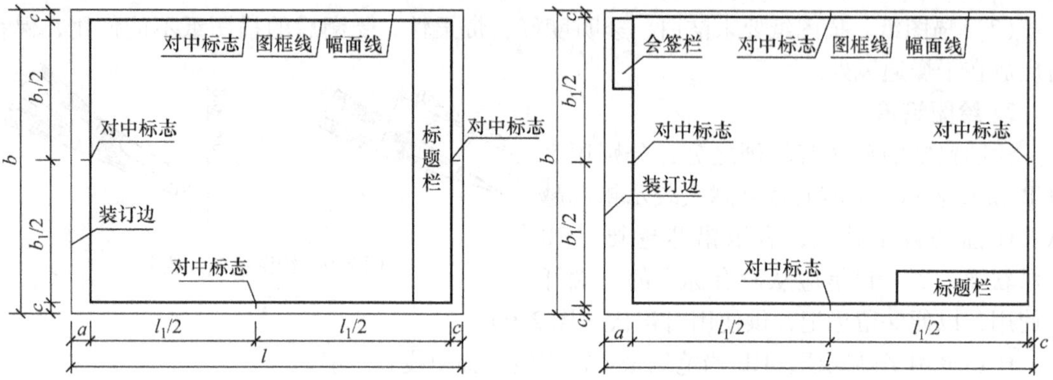

a) A0～A3横式幅面　b) A0～A1横式幅面

图 2-10　横式幅面

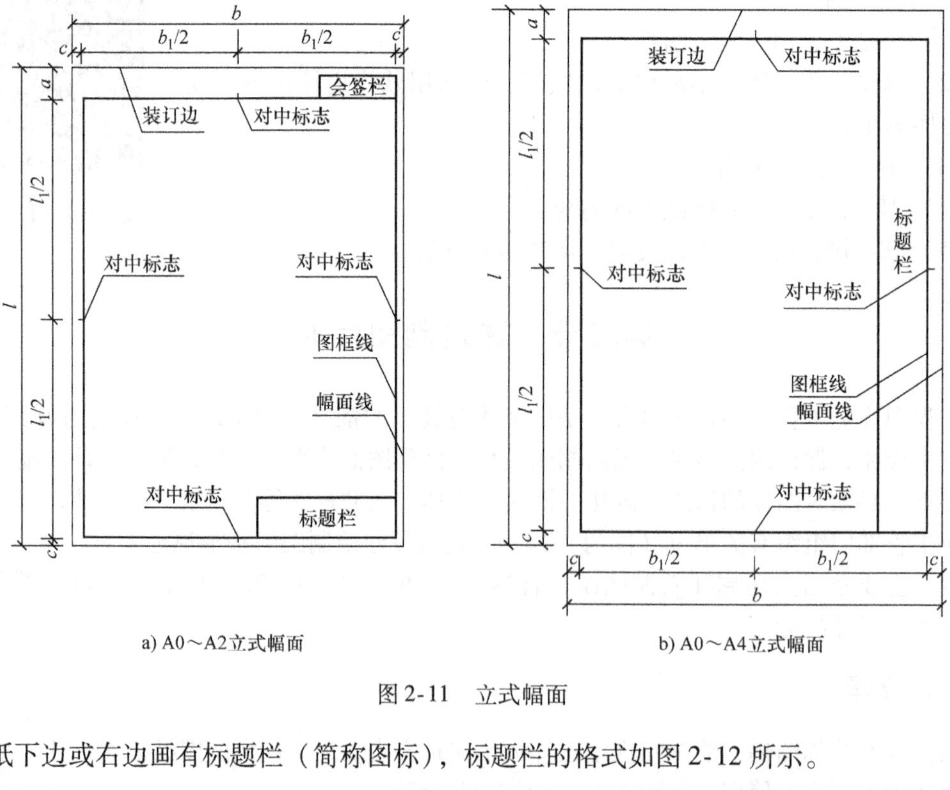

a) A0～A2立式幅面　b) A0～A4立式幅面

图 2-11　立式幅面

在图纸下边或右边画有标题栏（简称图标），标题栏的格式如图 2-12 所示。

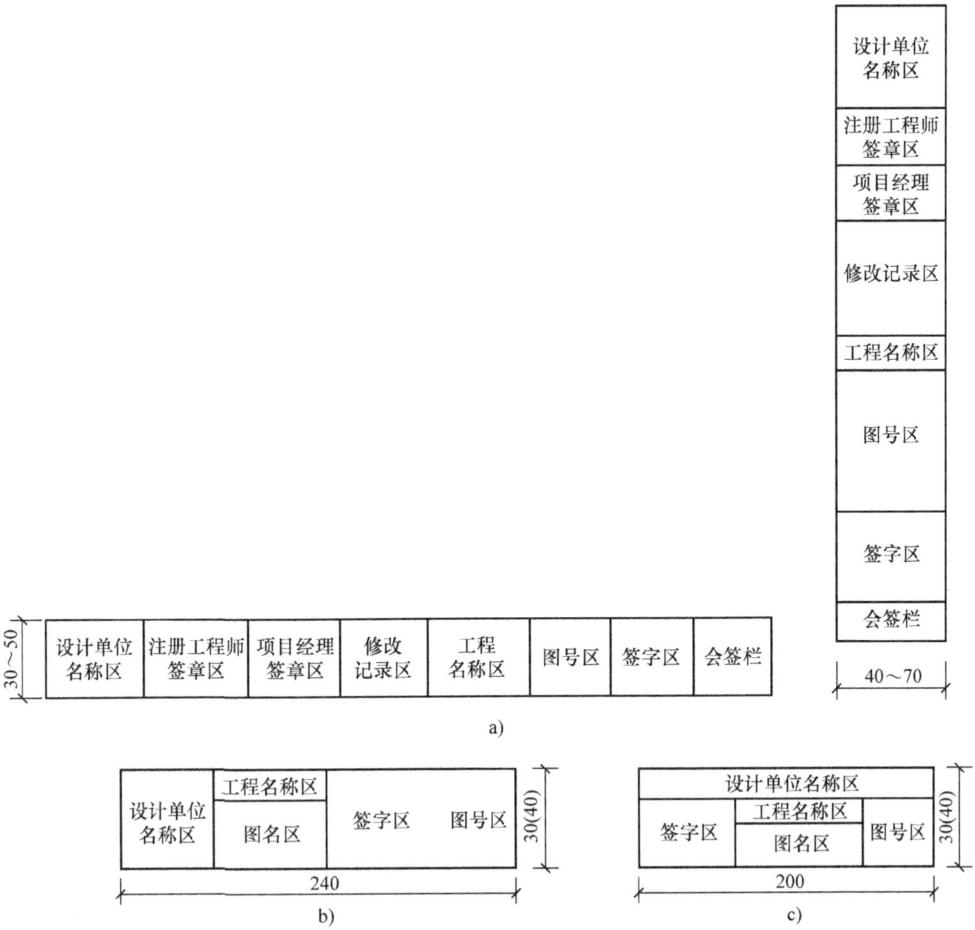

图 2-12　标题栏

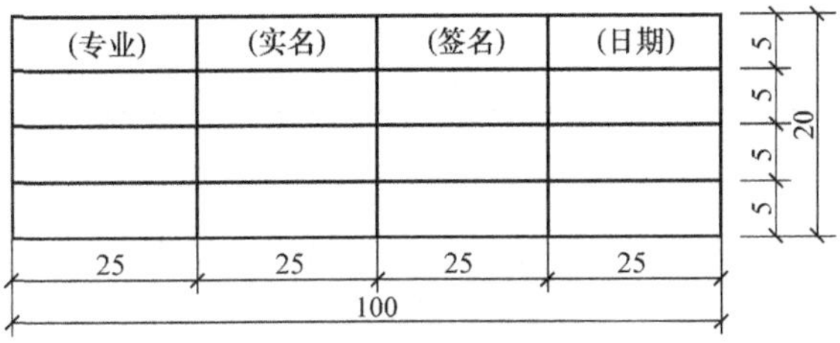

图 2-13　会签栏

二、图线

1. 图线的种类

图线分实线、虚线、单点画线、双点画线、折断线、波浪线等。其中实线、虚线又分为粗、中粗、中、细四种，单点长画线、双点长画线分为粗、中粗和细三种，折断线和波浪线只有细线。

为使图样层次清楚、主次分明，《房屋建筑制图统一标准》（GB/T 50001—2017）对图线粗细（线型）作了明确规定，以 b 表示图线的基本线宽，见表 2-2。每个图样应根据复杂程度与比例大小，先选定基本线宽 b，再选用表 2-3 中相应适当的线宽组。

表 2-2　各类图线规格及用途

名　　称		线　　型	线宽	用　　途
实线	粗		b	主要可见轮廓线
	中粗		$0.7b$	可见轮廓线
	中		$0.5b$	可见轮廓线、尺寸线、变更云线
	细		$0.25b$	图例填充线、家具线
虚线	粗		b	见各有关专业制图标准
	中粗		$0.7b$	不可见轮廓线
	中		$0.5b$	不可见轮廓线、图例线
	细		$0.25b$	图例填充线、家具线
单点长画线	粗		b	见各有关专业制图标准
	中		$0.5b$	见各有关专业制图标准
	细		$0.25b$	中心线、对称线、轴线等
双点长画线	粗		b	见各有关专业制图标准
	中		$0.5b$	见各有关专业制图标准
	细		$0.25b$	假想轮廓线、成型前原始轮廓线
折断线	细		$0.25b$	断开界线
波浪线	细		$0.25b$	断开界线

表 2-3　线宽组　　（单位：mm）

线宽比	线　宽　组			
b	1.4	1.0	0.7	0.5
$0.7b$	1.0	0.7	0.5	0.35
$0.5b$	0.7	0.5	0.35	0.25
$0.25b$	0.35	0.25	0.18	0.13

2. 图线的画法

表 2-4 列举了各类图线交接的画法及初学者容易犯的错误。

表 2-4　各类图线交接的画法及初学者容易犯的错误

画法说明	图例	
	正　确	错　误
点画线相交时，应在线段部分相交 点画线的起始与终了应为线段		
圆心应以中心线的线段交点表示 中心线应超出圆周约 5mm，当圆直径小于 12mm 时，中心线可用细实线画出，超出圆周约 3mm	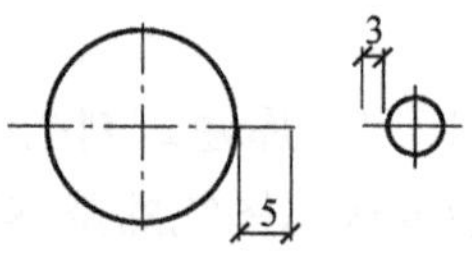	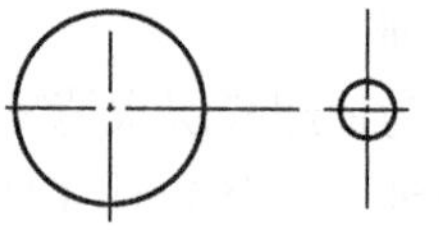

（续）

画法说明	图例	
	正　确	错　误
圆与圆或其他图线相切时，在切点处的图线应正好是单根图线的宽度	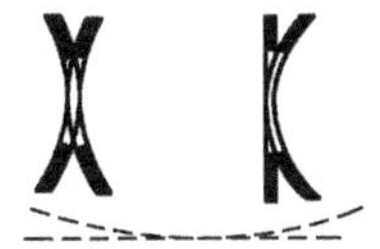	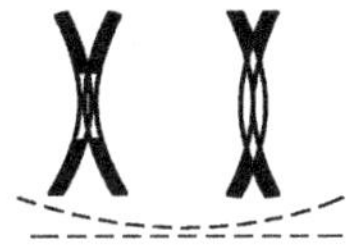
虚线与虚线或与其他图线相交时，应以线段相交	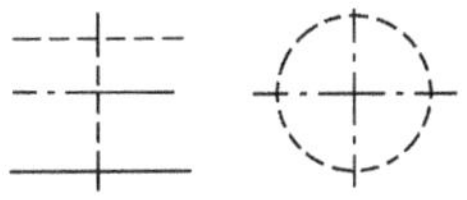	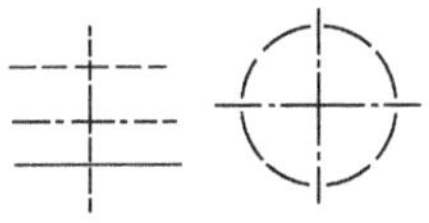
虚线与虚线或与其他图线相交于垂足处为止时，垂足处不应留空隙		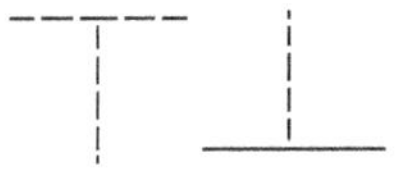
虚线在实线的延长线位置时，虚线与实线间应留有空隙，不应相接，以表示两种图线的分界线	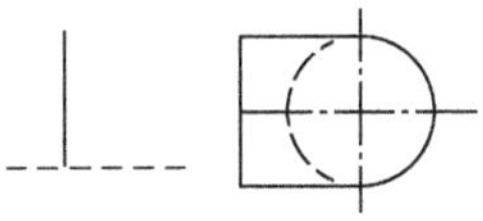	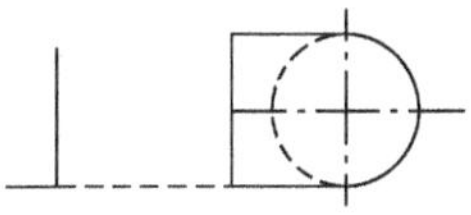

三、字体

图样和技术文件中书写的汉字、数字、字母或符号必须做到笔画清晰、字体端正、排列整齐、间隔均匀。字迹潦草，不仅影响图样质量，而且可能导致不应有的差错。因此，设计、制图人员一定要学习和掌握制图中各种字体的书写要求和方法。

1. 汉字

图样中的汉字，应采取国家正式公布的简化字，并用长仿宋体书写。长仿宋体字的高度与宽度见表 2-5。

表 2-5　长仿宋体字的高度与宽度　　（单位：mm）

字高	20	14	10	7	5	3.5
字宽	14	10	7	5	3.5	2.5

（1）长仿宋体字的基本笔划。长仿宋体字的基本笔划有 8 种，即横、竖、撇、捺、点、挑、钩和折。其起笔和落笔处都为尖端或三角形，见表 2-6。

（2）长仿宋体字的构架。字的构架，即组成某个汉字的各个单字所占的比例和位置。图 2-14 所示为建筑工程图中常用的字体。

表 2-6 长仿宋体字基本笔划

基本笔划	写　法	基本笔划	写　法
点	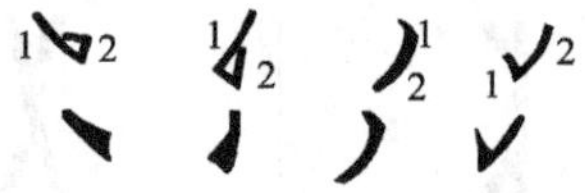	捺	
横	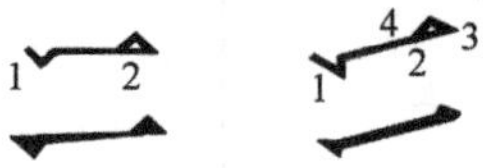	挑	
竖		钩	
撇		折	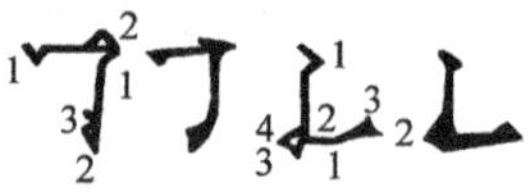

（3）写长仿宋体字的满格、缩格、出格。要使书写的文字大小一致、整齐美观。一般书写长仿宋体字要充满方格，即满格，但有的字需要缩格或出格，如口、日、图等字书写时要适当缩格，否则这些字给人的感觉比周围的字要大，显得不匀称；再如广、大等字书写时要适当出格，才会与周围其他字的大小相称。

长仿宋体字的书写要做到：笔划横平竖直，注意起落；字形结构排列匀称，注意满格、缩格、出格。

排列整齐字体端正笔划
清晰注意起落
字体笔划基本上是横平竖直结构匀称
写字前先画好格子
阿拉伯数字拉丁字母罗马数字和汉字并列书写
时它们的字高比汉字高小
大学系专业班级绘制描图审核校对序号名称材料件数备注比例重
共第张工程种类设计负责人平立剖侧切截断面轴测示意主俯仰前
后左右视向东西南北中心内外高低顶底长宽厚尺寸分厘毫米矩方

图 2-14　长仿宋体字例

2. 数字

工程图中注写的数字，有阿拉伯数字和罗马数字两种，罗马数字常用于工程图中剖面图编号，阿拉伯数字和罗马数字可写成斜体或直体。

3. 汉语拼音字母

工程图中的轴线编号、构件代号等规定采用汉语拼音字母，字母有大写和小写之分，书写时可写成斜体和直体两种。数字与字母示例如图 2-15 所示。

四、比例

1. 比例的概念

比例为图形大小与物体实际大小之比。在绘制工程图时，常遇到物体很大或很小，因此不可能按物体的实际大小去画，必须将图形按一定的比例缩小或放大。而且不论放大或缩小，图形应必须反映物体原来的形状和实际尺寸。如图 2-16 所示为用不同比例绘制的门。

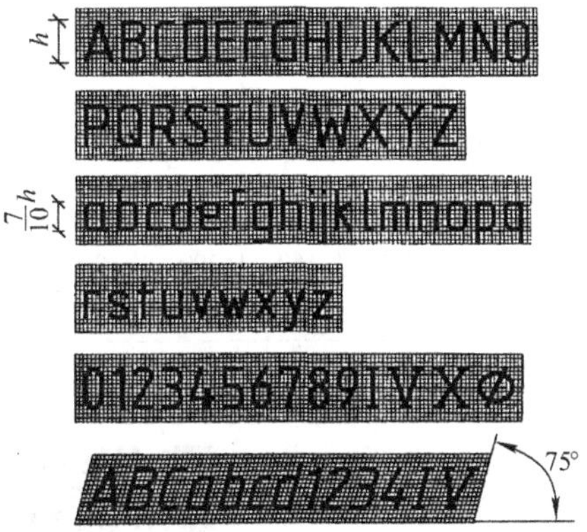

图 2-15　数字与字母示例

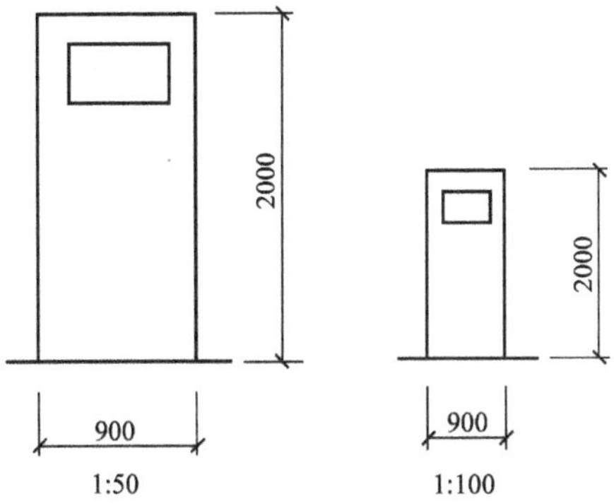

图 2-16　用不同比例绘制的门

2. 比例尺的应用

应用比例尺，如 1∶100 找出该比值上 1m、5m、10m 等位置，然后再读出每一小格代表的数值，就能从比例尺上读取画图所需要的数据，如图 2-17 所示。

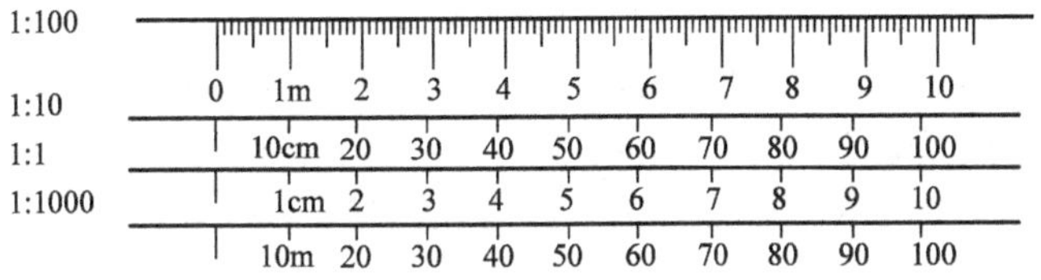

图 2-17　比例尺的识读

比例尺上只有 6 种不同的比例，不能满足实际工作的需要，这时可将比例尺上的读数进行换算。如 1∶100 的比例可进行 1∶1、1∶10、1∶1000 等比例换算，如图 2-18 所示。

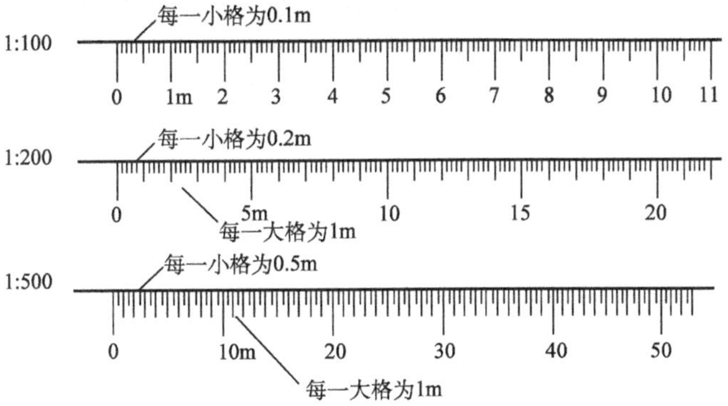

图 2-18　比例尺的换算

3. 制图常用比例和表示方法

制图所用的比例，应根据图样的用途与被绘制对象的复杂程度从表 2-7 中选用。建筑专业制图常用的比例宜符合表 2-8 的规定。

表 2-7　制图所用的比例

常用比例	1∶1、1∶2、1∶5、1∶10、1∶20、1∶30、1∶50、1∶100、1∶150、1∶200、1∶500、1∶1000、1∶2000
可用比例	1∶3、1∶4、1∶6、1∶15、1∶25、1∶40、1∶60、1∶80、1∶250、1∶300、1∶400、1∶600、1∶5000、1∶10000、1∶20000、1∶50000、1∶100000、1∶200000

表 2-8　建筑专业制图常用比例

图　　名	比　　例
建筑物或构筑物的平面图、立面图、剖视图	1∶50、1∶100、1∶150、1∶200、1∶300
建筑物或构筑物的局部放大图	1∶10、1∶20、1∶25、1∶30、1∶50
配件及构造详图	1∶1、1∶2、1∶5、1∶10、1∶15、1∶20、1∶25、1∶30、1∶50

比例采用阿拉伯数字，注写在图名的右侧。

建筑制图标准

五、尺寸的标注

尺寸数字在图样上占有非常重要的地位。建筑工程施工是根据图样上的尺寸进行的，因此在绘图时应按物体实际尺寸标注，且必须保证所标注的尺寸完整、清楚和准确。

1. 尺寸的组成

尺寸是由尺寸界线、尺寸线、尺寸起止符号和尺寸数字组成，如图 2-19 所示。

（1）尺寸界线。用来限定所注尺寸的范围，应用细实线绘制，一般应与被注长度垂直，其一端应离开图样轮廓线不小于 2mm，另一端宜超出尺寸线 2～3mm。有时，图样轮廓线可用作尺寸界线（图 2-20）。

（2）尺寸线。用来表示尺寸的方向，用细实线绘制，应与被注长度平行，且不宜超出尺寸界线。尺寸线还应与所注部位的轮廓线及相互平行的尺寸线与尺寸线之间，留有 5～7mm 的距离。任何图线不能用作尺寸线。

（3）尺寸起止符号。用以表示所注尺寸范围的起止，一般应用中粗斜短线绘制，其倾斜方向应与尺寸界线呈顺时针 45°角，长度为 2～3mm。

半径、直径、角度与弧长的尺寸起止符号，宜用箭头表示（图 2-21）。

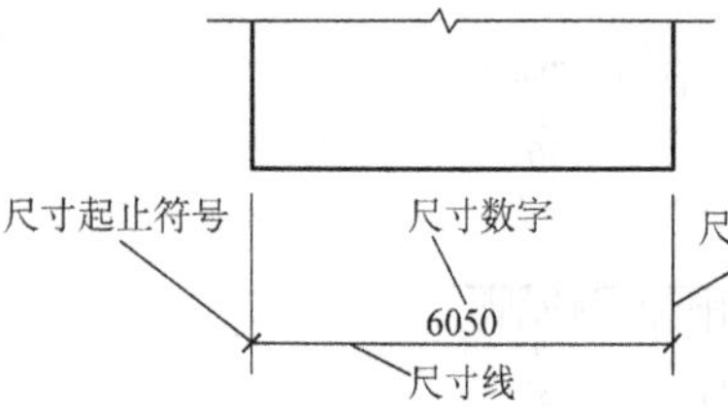

图 2-19　尺寸界线

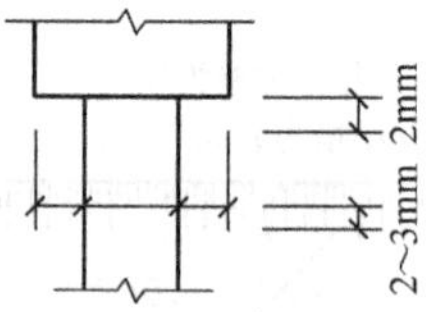

图 2-20　尺寸组成

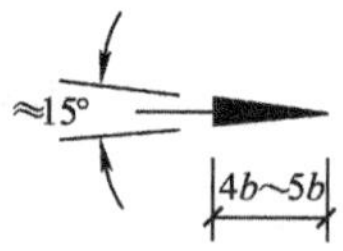

图 2-21　箭头尺寸起止符号

（4）尺寸数字。图样上的尺寸数字为物体的实际大小，与采用的比例无关，建筑工程图上的尺寸单位，除标高及总平面图以 m 为单位外，均必须以 mm 为单位。

尺寸数字的读数方向，应按图 2-22a 的规定注写。如果尺寸数字在 30°斜线区内，宜按图 2-22b 的形式注写。

尺寸数字应依据其读数方向注写在靠近尺寸线的上方中部，如果尺寸界线较密，没有足够的注写位置，最外边的尺寸数字可注写在尺寸界线的外侧，中间相邻的尺寸数字可错开注写，也可引出注写（图 2-23）。

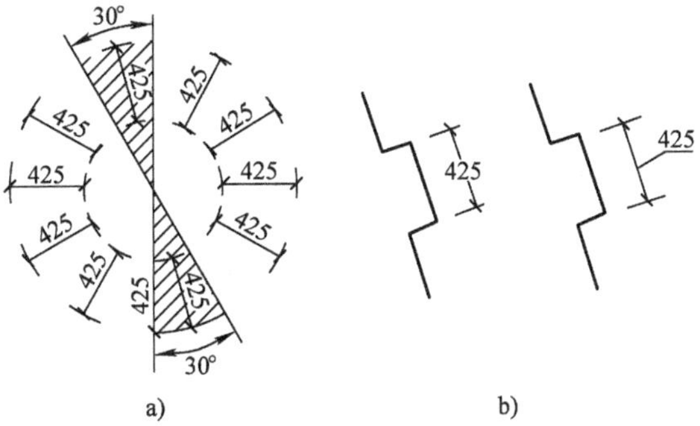

图 2-22　尺寸数字的读数方向

2. 尺寸标注

（1）尺寸的排列与布置。尺寸宜标注在图样轮廓线以外，不宜与图线、文字及符号等相交。图线不得穿过尺寸数字，不可避免时应将尺寸数字处的图线断开（图 2-24）。

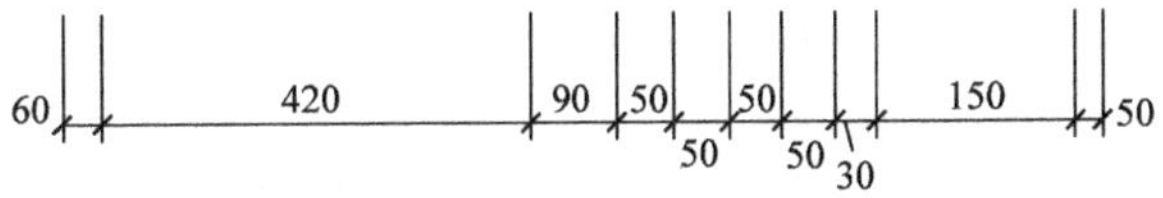

图 2-23　尺寸数字的注写位置

互相平行的尺寸线，应从被注的图样轮廓线由近向远整齐排列，小尺寸线应离轮廓线较近，大尺寸线应离轮廓线较远（图 2-25）。

图样轮廓线以外的尺寸线，距图样最外轮廓线之间的距离，不宜小于 10mm。平行排列的尺寸线的距离，宜为 7～10mm（图 2-25）。

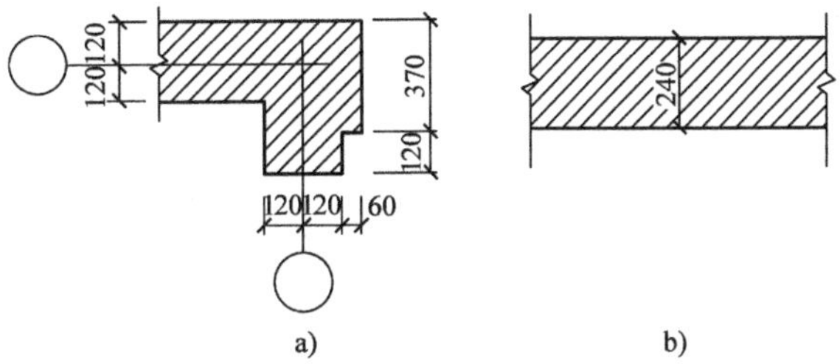

图 2-24　尺寸标注的要求

a）尺寸不宜与图线相交　b）尺寸数字处图线应断开

总尺寸的尺寸界线，应靠近所指部位，中间的分尺寸的尺寸界线可稍短，但其长度应相等（图 2-25）。

（2）半径、直径和球的尺寸标注。半径的尺寸线应一端从圆心开始，另一端画箭头指至圆弧。半径数字前应加注半径符号“*R*”（图 2-26）。较小圆弧的半径可按图 2-27 的形式标注，较大圆弧的半径可按图 2-28 的形式标注。

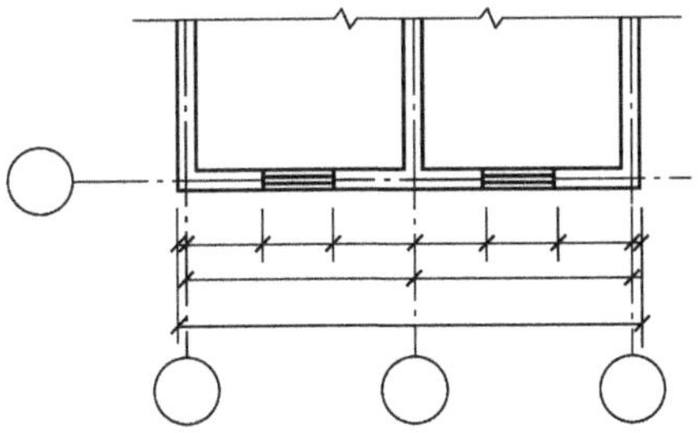

图 2-25　尺寸线的排列

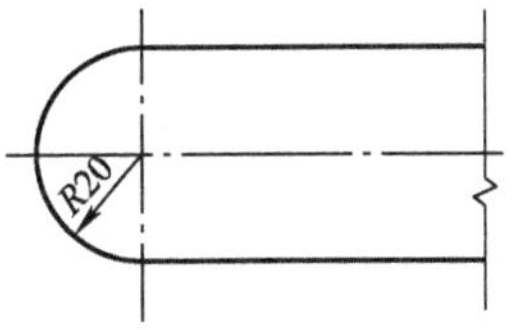

图 2-26　半径的标注方法

标注圆的尺寸时，直径数字前应加符号“ϕ”。在圆内标注的直径尺寸应通过圆心，其两端箭头指至圆弧（图 2-29）。较小的圆的直径尺寸，可标注在圆外（图 2-30）。

标注球的半径时，应在尺寸数字前加注符号“*SR*”；标注球的直径尺寸时，应在尺寸数字前加注符号“$S\phi$”。它的注写方法与圆半径和圆直径的尺寸标注方法相同。

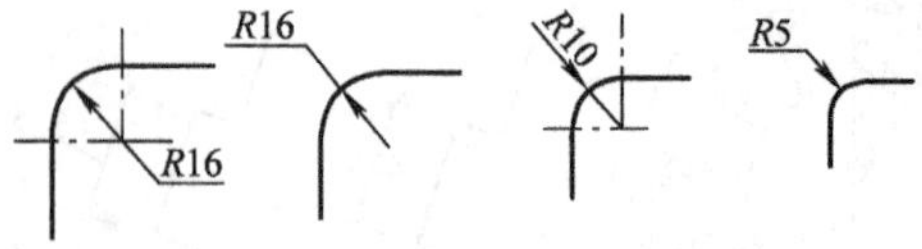

图 2-27　小圆弧半径的标注方法

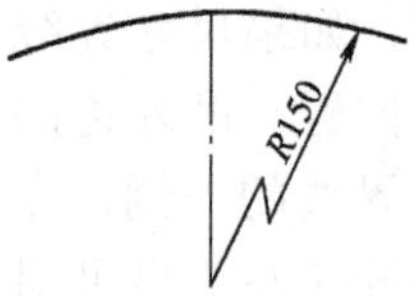

图 2-28　大圆弧半径的标注方法

（3）角度和坡度的尺寸标注。角度的尺寸线应以圆弧线表示。该圆弧的圆心应是该角的顶点，角的两个边为尺寸界线。角度的起止符号应以箭头表示。角度数字应水平方向注写（图 2-31）。

标注坡度时，在坡度数字下应加注坡度符号，坡度符号的箭头一般应指向下坡方向。坡度也可用直角三角形形式标注（图 2-32）。

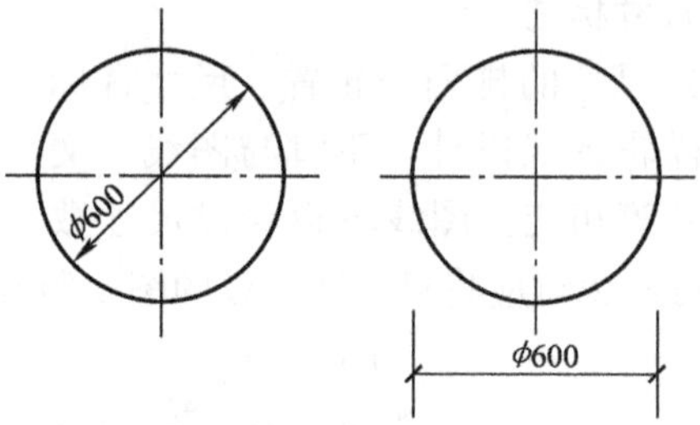

图 2-29　圆直径的标注方法

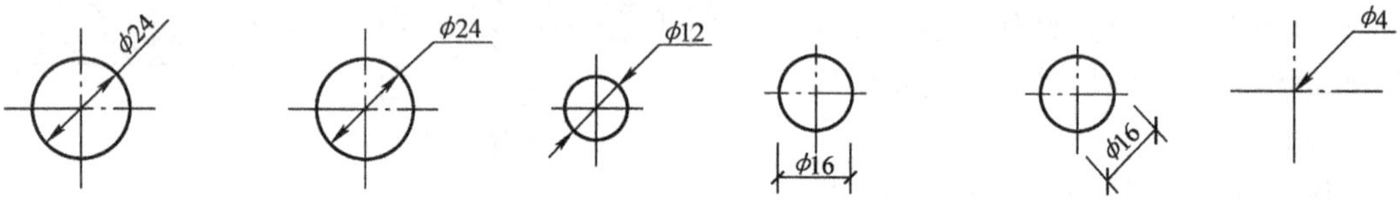

图 2-30　小圆直径的标注方法

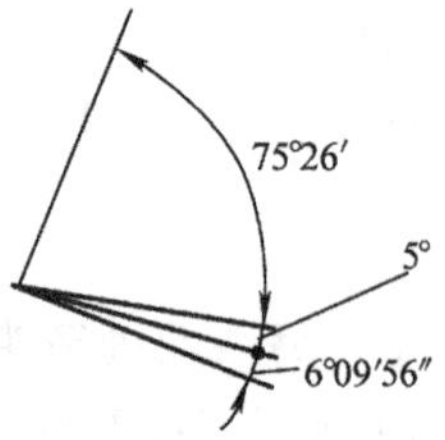

图 2-31　角度的标注方法

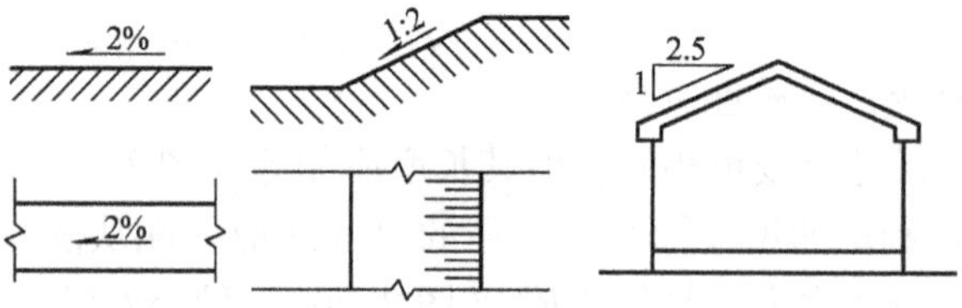

图 2-32　坡度的标注方法

尺寸标注

第三节　几 何 制 图

几何制图在建筑制图中应用非常广泛，它是绘制工程图必须掌握的基本技能。本节主要介绍常用的基本几何制图方法。

一、等分直线段

等分直线段的方法在绘制楼梯、花格等图形中经常用到。

1. 分直线段为任意等份

任意等分线段（以五等分为例），把已知线段 AB 五等分如图 2-33 所示。

作法和步骤：

（1）过 A 点作辅助线 AC，如图 2-33a 所示。

（2）自点 A 起量取辅助线 AC 上相等的五个单位，得 1、2、……、5 各点，如图 2-33b 所示。

（3）连接 $B5$，分别过 1、2、3、4 点作 $B5$ 的平行线，交 AB 于 $1'$、$2'$、$3'$、$4'$。各交点即分直线 AB 为五等份，如图 2-33c 所示。

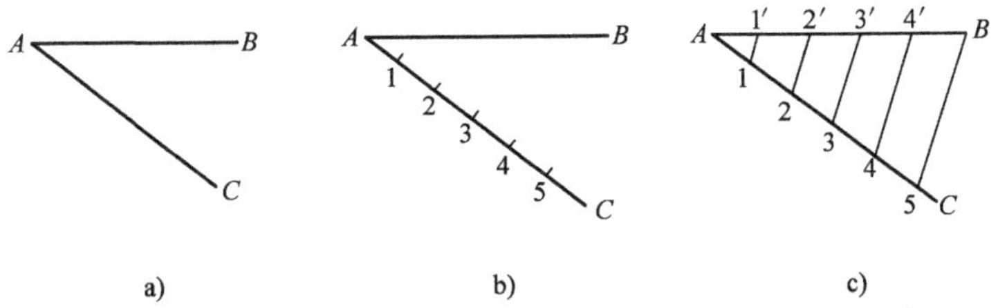

图 2-33　五等分线段

2. 分两平行线之间的距离为已知等份

在建筑制图中常用到等分两平行线间的距离，如图 2-34 所示。

作法和步骤（以五等分为例）：

（1）将三角板 0 点放在 CD 任一点，并使刻度 5 落在 AB 上，得点 1、2、3、4，如图 2-34a 所示。

（2）过点 1、2、3、4 作 AB 或 CD 的平行线即可，如图 2-34b 所示。

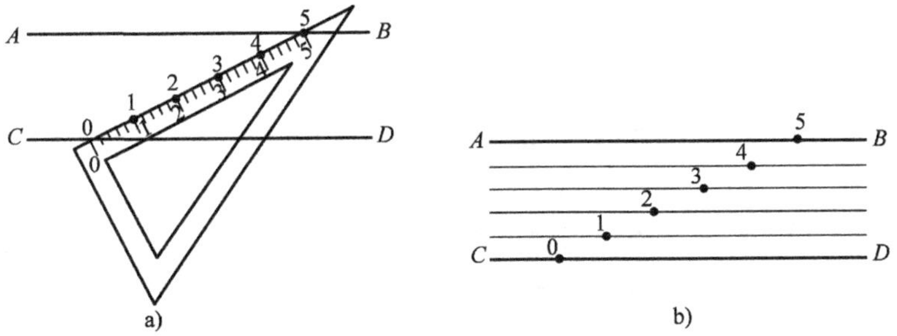

图 2-34　五等分两平行线间的距离

3. 斜度的作法

斜度又叫坡度，是指直线（或平面）对水平面的倾斜度。作已知坡度的斜线在建筑工程图样中要经常用到。现以作 1∶5 的坡度为例进行说明，如图 2-35 所示。

作法和步骤：

（1）过点 A 在 AB 上任取长度为 l 的 5 等段，得点 1、2、3、4、5，如图 2-35a 所示。

（2）过点 5 作 AB 的垂直线 $5C=1$，连 AC 即为所求坡度，如图 2-35b 所示。

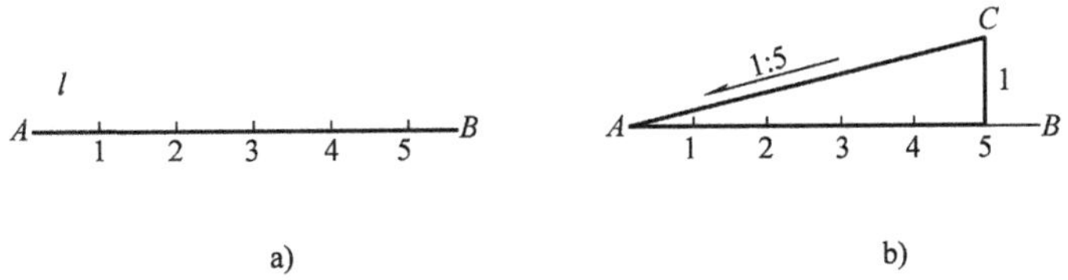

图 2-35　作坡度为 1∶5 的直线

二、圆内接正多边形

圆内接正多边形，就是将圆周等分，再把各等分点依次连接所成。

1. 作圆的内接正三角形

用丁字尺和三角板作圆的内接正三角形，如图 2-36 所示。

作法和步骤：

（1）将 30°三角板的短直角边靠近丁字尺工作边，沿斜边过 *A* 作 *AB*，如图 2-36a 所示。

（2）翻转三角板，沿斜边过 *A* 作 *AC*，如图 2-36b 所示。

（3）连接 *B*、*C* 即得圆内接正三角形，如图 2-36c 所示。

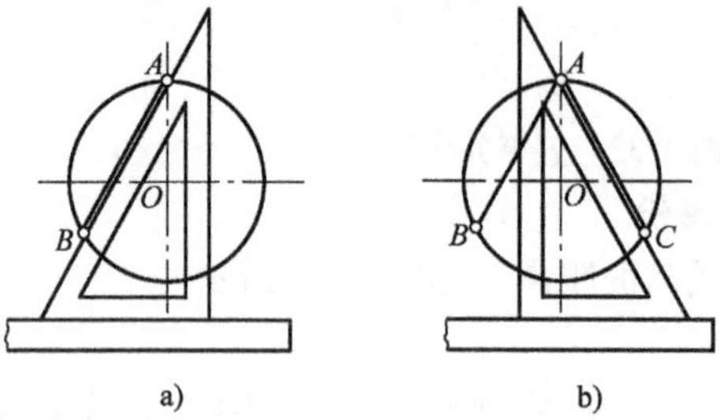

图 2-36　用丁字尺和三角板作圆的内接正三角形

2. 作正多边形

（1）圆内接正五边形，如图 2-37 所示。

作法和步骤：

1）作水平半轴的垂直平分线交点 *M*，如图 2-37a 所示。

2）以 *M* 为圆心，*MA* 为半径画弧交轴上于 *K*，如图 2-37b 所示。

3）以 *AK* 为半径，自 *A* 开始在圆周上截取等分点 *E*、*D*、*C*、*B* 依次连接 *A*、*E*、*D*、*C*、*B* 各点即为圆内接正五边形，如图 2-37c 所示。

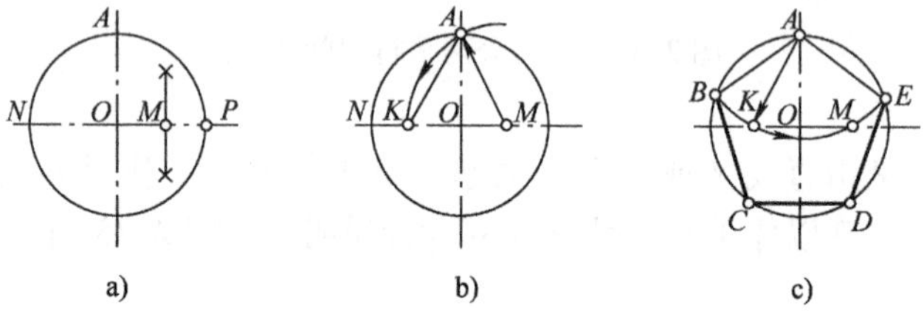

图 2-37　作圆内接正五边形

（2）已知边长作正五边形。已知边长为 *m*，作正五边形，如图 2-38 所示。

作法和步骤：

1）作 *AB* = *m*，分别以 *A*、*B* 为圆心，*AB* = *m* 为半径作圆，两圆相交于 *M*、*N*，连接 *MN*，如图 2-38a 所示。

2）以 *M* 为圆心，*AB* 为半径画弧交 *MN* 于 *P*，交两圆于 *Q*、*R*，如图 2-38b 所示。

3）连 *QP*、*RP*，并延长分别交两圆于 *C*、*E*，分别以 *C*、*E* 为圆心、*AB* 为半径作弧，两弧相交于 *D*，连接 *A*、*B*、*C*、*D*、*E* 各点，即为所求的正五边形，如图 2-38c 所示。

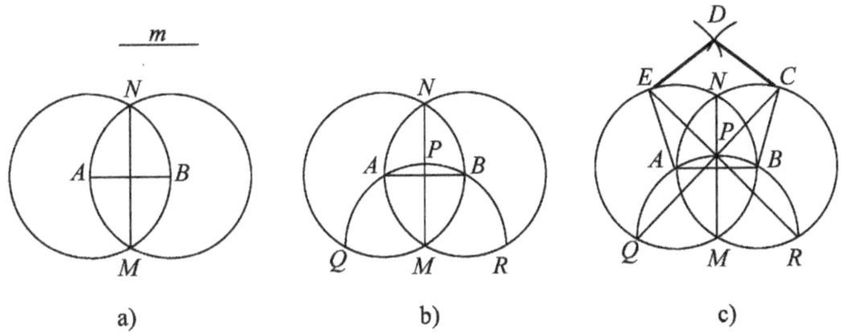

图 2-38　已知边长作正五边形

（3）作圆内接正六边形。用圆规和三角板作圆的内接正六边形，如图 2-39 所示。

作法和步骤：

1）分别以 A、D 为圆心，R 为半径作弧得 B、F、C、E 点，如图 2-39a 所示。

2）依次连接 AB、BC、CD、DE、EF、FA，即得圆内接正六边形，如图 2-39b 所示。

三、线的连接

1. 直线与直线的连接

作图步骤：

（1）分别以连接弧半径 r 为距作直线 AB、CB 的平行线，两线相交于 O，如图 2-40a 所示。

（2）自 O 点分别向直线 AB、CB 作垂线，得垂足 D、E；以 O 为圆心，r 为半径过垂足作弧连接 AB、CB 两直线即为所求两相交直线间的连接弧，如图 2-40 所示。

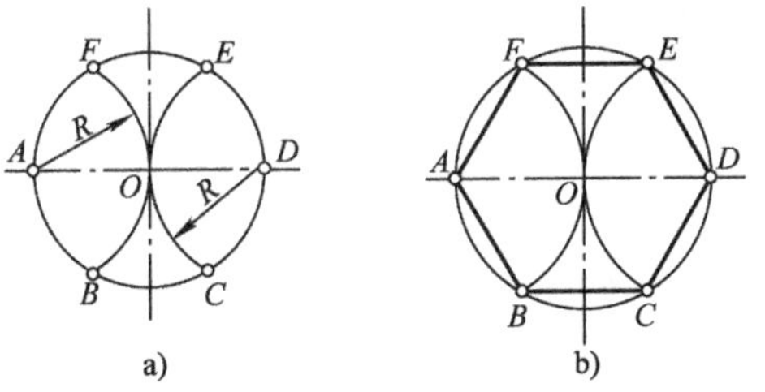

图 2-39　用圆规和三角板作圆的内接正六边形

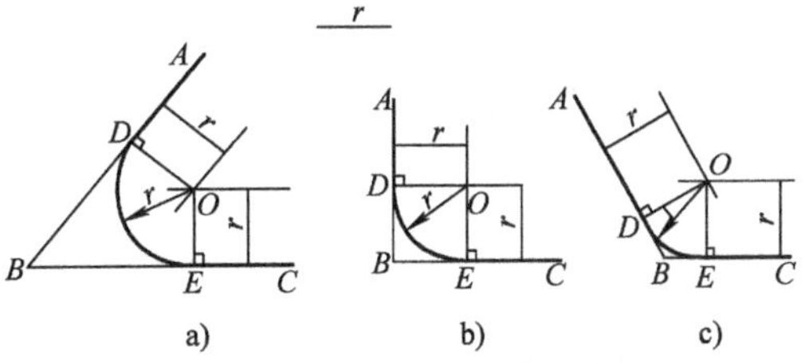

图 2-40　直线与直线的连接

2. 直线与圆弧的连接

作图步骤：如图 2-41 所示。

（1）以连接弧半径 r 为距作与直线 m 平行的直线 l；以 O 为圆心、$(R+r)$ 为半径作弧，交所作平行线 l 于 O_1；O_1 即为连接弧的圆心。

（2）连接 O_1O 交已知圆弧于 b；过 O_1 点向直线 m 作垂线得垂足 a；a 与 b 为两个连接点。

（3）以 O_1 为圆心、r 为半径，过 a、b 两点画弧，即为所求圆弧与直线的连接弧。

几何作图

3. 圆弧与圆弧的连接

（1）圆弧与圆弧外连接，如图 2-42 所示。

作图步骤：

1）分别以 O_1、O_2 为圆心，r_1+r 和 r_2+r 为半径画弧，两弧相交于

O_3、O_4，则 O_3、O_4 均为连接弧的圆心。

2）取其中一点 O_3，连接 O_3O_1、O_3O_2 分别交两圆周上于 a、b 点，a、b 即为两个连接点；以 O_3 为圆心，r 为半径，过 a、b 两点画弧，即为所求两圆弧的外连接。

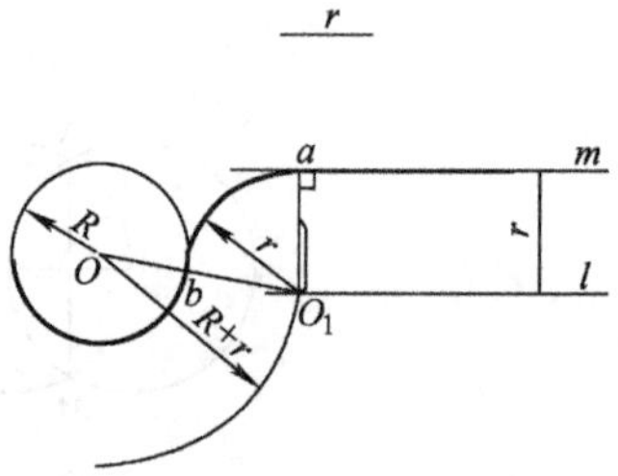

图 2-41　直线与圆弧的连接

（2）圆弧与圆弧内连接，如图 2-43 所示。

作图步骤：

1）分别以 O_1、O_2 为圆心，（$r-r_1$）和（$r-r_2$）为半径画弧，两弧相交于 O_3、O_4，O_3、O_4 均为连接弧的圆心。

2）取其中一点 O_3，连 O_3O_1、O_3O_2 并延长分别交两圆周于 a、b 点，a、b 即为两个连接点；以 O_3 为圆心，r 为半径，过 a、b 两点画弧，即为所求两圆弧的内连接。

（3）圆弧与圆弧内外连接，如图 2-44 所示。

作图步骤：

1）分别以 O_1、O_2 为圆心，（$r+r_1$）和（$r-r_2$）为半径画弧，两弧相交于 O_3，O_3 为连接弧圆心。

2）连 O_3O_1、O_3O_2 并延长分别交两圆周于 a、b 点，a、b 均为连接点；以 O_3 为圆心，r 为半径，过 a、b 两点画弧，即为所求圆弧与圆弧的内外连接。

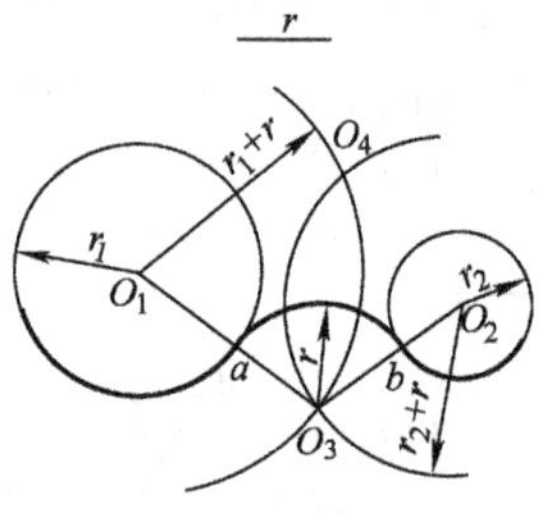

图 2-42　圆弧与圆弧的外连接

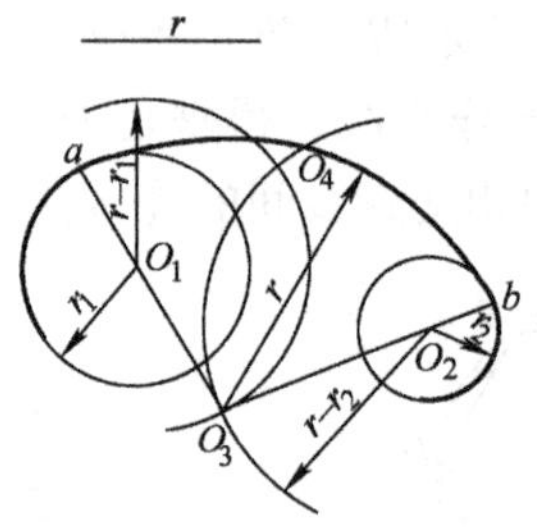

图 2-43　圆弧与圆弧的内连接

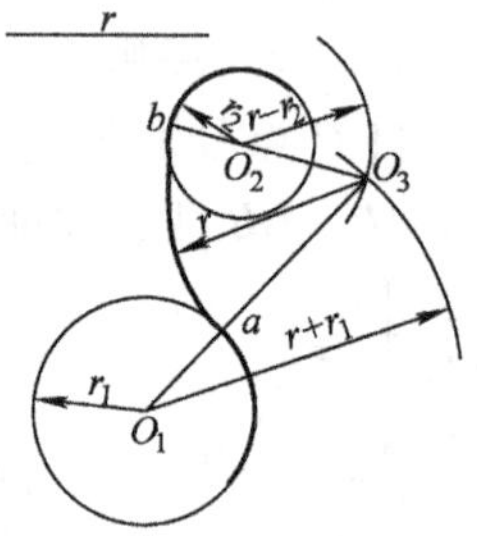

图 2-44　圆弧与圆弧的内外连接

四、曲线的画法

已知椭圆的长短轴 AB、CD，用四心圆弧法作近似椭圆，如图 2-45 所示。

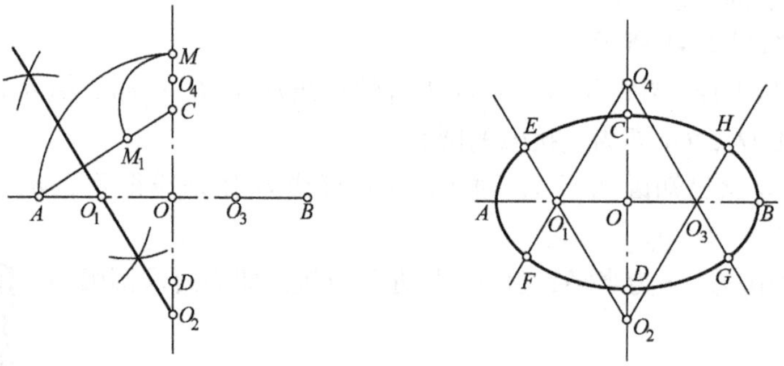

a)　　　　b)

图 2-45　四心圆弧法作近似椭圆

作法和步骤：

（1）连接 AC，并作 $OM=OA$，又作 $CM_1=CM$ 及 AM_1 的垂直平分线，交 AB 于 O_1、CD

于 O_2，作 $OO_3=OO_1$，$OO_4=OO_2$，如图 2-45a 所示。

（2）连 O_1O_2、O_1O_4、O_3O_2、O_3O_4 并延长，分别以 O_1、O_3、O_2、O_4 为圆心，O_1A、O_3B、O_2C、O_4D 为半径作弧，使各弧相连接于 E、F、G、H，即得所求椭圆，如图 2-45b 所示。

第四节　绘 图 步 骤

一、准备工作

（1）要保证有充足的光线，绘图时其工作面要求光线明亮、柔和，图板上方略抬高，倾斜一个角度，以保持正确绘图姿势。

（2）备齐制图仪器、工具和用品，使用之前应将制图工具擦拭干净，保证绘图质量。各种绘图工具应放在绘图桌适当位置，且不影响丁字尺的上下移动。

（3）在图板上固定图纸。先用丁字尺的工作边对齐图纸的上边，再向下移动丁字尺，然后用胶带纸把图纸固定在图板上。

二、绘图的一般步骤

（1）进行图面布置。首先考虑好在一张图纸上要画几个图样，然后安排各个图样在图纸上的位置。图面布置要适中、匀称，以获得良好的图面效果。

（2）画底稿。用 H～2H 等较硬的铅笔，画时要轻、细，以便修改。

（3）加深图线。底稿画好后要检查一下，是否有错误和遗漏，改正后再加深图线。常用 HB、B 等稍软的铅笔加深，或用墨线笔上墨。其顺序是水平线自上而下、垂直线自左向右顺序加深。不论是用铅笔加深或是上墨线，都要正确掌握好线型。

（4）标注尺寸。先画尺寸线、尺寸界线、起止点，再注写尺寸数字。

（5）检查。图样画完后还要进行一次全面的检查工作，看是否有画错或画得不好的地方，然后进行修改，确保图面质量。

圆弧连接

本 章 小 结

（1）正确掌握绘图工具和用品的使用方法，为以后熟练绘制工程图打下坚实的基础。

（2）熟悉建筑制图标准，熟悉各种线型的正确使用方法及长仿宋体字的书写，掌握尺寸的标注、比例尺的运用，从而准确、迅速地表达图样内容。

（3）掌握几何制图的基本技能，是进行技术交流的途径。

复习思考题

1. 图纸的规格有几种？请认真分析长仿宋体字和字母的写法并每天练习。
2. 尺寸由哪几部分组成？尺寸的排列有什么规定？
3. 何为比例？如图 2-46 所示，请将矩形 *ABCD* 的 *AC* 边五等分，并在该矩形内作五步台阶。

4. 如图 2-47 所示，用绘图工具按不同线型作下列练习（比例：1∶1）。

5. 作圆内正五角星和正六边形，如图 2-48 所示。

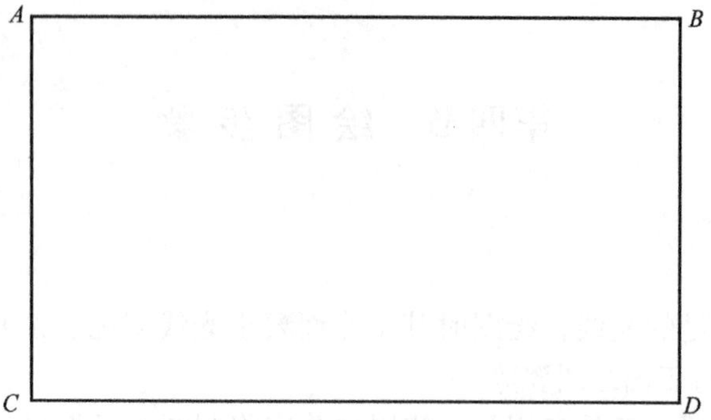

图 2-46　将矩形 *ABCD* 的 *AC* 边五等分

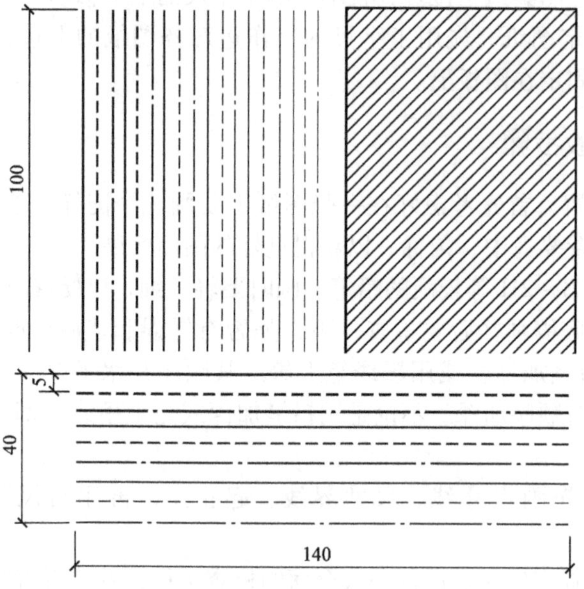

图 2-47　不同线型的练习

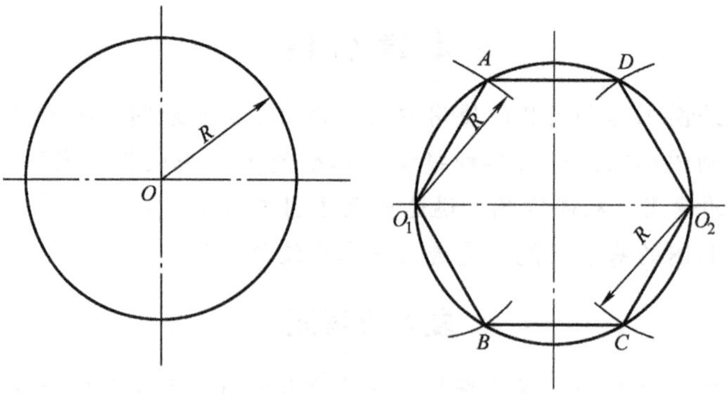

图 2-48　作圆内正五角星和正六边形

第三章　投影基本知识

学习目标：

掌握投影的概念和分类、正投影投影特性、三面正投影体系的形成。

学习重点：

正投影的投影特性、三面正投影体系的形成和三面正投影的关系。

学习建议：

熟悉三面正投影体系及展开图，熟悉三面正投影的投影关系。

第一节　投影的概念和分类

一、投影的概念

在日常生活中，经常会看到物体在灯光或阳光照射下，在墙面或地面上呈现影子，这就叫做呈影现象（图 3-1）。假设从光源发出的光线能够穿过物体，使物体各个部分的棱线都能在影子里反映出来（图 3-2a），这就叫作物体的投影。此时，**光源称为投影中心，承受落影的平面称为投影面，光线称为投射线**。现过投影中心 S 和空间点 A，作投射线 SA 并延长之，与投影面 P 相交于点 a，则 a 称作空间点 A 在投影面 P 上的投影（图 3-2b）。同样，点 b 可以称作空点间 B 在投影面 P 上的投影。习惯上以大写拉丁字母表示空间的几何元素，以小写拉丁字母表示投影。这种用投影来表示物体的方法就叫投影法。

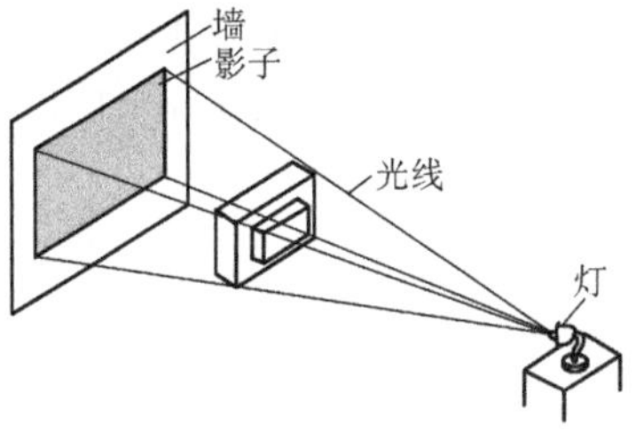

图 3-1　灯光和物体的影子

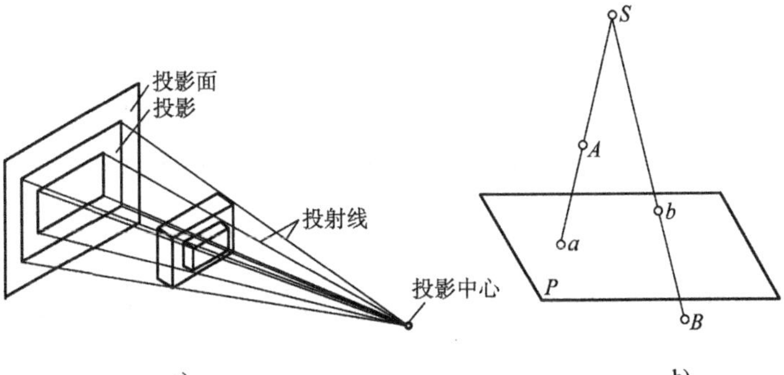

图 3-2　投影的形成

二、投影的分类

投影分为两大类：

（1）中心投影法。投射线由一点放射出来的投影方法，称为中心投影，如图 3-2 所示。这种中心投影法一般在绘制透视图时应用。

（2）平行投影法。当投影中心离开物体无限远时，投射线可看作是相互平行的，投射线相互平行的投影方法称为平行投影。平行投影又分为正投影和斜投影。

1）正投影。投射线相互平行而且垂直于投影面时，称为**正投影法，又称直角投影法**，如图 3-3 所示。**用正投影法画出的物体图形，称为正投影**（正投影图）。正投影图度量性好，作图简便，是工程制图中经常采用的一种主要图示方法。

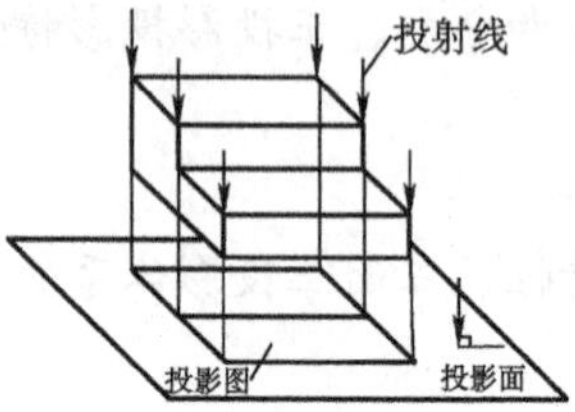

图 3-3　正投影法

投影的概念和分类

2）斜投影。**另一种平行投影法是斜投影法**，即投射线相互平行，但倾斜于投影面，这种投影方法一般在作轴测投影图时应用。

第二节　三面正投影及其特性

一、正投影的投影特性

构成物体最基本的元素是点，直线是由点移动形成的，而平面是由直线移动形成的。在正投影法中，点、直线和平面的投影，具有以下基本特性（图 3-4）。

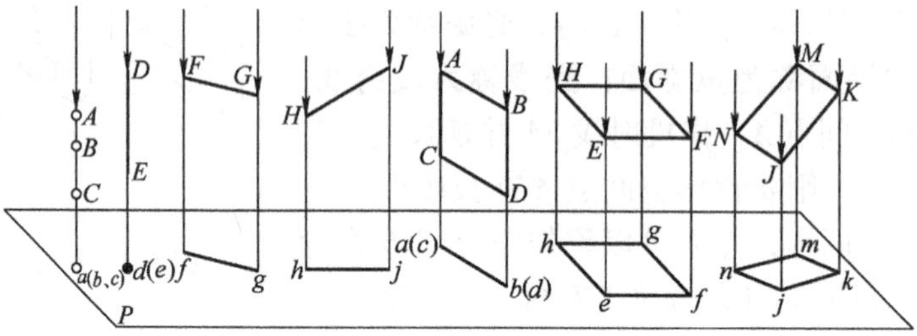

图 3-4　点、直线、平面的正投影特性

1. 点的投影特性

点的投影仍然是点，如图 3-4 所示。位于同一投射线上的各点，其投影重合于一点（规定把同一投射线上，下面的点的投影加上括号），叫重影点，如图 3-4 中空间点 *A*、*B*、*C*，在投影面 *P* 上的投影 *a*(*b*、*c*)。

2. 直线的投影特性

垂直于投影面的直线，其投影积聚为一个点，如图 3-4 中直线 *DE* 的投影 *d*(*e*)。这种特性叫作**积聚性**。

平行于投影面的直线，其投影仍为一直线，且投影反映空间直线的实长，如图 3-4 中直线 *FG* 的投影 *fg*。

倾斜于投影面的直线，其投影也为一直线，但投影不反映空间直线的实长，如图 3-4 中直线 *HJ* 的投影 *hj*。

3. 平面的投影特性

垂直于投影面的平面形，其**投影积聚为一直线**，如图 3-4 中平面形 *ABCD* 的投影 *a*(*c*)*b*(*d*)。

平行于投影面的平面形，其投影仍为一平面形，且投影反映实形，**称实形投影**，如图 3-4 中平面形 *EFGH* 的投影 *efgh*。

倾斜于投影面的平面形，其投影也为一平面形，但投影不反映实形，如图 3-4 中平面形 *JKMN* 的投影 *jkmn*。

二、三面正投影图的形成

如图 3-5 中空间五个不同形状的物体，它们在同一个投影面上的投影却是相同的。因此，在正投影法中，物体的一个投影是不能真实反映空间物体形状的。

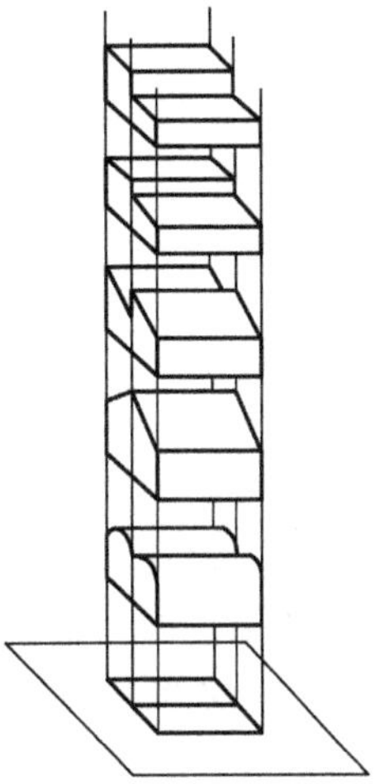

图 3-5 物体的一个正投影不能确定其空间的形状

一般来说，用三个相互垂直的平面作投影面，用物体在这三个投影面上的三个投影，才能比较充分地表示出这个物体的空间形状。这三个相互垂直的投影面，称为**三投影面体系**，如图 3-6 所示。图 3-6 中水平方向的投影面称为**水平投影面，用字母 *H* 表示**；与水平投影面垂直相交的正立方向的投影面称为**正立投影面，用字母 *V* 表示**；与水平投影面及正立投影面同时垂直相交的投影面称为**侧立投影面，用字母 *W* 表示**。图 3-7 为三个投影面的直观图。各投影面的相交线称为投影轴，其中 *V* 面和 *H* 面的相交线称作 *X* 轴；*W* 面和 *H* 面的相交线称作 *Y* 轴；*V* 面和 *W* 面的相交线称作 *Z* 轴，三个投影轴的交点 *O*，称为原点，规定向左、向前、向上为正。

将几何形体放置在三投影面内，向三个投影面进行投影。

在三投影面体系中，作物体的三个投影，就有三个方向的投影线，如图 3-7 中的 *A*、*B* 及 *C*。各个方向的投射线应分别与各投影面相垂直。

将一个踏步模型按水平位置放到三投影面体系中，把它分别投射到三个投影面上，得到三个投影图，如图 3-8 所示。

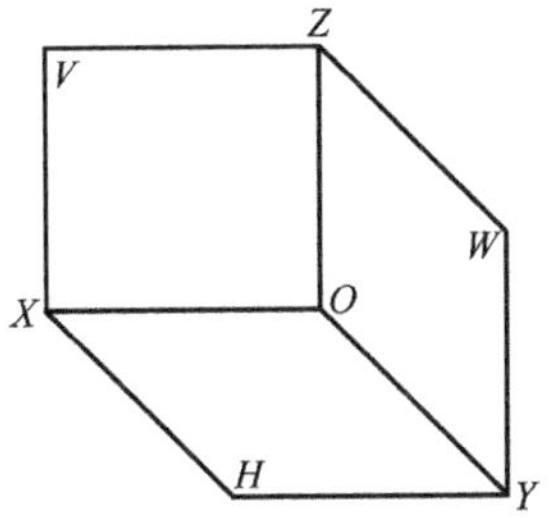

图 3-6 三投影面体系

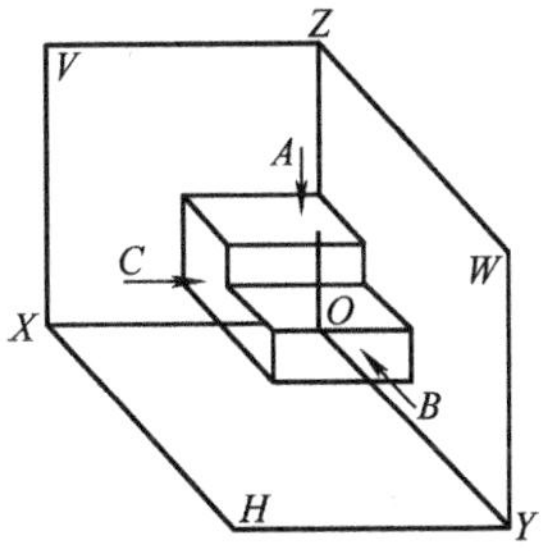

图 3-7 第一分角的三个投影面图

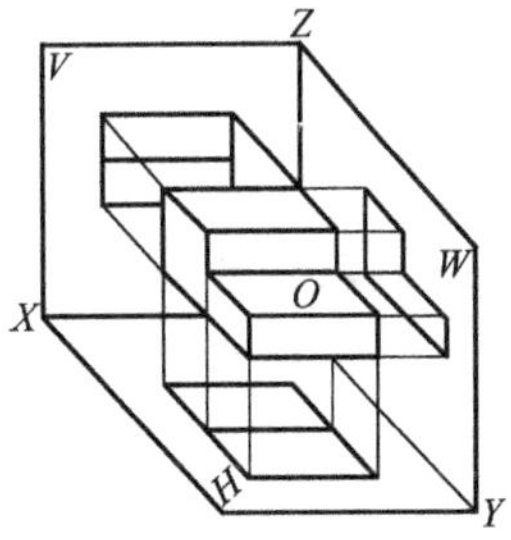

图 3-8 踏步模型的三面投影

由于三个投影面是相互垂直的，因此踏步的三个投影也就不在一个平面上。为了能在一张图纸上同时反映出这三个投影，需要把三个投影面按一定规则展平在一个平面上，其展平方法，如图 3-9a 所示。按规定 V 面不动，H 面绕 X 轴向下转 90°，与 V 面处于同一面上，W 面则绕 Z 轴向右转 90°，也与 V 面处于同一面上，使展平后的 H、V、W 三个投影面都处于同一平面上，这样就能在图纸上用三个方向的投影把物体的形状表示出来了。这里 Y 轴是 H 面和 W 面的交线，因此展平后的 Y 轴被分为两部分，随 H 面回转而在 H 面上的 Y 轴用 Y_H 表示，随 W 面回转而在 W 面上的 Y 轴用 Y_W 表示，如图 3-9b 所示。

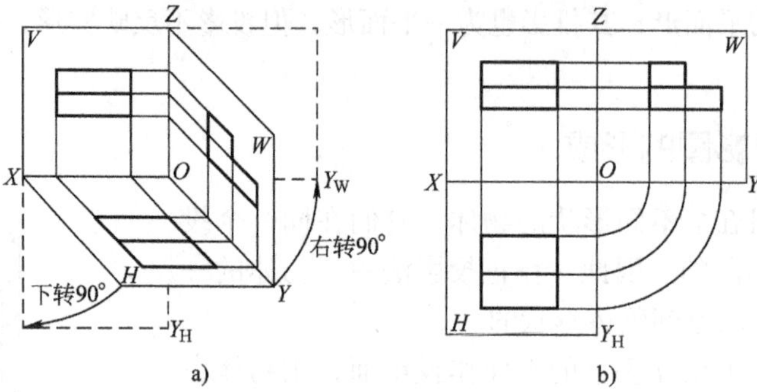

图 3-9　三个投影面的展平方法

投影面是我们设想的，并无固定的边界范围，故在作图时可以不必画出其外框。在工程图中投影轴一般也不画出，但在初学投影作图时还需将投影轴保留，常用细实线画出。上述踏步模型的三面正投影图如图 3-10 所示。

在作投影图时，根据物体的复杂情况，有时只需画出它的 H 面投影和 V 面投影（即无 W 面，也无 OZ 轴和 OY 轴），这种只有 H 面和 V 面的投影面体系称为两投影面体系。

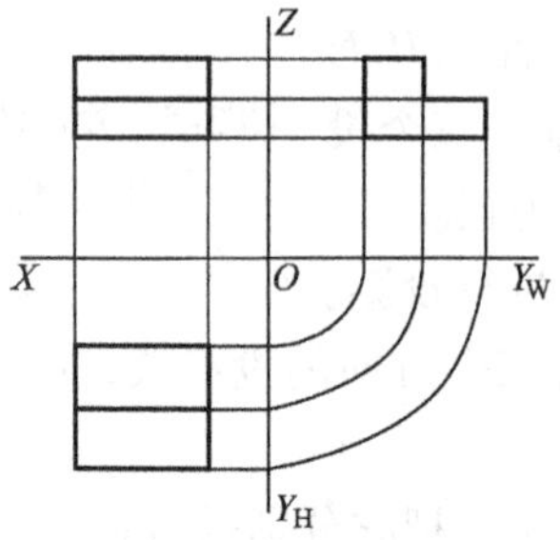

图 3-10　踏步模型的三面正投影

三面正投影及其投影特性

本章小结

（1）投影的分类；正投影的投影特性。

（2）三面正投影体系的形成。

复习思考题

投影是如何分类的？自己动手制作一个空间三面投影体系，并将其展平形成一个平面。

第四章　点、直线、平面的正投影规律

学习目标：

掌握点的三面正投影规律和各种位置点、直线、平面的投影特性；掌握定比性、两直线的相对位置关系、直线与平面相对位置关系。

学习重点：

点的三面正投影规律，各种位置点、直线、平面的投影特性及点、线、面相对位置关系。

学习建议：

能根据点的三面正投影规律，熟练求解各种位置点、直线、平面的投影；熟练求解点、线、平面相对位置关系的问题。

房屋及所有建筑工程，都可以看成是由若干几何体组合而成，而几何体则是由平面、曲面、直线、曲线及点等几何元素组成，因此，学习投影作图必须先研究点、线、面投影的基本规律。

第一节　点的投影

一、点的三面投影及其投影规律

过空间点 A 作投影线，分别垂直于三面投影体系的 H 面、V 面、W 面，与上述三投影面的交点即为点 A 的三个投影 a、a'、a''。图 4-1a 是空间点 A 三面投影的直观图，图 4-1b 是三个投影面展平后所得点 A 的投影图。

在投影中，空间点用大写字母表示，其在 H 面、V 面、W 面上的投影分别称为水平投影、正立面投影、侧立面投影，用同名小写字母 a、小写字母加一撇 a'、小写字母加两撇 a'' 表示。

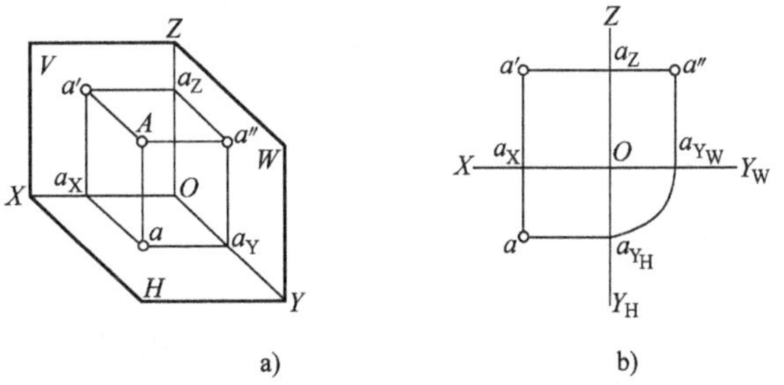

图 4-1　点的三面投影

从图 4-1a 中可以看出，过空间点 A 的两条投影线 Aa 和 Aa' 所决定的平面，与 V 面和 H 面同时垂直相交，交线分别是 aa_X 和 $a'a_X$，因此 OX 轴必定垂直于平面 Aaa_Xa'，也就是垂直于 aa_X 和 $a'a_X$，而 aa_X 和 $a'a_X$ 是互相垂直的两条直线，当 H 面绕 X 轴旋转至与 V 面成为同一平面时，aa_X 和 $a'a_X$ 就成

为一条垂直于 OX 轴的直线，即 $aa' \perp OX$（图 4-1b）。同理 $a'a'' \perp OZ$。a_Y 在投影面展平之后，被分为 a_{Y_H} 和 a_{Y_W} 两个点，所以 $aa_{Y_H} \perp OY_H$，$a''a_{Y_W} \perp OY_W$，即 $aa_X = a''a_Z$。

点的投影具有以下规律：

（1）正面投影和水平投影连线必定垂直于 X 轴，即

$$a'a \perp OX$$

（2）正面投影和侧面投影连线必定垂直于 Z 轴，即

$$a'a'' \perp OZ$$

（3）水平投影到 X 轴的距离等于侧面投影到 Z 轴的距离，即

$$aa_X = a''a_Z$$

从图 4-1a 中还可以看出，$Aa = a'a_X = a''a_Y$。其中 Aa 是空间点 A 到 H 面的距离；$Aa' = aa_X = a''a_Z$，其中 Aa' 是空间点 A 到 V 面的距离；$Aa'' = a'a_Z = aa_Y$，其中 Aa'' 是空间点 A 到 W 面的距离。因此得出：点的三个投影到各投影轴的距离，分别代表空间点到相应的投影面的距离，如图 4-2 所示。

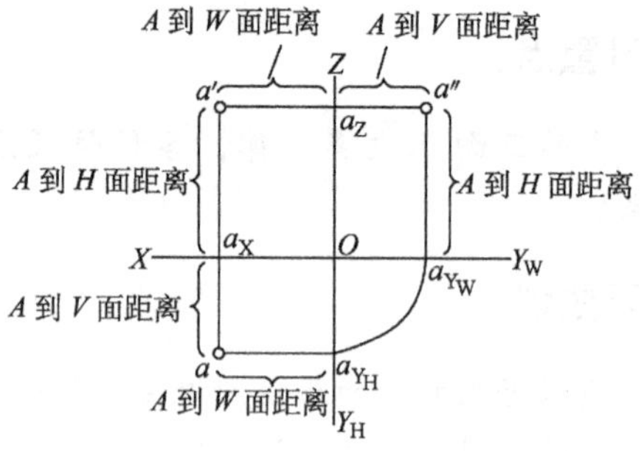

图 4-2　空间点到投影面的距离

【例 4-1】　已知点 B 的 H 面投影 b 和 W 面投影 b''，求作点 B 的 V 面投影 b'。

根据点的投影规律，b' 的求作方法如图 4-3 所示。

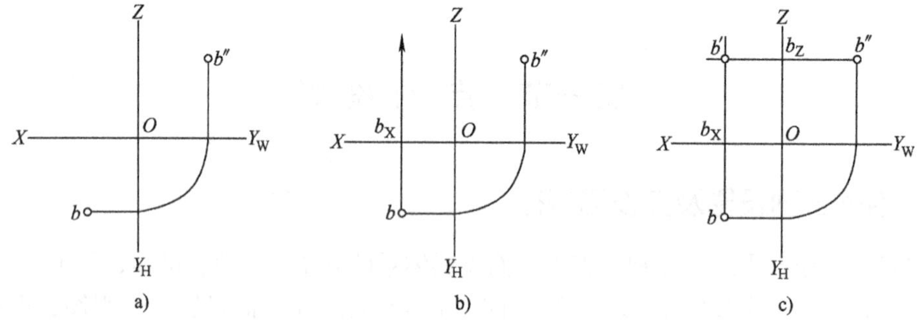

图 4-3　已知点的两个投影求第三个投影（一）

a）已知点 B 的 H、W 面投影为 b、b''　b）过 b 点作 OX 轴的垂线 bb_X 并延长之

c）过 b'' 作 OZ 轴的垂线 $b''b_Z$ 并延长之，与 bb_X 延长线相交于 b' 点，即为所求

【例 4-2】　已知点 C 的 H 面投影 c 和 V 面投影 c'，求作点 C 的 W 面投影 c''。根据点的投影规律，c'' 的求作方法如图 4-4 所示。

在［例 4-2］中，使 $Oc_{Y_H} = Oc_{Y_W}$ 的方法，是用圆弧求作的。此外，还有以下两种作法如图 4-5、图 4-6 所示。

二、点的坐标

在三面投影体系中，空间点及其投影的位置还可以用坐标来确定。我们把三投影面体系看作空间直角坐标系，投影轴 OX、OY、OZ 相当于坐标系 X、Y、Z 轴，投影面 H、V、W 相当于三个坐标面，投影轴原点 O 相当于坐标系原点。

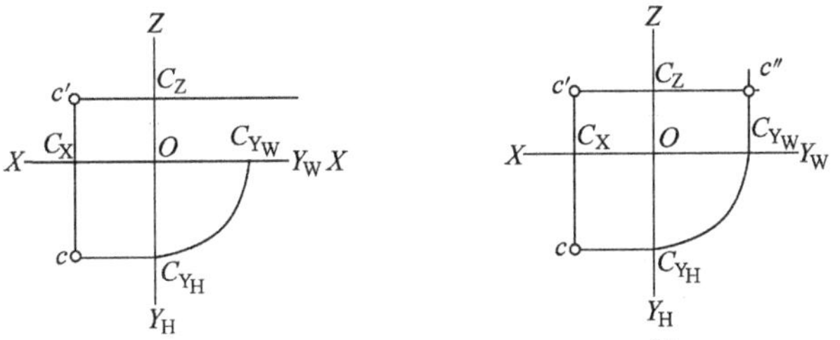

a)　　　b)

图 4-4　已知点的两个投影求第三个投影（二）

a）以 O 为圆心，OC_{Y_H}为半径作弧，交 OY_W 于 C_{Y_W}，即 $OC_{Y_H}=OC_{Y_W}$

b）过 C_{Y_W}作 OY_W 的垂线，与 $C'C_Z$ 之延长线相交，交点 C''即为所求

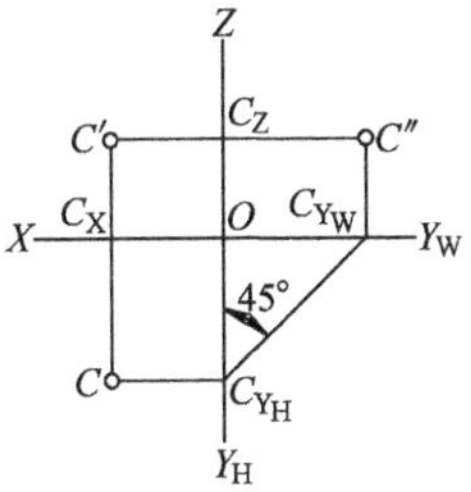

图 4-5　求点的第三个投影——45°斜线作法

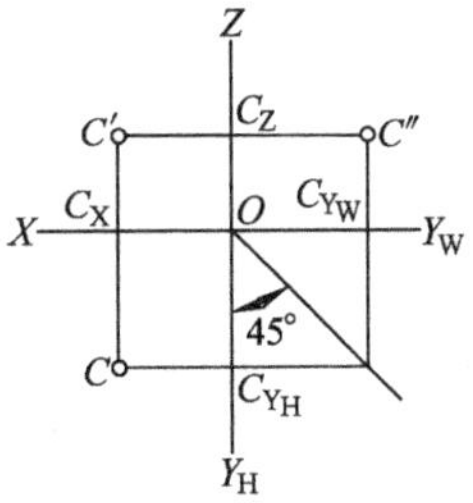

图 4-6　求点的第三个投影——45°分角线的作法

如图 4-7 所示，空间一点到三投影面的距离，就是该点的三个坐标（用小写字母 x、y、z 表示），即空间点 A 到 W 面的距离为 x，即 $Aa''=a'a_Z=aa_{Y_H}=x$。

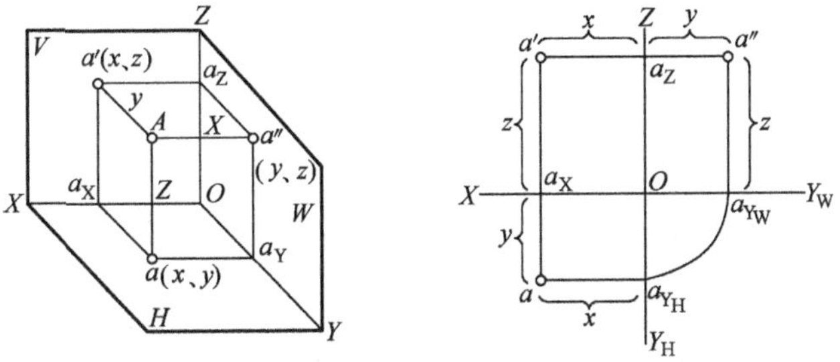

图 4-7　点的坐标

空间点 A 到 V 面的距离为 y，即：$Aa'=aa_X=a''a_Z=y$。

空间点 A 到 H 面的距离为 z，即：$Aa=a'a_X=a''a_{Y_W}=z$。

空间点及其投影的位置可用坐标方法表示，如点 A 的空间位置是 $A(x、y、z)$。应用坐标能非常容易地指出空间点距各投影面的距离。如点 A 到 H 面的距离是 z 坐标；到 V 面的距离是 y 坐标；到 W 面的距离是 x 坐标。

【例 4-3】　已知点 $A(20，15，10)$，求作点的三面投影图。

作法如图 4-8 所示。

【例 4-4】　已知点 B 的坐标 $x=20$，$y=0$，$z=10$，即 $B(20，0，10)$，求作点 B 的三面投影图。

作法如图 4-9 所示。注意点 B 的 $y=0$，即表示该点离 V 面的距离为零，也就是点 B 位于 V 面上。

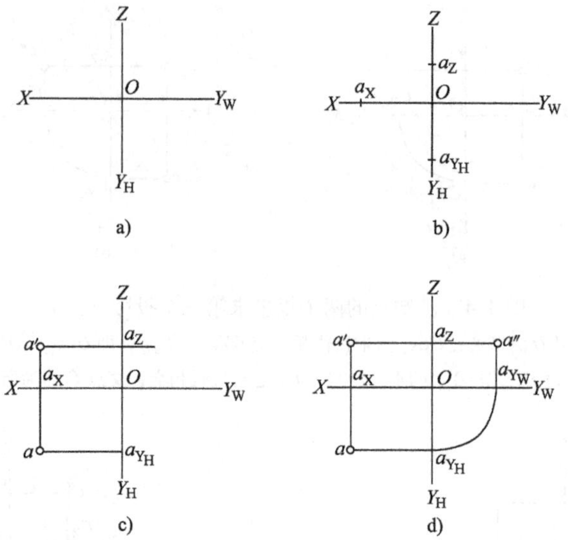

图 4-8　根据坐标作点的三面投影（一）

a）画出投影轴　b）在 OX 轴上量取 $Oa_X=x=20$，在 OY 轴上量取 $Oa_{Y_H}=y=15$，在 OZ 轴上量取 $Oa_Z=z=10$
c）过 a_X 作 OX 轴的垂线，过 a_Z 作 OZ 轴的垂线，过 a_{Y_H} 作 OY_H 轴的垂线，得交点 a 和 a'
d）按（例 4-2）方法求得 a''

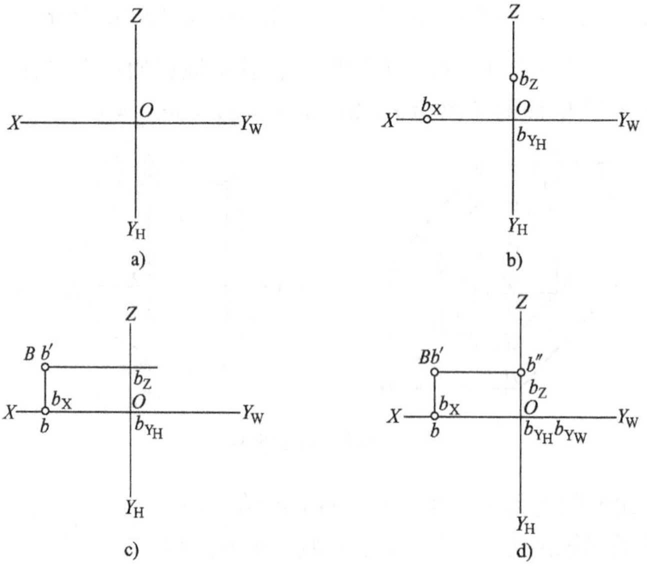

图 4-9　根据坐标作点的三面投影（二）

a）画出投影轴　b）量取 $Ob_X=x=20$，$Ob_Z=z=10$，$Ob_{Y_H}=y=0$
c）过 b_X 作 OX 轴垂线，过 b_Z 作 OZ 轴垂线，得交点 b、b'　d）因 $Ob_{Y_H}=Ob_{Y_W}=0$，所以 b'' 与 b_Z 重合

三、各种位置的点

点的投影

如图 4-10 所示，点与投影面的相对位置有三类。

（1）空间点。**空间点**的三个坐标都不等于零，三个投影都在投影面上。

（2）投影面上的点。**投影面上的点**必有一个坐标是零，在这个投影面上的投影位于原位置，另外两个投影分别在这个投影面的两条投影轴上。

（3）投影轴上的点。**投影轴上的点**有两个坐标为零，在相交于这条投影轴的两个投影面上的投影，重合于原位置，另一投影重合于原点 O。

需注意的是：图 4-10a 中，C 点是 OY 轴上的点，它的 H 面投影 c 和 W 面投影 c''都重合于 OY 轴上的原位置，但在投影图中，H 面投影 c 应写在 H 面的 OY_H 轴上，而 W 面投影 c''则应写在 W 面的 OY_W 轴上。

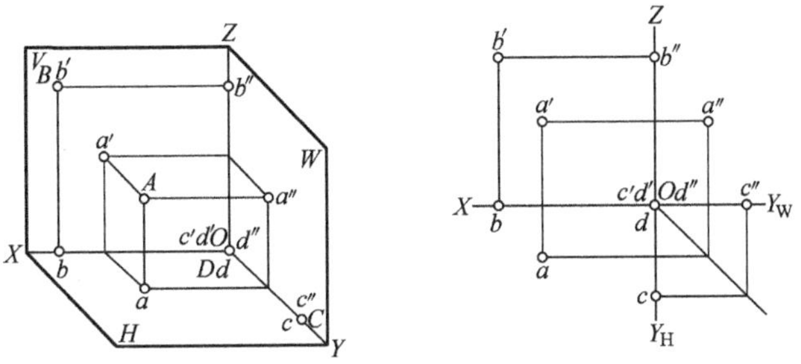

a)　　b)

图 4-10　各种位置的点

四、两点的相对位置

两点的相对位置是指两点间上下、前后、左右的位置关系。

1. 两点的方位

由点的投影图可判别两点在空间的相对位置，首先应该了解空间一个点有前、后、上、下、左、右等六个方位，如图 4-11a 所示。这六个方位在投影图上也能反映出来，如图 4-11b 所示。

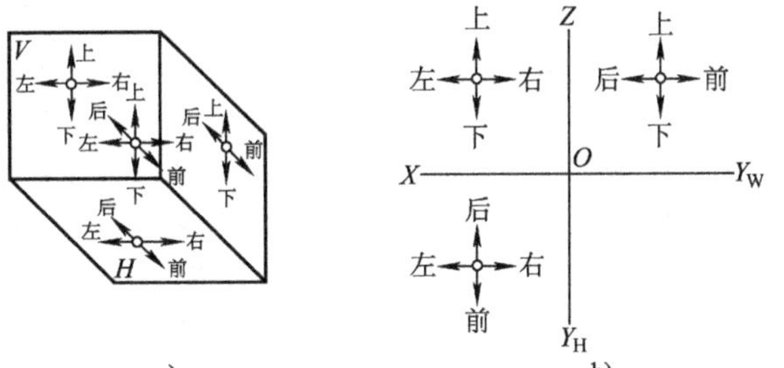

a)　　b)

图 4-11　投影图上的方位

从图 4-11 中可以看出：

在 H 面上的投影，能反映左、右（即到 W 面的距离——X 坐标）和前、后（即到 V 面的距离——Y 坐标）的情况。

在 V 面上的投影，能反映左、右（即点至 W 面的距离——X 坐标）和上、下（即到 H 面的距离——Z 坐标）的情况。

在 W 面上的投影，能反映前、后（即到 V 面的距离——Y 坐标）和上、下（即到 H 面的距离——Z 坐标）的情况。

根据方位就可判别两点在空间的相对位置。

【例 4-5】　试判别 C、D 两点的相对位置（图 4-12）。

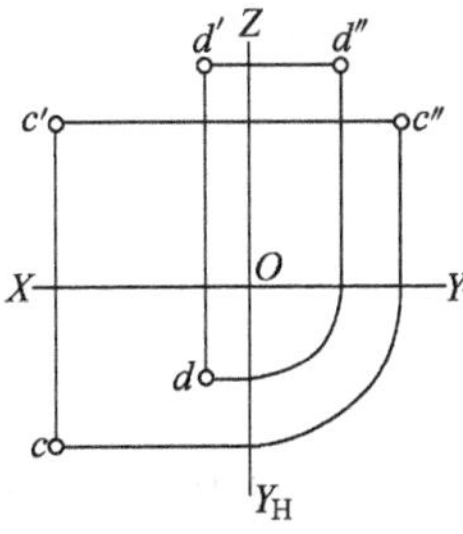

图 4-12　判断两点的相对位置

从图 4-12 中可以看出：

c、c'在 d、d'之左，即点 C 在点 D 的左方；c'、c''在 d'、d''之下，即点 C 在点 D 的下方；c、c''在 d、d''之前，即点 C 在点 D 的前方。

由此判别点 C 在点 D 的左、下、前方，或点 D 在点 C 的右、上、后方。

2. 重影点

如果两个点位于同一投射线上，则此两点在垂直投射线的同一投影面上的投影必然重叠，该投影可称为重影，重影的空间两个点称为**重影点**。

图 4-13 中，点 A、B 是位于同一投射线上的两点，它们在 H 面上的投影 a 和 b 相重叠。我们沿着投射线方向朝投影面观看，离投影面较近的点 B 被较远的点 A 所遮挡，点 A 为可见点，点 B 为不可见点。在投影上规定重影点中不可见点的投影用字母加一括号表示，如图 4-13 中的点 (b)。

【例 4-6】 如图 4-14 所示，已知 A、B、C 三点的三个投影，试判别 A、B、C 三点的相对位置。

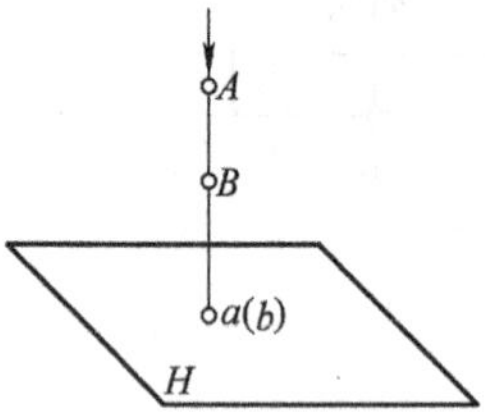

图 4-13 重影点

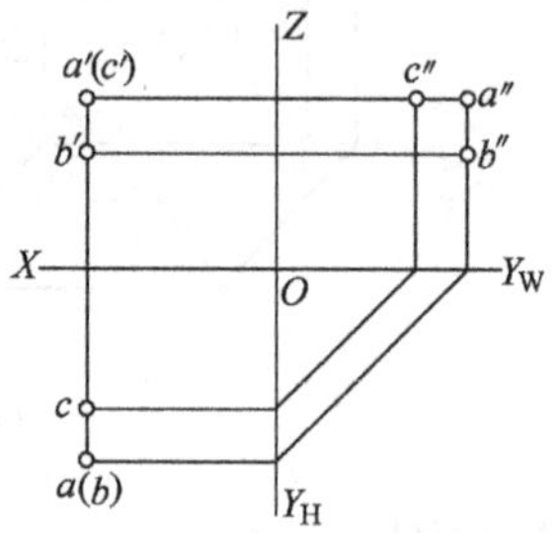

图 4-14 判别三点相对位置

识读时可以从一个个投影图来分析。

由 V 面上的投影可见：a' 和 c' 重影，即 A、C 两点位于垂直 V 面的同一投射线上。也就是 A、C 两点离 H 面距离相等（两点不分上、下），离 W 面距离也相等（两点不分左、右），所以 A 和 C 点仅有前、后相对关系。a'、c' 位于 b' 之上，且 a'、c' 和 b' 距离 Z 轴相等，即三点距离 W 面相等（A、B、C 三点不分左、右），点 A、C 位于点 B 正上方。

由 H 面上的投影可见：$a(b)$ 重影，即 A、B 两点位于垂直 H 面的同一投射线上，即两点距离 V 面相等（不分前、后），距离 W 面也相等（不分左、右），所以 A、B 两点有上、下相对关系。$a(b)$ 位于 c 之前，且 $a(b)$ 和 c 距离 Y_H 轴相等，即三点距离 W 面相等（三点不分左、右），点 C 位于点 A、B 正后方。

识读了两个面上的投影后即可判别：

点 A 位于点 C 的正前方（所以 a'、c' 重影），点 A 位于点 B 正上方（所以 a、b 重影）。

点 B 位于点 C 的正前、下方，点 B 位于点 A 的正下方。

点 C 位于点 A 正后方，点 C 位于点 B 正后、上方。

由此可见：H 面上的重影点可利用 V 面上两点的上下方位来判断；V 面上的重影点可利用 H 面上两点的前后方位来判断；W 面上的重影点可利用 V 面上两点的左右方位来判断。

各种位置的点

第二节 直线的投影

一、直线投影图的作法

由立体几何可知，两点确定一直线。所以，求作直线的投影，应根据点的投影规律，先求出该直线上两端点的投影（一直线段通常取其两个端点），然后连接该两点的同名投影（在同一投影面上的投影），即得该直线的投影。

【例 4-7】 已知直线 AB 两端点为 $A(10, 20, 5)$、$B(20, 5, 15)$，求作直线 AB 的三面投影。

直线 AB 三面投影的作法如图 4-15 所示。

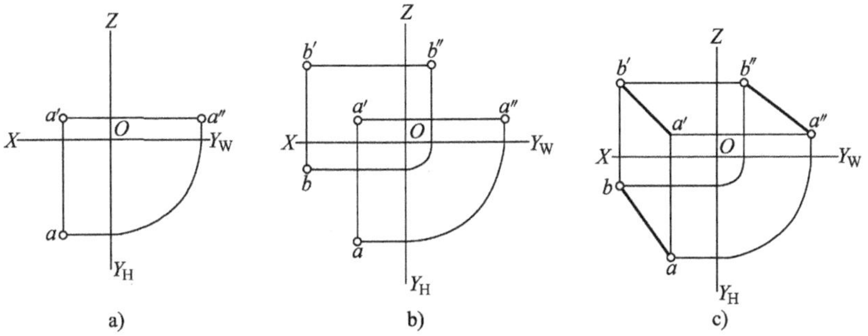

图 4-15　直线投影图的作法

a）作点 A 的投影　b）作点 B 的投影　c）分别连接 A、B 两点的同名投影，即得直线 AB 的投影

二、各种位置直线的投影

1. 一般位置直线

对三个投影面都倾斜的直线，称为一般位置直线，如图 4-16 中的直线 AB。

（1）直线 AB 的各个投影 ab、$a'b'$ 和 $a''b''$ 倾斜于各投影轴。

（2）由于直线 AB 倾斜于三个投影面，所以直线 AB 在各投影面上的投影 ab、$a'b'$ 和 $a''b''$ 都比 AB 短，即不等于 AB 的实长。

（3）直线与投影面之间的夹角，称为直线对投影面的倾角。直线对 H 面、V 面和 W 面的倾角分别用 α、β 和 γ 表示。

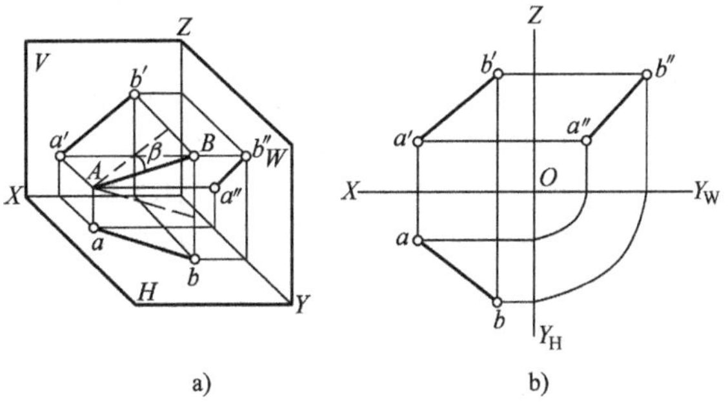

图 4-16　一般位置直线的投影

一般位置直线 AB 的投影 ab、$a'b'$ 和 $a''b''$ 与各投影轴的交角，都不能反映直线 AB 与相应的各投影面之间倾角的真实大小。

一般位置直线的投影特点是：

一般位置直线的三个投影都倾斜于投影轴，都不反映直线实长和与投影面所成的倾角。

2. 特殊位置直线

（1）投影面平行直线。投影面平行直线是指仅平行于一个投影面，而倾斜于另两个投影面的直线。投影面平行线可分为三种：

1）H 面平行直线——平行于 H 面，倾斜于 V 面、W 面的直线，又称水平线。

2）*V* 面平行直线——平行于 *V* 面，倾斜于 *H* 面、*W* 面的直线，又称正平线。

3）*W* 面平行直线——平行于 *W* 面，倾斜于 *H* 面、*V* 面的直线，又称侧平线。

三种投影面平行线的投影图和投影特点见表 4-1。

表 4-1 投影面平行线的投影图和投影特点

名称	水 平 线	正 平 线	侧 平 线
直观图	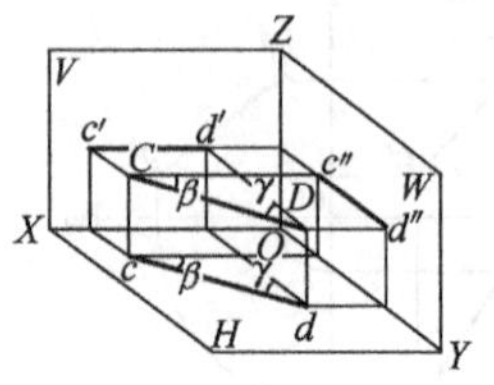	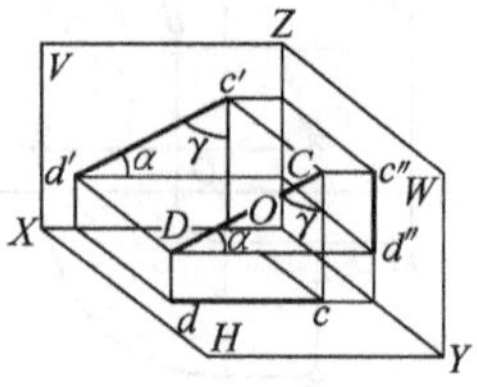	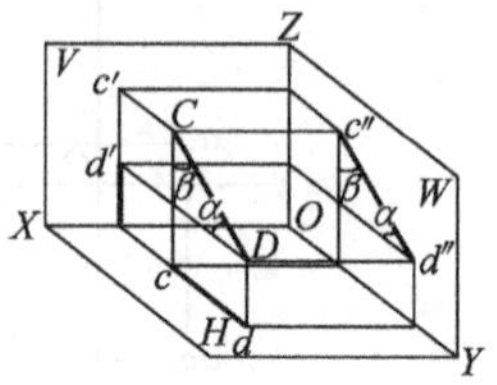
投影图	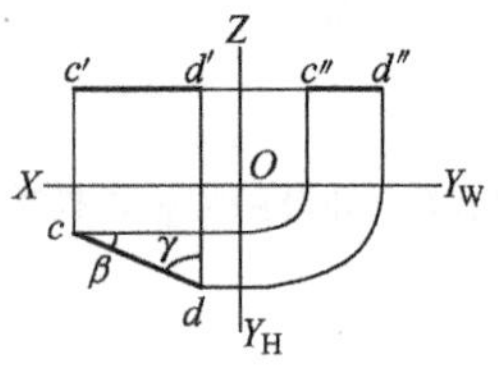	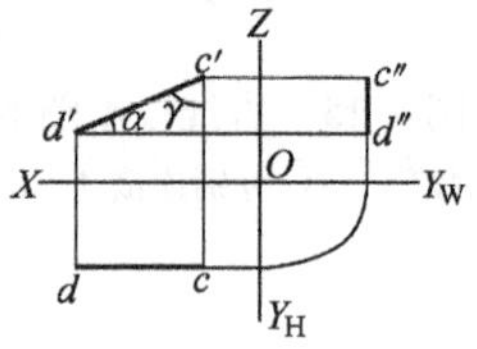	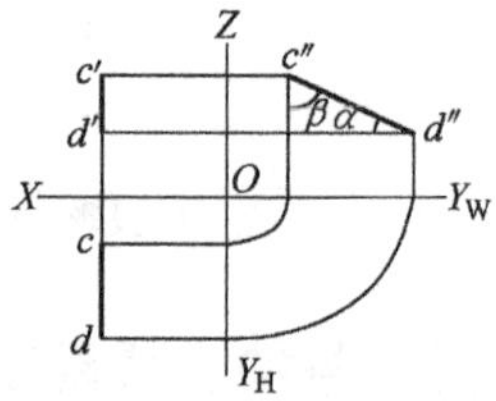
投影特点	1. 在 *H* 面上的投影反映实长、β 角和 γ 角，即 $cd = CD$ cd 与 OX 轴夹角等于 β cd 与 OY_H 轴夹角等于 γ 2. 在 *V* 面和 *W* 面上的投影分别平行投影轴，但不反映实长，即 $c'd' /\!/ OX$ 轴 $c''d'' /\!/ OY_W$ 轴 $c'd' < CD$，$c''d'' < CD$	1. 在 *V* 面上的投影反映实长、α 角和 γ 角，即 $c'd' = CD$ $c'd'$ 与 OX 轴夹角等于 α $c'd'$ 与 OZ 轴夹角等于 γ 2. 在 *H* 面和 *W* 面上的投影分别平行投影轴，但不反映实长，即 $cd /\!/ OX$ 轴 $c''d'' /\!/ OZ$ 轴 $cd < CD$，$c''d'' < CD$	1. 在 *W* 面上的投影反映实长、α 角和 β 角，即 $c''d'' = CD$ $c''d''$ 与 OY_W 轴夹角等于 α $c''d''$ 与 OZ 轴夹角等于 β 2. 在 *H* 面和 *V* 面上的投影分别平行投影轴，但不反映实长，即 $cd /\!/ OY_H$ 轴 $c'd' /\!/ OZ$ 轴 $cd < CD$，$c'd' < CD$

通过以上分析可以归纳出**投影面平行直线的投影特性**：

1）投影面平行线在它所平行的投影面上的投影倾斜于投影轴，但反映直线的实长，该投影与投影轴的夹角等于空间直线与相应的投影面之倾角。

2）其他两个投影虽平行于该直线所平行的投影面的两个投影轴，且共同垂直另一投影轴，但该两投影的长度比空间直线短。

（2）投影面垂直线。投影面垂直线是指垂直于一个投影面的直线，该直线必定平行于另外两个投影面。投影面垂直线可分为三种：

1）*H* 面垂直线——垂直于 *H* 面，平行于 *V* 面和 *W* 面的直线，又称铅垂线。

2）*V* 面垂直线——垂直于 *V* 面，平行于 *H* 面和 *W* 面的直线，又称正垂线。

3）*W* 面垂直线——垂直于 *W* 面，平行于 *V* 面和 *H* 面的直线，又称侧垂线。

三种投影面垂直线的投影图和投影特点见表 4-2。

表 4-2　投影面垂直线的投影图和投影特点

名称	铅　垂　线	正　垂　线	侧　垂　线
直观图	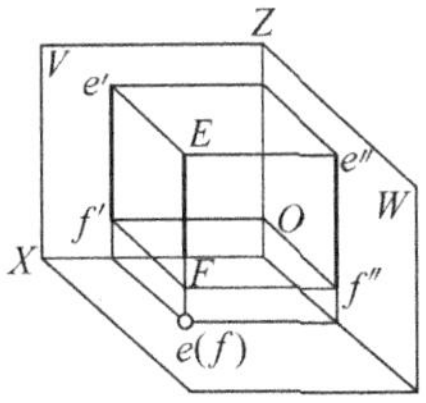	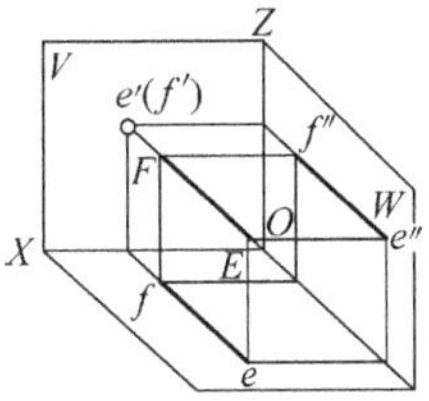	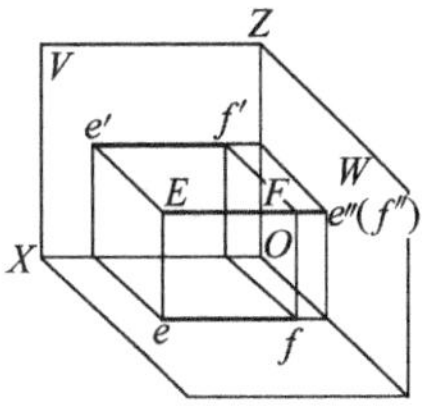
投影图	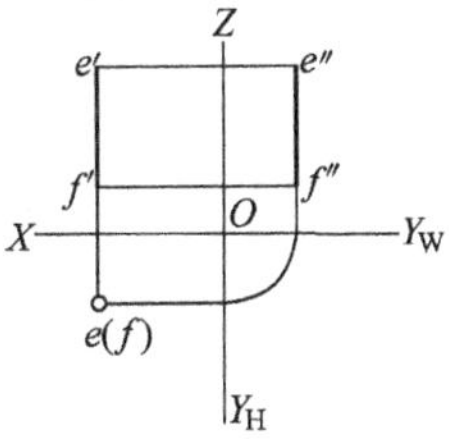	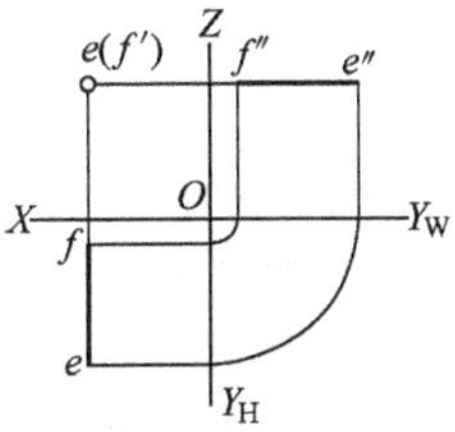	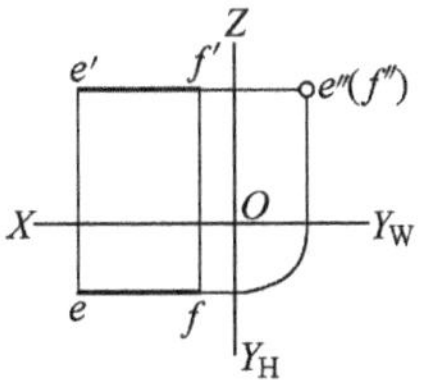
投影特点	1. 在 H 面上的投影 e、f 重影为一点，即该投影具有积聚性 2. 在 V 面和 W 面上的投影反映实长，即 $e'f'=e''f''=EF$，且： $e'f'\perp OX$ 轴 $e''f''\perp OY_W$ 轴	1. 在 V 面上的投影 e'、f' 重影为一点，即该投影具有积聚性 2. 在 H 面和 W 面上的投影反映实长，即 $ef=e''f''=EF$，且： $ef\perp OX$ 轴 $e''f''\perp OZ$ 轴	1. 在 W 面上的投影 e''、f'' 重影为一点，即该投影具有积聚性 2. 在 H 面和 V 面上的投影反映实长，即 $ef=e'f'=EF$，且： $ef\perp OY_H$ 轴 $e'f'\perp OZ$ 轴

通过以上分析可以归纳出**投影面垂直线的投影特性**：

1）投影面垂直线在它所垂直的投影面上的投影重影为一个点，即该投影具有积聚性。

2）其他两个投影反映直线的实长，并分别垂直于该直线所垂直的投影面的两个投影轴，且都平行于另一个投影轴。

三、直线上点的投影特性

点在直线上，那么它的投影一定在该直线的同名投影上。如图 4-17 所示，空间点 C 的投影 c、c'、c''都在直线 AB 的同名投影上，说明该点是直线 AB 上的一个点。又直线 AB 和通过 AB 所作的投射线，与其投影 ab 形成一个垂直于 H 面的平面，过直线上的点 C 所作的投射线 Cc 必然是在这个平面内，且 $Aa \parallel Cc \parallel Bb$，所以 $AC:CB=ac:cb$。同理：$AC:CB=a'c':c'b'$，$AC:CB=a''c'':c''b''$。**由此可知：**

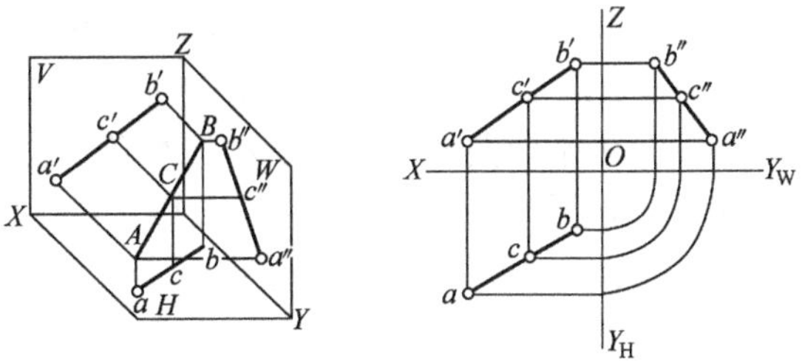

图 4-17　直线上点的投影

直线上的点，它的投影必然也在该直线的同名投影上。

直线上一个点把直线分为一定比例的两段，则该点投影也分直线同名投影为相同比例的两段。这也称作定比性。

【例 4-8】 已知直线 AB 的投影 ab 和 $a'b'$（图 4-18a），求作直线上一点 C 的投影，使 $AC:CB=3:2$。

作法如图 4-18 所示。

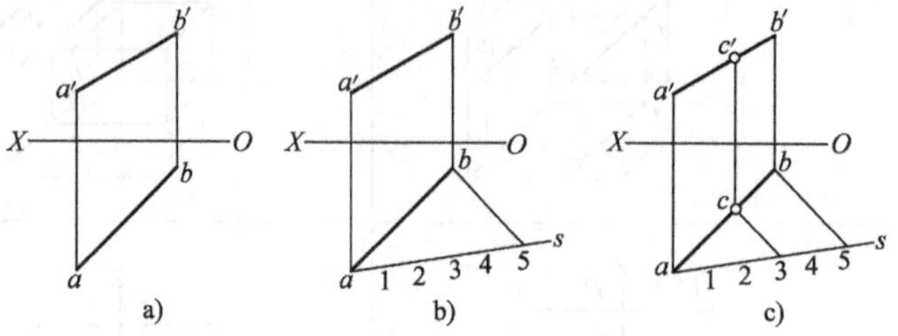

图 4-18 分直线为定比的点的投影

a）已知直线 AB 的投影 ab 和 $a'b'$ b）过 a 作辅助线 as，并量取 5 个单位，得 1，2，…，5 各点，连 $b5$ c）过 3 作 $b5$ 的平行线，交 ab 于 c，再自 c 作 OX 的垂线，延长交 $a'b'$ 于 c'，c 和 c' 即为所求

直线的投影

第三节 平面的投影

一、各种位置平面的投影

1. 平面的表示方法

（1）用几何元素表示平面，如图 4-19 所示。

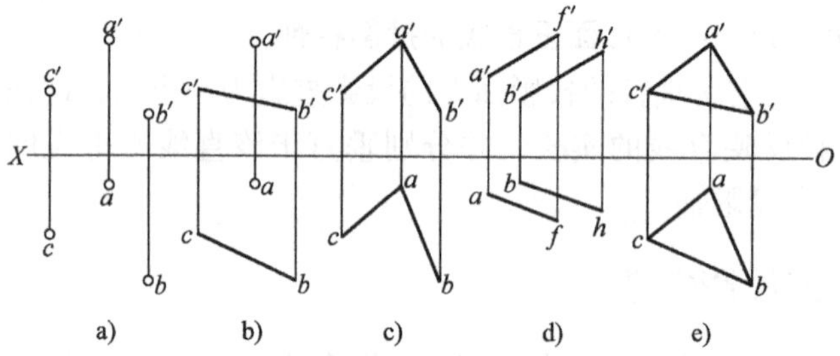

图 4-19 用几何元素表示平面

在上述用各种几何元素表示平面的方法中，较多采用平面图形来表示一个平面。但必须注意，这种平面图形可能仅表示其本身，也有可能表示包括该图形在内的一个无限广阔的平面。为叙述方便，我们统称为平面。

（2）用迹线表示的平面。迹线即平面与投影面产生的交线，如图 4-20 所示。

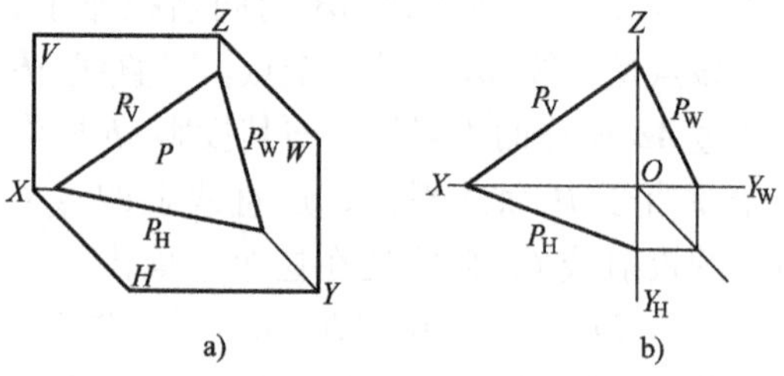

图 4-20 用迹线表示平面

a）轴测图 b）投影图

设空间一平面 P，它与 H 面的交线叫水平迹线，用 P_H 表示；与 V 面的交线叫正面迹线，用 P_V 表示；与 W 面的交线叫侧面迹线，用 P_W 表示。

2. 平面投影图的作法

平面一般是由若干轮廓线围成的，而轮廓线可以由其上的若干点来确定，所以求作平面的投影，实质上也就是根据点的投影规律，求作点和线的投影。如图 4-21a 所示为空间一个三角形 *ABC* 的直观图，只要求出它的三个顶点 *A*、*B* 和 *C* 的投影（图 4-21b），再分别将各同名投影连接起来，就得到三角形 *ABC* 的投影（图 4-21c）。

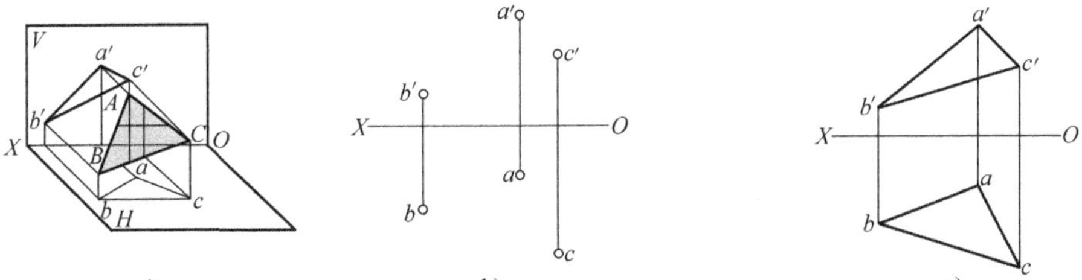

a)　　b)　　c)

图 4-21　平面投影图的作法

3. 一般位置平面

在三投影面体系中，对三个投影面都倾斜的平面，称为一般位置平面，如图 4-22a 中的三角形 *ABC*。该平面与投影面 *H*、*V*、*W* 的倾角，分别用 α、β、γ 表示。**一般位置平面的投影特点是：**它的三个投影都没有积聚性，而且都只反映原平面图形的几何形状，比实形小（即类似形）。

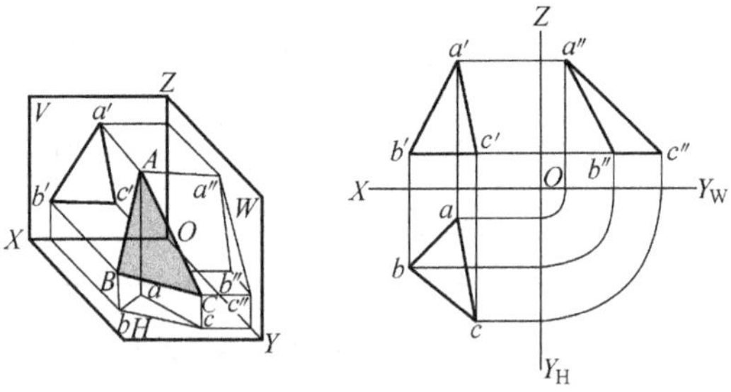

a)　　b)

图 4-22　一般位置平面投影

4. 特殊位置平面

（1）投影面平行平面。空间平面平行于一个投影面，同时垂直于另外两个投影面，称投影面平行面。投影面平行面又可分为三种：

1）*H* 面平行面——平行于 *H* 面的平面，又称水平面。

2）*V* 面平行面——平行于 *V* 面的平面，又称正平面。

3）*W* 面平行面——平行于 *W* 面的平面，又称侧平面。

三种投影面平行面及其投影特点见表 4-3。

表 4-3　投影面平行面及其投影特点

名称	直　观　图	投　影　图	投 影 特 点
水平面	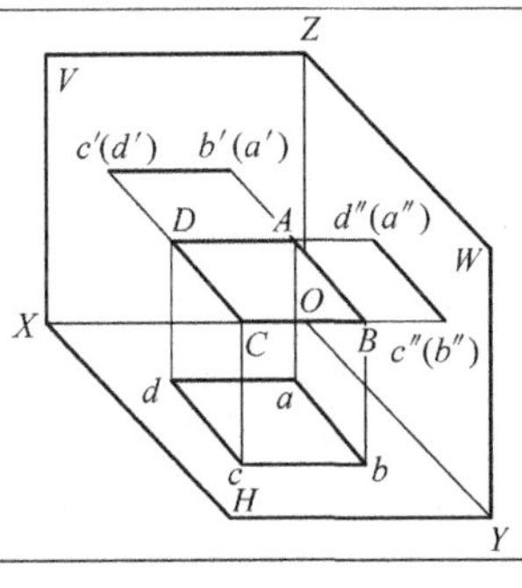	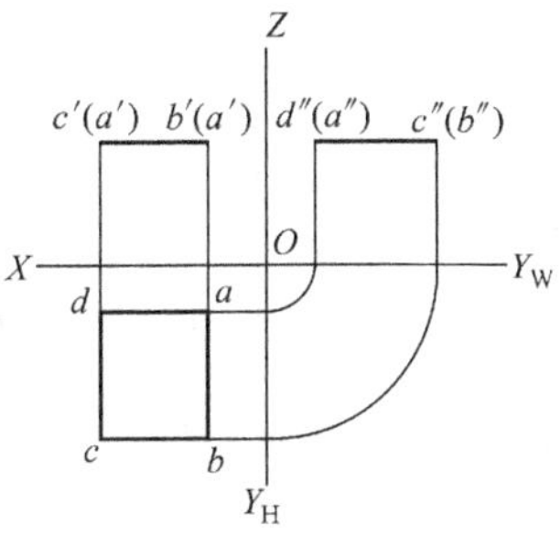	1. 在 *H* 面上的投影反映实形 2. 在 *V* 面、*W* 面上的投影积聚为一直线，且分别平行于 *OX* 轴和 OY_W 轴

（续）

名称	直 观 图	投 影 图	投 影 特 点
正平面	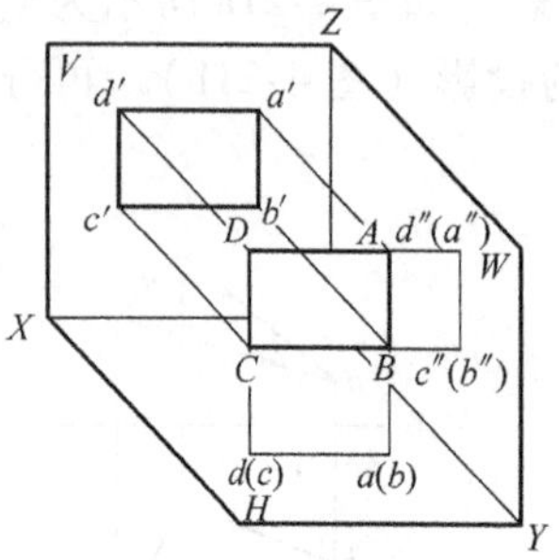	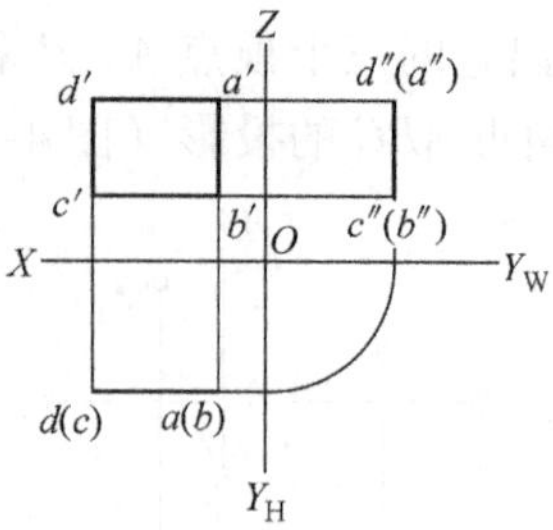	1. 在 V 面上的投影反映实形 2. 在 H 面、W 面上的投影积聚为一直线，且分别平行于 OX 轴和 OZ 轴
侧平面	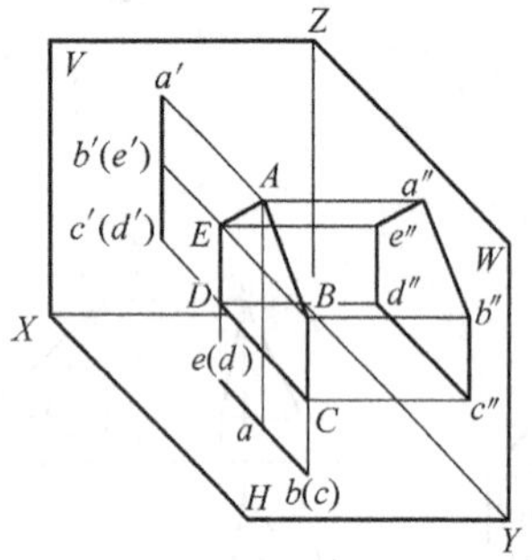	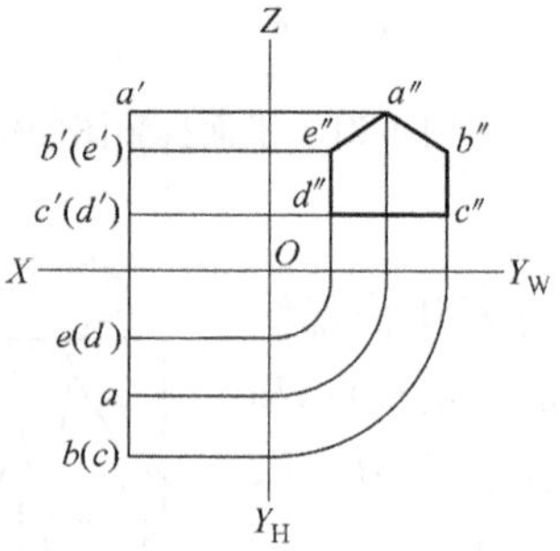	1. 在 W 面上的投影反映实形 2. 在 V 面、H 面上的投影积聚为一直线，且分别平行于 OZ 轴和 OY_H 轴

通过以上分析可以归纳出**投影面平行面的投影特点**：

1）投影面平行面在它所平行的投影面上的投影，反映该平面的实形。

2）因为投影面平行面又同时垂直于另外两个投影面，所以它在另两个投影面上的投影都积聚为一条直线，且分别平行于相应的投影轴。

（2）投影面垂直平面。空间平面垂直于一个投影面，同时倾斜于另两个投影面。投影面垂直面又可分为三种：

1）H 面垂直面——垂直于 H 面的平面，又称铅垂面。

2）V 面垂直面——垂直于 V 面的平面，又称正垂面。

3）W 面垂直面——垂直于 W 面的平面，又称侧垂面。

三种投影面垂直面及其投影特点见表 4-4。

表 4-4　投影面垂直面及其投影特点

名称	直 观 图	投 影 图	投 影 特 点
铅垂面	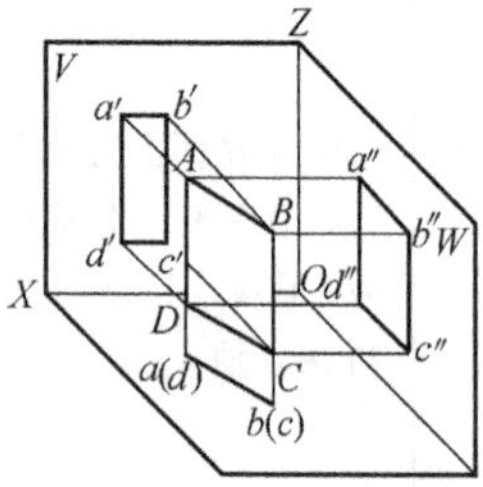	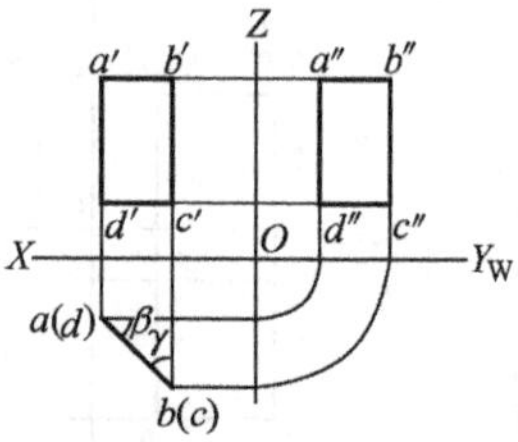	1. 在 H 面上的投影积聚为一条与投影轴倾斜的直线 2. β、γ 反映平面与 V 面、W 面的倾角 3. 在 V 面、W 面上的投影不反映实形的类似形

（续）

名称	直　观　图	投　影　图	投 影 特 点
正垂面	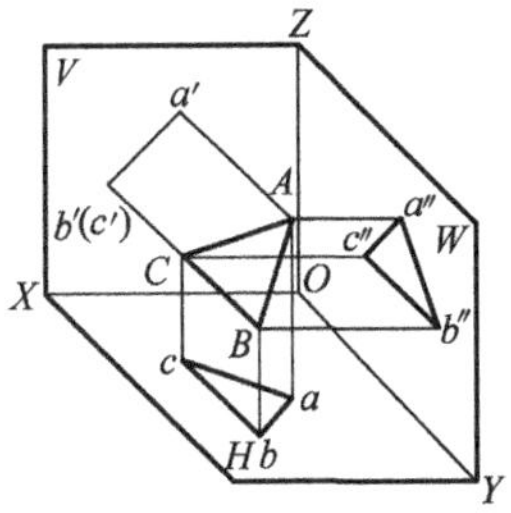	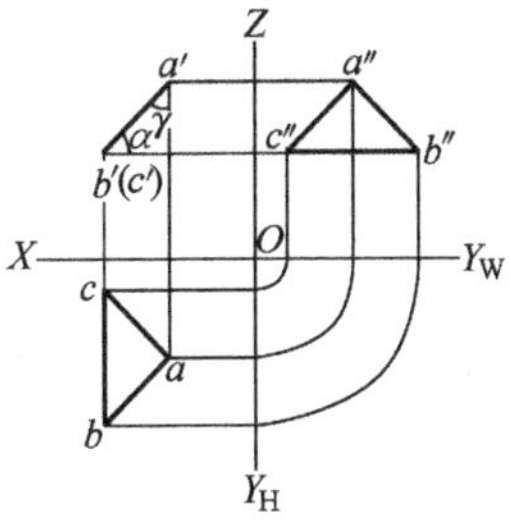	1. 在 *V* 面上的投影积聚为一条与投影轴倾斜的直线 2. α、γ 反映平面与 *H* 面、*W* 面的倾角 3. 在 *H* 面、*W* 面上的投影不反映实形的类似形
侧垂面	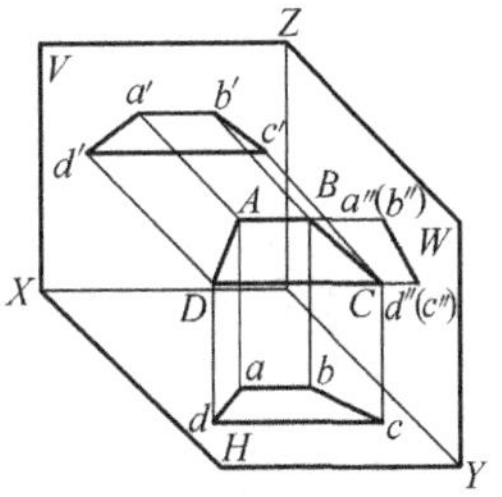	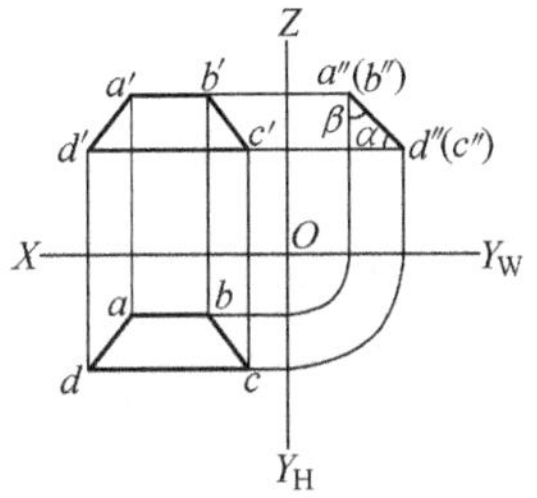	1. 在 *W* 面上的投影积聚为一条与投影轴倾斜的直线 2. α、β 反映平面与 *H* 面、*V* 面的倾角 3. 在 *V* 面、*H* 面上的投影不反映实形的类似形

通过以上分析可以归纳出**投影面垂直面的投影特点**：

1）投影面垂直面在它所垂直的投影面上的投影，积聚为一条与投影轴倾斜的直线，而且此直线与投影轴之间的夹角分别反映该平面对另两个投影面的倾角。

2）其余两个投影都比实形小，但反映原平面图形的几何形状（即类似形）。

5. 用迹线表示的特殊位置平面示例

如图4-23 和图4-24 所示，平面 *Q* 是铅垂面，在两投影面体系中，有一条迹线垂直于投影轴，另一条迹线倾斜于投影轴。平面 *R* 是平行于投影面的平面，在两投影面体系中，只有一条迹线，平行于投影轴。

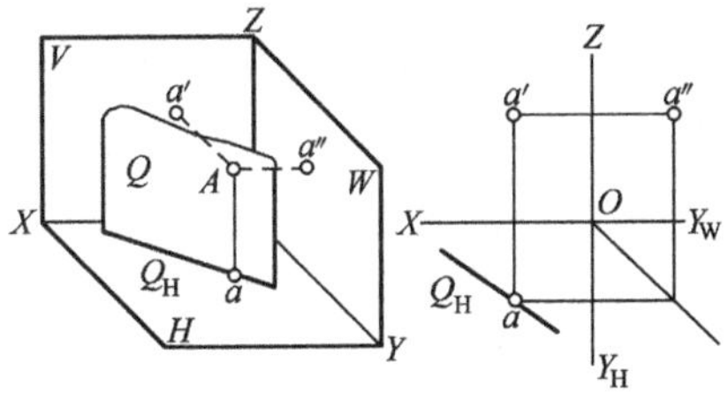

a)　　b)

图 4-23　用迹线表示的垂直于投影面的平面

a）轴测图　b）投影图

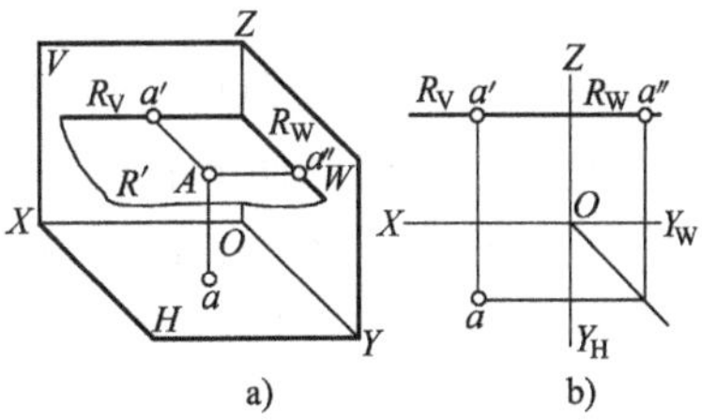

a)　　b)

图 4-24　用迹线表示的平行于投影面的平面

a）轴测图　b）投影图

二、平面上的直线和点

一直线通过平面上的两个点，或通过平面上一个点又与该平面上的另一条直线平行，则此直线一定是在该平面上。一个点在某一平面内的直线上，则该点必定在该平面上。如图4-25a 中的直线 *AB* 和 *CD*，*AB* 通过平面上的Ⅰ、Ⅱ两个点，而 *CD* 通过平面上的 *H* 点

平面的投影

又与平面上的直线 JK 平行，所以直线 AB 和 CD 都在 R 平面上。如图 4-25b 中的点 B 和点 D，其中点 B 是在直线 AC 上，而 AC 在平面上，而点 D 是在平面上直线 JK 的延长线上，所以点 B 和点 D 都在 P 平面上。

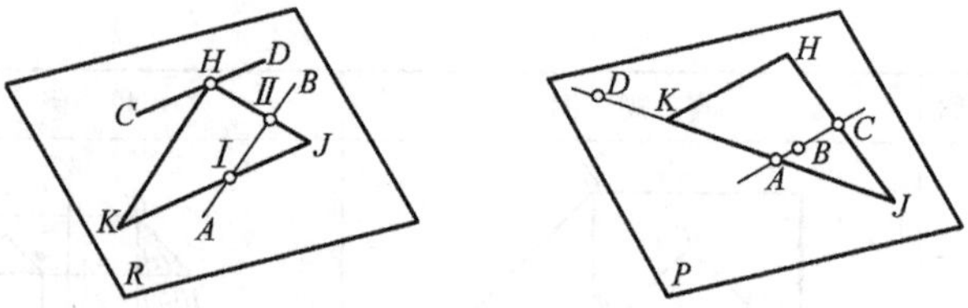

a)　　b)

图 4-25　平面上的直线和点

在平面上取点，首先要在平面上取线。

【例 4-9】　已知三角形 ABC 及其上一点 K 的投影 k'，求作点 K 的另一投影 k（图 4-26a）。

作法如图 4-26 所示。

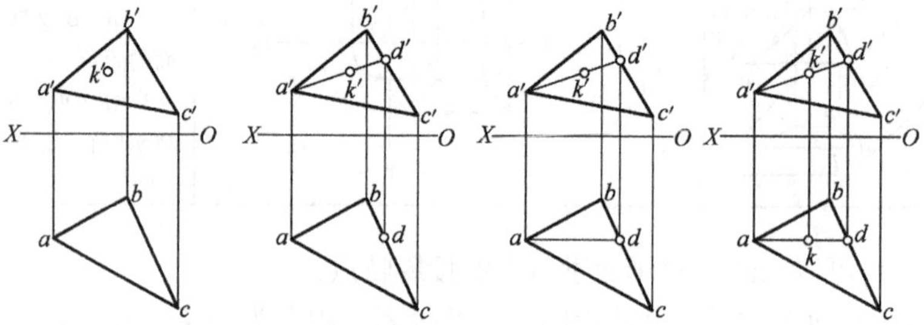

a)　　b)　　c)　　d)

图 4-26　作平面上点的投影

a）已知△ABC 及点 K 的投影 k'　b）过 a'、k'作辅助线交 $b'c'$于 d'，自 d'向下引垂线与 bc 相交得 d　c）连 ad　d）自 k'向下引垂线，与 ad 交于 k 即为所求

三、直线与平面、平面与平面相交

1. 直线与特殊位置平面相交

直线与平面相交有一个交点。交点是直线与平面的共有点，它既在直线上又在平面上。求直线与特殊位置平面的交点，就是充分利用平面投影的积聚性。如图 4-27a 所示，三角形 CDE 为一铅垂面，它在 H 面上的投影具有积聚性，其与直线的同名投影 ab 的交点 k，即为所求交点的 H 面投影（图 4-27b）。求作交点 K 的 V 面投影，可自 k 向上引垂线，与直线 AB 的 V 面投影 $a'b'$相交，k'即为交点 K 的 V 面投影（图 4-27c）。

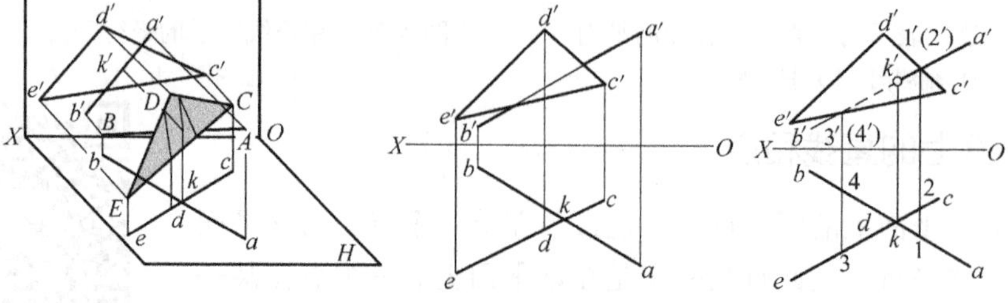

a)　　b)　　c)

图 4-27　直线与铅垂面相交

直线与平面相交，直线的某一部分可能被平面所遮挡，这就需要判断其可见性。如图4-27c，自 $a'b'$ 与 $c'd'$ 的交点向下引垂线，先交 cd 于点2，后交 ab 于点1，即点1在前，是可见的，点2在后，是不可见的，故 AK 段的 V 面投影 $a'k'$ 是可见的，画实线。再自 $a'b'$ 与 $e'c'$ 的交点向下引垂线，先交 ab 于点4，后交 ec 于3，即点3在前，是可见的，点4在后，是不可见的，故 KB 段的某一部分被平面所遮挡，如图4-27c 中的 $k'4'$，画虚线。这是判断可见性的一般方法。而图4-27 中的平面是一铅垂面，根据其在 H 面上的投影也可明显地看出直线 AB 被平面 CDE 遮挡部分的情况。

2. 一般位置平面与特殊位置平面相交

两平面相交，交线是一直线，交线是两平面的共有线，交线上的各点也是两平面的共有点。所以只要求出交线两个端点的投影，并将同名投影连接起来，即得两平面交线的投影。

【例4-10】 图4-28 中，已知三角形 ABC 与四边形 $DEFG$（铅垂面）相交，求作交线的投影。

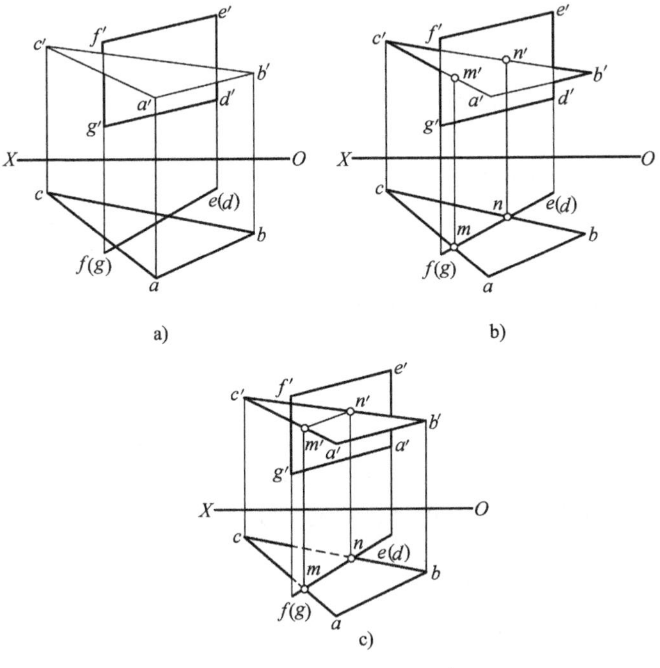

图4-28 求两平面的交线

a）已知△ABC 和▱$DEFG$ 的投影 b）自 m 和 n 向上作垂线，分别与 $a'c'$ 相交于 m'，与 $b'c'$ 相交于 n'

c）连接 $m'n'$，即为交线 MN 的正面投影

分析：

因四边形 $DEFG$ 是铅垂面，其在 H 面上的投影积聚为一直线，故两平面交线的 H 面投影，实际上已经知道，即图4-28b 中的 mn，现只需作出它的另一投影 $m'n'$。

作法如下：

（1）自 m、n 两点向上引垂线，分别与 $a'c'$、$b'c'$ 相交于 m'、n'，如图4-28b 所示。

（2）连接 $m'n'$，即为交线 MN 的正面投影，如图4-28c 所示。

本例中可见性的判断方法如下：因四边形 $DEFG$ 是铅垂面，可直接从它们的 H 面投影中看出，am、bn、ab 是在四边形水平投影（积聚为一条直线）$f(g)e(d)$ 的前面，所以它

们的 V 面投影 $a'm'$、$b'n'$、$a'b'$ 为可见，画成实线。再看 nc，它是在四边形水平投影 $f(g)e(d)$ 的后面，所以它的 V 面投影 $n'c'$ 上，有一段被四边形 $DEFG$ 所遮挡，为不可见，画成虚线。同样 $m'c'$ 上也有一段为不可见，也应画成虚线（图 4-28c）。

3. 直线与一般位置平面相交

求直线与一般位置平面的交点，需设一个包含该直线在内的特殊位置平面作辅助面，此种辅助面常用平面迹线表示。如图 4-29 所示，直线 AB 与三角形 CDE（一般位置平面）相交，为求交点 K，可按下面三个步骤进行：

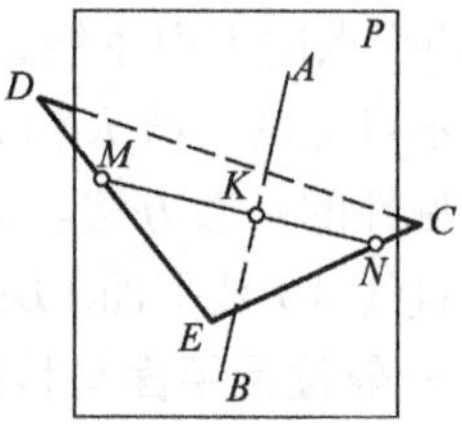

图 4-29　直线与一般位置平面相交

（1）过已知直线 AB 作一铅垂面 P，作为辅助面。

（2）求出辅助面 P 与已知平面的交线 MN 的投影。

（3）求出 MN 与直线 AB 的交点 K 的投影，点 K 就是直线与平面的交点。

【例 4-11】　已知直线 AB 与三角形 CDE（一般位置平面）相交（图 4-30a），求作交点 K 的投影。

作法如下：

（1）过 AB 作一铅垂面 P，作为辅助面，P_H 与 ab 重合，P_H 与 cd 和 de 分别相交于 m、n，自 m、n 向上作垂线，与 $c'd'$ 和 $d'e'$ 分别相交于 m'、n'，则 mn 及 $m'n'$ 即为 P 平面与 $\triangle CDE$ 交线的投影，如图 4-30b 所示。

（2）自 $m'n'$ 与 $a'b'$ 的交点 k'，向下引垂线与 ab 交于 k，则 k 与 k' 即为所求交点 K 的投影，如图 4-30c 所示。

可见性的判断如下：在图 4-30c 的 H 面投影中，自 de 与 ab 的交点向上引垂线，得点 $2'$ 和 n'，n' 在上，点 $2'$ 在下，故在向 H 面投影时，直线 AB 有部分被 $\triangle CDE$ 所遮挡，即 $kn(2)$ 为不可见，画成虚线。以 k 为界，另一段 km 一定为可见，画成实线。在它们的 V 面投影中，自 $a'b'$ 与 $c'e'$ 的交点向下引垂线，分别交 ab、ce 得点 4 和点 3 两点，点 3 在前，点 4 在后，故在向 V 面投影时，直线 AB 也有部分被 $\triangle CDE$ 所遮挡，即 $k'3'(4')$ 为不可见，画成虚线，以 k' 为界，另一段 $k'2'$ 一定为可见，画成实线。

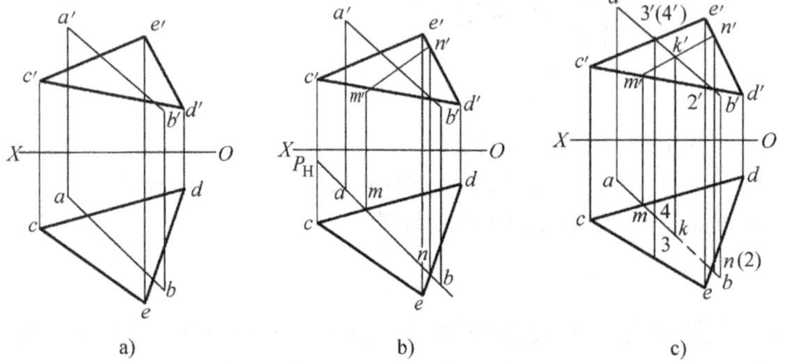

图 4-30　直线与一般位置平面相交

a）已知直线 AB 和 三角形 CDE 的投影

b）过 AB 作一铅垂面 P 作为辅助面，P_H 与 ab 重合，P_H 与 cd 和 de 分别相交于 m、n，自 m、n 向上作垂线，与 $c'd'$ 和 $d'e'$ 分别相交于 m'、n'，则 mn 及 $m'n'$ 即为 P 平面与三角形 CDE 交线的投影　c）连 $m'n'$ 与 $a'b'$ 相交得 k'，再自 k' 向下引垂线与 ab 交于 k，此 k 与 k' 即为所求交点 K 的投影

平面上的直线和点

本 章 小 结

（1）点的三面投影及其规律；点的坐标；两点的相对位置；重影点。

（2）直线投影图的作法；各种位置直线的投影；点在直线上。

（3）平面的表示方法；各种位置平面的投影；平面上的直线和点；直线与特殊位置平面相交；一般位置平面与特殊位置平面相交；直线与一般位置平面相交。

复习思考题

1. 如图 4-31 所示，根据表中所给距离，作出点的三面投影（单位：mm）。

2. 如图 4-32 所示，已知点的两个投影，求第三投影。

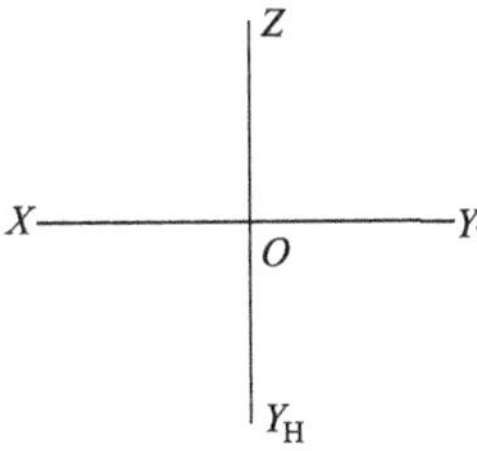

距离 / 点名	离H面	离V面	离W面
A	10	5	10
B	0	15	0
C	0	10	20
D	15	0	5
E	15	20	0

图 4-31

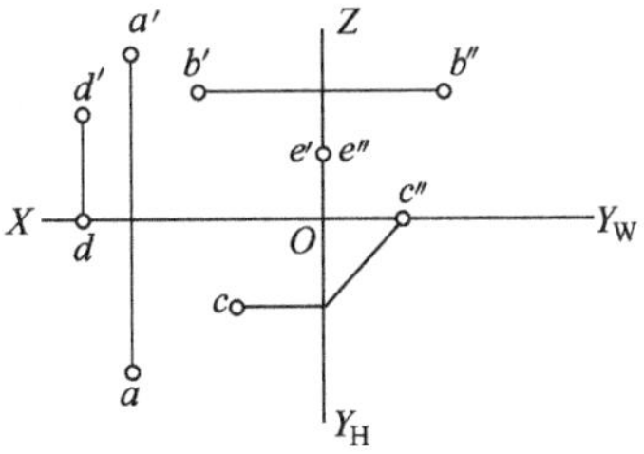

图 4-32

3. 如图 4-33 所示，试判断下列投影图中各点的相对位置（填入表中）。

4. 如图 4-34 所示，判断下列直线是何种位置直线。

5. 如图 4-35 所示，求直线的第三投影。

6. 如图 4-36 所示，已知直线 AB 的投影，求 AB 上点 C 的投影，使 AC∶CB = 3∶1。

7. 如图 4-37 所示，判断下列各平面的位置（填在横线上）。

8. 如图 4-38 所示，已知位于所给平面上的图形的一个投影，试求另一个投影（注上字母）。

9. 如图 4-39 所示，求下列相交两平面交线的投影，并判断可见性。

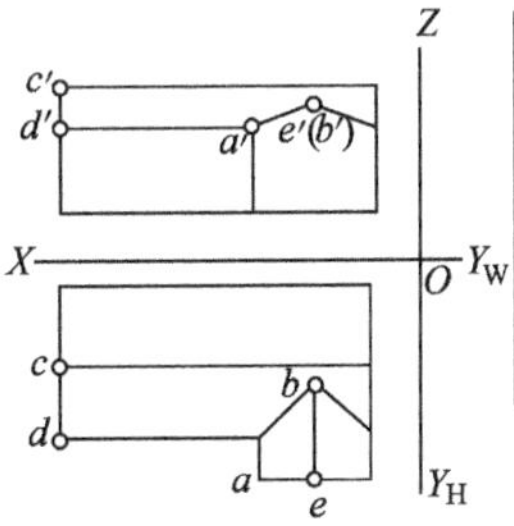

A点在B点______
B点在E点______
A点在D点______
A点在E点______
C点在D点______

图 4-33

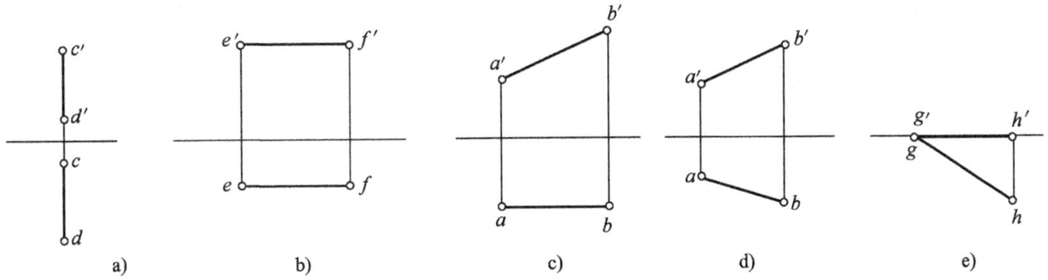

图 4-34

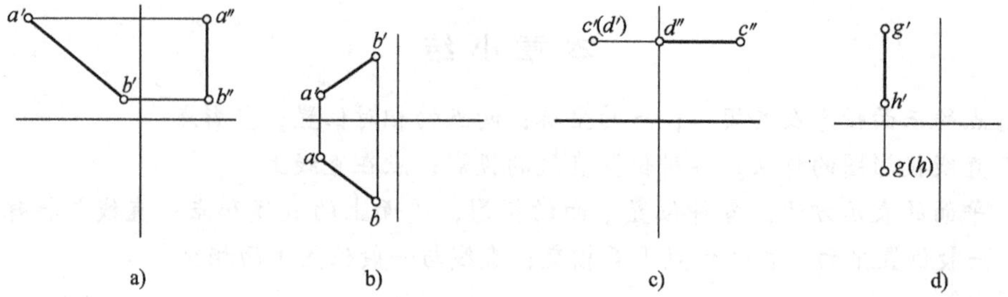

图 4-35

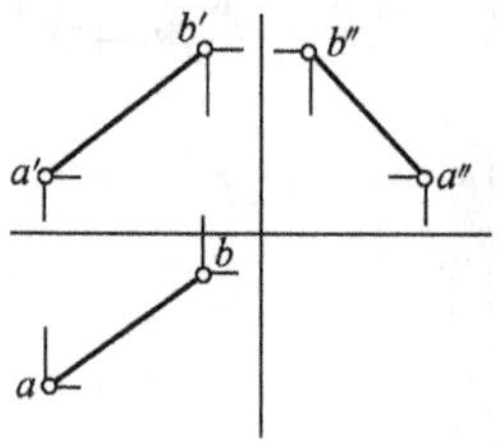

图 4-36

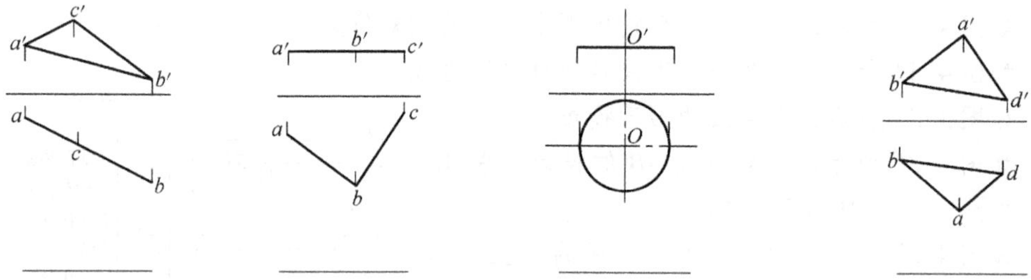

图 4-37

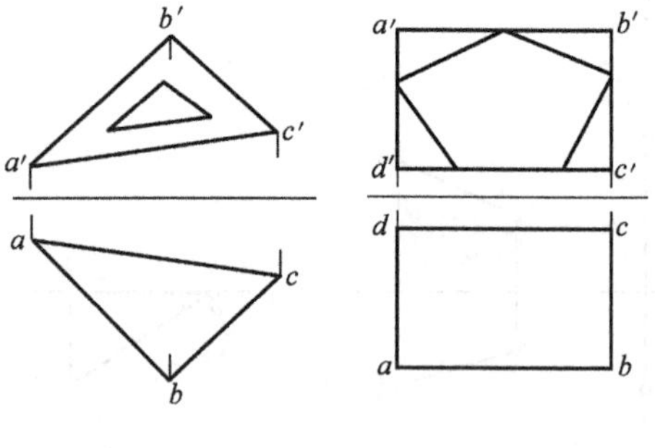

图 4-38

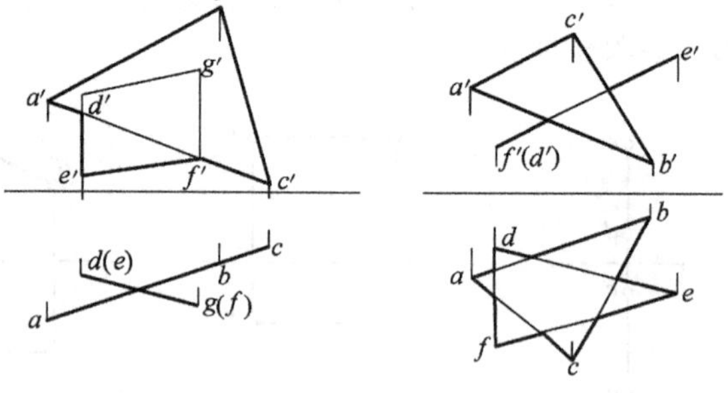

图 4-39

第五章　基本几何体的投影

学习目标：

掌握平面基本几何体和曲面基本几何体的三面投影关系及长对正、宽相等、高平齐；掌握体表面上的点、体的截断与相贯。

学习重点：

体的三等关系、体表面上的点、体的截断与相贯和同坡屋面。

学习建议：

熟练掌握体的三等关系；熟练掌握求体表面上的点、体的截断与相贯；熟练掌握同坡屋面屋脊、斜脊和斜沟的求法。

第一节　平面体和曲面体的投影

一、体的投影图和投影规律

任何一个构筑物或建筑物都是由若干个简单的基本几何体所组成，如房屋（图 5-1）、水塔（图 5-2）都可看作是一些比较复杂的形体，且都可以分解为若干基本几何体。

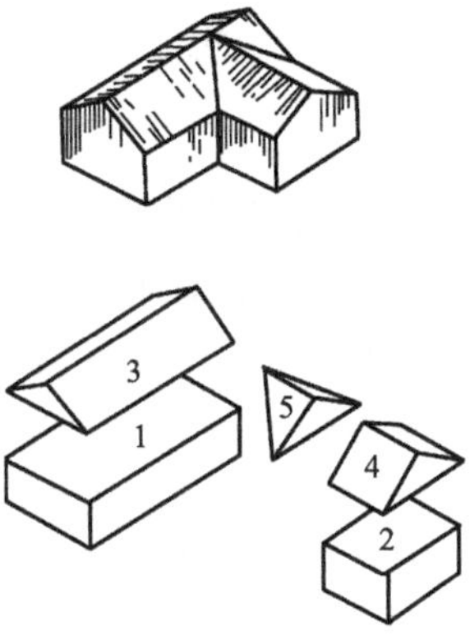

图 5-1　房屋的形体分析

1、2—四棱柱　3、4—三棱柱　5—三棱锥

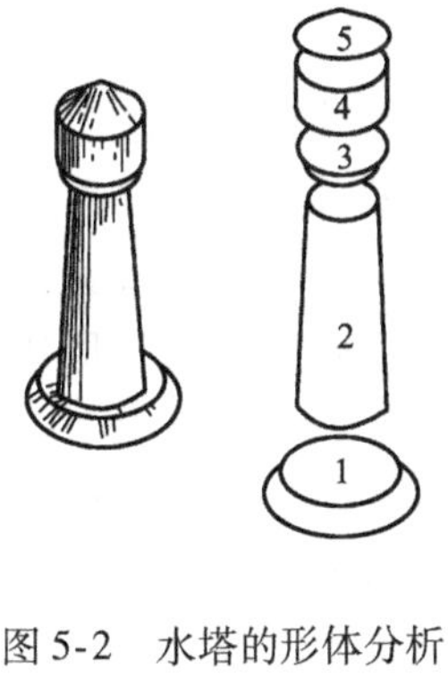

图 5-2　水塔的形体分析

1、2—圆锥台　3—倒圆锥台　4—圆柱　5—圆锥

基本几何体可分为两类：一类是平面体，如图 5-3 所示；另一类是曲面体，如图 5-4 所示。

图 5-5 是一形体在三面投影体系中的直观图和投影图，其投影图和投影规律与前面所学的点、线、面相同。

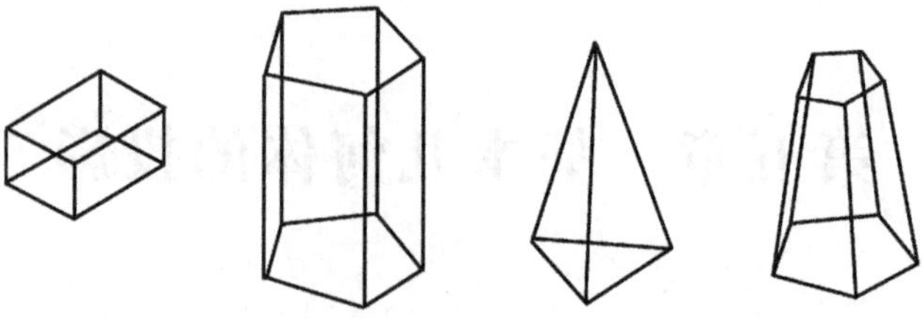

图 5-3　平面体

a）四棱柱　b）五棱柱　c）三棱锥　d）五棱锥台

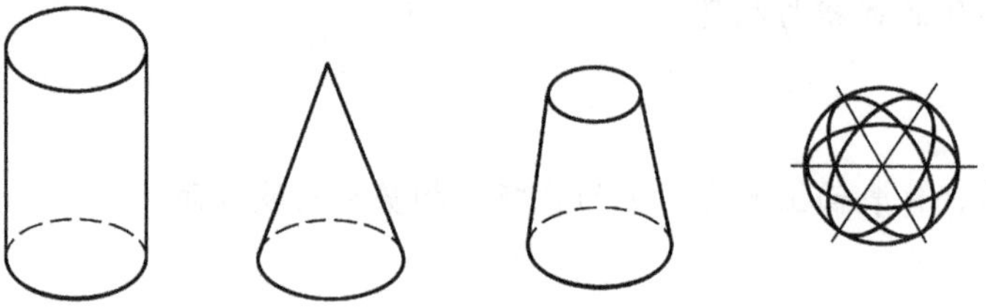

图 5-4　曲面体

a）圆柱　b）圆锥　c）圆锥台　d）球

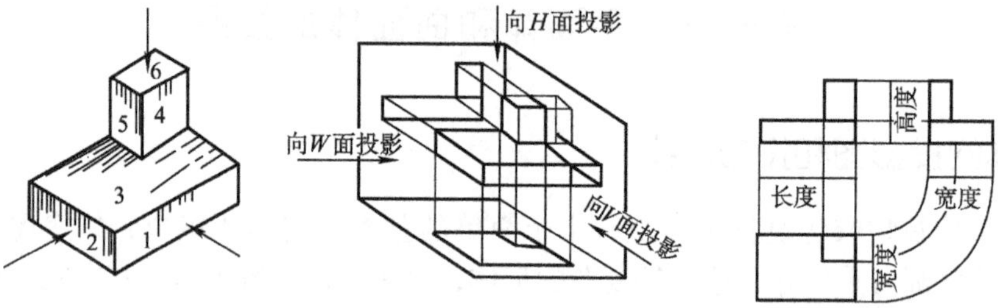

图 5-5　体的投影图

一般形体都具有长、宽、高三个向度，在三投影面体系中，我们所说形体的长度，是指形体上最左和最右两点之间平行于 X 轴方向的距离；宽度是指形体上最前和最后两点之间平行于 Y 轴方向的距离；高度是指形体上最高和最低两点之间平行于 Z 轴方向的距离。即形体的长度在 X 轴上度量，形体的宽度在 Y 轴上度量，形体的高度在 Z 轴上度量。现在，我们来分析图 5-5c 所示形体的三面投影图：V 面投影反映了形体正面的形状和形体的长度及高度；H 面投影反映了形体顶面的形状和形体的长度及宽度；W 面投影反映了形体左面的形状和形体的高度及宽度。把这三个投影图联系起来看，形体在 V 面和 H 面上反映的长度是不变的，而且应该左右对齐；形体在 V 面和 W 面上反映的高度是不变的，应该上下对齐；形体在 H 面和 W 面上反映的宽度也是不变的，应该前后对齐。由此可以看出这三个投影之间的相互关系，与点的投影规律是一致的，**即：长对正，高平齐，宽相等。**

描绘形体，除了用长、宽、高三个向度以外，对更复杂的形体，还常用六面视图，就是用三个分别平行于 H 面、V 面、W 面的新投影面 H_1 面、V_1 面、W_1 面，并在它们上面分别形成从下向上、从后向前、从右向左观看时所得到的视图，分别称为底面图、背面图、右侧面图，如图 5-6a 所示。然后将六个视图展平在 V 面所在的平面上，便得到如图 5-6b 所示的六个视图的排列位置。图中每个视图下方都写出了图名。一般情况下若六个视图在一张图纸内，并按图 5-6b 所示的位置排列时，可以省略标注视图的名称。

六面视图也可按图 5-7 的方式排列，称为直接投影法。但此时应在每个视图的下方写出图名。

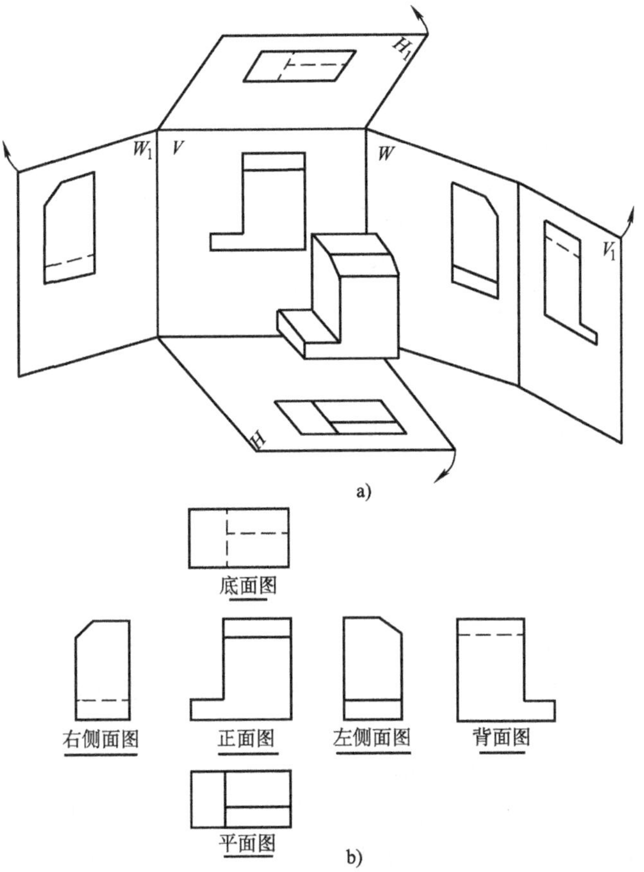

图 5-6　六面视图的形成

a）空间状况　b）平面图

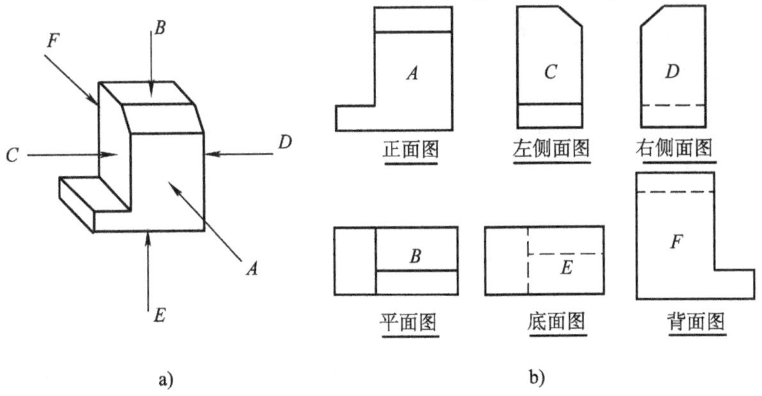

图 5-7　直接投影法画六面视图

a）空间状况　b）六面视图

平面体和曲面体投影规律

二、平面体的投影

平面几何体是由若干平面围成的。求作平面几何体的投影，就是作出围成该形体的各个表面或其表面与表面相交棱线的投影，作图时应注意投影中的重影和可见性。

1. 棱柱体的投影

现以正三棱柱为例来进行分析。图5-8所示形体的三面投影图中，H面投影反映了形体顶面的形状和形体的长度及宽度；V面投影反映了形体正面的形状和形体的长度及高度；W面投影反映了形体左面的形状和形体的高度及宽度。把这三个投影图联系起来看，可以看出这三个投影之间的相互关系，与点的投影规律是一致的，即：长对正，高平齐，宽相等。

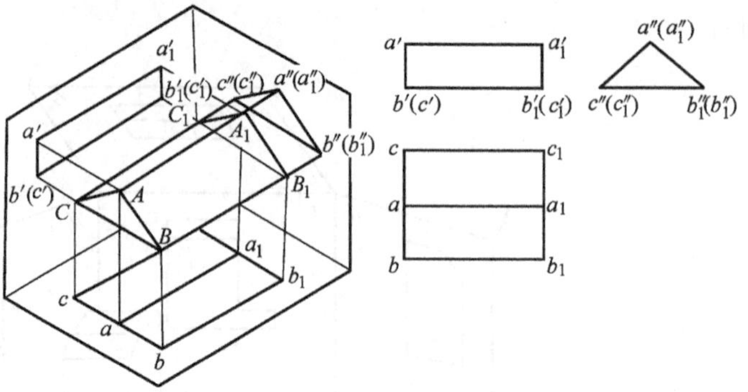

图5-8　正三棱柱的投影

图5-8中的正三棱柱为一横放的正三棱柱，即我们常见的坡面屋顶。由下列几个平面所围成：

（1）水平面BB_1C_1C——它们在H面上的投影反映实形；在V面和W面上的投影都积聚为一直线。

（2）侧平面ABC和$A_1B_1C_1$——它们在W面上的投影反映实形，而且重影；在V面和H面上的投影分别积聚为一直线。

（3）侧垂面ABB_1A_1和ACC_1A_1——它们在W面上的投影都积聚为一直线；在V面上的投影是一个相似的矩形，不反映实形，且两者重影；在H面上的投影是两个矩形，不反映实形，两个矩形并列连接，与水平面BB_1C_1C重影。

同样，也可用直线的投影特点来分析：图中AA_1、BB_1、CC_1和BC、B_1C_1都是投影面垂直线，它们在与其垂直的投影面上的投影积聚为一点，在另两个投影面上反映实长；图5-8中AB、A_1B_1和AC、A_1C_1都是投影面平行线，它们在W面上的投影都反映实长，在另两个投影面的投影都短于实长。

通过以上对投影的分析，即可根据给定的条件（如实物）作出三棱柱的三面投影图。由于它在H面和W面上的投影中都反映实形，容易作图，故可先作出三棱柱的H面和W面的投影，然后再作出它的V面投影。为使图面清晰起见，投影轴可以省略。但必须注意，上述三个投影图都必须符合前述的投影规律（长对正，高平齐，宽相等）。

2. 棱锥体的投影

现以正五棱锥为例来进行分析（图5-9）。

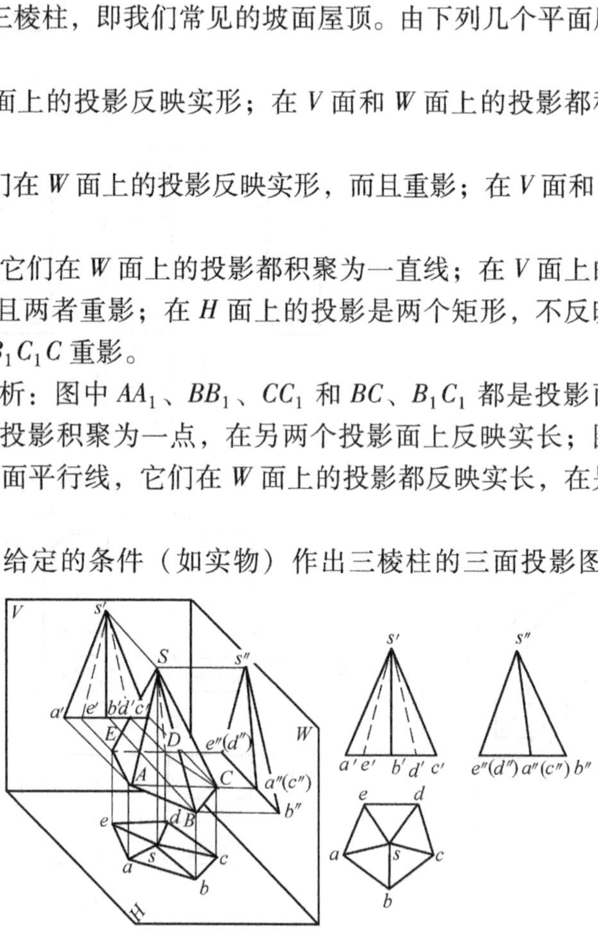

图5-9　正五棱锥的投影

正五棱锥的特点是，底面为一正五边形，侧面为五个相同的等腰三角形。通过顶点向底面作垂线，垂足在底面正五边形的中心，此垂线长度即为正五棱锥的高。正五棱锥投影的分析和具体作图方法如下：

五棱锥底面（正五边形 *ABCDE*）平行于 *H* 面，其在 *H* 面上的投影反映实形（为作图方便，使底面五边形的 *DE* 边平行于 *V* 面），正五边形的 *V* 面、*W* 面投影，都积聚为一直线。五棱锥的五个侧面除△*SDE* 是侧垂面外，其余都是一般位置平面，因此为作图方便起见，可以根据正五棱锥的特点，在 *V* 面上先作出五棱锥高的投影，其高的垂足应在底面五边形积聚为一直线的投影的中间，高度属给定条件，这就可以作出顶点 *S* 的 *V* 面投影 *s*′。再自 *s*′与底面五边形各顶点的投影分别连线，即得五棱锥的 *V* 面投影，其中棱边 *s*′*d*′和 *s*′*e*′为不可见，应画成虚线。

上述五棱锥的五个侧面的 *H* 面投影，可自 *s* 向底面五边形的五个顶点连线，形成五个互相拼连的三角形，但都不反映实形。五棱锥的 *W* 面投影，可按形体的投影规律求作。

3. 平面立体表面上的直线和点的投影

平面立体表面上的直线和点的投影应符合平面上直线和点的投影特点。现举例说明平面体上点和直线的投影做法。

【例 5-1】 已知正三棱锥表面上点 *K* 的 *V* 面投影 *k*′如图 5-10a，求点 *K* 的其余两个投影。

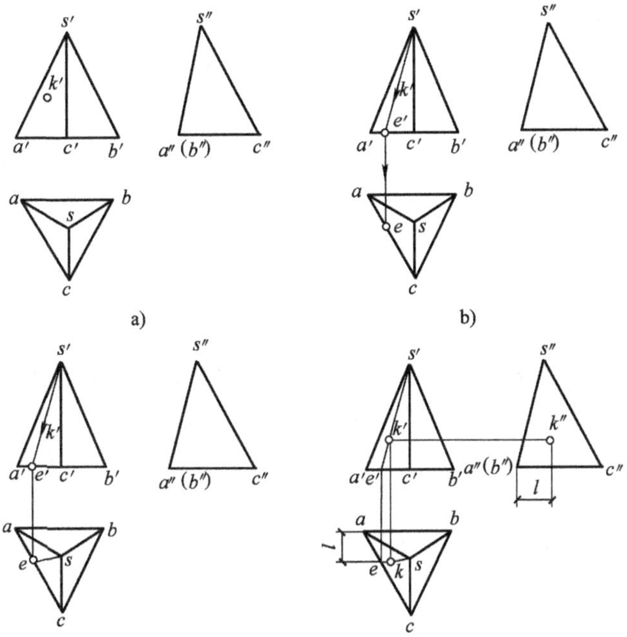

图 5-10　作正三棱锥表面上点的投影

可以通过点 *K* 在体表面上先作一辅助线，则点 *K* 的投影必在此辅助线的同名投影上。

作法如下：

（1）连 *s*′*k*′并延长与 *a*′*c*′相交于 *e*′，此 *s*′*e*′为体表面上过点 *K* 所作辅助线的 *V* 面投影（图 5-10b）。

（2）根据 *e*′求出 *e*，连 *se*，即为辅助线的 *H* 面投影（图 5-10c）。

（3）自 k' 向下引垂线，与 se 相交得 k，即为点 K 的 H 面投影。按点的投影规律，可求得点 K 的 W 面投影 k''（图 5-10d）。

平面立体的投影

三、曲面体的投影

1. 圆柱体的投影

如图 5-11 所示，一直线 AA_1，绕与其平行的另一直线 OO_1 旋转一周，所得轨迹是一圆柱面。直线 OO_1 称为轴，直线 AA_1 称为素线，素线 AA_1 在圆柱面上任一位置时称为圆柱面的素线，故圆柱面也可看作由无数条平行素线距 OO_1 轴等距离排列所围成。若把素线 AA_1 和 OO_1 连成一矩形平面，该平面绕 OO_1 轴旋转的轨迹就是圆柱体。圆柱体由两个互相平行且相等的平面圆（即顶面和底面）和一圆柱面所围成。顶面和底面都垂直于圆柱面的素线，顶面和底面的距离即为圆柱体的高。

如图 5-12 所示为一正圆柱体的直观图和投影图。它的轴与 H 面垂直，也即它的顶面和底面是 H 面的平行平面。现对其投影分析如下：

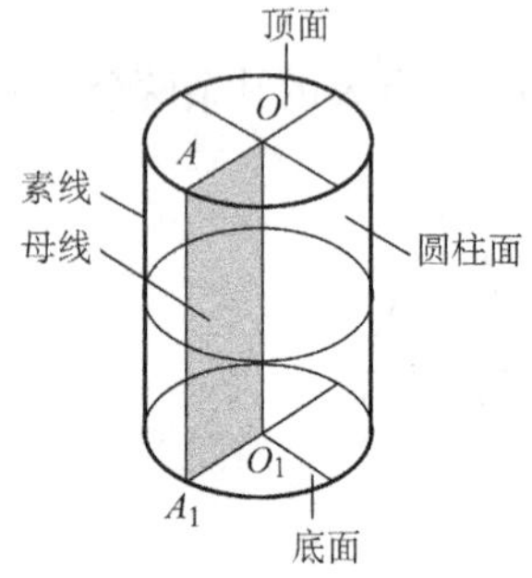

图 5-11　圆柱体

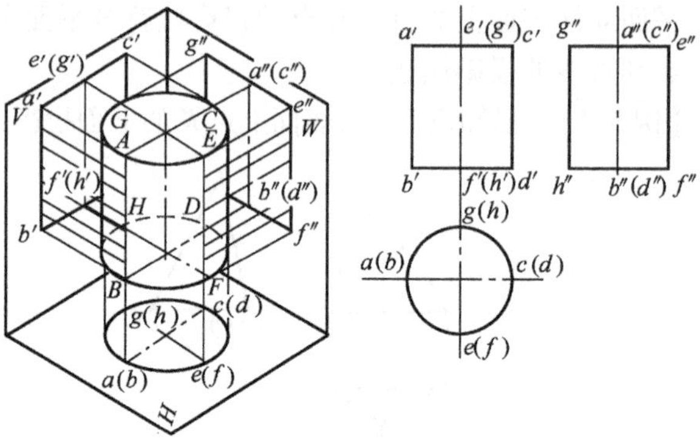

图 5-12　圆柱体的投影

该圆柱体的顶面和底面平行于 H 面，所以在 H 面上的投影为一圆，反映顶面和底面的实形，且两者重叠。在 V 面和 W 面上的投影都积聚为一直线，其长度等于圆的直径。在同一投影面上，两个积聚投影之间的距离为该圆柱体的高度。

圆柱面是光滑的曲面，把圆柱面向 V 面投影时，圆柱面上最左和最右两条素线的投影，构成圆柱面在 V 面上的投影中左右两条轮廓线，这种素线称为轮廓素线。轮廓素线是对某一方向的投影而言的曲面上可见与不可见部分的分界线。必须指出，对于不同方向的投影，曲面上的轮廓线是不同的。我们主要利用这种轮廓素线来作曲面的投影图，故研究圆柱体的投影，就是研究轮廓素线的投影。如图 5-12 中 AB 和 CD 的 V 面投影 $a'b'$ 和 $c'd'$，它们与圆柱体顶面和底面的投影围成一矩形，即为圆柱体的 V 面投影。圆柱面的 H 面投影是一个与顶面和底面投影相重合的圆。

圆柱体的 W 面投影作法与上述相同。

求作圆柱体的投影时，首先应画出其轴线。应注意，对某一投影面投影时的轮廓素线，在向另一投影面投影时不必画出。

2. 圆锥体的投影

如图 5-13 所示，一直线 SA 绕与它相交的另一直线 SO 旋转，所得轨迹即为圆锥面，SO

为轴，SA 称为素线，素线在圆锥面上任一位置时称为圆锥面的素线。圆锥面也可看作由无数条相交于一点并与轴 SO 保持定角的素线所围成。如果把母线 SA 和轴 SO 连成一直角三角形 SOA，该平面绕直角边 SO 旋转，它的轨迹就是正圆锥体。正圆锥体的底面为平面圆，从顶点 S 到底面圆的垂直距离（垂足在底面的圆心，即 SO）为正圆锥体的高。

如图 5-14 所示，正圆锥体的锥体的轴与 H 面垂直（底面平行 H 面）。对其投影分析如下：

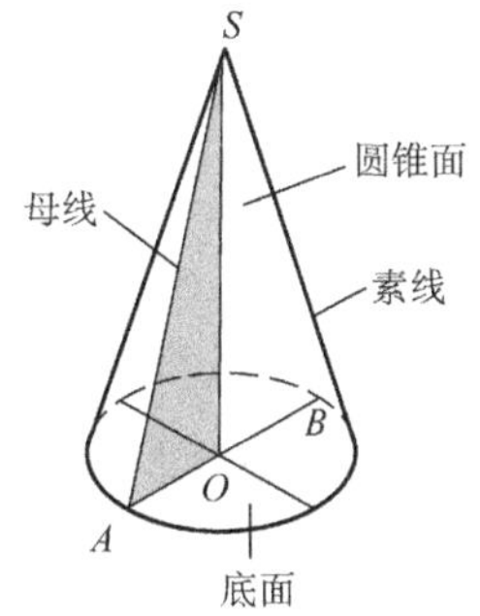

图 5-13　圆锥体

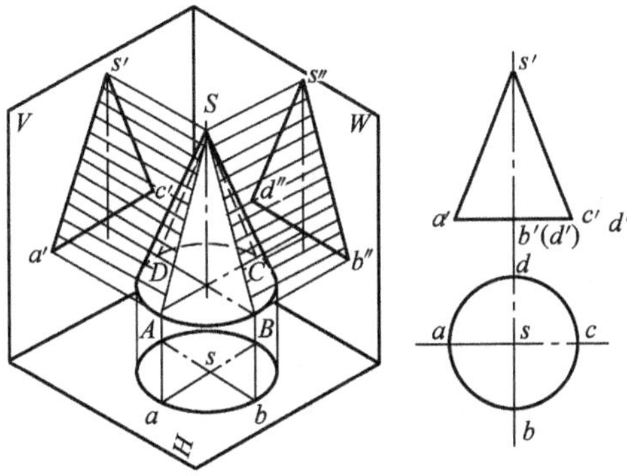

图 5-14　圆锥体的投影

因为该圆锥体的底面平行于 H 面，它在 H 面上的投影反映实形，它的 V 面和 W 面投影都积聚为一直线，其长度等于底面圆的直径。

圆锥体的顶点 S 的投影比较容易求得。自圆锥底面的 V 面投影（积聚为一直线）中点作垂线，并在垂线上量取圆锥高度，即得 s'。其 H 面投影 s 与底圆投影的圆心重合。

当将圆锥面向 V 面投射时，锥面上最左和最右两条素线，即 SA 和 SC，这两条直线都是 V 面平行线，其投影分别为 $s'a'$ 和 $s'c'$，即圆锥面在 V 面上投影的轮廓线。三角线 $s'c'a'$ 即为圆锥体在 V 面上的投影。

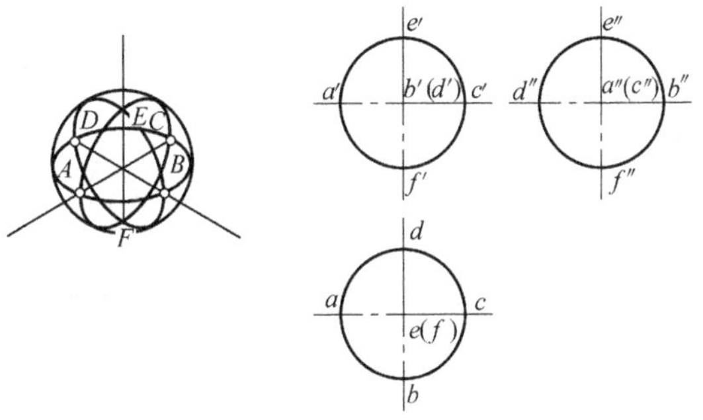

图 5-15　球体的投影

圆锥体在 W 面上的投影和其在 V 面上的投影相类似。

研究圆锥体的投影，与圆柱体很相似，也是研究其轮廓素线的投影。

3. 球体的投影

球体的投影是圆。球体的三面投影是三个大小相同的圆。但各圆所代表的球面轮廓素线是不同的。如图 5-15 所示。

4. 曲面体表面上点的投影

（1）圆柱体表面上点的投影。如果要求作圆柱面上点的投影，可在圆柱面上作辅助线（素线）和利用圆柱体有积聚性的投影的方法来解决。

【例 5-2】 已知圆柱体表面上的点 K 和点 M 的 V 面投影分别为 k' 和 m'（图 5-16a），求点 K 和点 M 的其他投影。

作法如下：

1）从图 5-16 中可以看出，圆柱面的 W 面投影具有积聚性，因而其面上的点的 W 面投影必定在积聚为一圆的投影的圆周上。又因 k' 和 m' 为可见，即点 K 和点 M 是圆柱面的前半部分，故可自 k' 和 m' 分别引水平线与 W 面上圆周的右半部分相交，得 k'' 和 m''（图 5-16b）。

2）在圆柱面上过点 K 和点 M，分别作两条素线 AB 和 CD 并作出它们的投影，再按直线上点的投影作法，求出 k 和 m。图 5-16c 所示为圆柱体及其上点 K、点 M 的直观图。

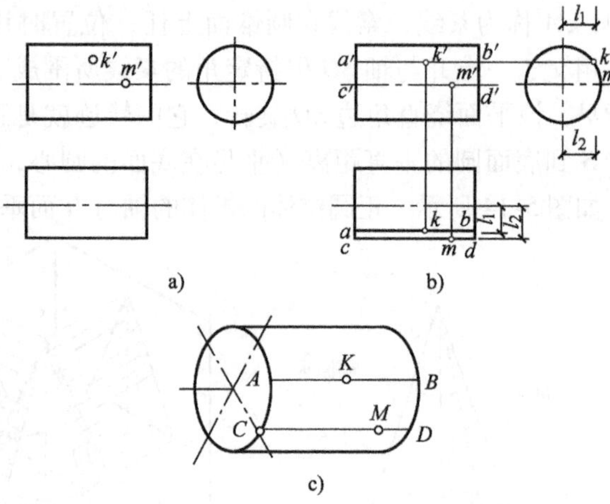

图 5-16　求圆柱面上点的投影

（2）圆锥体表面上点的投影。求作圆锥面上点的投影的方法有两种，一种是素线法，另一种是纬圆法。

【例 5-3】 已知圆锥体表面上点 K 在 V 面上的投影 k'（图 5-17a），求点 K 的其余两个投影。

用素线法的作图方法如下：

1）过点 K 作素线 SE 的三个投影 $s'e'$、se 和 $s''e''$（图 5-17b、图 5-17c）。

2）根据直线上点的投影原理，由 k' 作出 k 和 k''。

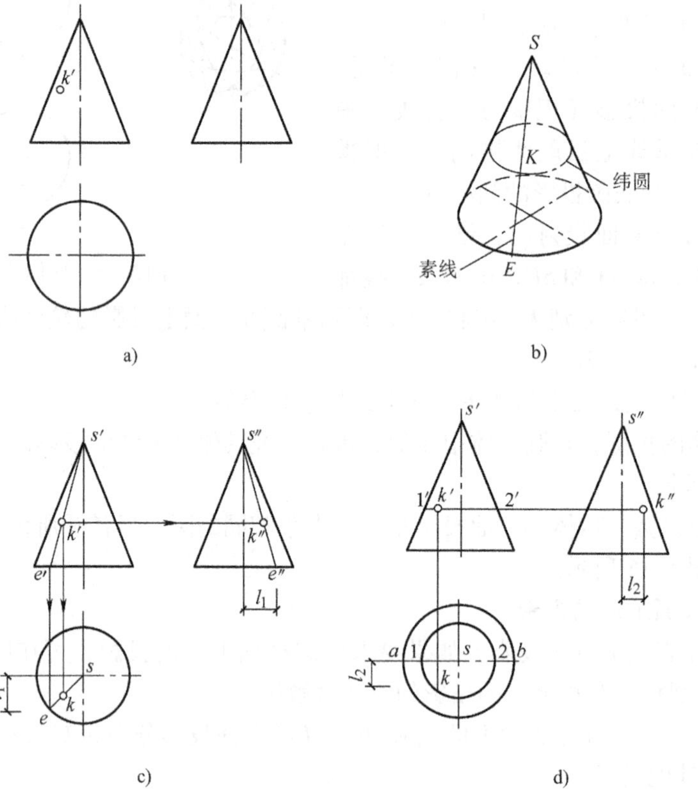

图 5-17　求圆锥面上点的投影

用纬圆法作法如下：

1）过点 K 作一纬圆，因纬圆是 H 面平行面，其在 V 面上的投影应为一条平行于 OX 轴的直线，故过 k' 作一水平线与圆锥面在 V 面上投影的两轮廓素线分别相交于 $1'$ 和 $2'$，此即为纬圆的 V 面投影。然后以 s 为圆心，以 $1'2'$ 的 1/2 长为半径作圆，此为纬圆的 H 面投影，自 k 向下引垂线，与纬圆的 H 面投影相交于 k（因 K 为可见点，所以 k 位于纬圆的前半部）。

曲面立体的投影

2）根据 k' 和 k，即可求得 k''（图 5-17d）。

第二节　立体的截交线与相贯线

一、立体的截交线

1. 平面体的截交线

被某一平面截割后的形体，称为截断体。截割形体的平面，称为截平面。截平面与形体表面的交线，称为截交线。截交线所围成的平面图形，称为截面（图 5-18）。

平面体表面是由一些平面形所围成。平面体被一平面截割后形成的截交线，为截平面上的一条封闭折线，折线的每一线段为形体的棱面与截平面的交线，转折点为平面体的棱线与截平面的交点。常见的平面立体是棱柱和棱锥。在求作平面体截交线时，可先求出各棱线与截平面的交点（利用前面所学直线与特殊位置平面相交求交点），然后连成截交线。

【例 5-4】 已知正五棱柱被一正垂面 P 所截断，求作截交线的投影（图 5-19）。

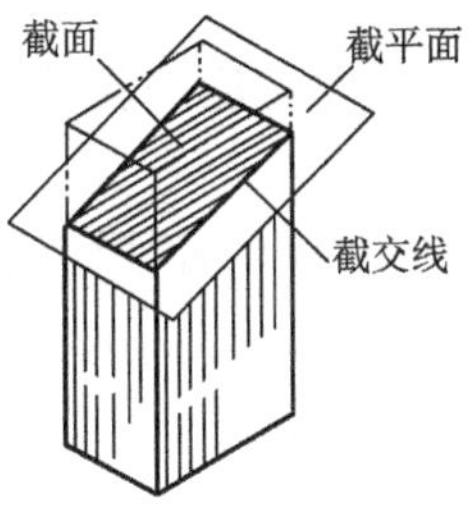

图 5-18　体的截断

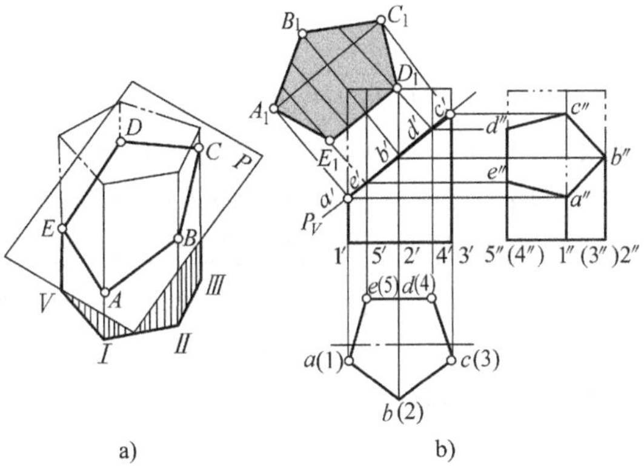

a)　　b)

图 5-19　作正五棱柱的截交线

作法：

1）从图 5-19a 中可知，该正五棱柱垂直于 H 面，其各个棱面在 H 面上的投影具有积聚性，所以截交线的 H 面投影必然与五棱柱的 H 面投影重合。各棱线的 H 面投影也都积聚为一个点。设各棱线与截平面 P 的交点为 A、B、C、D、E，则它们的 H 面投影 a、b、c、d、e 可在五棱柱的 H 面投影中直接找出。

2）由于截平面 P 为一正垂面，因此 P_V 具有积聚性，交点 A、B、C、D、E 的 V 面投影 a'、b'、c'、d'、e' 可在五棱柱的 V 面投影中直接找出。截交线的 V 面投影为一直线，与 P_V

重合。

3）自 a'、b'、c'、d'、e'各点作水平线，分别与五棱柱的 W 面投影中对应的各棱线相交，得 a''、b''、c''、d''、e''，连接各点，即为截交线的 W 面投影。

截面实形是利用变换投影面法求得（投影变换本书未介绍，在此只为方便教师讲课，后面不再赘述），在五棱柱的 V 面投影中，自 a'、b'、c'、d'、e'各点作 P_V 的垂线，量取 $a'A_1=1'a$，$b'B_1=2'b$，$c'C_1=3'c$，$d'D_1=4'd$，$e'E_1=5'e$，这里使五棱柱底面的 V 面投影与 OX 轴重合（图中未将坐标轴画出）。连接 A_1、B_1、C_1、D_1、E_1各点，所得的五边形即为所求截面实形（图 5-19b）。

【例 5-5】 已知三棱锥被一正垂面 P 所截断，求作截交线的投影（图 5-20）。

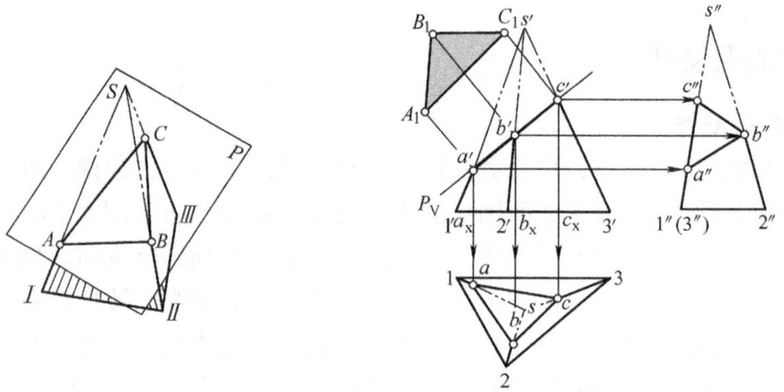

a)　　b)

图 5-20　作三棱锥的截交线

作法：

1）由于截平面 P 为一正垂面，故 P_V 具有积聚性，所以棱线与截平面交点 A、B、C 的 V 面投影 a'、b'、c'可在三棱锥的 V 面投影中直接找出。

2）自 a'、b'、c'各点向下作垂线，分别与三棱锥的 H 面投影中对应的各棱线相交，得 a、b、c，连接各点，即为截交线的 H 面投影。

3）自 a'、b'、c'各点作水平线，分别与三棱锥的 W 面投影中对应的各棱线相交，得 a''、b''、c''，连接各点，即为截交线的 W 面投影。

截面实形是利用变换投影面法，在 V 面投影中自 a'、b'、c'各点作 P_V 的垂线，量取 $a'A_1=a_xa$，$b'B_1=b_xb$，$c'C_1=c_xc$，连接 A_1、B_1、C_1各点，所得封闭的三角形，即为截面实形（图 5-20b）。

2. 曲面体的截交线

平面截割曲面体的截交线，是平面曲线但也可能是平面折线，这要看截平面与曲面体的相对位置而定。曲面体截交线上的每一点，都是截平面与曲面体表面的共有点，故求出它们的一些共有点，并依次连接起来，即可得截交线的投影。

求共有点的方法，常用素线法或纬圆法。

（1）圆柱体的截交线。圆柱体的截交线有圆、椭圆、矩形三种形状，见表 5-1。

表 5-1　圆柱体的截交线

截平面位置	垂直于圆柱轴线	倾斜于圆柱轴线	平行于圆柱轴线
轴测图	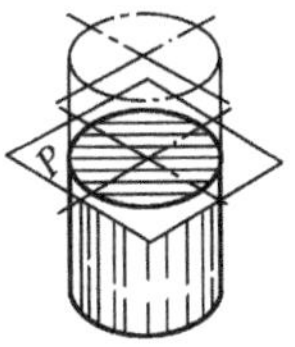	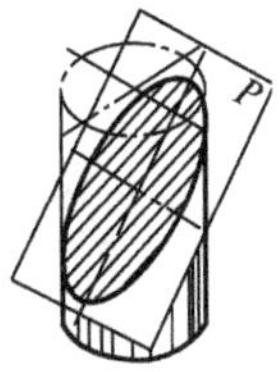	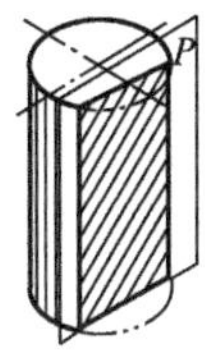
投影图	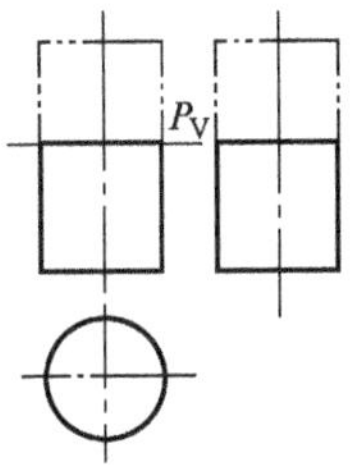	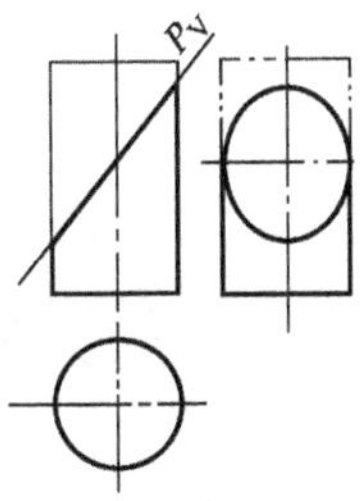	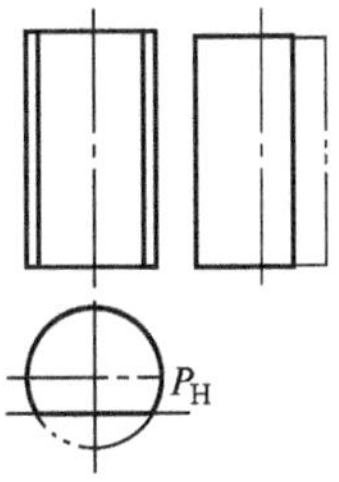

【**例 5-6**】　已知正圆柱被一正垂面（倾斜于圆柱轴线）所截断，求作截交线的投影（图 5-21）。

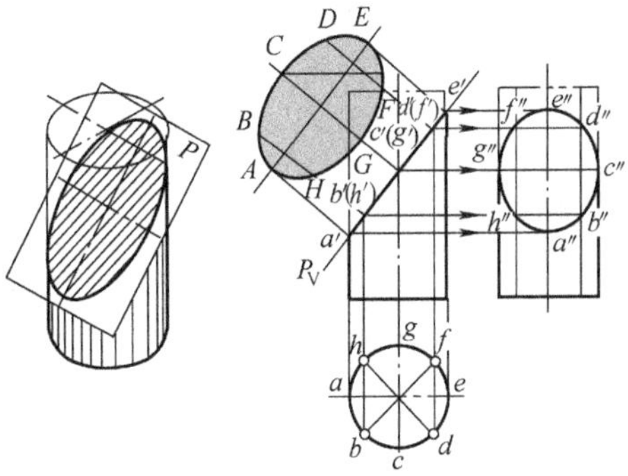

a)　　b)

图 5-21　作圆柱体的截交线

作法：

1）在圆柱表面上取若干条素线，如图 5-21b 将圆周八等分，获得八条素线。因圆柱轴线与 H 面垂直，各条素线的 H 面投影均积聚为一个点，故圆周上的八个等分点，即是截平面与各条素线交点的 H 面投影。因圆柱表面的 H 面投影具有积聚性，所以截交线的 H 面投影为一圆，与圆柱的 H 面投影相重合。

2）因截平面为正垂面，所以 P_V 有积聚性，截交线的 V 面投影为一直线，与 P_V 重合，可根据 H 面投影中各条素线的位置，直接找出截平面与各素线交点的 V 面投影 a'、b'、……、h'。

3）自 a'、b'、……、h' 各点作水平线，与对应各素线的 W 面投影相交，得 a''、b''、……、h''，依次光滑地连接各点成一椭圆，即为截交线的 W 面投影。

截面实形仍用变换投影面法，如图 5-21a 所示，截面实形是一椭圆，其长轴可在截交线的 V 面投影中找到，即线段 $a'e'$，短轴为该圆柱直径。按前几例中求作实形的方法，可得 A、B、……、H 各点，依次光滑地连接起来，所得椭圆即为所求截面实形（图 5-21b）。

（2）圆锥体的截交线。正圆锥体的截交线有五种不同形状的截交线，见表 5-2。

【**例 5-7**】　已知正圆锥被一正平面 P（不通过顶点）所截断，用素线法求作截交线的投影（图 5-22）。

由于截平面 P 为一正平面，故截交线的 H 面和 W 面投影分别与 P_H 和 P_W 重合，截交线的 V 面投影为一双曲线，其作法如下：

表 5-2　正圆锥体的截交线

截平面位置	轴　测　图	投　影　图
垂直于圆锥轴线	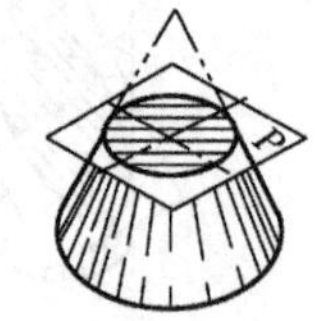	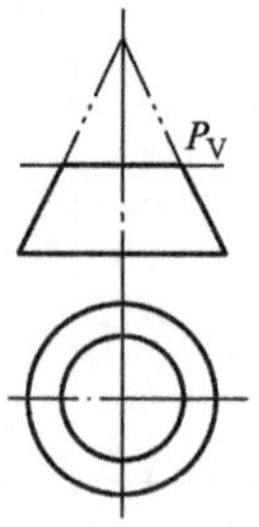
与锥面上所有素线相交	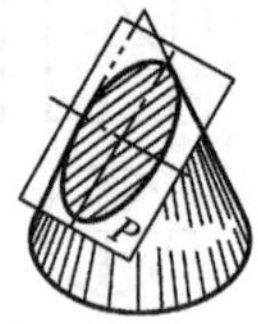	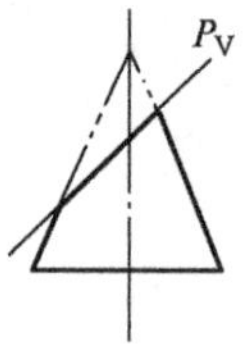
平行于锥面上一条素线	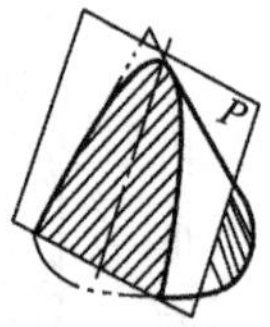	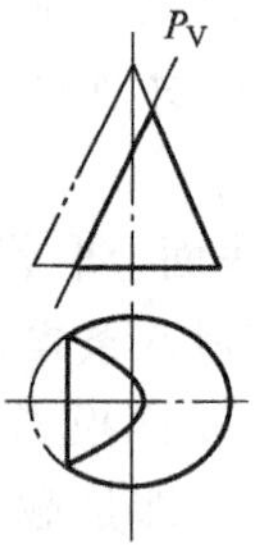
平行于锥面上两条素线	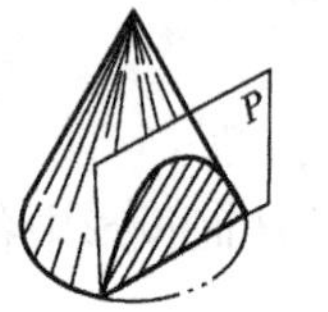	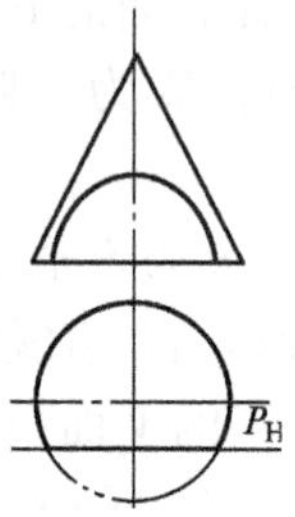
通过锥顶	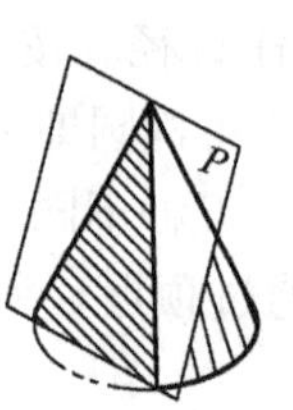	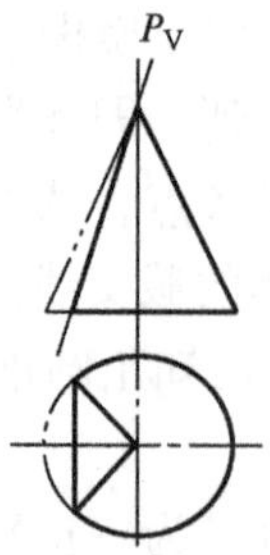

1）求特殊点。平面 P 与圆锥最前面的一条素线的交点 C，它的 H 面投影 c 和 W 面投影 c″可直接找出。自 c″作水平线，在 V 面上可求得它的 V 面投影 c′，即为双曲线上的最高一点。截平面 P 与圆锥底圆的两个交点 A 和 B，它们的 H 面和 W 面投影可在图中直接找出，它们的 V 面投影也很容易求得，此 a′和 b′即为双曲线最下面的两个点。

2）求一般点。双曲线的 H 面投影为一直线与 P_H 重合，首先在该直线上取 d 和 e，作为双曲线上一般点 D 和点 E 的 H 面投影，连 sd 和 se，并延长与底圆交于 1 和 2，此 s1 和 s2 为圆锥面上通过点 D 和点 E 素线的 H 面投影。再自 1 和 2 向上引垂线，与圆锥底圆的 V 面投影相交得 1′及 2′，连 s′1′和 s′2′，再自 d 向上作垂线与素线 s′1′交于 d′，自 e 向上作垂线与素线 s′2′交于 e′，即为双曲线上一般点 D 和点 E 的 V 面投影。

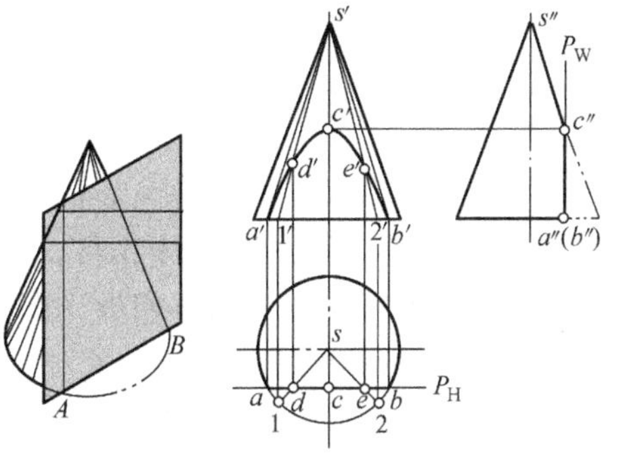

图 5-22　用素线法作正圆锥的截交线

3）连点。在圆锥的 V 面投影上依次光滑地连接 a′、d′、c′、e′、b′各点，即得双曲线的 V 面投影。显然，若能多作出一些点的 V 面投影，绘出的双曲线就会更准确些。

在本例中因截平面 P 平行于 V 面，所以双曲线的 V 面投影反映截面的实形。

【例 5-8】 已知正圆锥被一正垂面 P（倾斜于圆锥轴线）所截断，用纬圆法求作截交线的投影（图 5-23）。

由于截平面 P 为一正垂面，它又倾斜于圆锥轴线，故截交线的 V 面投影与正垂面 P_V 重合为一直线，截交线的 H 面和 W 面投影都是椭圆。

其作法如下：

1）求特殊点。在圆锥的 V 面投影中，截平面 P 与圆锥的 V 面投影轮廓素线的交点，即为截交线椭圆长轴的两个端点 A、B 的 V 面投影 a′、b′，端点 A、B 的 H 面投影 a、b，可向下作垂线求得。椭圆短轴的两个端点 C、D 的 V 面投影必然与 a′b′的中点重合，过中点 c′（d′）作水平线，在其上量取纬圆的半径，在圆锥的 H 面投影中作弧，再自 c′（d′）向下作垂线相交得 c 和 d，即为椭圆短轴两端点的 H 面投影。

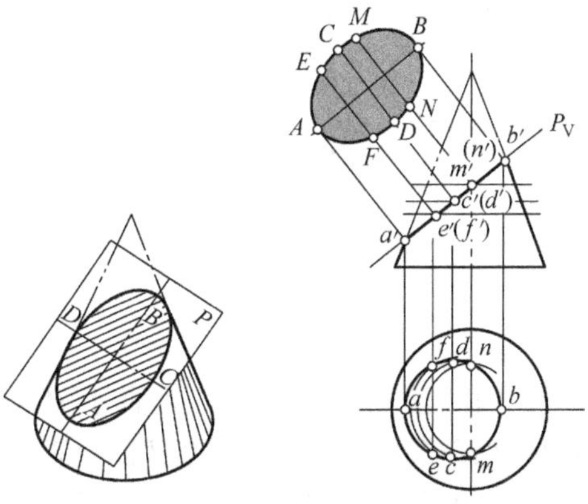

图 5-23　用纬圆法作圆锥的截交线

2）求一般点。截平面 P 与圆锥最前面和最后面素线的交点 M、N 可作为一般点看待，它们的 V 面投影 m′、n′可在图中直接找出（在 V 面上为重影点）。过 m′（n′）作水平线，量取纬圆半径，在圆锥的 H 面投影中作弧，与垂直于 V 面的那条底圆轴线（此处实际为最前、最后素线的 H 面投影）相交得 m、n。

用纬圆法再作出若干一般点，如点 E、点 F 的 H 面投影 e、f。

3）连点。在圆锥的 H 面投影中依次光滑地连接所求的各点成椭圆，即为截交线的 H 面投影。

截面实形也是个椭圆。其长轴与 a′b′相等，短轴与 cd 相等，求椭圆上其他点的方法与前几例的方法相同，求得各点后依次光滑地连接成椭圆即为截面实形。

立体的截交线

二、立体的相贯线

两相交的形体称为相贯体，它们表面的交线称为相贯线。相贯线分相贯和互贯两种。两形体相贯，可能是平面体与平面体相贯（图 5-24a）、平面体与曲面体相贯（图 5-24b）或曲面体与曲面体相贯（图 5-24c）

1. 直线与形体的贯穿点

如图 5-25 所示，直线与形体相交，即直线贯穿形体，直线与形体表面的交点，称为贯穿点。贯穿点是直线与形体表面的共有点。在一般情况下，直线与形体有两个贯穿点。此外，直线与形体相交时贯穿点外也可能有局部线段被遮挡，应判别其可见性。直线穿入立体内的一段可以不必画出。

（1）直线与平面体相贯穿。

【例 5-9】 已知空间一直线与四棱柱相交，求作贯穿点的投影（图 5-25）。

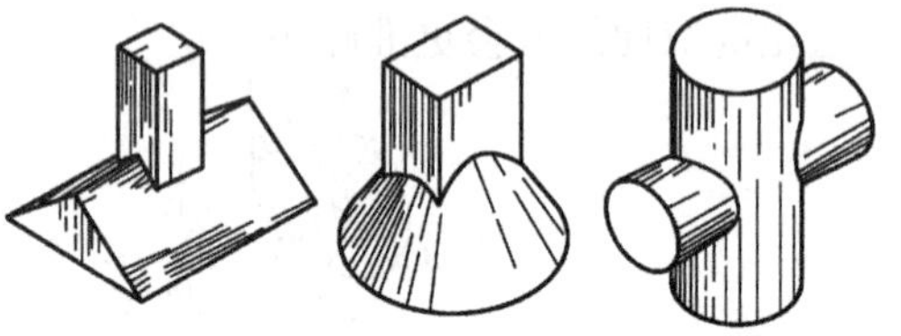

图 5-24 体的相贯

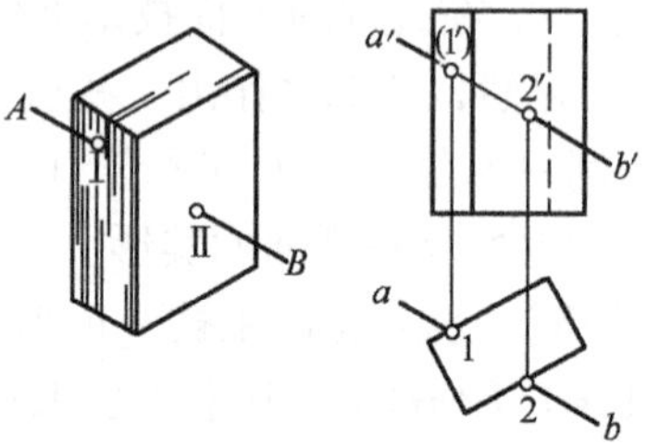

图 5-25 直线贯穿四棱柱

作法：

1）因四棱柱的各棱面均垂直于 H 面，可利用其积聚性直接找到两贯穿点的 H 面投影 1 和 2。

2）自 1 和 2 分别向上作垂线与空间直线的 V 面投影相交得贯穿点的 V 面投影 1′和 2′。

3）判别 1′和 2′的可见性时，可根据其 H 面投影来确定，很明显，1′为不可见，2′为可见，在 V 面投影中将直线的不可见部分画成虚线。

【例 5-10】 已知空间一直线与三棱锥相交，求作贯穿点的投影（图 5-26）。

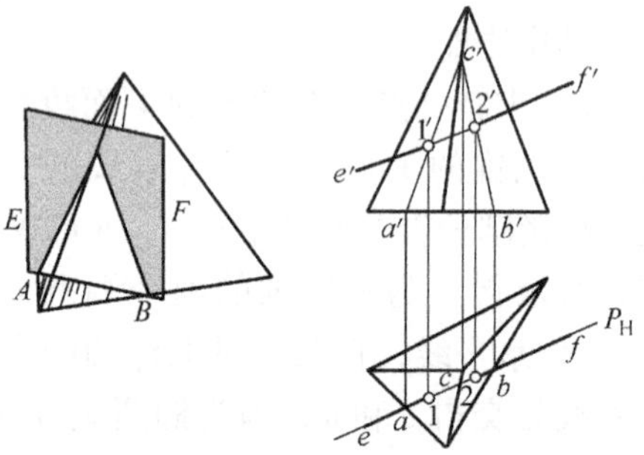

图 5-26 直线贯穿三棱锥

作法：

1）设通过空间直线 EF 作一铅垂面 P（用迹线表示），则直线的 H 面投影 ef 与 P_H 重合，且平面 P 截割三棱锥所产生的截交线的 H 面投影，也与 P_H 重合，转折点的 H 面投影为 a、b、c。

2）自 a、b、c 三点分别向上作垂线，与三棱锥的相应棱线相交，得转折点的 V 面投影 a'、b'、c'。直线 EF 的 V 面投影 $e'f'$ 与截交线相交于 1′及 2′，即为贯穿点 1、2 的 V 面投影。

3）再自 1′、2′向下作垂线，分别与直线的 H 面投影 ef 相交，得 1、2 两点，即为贯穿点

的 H 面投影。

4）直线与三棱锥在 H 面投影中的两个贯穿点和贯穿点以外的直线段，均属可见。在 V 面投影中，贯穿点所在的两个侧面都在前面，贯穿点和贯穿点以外的直线，也均属可见，故都用实线画出。

（2）直线与曲面体相贯穿。

【例 5-11】 已知空间一直线与正圆柱体相交，求作贯穿点的投影（图 5-27）。

作法：

1）因圆柱体的轴线垂直于 H 面，可利用其素线在 H 面的积聚性直接找到一个贯穿点的 H 面投影 1，自 1 向上作垂线与空间直线的 V 面投影相交得贯穿点的 V 面投影 $1'$。

2）又因另一贯穿点是从圆柱体顶面穿入，故可利用其 V 面投影的积聚性找到第二个贯穿点的 V 面投影 $2'$，自 $2'$ 向下作垂线与空间直线的 H 面投影相交，得贯穿点的 H 面投影 2。

3）直线与圆柱在 H 面投影中的两个贯穿点和贯穿点以外的直线段均属可见。在 V 面投影中，贯穿点所在的位置贯穿点以外的直线，也均属可见，故都用实线画出。

【例 5-12】 已知空间一直线与圆锥体相交，求作贯穿点的投影（图 5-28）。

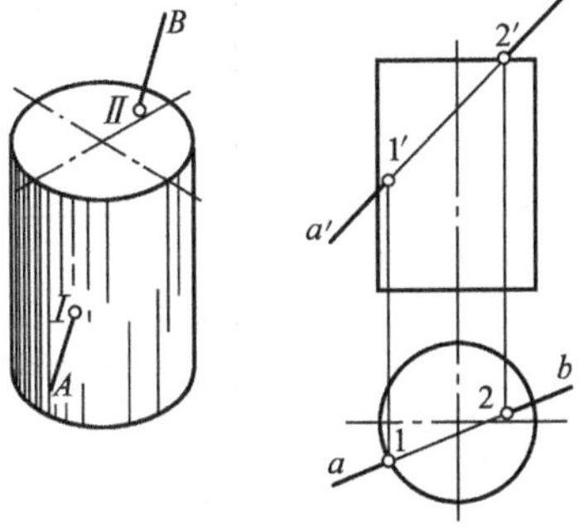

图 5-27　直线贯穿圆柱

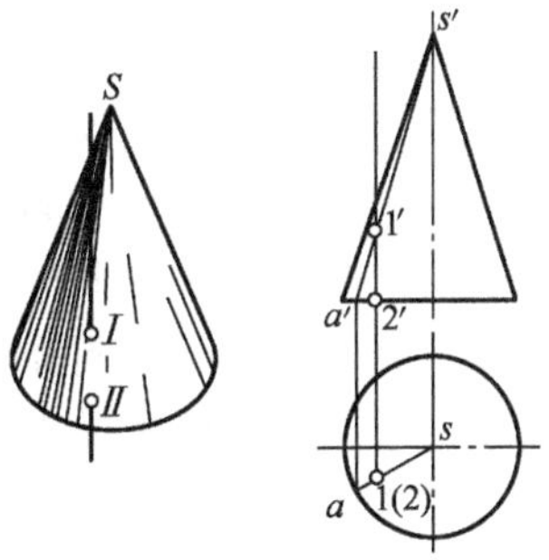

图 5-28　直线贯穿圆锥

作法：

1）因空间直线垂直于 H 面，可利用其积聚性直接找到两贯穿点的 H 面投影 1 和 2。

2）在 H 投影面上过锥尖 S 和贯穿点的 H 面投影 1（2）作素线交于圆锥底于 a，自 a 向上作垂线得 a'，连接 $s'a'$。

3）再自 H 面投影 1 和 2 向上作垂线，与 $s'a'$相交得贯穿点的 V 面投影 $1'$和 $2'$。

4）判别 $1'$和 $2'$的可见性时，可根据其 H 面投影来确定，很明显，2 为不可见，1 为可见，在 V 面投影中直线位于前半个圆锥面，属可见，故用实线画出。

立体的相贯线

2. 平面体相贯

（1）两平面体相贯。两平面体相贯，它们的相贯线可能是封闭的平面折线，也可能是空间折线。折线上的各转折点为两平面体棱线相互的贯穿点，求出这些贯穿点的投影并依次连接起来，即可得两平面体相贯线的投影。

【例 5-13】 求作烟囱与屋面相贯线的投影（图 5-29）。

此题为垂直于 H 面的四棱柱（烟囱）的 4 条棱线贯穿三棱柱，且该三棱柱（屋顶）与

W 面垂直（图 5-29a），即其相贯线作法如下：

1）利用屋顶在 W 面上的投影有积聚性，可直接找出烟囱的四根棱线对屋顶各贯穿点的 W 面投影 1″、2″、3″、4″，其中 2″和 3″为不可见（图 5-29b）。

2）自 1″（2″）和 4″（3″）作水平线，分别与烟囱相应各棱线的 V 面投影相交，得 1′、2′、3′、4′各点。连 1′、2′和 3′、4′，其中线段 3′4′为不可见，画成虚线。

3）相贯线的 H 面投影与烟囱的 H 面投影相重合（图 5-29b）。

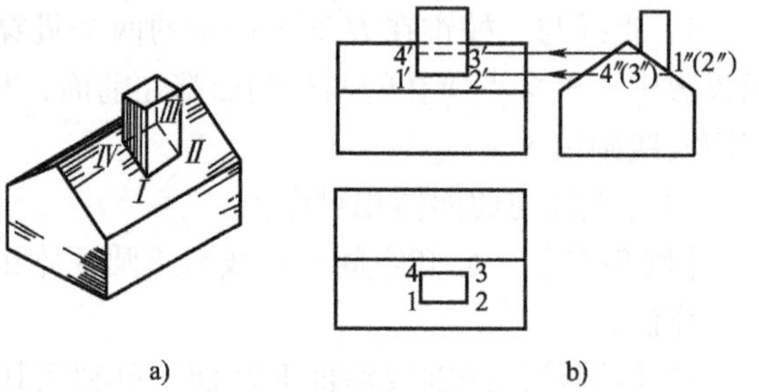

图 5-29　作烟囱与屋面相贯线投影之一

如果没有给出相贯体的 W 面投影，也可以利用在形体表面上定点和作辅助线的方法作图（图 5-30）。其方法如下：

1）在 H 面投影中过点 2 在屋顶坡面上作一辅助斜线，它与檐口线和屋脊线的交点分别为 a 和 b，自 a 和 b 向上作垂线，得 a'和 b'。

2）连 a'和 b'，与烟囱相应的棱线相交得 2′，该点即为烟囱棱线对屋顶坡面的贯穿点Ⅱ的 V 面投影。

3）由于本例两平面体都处于特殊位置，不难理解相贯线Ⅰ、Ⅱ为一条水平线，按此理求得 1′，连 1′2′即为相贯线Ⅰ、Ⅱ的 V 面投影，相贯线其他部分可按同样方法求出。

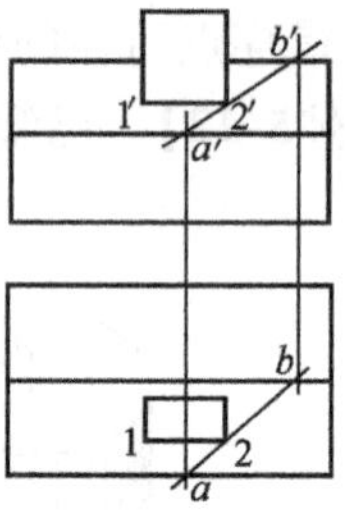

图 5-30　作烟囱与屋面相贯线投影之二

求相贯线投影也可以采用辅助线法作图，见例 5-14。

【例 5-14】　求作四棱柱与三棱锥相贯线的投影（图 5-31a）。

图 5-31a 中四棱柱的四个侧面都垂直于 W 投影面，四棱柱的 W 面投影具有积聚性，因此相贯线的 W 面投影与四棱柱的 W 面投影重合。相贯线的 H 面与 V 面投影左右对称，现以左侧部分为例，作法如下：

1）在 W 面投影中，过 E 点在 $\triangle SAB$ 上作辅助线 SL。

2）按投影关系，求出 sl 和 $s'l'$。

3）因为点 E 为四棱柱一棱线与辅助线 SL 交点，在 H 面和 V 面投影中不难找出 e 和 e'。用同样方法再求出 f、g、h 和 f'、g'、h'，连接后把不可见部分画成虚线，即得相贯线的 H 面和 V 面投影（图 5-31b）。

求相贯线投影也可采用辅助面法作图，见例 5-15。

【例 5-15】　求作四棱柱与三棱锥相贯线的投影（图 5-32a）。

分析：

根据已知条件可知，四棱柱的各棱面全部从三棱锥的 SAB 棱面穿入，从 SBC 棱面穿出，形成全贯，相贯线为两组平面折线，且 H 和 V 投影成左右对称形。因四棱柱的 W 投影有积聚性，相贯线的 W 投影在积聚线内。因此，只须求相贯线的 H、V 投影。

四棱柱的上、下两侧面为水平面，其 V、W 投影有积聚性，可利用它们的积聚性直接求出与三棱锥的 SAB 和 SBC 棱面的交线。

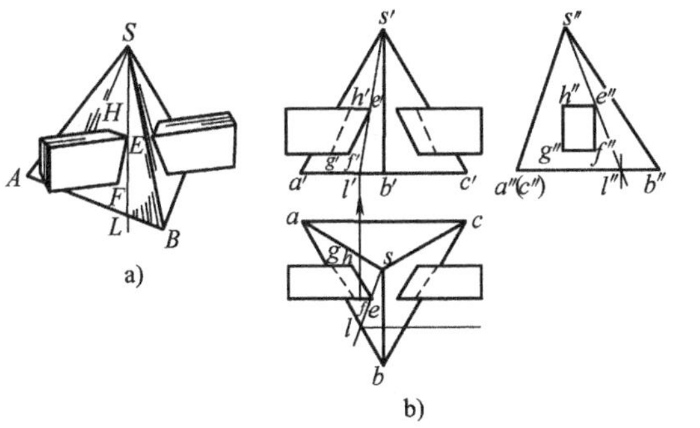

图 5-31　作四棱柱与三棱锥相贯线的投影

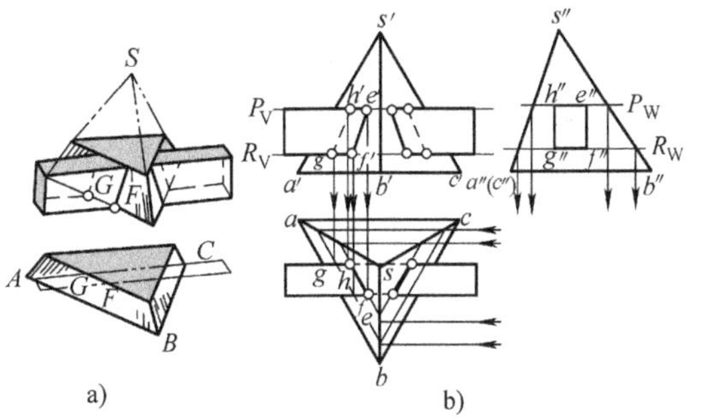

图 5-32　用辅助面法作四棱柱与三棱锥的相贯线

作图如下：

1）过四棱柱的上、下两个棱面，各作一水平辅助面 P_V、R_V，辅助面与三棱锥两个棱面的截交线的 V 面和 W 面投影均为一直线，与三棱锥截交线的 H 面投影是两个不同大小的三角形，可由 W 面投影根据宽相等引线作出。在 H 面可求得 e、f、g、h，自 e、f、g、h 向 V 面、W 面作垂线，得 $e'f'g'h'$ 和 $e''f''g''h''$。这样就完成了相贯线的全部作图，如图 5-32b 所示。同理可求出四棱柱与三棱锥 SBC 棱面的交线。

2）判别可见性。H 投影中，除四棱柱的下侧水平棱面不可见，后侧棱面有积聚性，其余棱面均可见。所以相贯线的 H 投影中，只有 fg 不可见，应画虚线。V 投影中，因 $f'g'$ 位于四棱柱的不可见棱面上，应画虚线，如图 5-32b 所示。

（2）同坡屋面。在房屋建筑中，坡屋面是一种常见的屋顶形式。一般情况下，屋顶檐口的高度处在同一水平面上，各个坡面的水平倾角又相同，故又称为同坡屋面（图 5-33a）。

同坡屋面的基本形式是二坡和四坡。一个简单的四坡屋面，实际上就是一个水平放置的截断三棱柱体。若为两个方向相交的坡屋面，则可看作是三棱柱体的相贯，但由于同坡屋面有其本身的特殊性，在求作屋面交线时可利用形成同坡屋面的几个特性来进行。

同坡屋面具有以下几个特性：

1）檐口线平行的两个坡面相交，其交线是一条平行于檐口线的水平线，通称屋脊线，它的 H 面投影必定平行于檐口线的 H 面投影，且与两个檐口线距离相等（图 5-33b）。

2）檐口线相交的相邻两个坡面，其交线表示一条斜脊或斜沟，它的 H 面投影必定为两檐口线夹角的分角线。由于建筑物的墙角绝大多数是 90°角，故此斜脊或斜沟线的 H 面投影为 45°斜线（图 5-33b）。

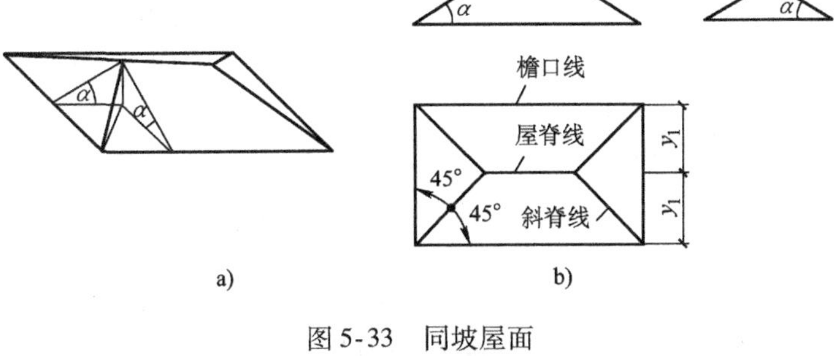

图 5-33　同坡屋面

3）如果两斜脊、两斜沟或一斜脊和一斜沟相交，在交点处必还有另一条屋脊线相交。

【例5-16】 已知四坡顶房屋的平面图和各坡面的水平倾角 α，求作屋顶的 *H* 面和 *V* 面投影（图5-34）。

如图5-34所示，此房屋平面形状是一个L形，它是由两个四坡屋面垂直相交的屋顶。

其投影作法如下：

1）先将房屋平面划分为两个矩形 *abdc* 和 *cgfe*，如图5-34b所示。

2）根据同坡屋面的特性，作各矩形顶角的分角线和屋脊线的投影，得部分重叠的两个四坡屋面（图5-34c）。

3）L形平面的凹角 *bhf* 是由两檐口线垂直相交而成，坡屋面在此从方向上发生转折，因此，此处必然有一交线，也即分角线。其作法是：自 *h* 作45°角斜线交于2，*h*2即为一条斜沟的投影线。

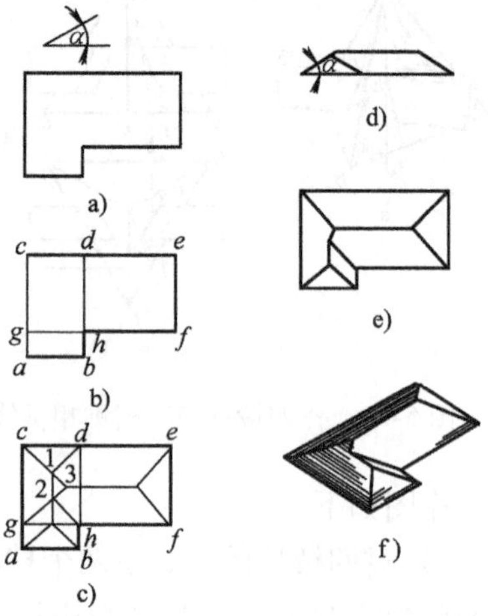

图5-34 坡屋面投影作法

4）图5-34c中 *d*1、*g*2、12各线段都位于两个重叠的坡面上，实际上是不存在的，又 *gh* 和 *dh* 这两条线是假设的，擦去这些图线，即得屋面的 *H* 面投影（图5-34e）。

5）根据给定的坡屋面倾角 α 和已求得的 *H* 面投影，可作出屋面的 *V* 面投影（图5-34d）。图5-34f所示为该屋顶的轴测图。

3. 曲面体相贯

（1）平面体与曲面体相贯。平面体与曲面体的相贯线，是由若干段平面曲线或由若干段平面曲线和直线所组成。每一段平面曲线或直线的转折点，就是平面体的棱线对曲面体表面的贯穿点，求出这些贯穿点，再求出曲线部分的一些点，并按相贯线的情况，依次连成曲线或直线，即为平面体与曲面体的相贯线。

【例5-17】 求作四棱柱与圆柱体的相贯线的投影（图5-35a）。

分析：

根据已知条件可知，圆柱的 *H* 投影和四棱柱的 *W* 投影有积聚性，因此相贯线的 *H* 投影和 *W* 投影为已知。需要求作的主要是它的 *V* 面投影。相贯线由四棱柱的四条棱线与圆柱面的四个相贯点所围成，其中 *BC* 段是曲线，*AB* 和 *CD* 段是直线（图5-35a）。

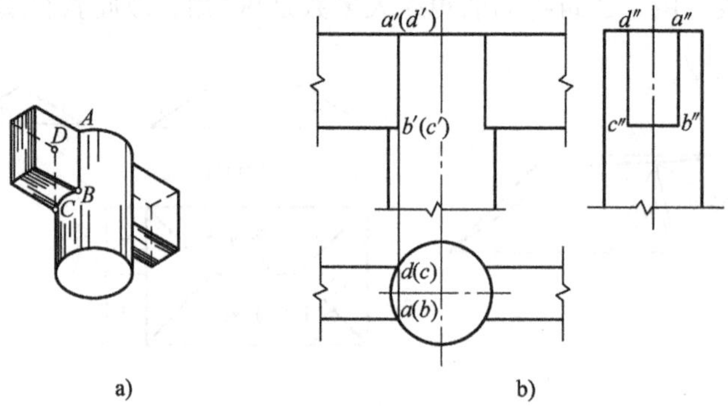

图5-35 四棱柱与圆柱体的相贯线

作图如下：

1）自 a（b）向上作垂线，与四棱柱对应棱线的 V 面投影交得 a'、b'。线段 $a'b'$即为相贯线上的直线段 AB 的 V 面投影。直线 CD 的 V 面投影 $c'd'$与 $a'b'$重合。

2）曲线 BC 的 V 面和 W 面投影都是一段水平的直线，尽管 BC 的 V 面投影 b'与 c'重合为一点，但结合它的 H 面、W 面投影分析，在它们的 V 面投影中四棱柱底线与圆柱轮廓线的交点到 b'间的那段线段，就是曲线 BC 的 V 面投影。

（2）两曲面体相交。两曲面体的相贯线，一般是封闭的空间曲线。求两曲面体的相贯线，实质上是求出两曲面体上的若干共有点，然后依次光滑地连接而成。这些共有点是一个曲面体上的某些素线与另一曲面体表面的贯穿点。

【例 5-18】 求作圆拱屋顶的相贯线（图 5-36）。

分析：

图 5-36a 是两个直径不同而轴线垂直相交的圆拱屋顶，它们的轴线处在同一水平面上。由于两圆拱都处于特殊位置，相贯线的 V 面投影与小圆拱的 V 面投影重合，相贯线的 W 面投影与大圆拱的 W 面投影重合，需要求作的是相贯线的 H 面投影。

作法：

1）特殊点。由于两圆拱轴线处在同一水平面上，故它们的 H 面投影中的 a、b 为相贯线上曲线部分的两个最低点，也是相贯线上曲线与直线的连接点。曲线最高点 C 的 H 面投影 c，可根据已知的 c' 和 c'' 按投影关系求出。

2）一般点。在小圆拱屋顶曲线的中间，作一水平线，可得相贯线上一般点 E、F 的 V 面投影 e'、f'和 W 面投影 e''、(f'')，再按投影关系求出点 E、点 F 的 H 面投影 e、f。依次光滑地连接 a（g）、e、c、f、b（h）各点，即为相贯线的 H 面投影（图 5-36b）。

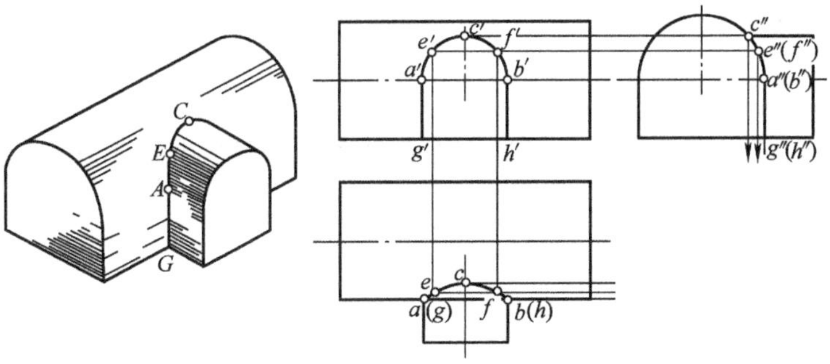

a)　　b)

图 5-36　圆拱屋顶的相贯线

平面体和曲面体相贯

本 章 小 结

（1）体的投影图和投影规律；平面基本几何体的投影。

（2）曲面基本几何体的投影，在平面体和曲面体表面求点。

（3）体的截断：平面体的截断和曲面体的截断。

（4）体的相贯：平面体与平面体相贯、平面体和曲面体相贯、两曲面体相贯。

（5）同坡屋面。

复习思考题

1. 如图5-37所示，补绘形体的W面投影，并求出体表面上A、B、C三点的另外两个投影。

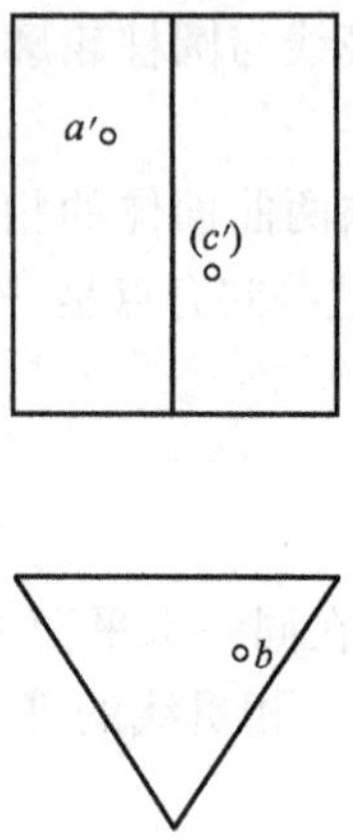

图 5-37

2. 如图5-38所示，补绘曲面体的H面投影，并求出体表面上各点的其他投影。

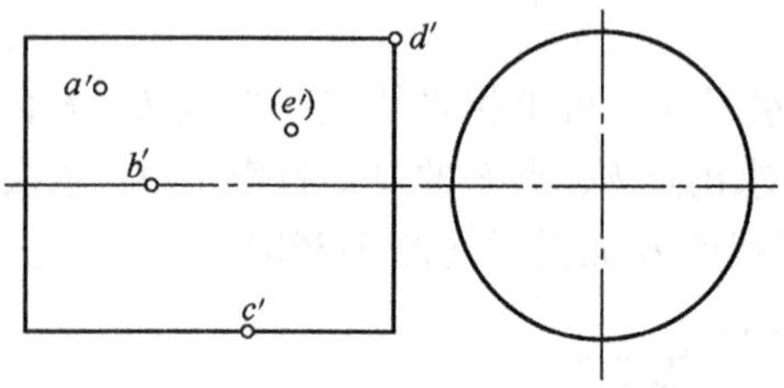

图 5-38

3. 如图5-39所示，补绘圆锥台的W面投影，并求出体表面上曲线MN和曲线SR的其他投影。

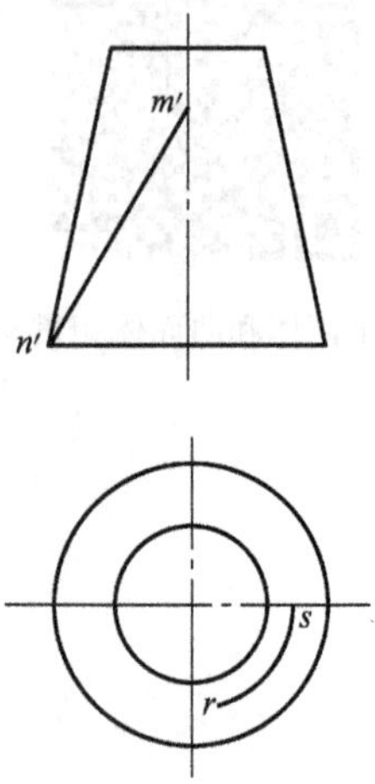

图 5-39

4. 如图 5-40 所示，根据直观图，画出体的正投影图。

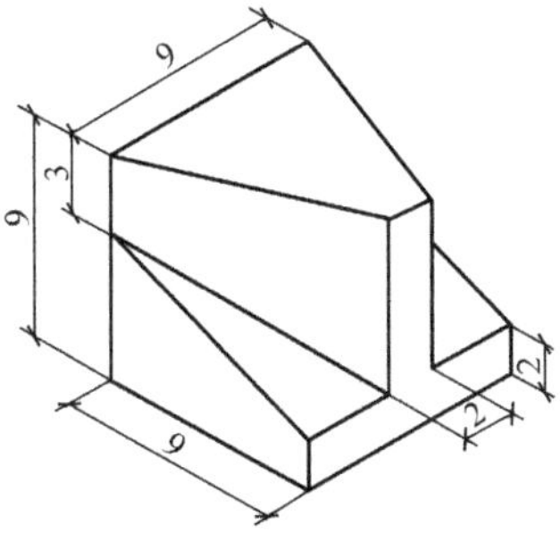

a)

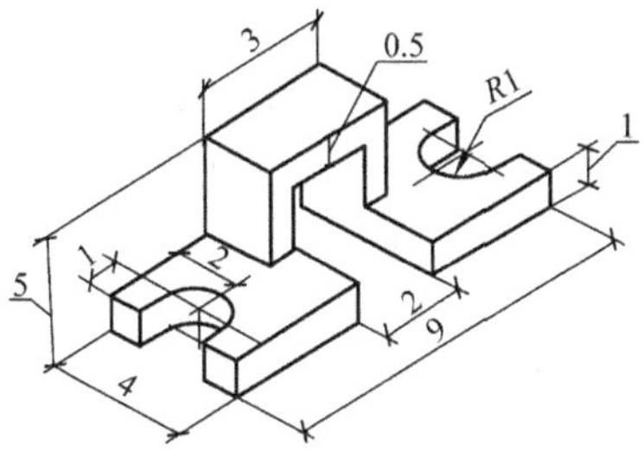

b)

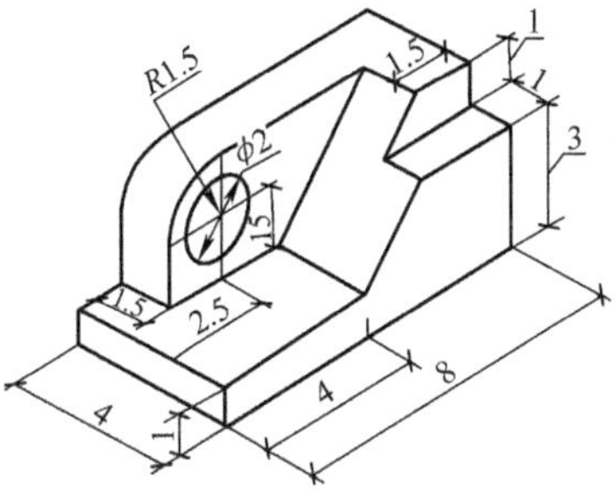

c)

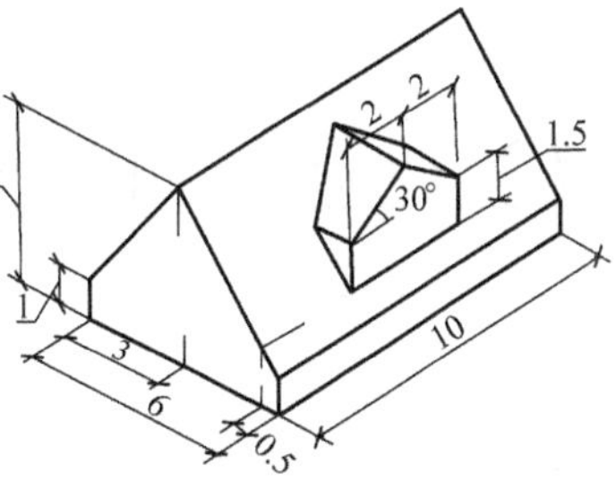

d)

图 5-40

5. 如图 5-41 所示，根据体的两个投影图，补画出体的另外一个投影图。

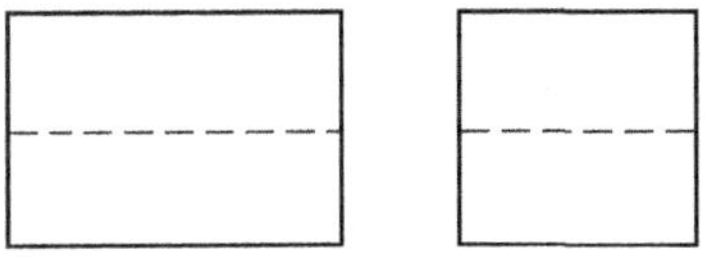

a)

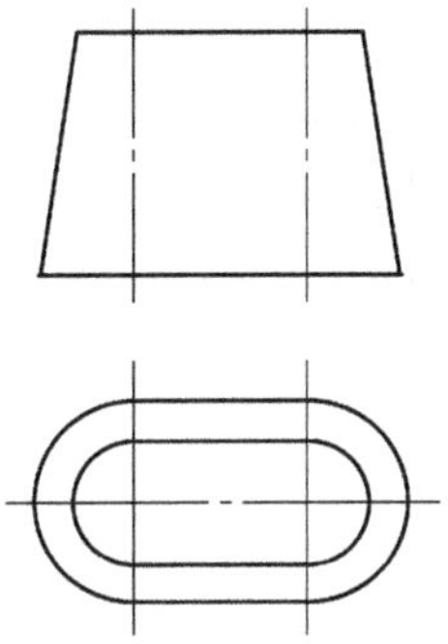

b)

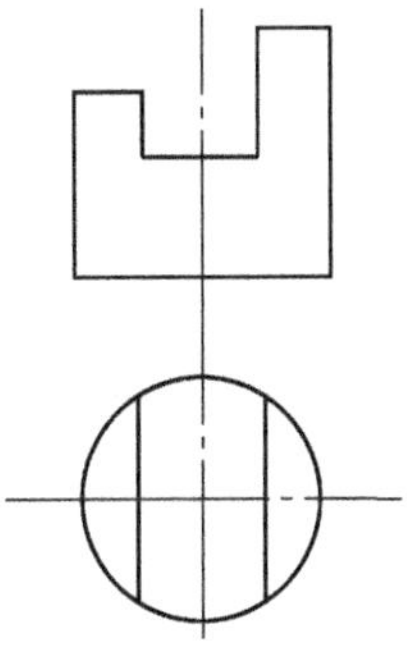

c)

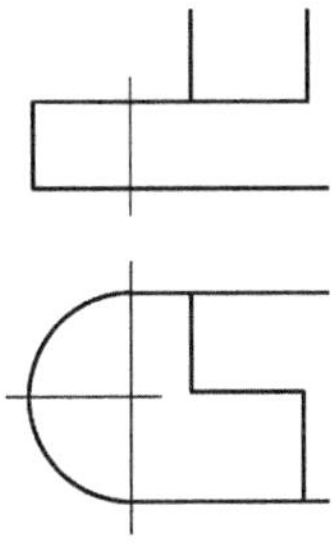

d)

图 5-41

6. 如图 5-42 所示，根据体的三面投影图，补全投影图。

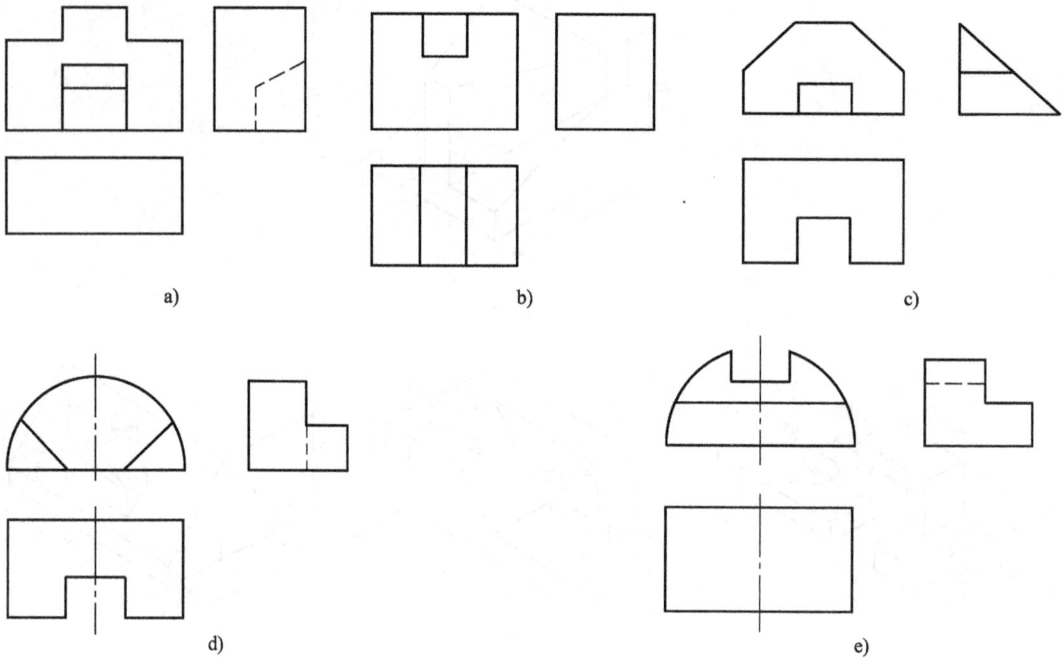

图 5-42

7. 如图 5-43 所示，完成下列截断体的投影。

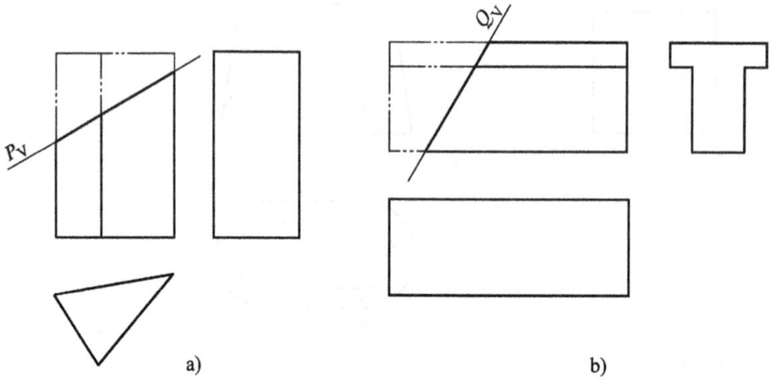

图 5-43

8. 如图 5-44 所示，完成下列同坡屋面的三面投影图（屋面坡度 $\alpha=30°$）。

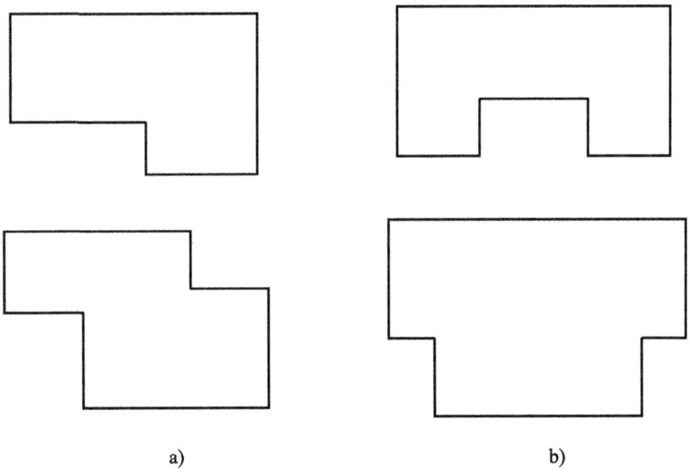

图 5-44

第六章　建筑形体的投影

学习目标：

1. 掌握形体分析法、线面分析法识读、绘制组合体投影图。
2. 掌握组合体投影图的尺寸标注方法；熟练掌握组合体的轴测投影图画法。

学习重点：

1. 用形体分析法、线面分析法识读、绘制投影图；组合体投影图的尺寸标注方法。
2. 常用轴测投影作图的基本方法。

学习建议：

对所学内容善于分析和应用，提高空间想象、图示表达和识读能力。

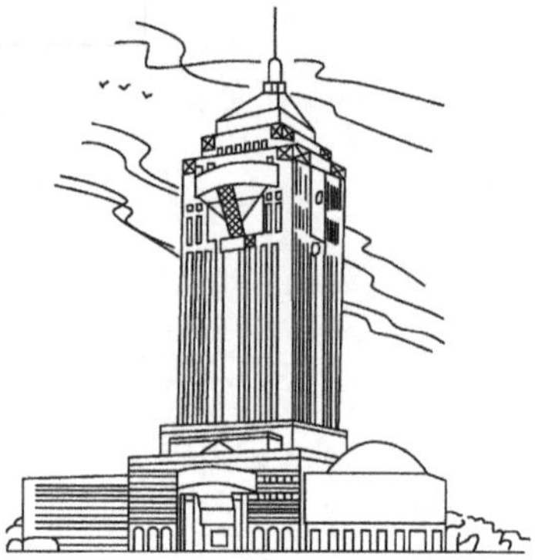

图 6-1　某高层建筑

我们日常见到的建筑物或其他工程形体，都是由简单形体所组成，如图 6-1 所示高层建筑是由四棱台、圆柱体、长方体、球体等组合而成。本章主要介绍组合体投影图的画法、识读、尺寸标注及轴测投影图的画法。

第一节　组合体的投影

一、组合体的分类

由基本形体组合而成的形体称为组合体。组合体一般由三种组合方式组合而成。

1. 叠加式

叠加式是把组合体看成由若干个基本形体叠加而成，如图 6-2a 所示。

2. 切割式

切割式是组合体由一个基本形体，经过若干次切割而成的，如图 6-2b 所示。

3. 混合式

混合式是组合体既有叠加又有切割而形成的，如图 6-2c 所示。

二、组合体投影图的画法

画组合体投影图就是画出构成它的若干几何体的投影图。先进行形体分析，即对组合体中基本形体的组合方式、位置关系以及投影特性等进行分析，弄清各部分的形状特征及投影表达。然后从其基本体作图出发，逐步完成组合体的投影。还要注意组合体在三投影面体系

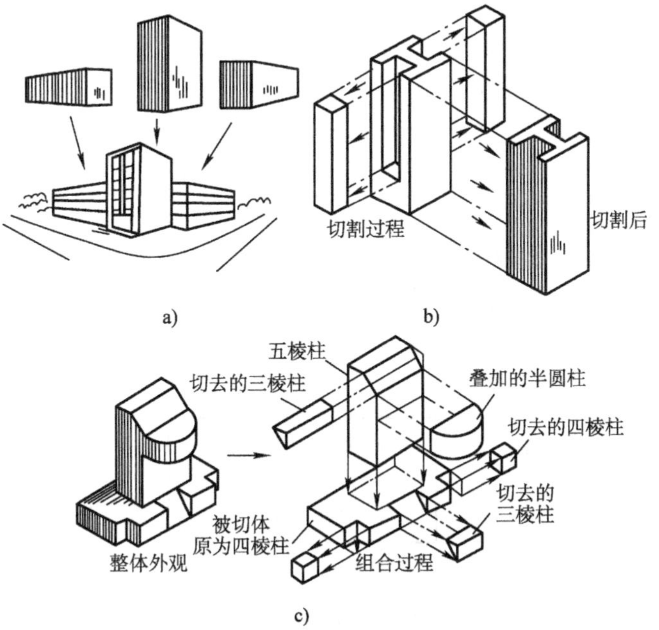

图6-2　组合方式

a）叠加式组合体　b）切割式组合体　c）混合式组合体

中所放的位置，一般应考虑下述几点：

（1）使形体的主要面或形状复杂而又反映形体特征的面平行于 V 面。

（2）使作出的投影图，虚线少，图形清楚。

（3）以最少的投影图，反映尽可能多的内容。

图6-3所示为房屋的模型，它是叠加式的组合体：屋顶是三棱柱，屋身和烟囱是长方体，而烟囱一侧小屋则是由带斜面的长方体构成。由图6-3b可见其选定在正立投影上，反映该形体的主要特征和位置关系，侧立投影反映形体左侧及屋顶三棱柱的特征，而水平投影则反映各组成部分前后左右的位置关系，如图6-3c所示。

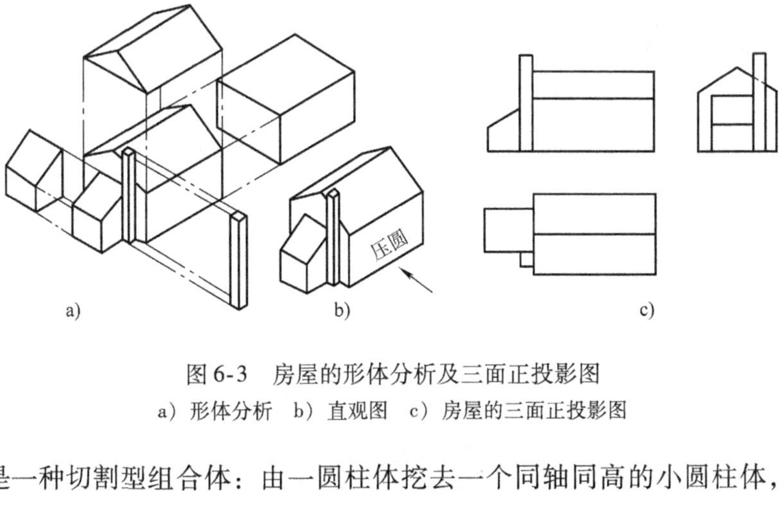

图6-3　房屋的形体分析及三面正投影图

a）形体分析　b）直观图　c）房屋的三面正投影图

图6-4是一种切割型组合体：由一圆柱体挖去一个同轴同高的小圆柱体，成为中空圆

管，再在其上端切去一段半圆管。先将切去的部分补上，画出基本体——圆柱体的三面投影，作挖去同轴小圆柱体的投影图，作切割上端半圆管后的投影图，其投影图的求作步骤如图 6-5 所示。

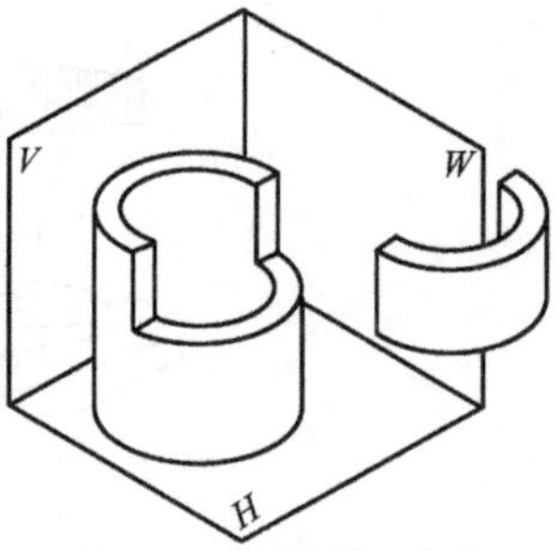

图 6-4　切割型组合体

图 6-6a 是一种混合型组合体：按形体分析先画下方两长方体的三面投影，如图 6-6b 所示。先从反映实形的 *V* 面投影开始作图；画出后方长方体及挖去孔洞的三面投影，再作其他投影，如图 6-6c 所示。作反映实形的 *W* 面投影，再作 *H* 面、*V* 面投影，因 *W* 面投影方向孔洞、台阶轮廓均不可见，故用虚线表示，如图 6-6d 所示。

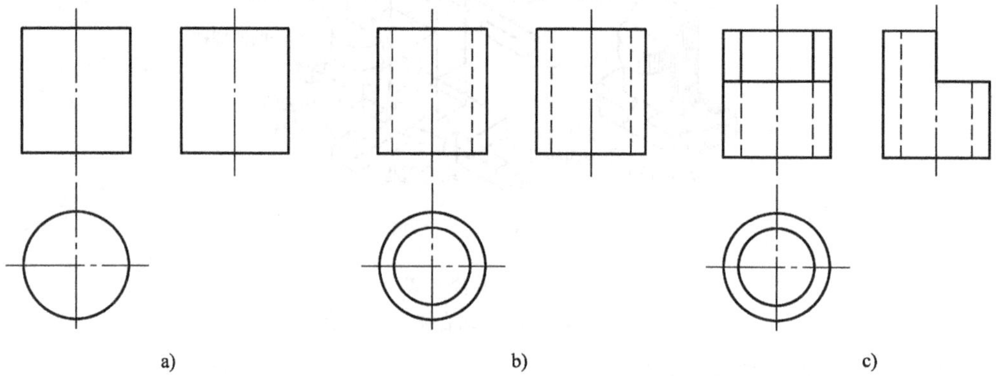

图 6-5　切割型组合体投影图作法

a）作圆柱的投影　b）作挖去同轴小圆柱体的投影　c）作切割上端半圆管后的投影

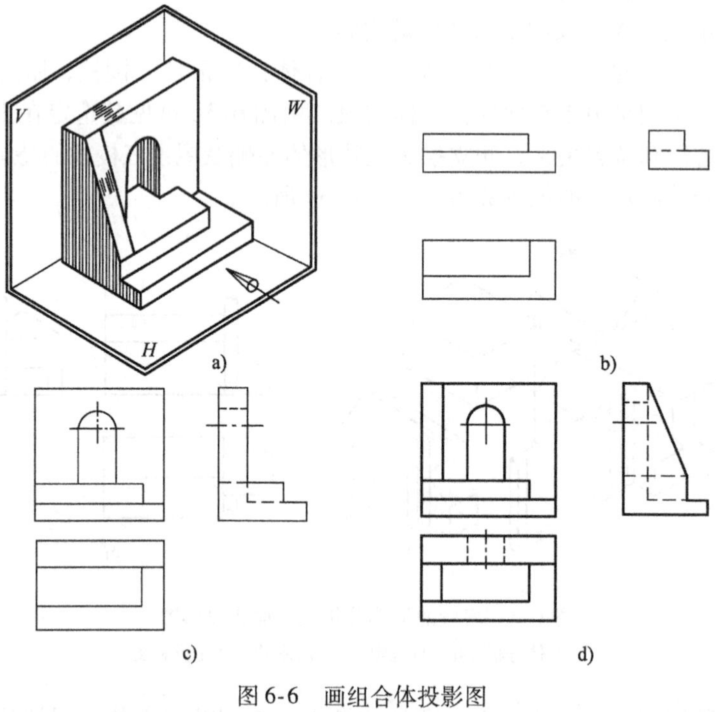

图 6-6　画组合体投影图

a）摆放位置　b）画下方长方体　c）叠加后方长方体并挖孔　d）叠加左侧三棱柱，完成作图值得注意的是，将组合体分解为若干基本形体，是一种分析作图过程，实际上组合体是一个整体，故作图时各基本形体互相叠合时产生的交线是否存在，还要具体分析，如图 6-7 所示，否则与真实的表面情况不符。

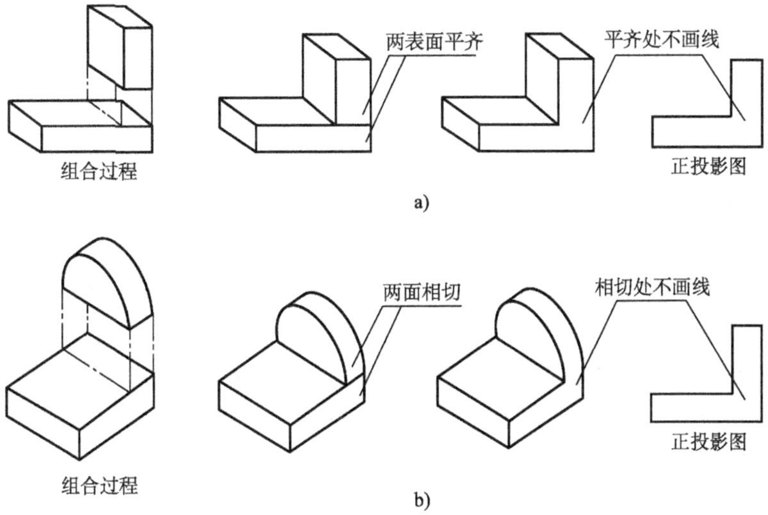

图 6-7　形体表面的平齐与相切
a）表面平齐　b）表面相切

第二节　组合体投影图的识读

根据已知的投影图，运用投影原理和方法，想象出空间物体的形状，这就是投影图的识读。

识读组合体投影图，不但要以点、直线和平面的投影理论作基础，而且还要有正确的读图方法。读图时要注意把各个投影联系起来看，不能光看其中的一个或两个投影。如图 6-8 所示，若只把视线注意在 *V* 面、*H* 面上，则至少可得右下方所列的三种答案。由于答案没有唯一性，显然不能用于施工制作。只有把 *V* 面、*H* 面投影和图 6-8 中任何一个作为 *W* 面投影联系起来识读，才能有唯一准确的答案。

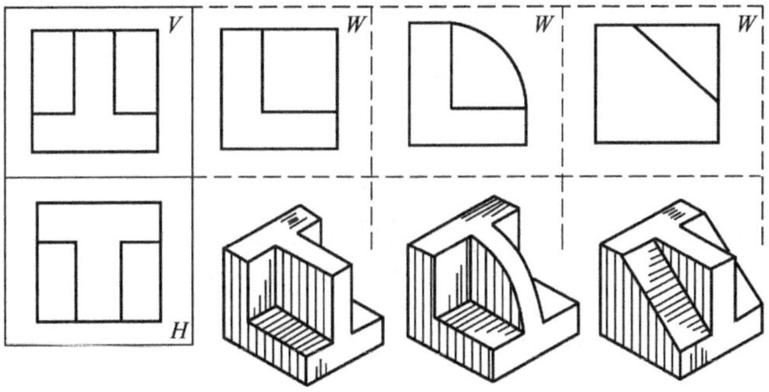

图 6-8　把已知投影联系起来看

识读组合体投影图的方法有形体分析法和线、面分析法。

一、形体分析法

与绘制组合体投影的形体分析一样，形体分析法即是首先分析投影图上所反映的组合体的组合方式、各基本形体的相互位置及投影特性，然后想象出组合体空间形状的分析方法。

图6-9所示的投影图，特征比较明显的是V面投影，结合观察W面、H面投影可知，该形体是由下部两个长方体上叠加一个中间偏后位置的长方体（后表面与下部两长方体的后表面平齐），然后再在其上叠加一个宽度与中间长方体相等的半圆柱体组合而成。在W面投影上主要反映了半圆柱、中间长方体与下部长方体之间的前后位置关系，在H面投影上主要反映下部两个长方体之间的位置关系。综合起来就很容易地想象出该组合体的空间形状。

二、线、面分析法

这种方法是根据直线、平面的投影特性，分析投影图中线和线框的空间意义，从而想象其空间形状，想出整体的分析方法。

观察图6-10a，并注意各图的特征轮廓，可知该形体为切割体。因为V面、H面投影有凹形，且V面、W面投影中有虚线，那么V面、H面投影中的凹形线框代表什么意义呢？经"高平齐""宽相等"对应W面投影，可得一斜直线如图6-10b。根据投影面垂直面的投影特性可知该凹形线框代表一个垂直于W面的凹字形平面（即侧垂面）。结合V面、W面的虚线投影可知，该形体为顶面有侧垂面的四棱柱在后方中间切去一个小四棱柱后得到的组合体，如图6-10b中的直观图。

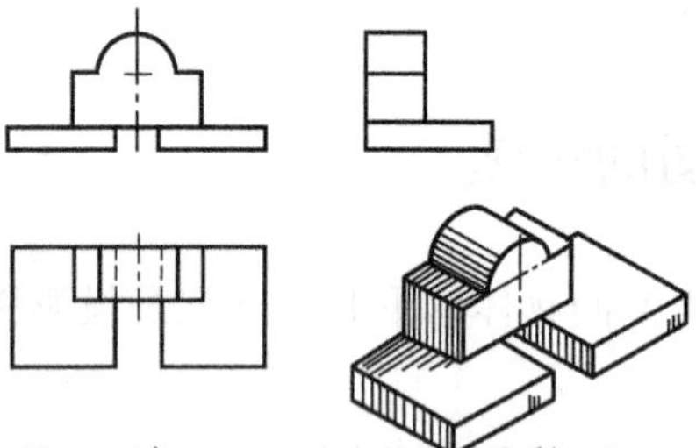

a)　　b)

图6-9　形体分析法

a）投影图　b）直观图

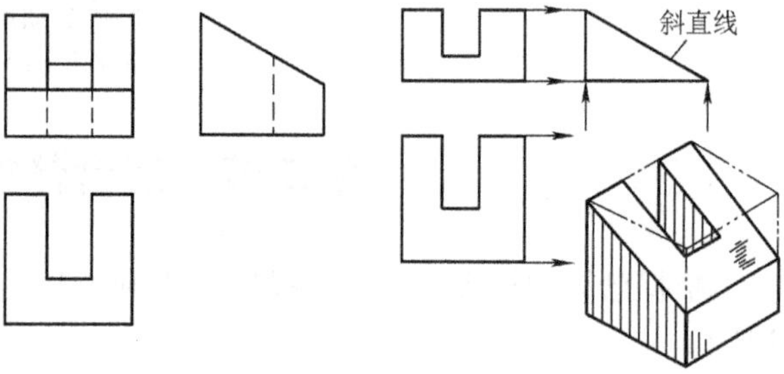

a)　　b)

图6-10　线、面分析法

在分析投影图中的线或线框时，要注意下面六点：

（1）可表示形体上一条棱线的投影（图6-11a中的①）。

（2）可表示形体上一个平面的积聚投影（图6-11a中的②）。

（3）可表示曲面体上转向素线的投影，但在其他投影中，应有一个具有曲线图形的投影（图6-11b中的③）。

（4）可表示形体上一个平面的投影（图6-11a中的④）。

（5）可表示形体上一个曲面的投影，但其他投影图应有一曲线形的投影与之对应（图6-11b中的⑤）。

（6）可表示形体上孔、洞、槽或叠加体的投影（图6-11c中的⑥和图6-11d中的⑦、⑧）。

组合体形状千变万化，由投影图想象空间形状往往比较困难，所以掌握组合体投影图的识读规律，对于培养空间想象力、提高识图能力，以及今后识读专业图，都有很重要的作用。

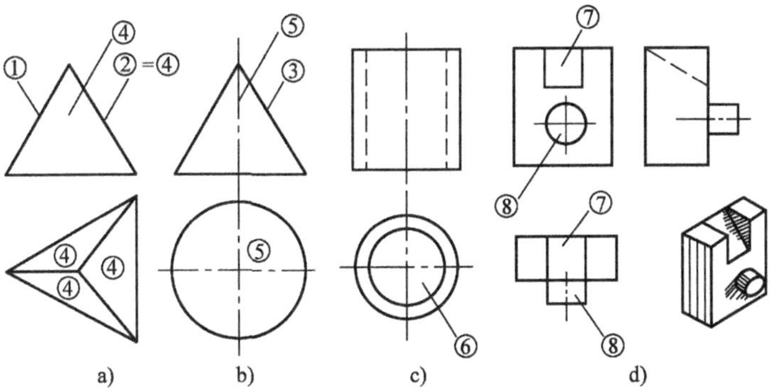

图 6-11　投影图中线和线框的意义

a）三棱锥体　b）圆锥体　c）圆筒体　d）带有槽口并叠加圆柱的形体

建筑形体的投影

第三节　组合体投影图的尺寸标注

投影图画好后都应标注尺寸，才能明确组合体的大小。

一、组合体尺寸的组成

组合体尺寸由三部分组成：定形尺寸、定位尺寸和总体尺寸。

（1）**定形尺寸**。用于确定组合体中各基本形体自身大小的尺寸。通常由长、宽、高三项尺寸来反映。

（2）**定位尺寸**。用于确定组合体中各基本形体之间相互位置的尺寸。

（3）**总体尺寸**。确定组合体总长、总宽、总高的外包尺寸。

二、组合体的尺寸标注

组合体尺寸标注之前也需进行形体分析，弄清反映在投影图上的有哪些基本形体，然后注意这些基本形体的尺寸标注要求，做到简洁合理。各基本形体之间的定位尺寸一定要先选好定位基准，再进行标注。总体尺寸标注时应注意核对其是否等于各分尺寸之和，做到准确无误。

由于组合体形状变化多，定形、定位和总体尺寸有时可以兼代。组合体各项尺寸一般只标一次。

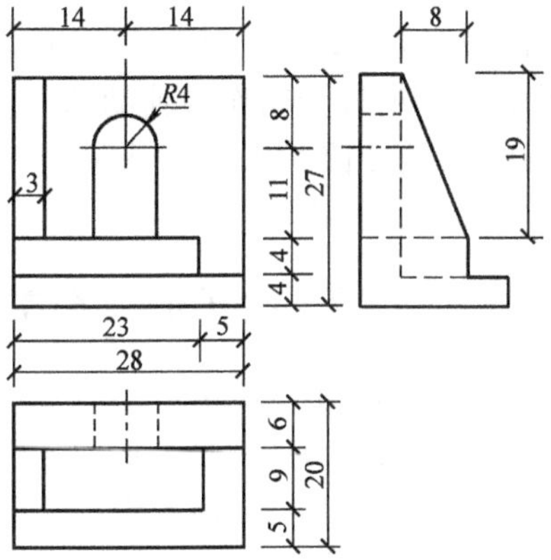

图 6-12　组合体的尺寸标注

【例 6-1】　标注图 6-12 所示组合体投影图的尺寸。

（1）标定形尺寸。如 1/2 圆柱孔的定形尺寸为 V 面的 $R4$ 及 H 面的 6；长方孔高和长的定形尺寸为 V 面的 11 和 8（半圆孔直径），宽为 H 面上的 6；后方长方体的长和高为 V 面上的 28、27，宽也为 H 面上的 6。如图 6-12 所示。

（2）标定位尺寸。1/2 圆柱孔长度方向的定位尺寸为 V 面的 14，高度方向为 $11+2\times4=19$

(间接定出)，宽度方向因孔的后侧面与宽度基准重合而不需标注；长方孔的长、宽定位与圆孔相同，所不同的是高度定位尺寸为 V 面的 4 +4 =8（亦为间接定出）；后方长方体及下方长方体因其侧面与相应长宽高基准面重合，故不需标准定位尺寸。三棱柱的定位尺寸宽为 H 面上的6，高为 V 面上的 4 +4 =8，长度方向定位尺寸因其左侧面与基准面重合不需标注。

(3) 标总体尺寸。总长为28、总高为27、总宽为20。

三、尺寸标注中的注意事项

(1) 尺寸应尽量标注在反映形体特征的投影图上。

(2) 尺寸排列要注意大尺寸在外，小尺寸在内，并在不出现尺寸重复的前提下，尽量使尺寸构成封闭的尺寸链。

(3) 反映某一形体的尺寸，最好集中标在反映这一形体特征的投影图上。

(4) 两投影图相关的尺寸，应尽量标在两图之间，以便对照识读。

(5) 同一图上的尺寸单位要统一。

第四节　轴测投影图

在工程实践中，一般采用前面几章介绍的正投影图来准确表达建筑形体的形状与大小，并作为施工依据，这是因为正投影图度量性好，绘图简便，但是正投影图中每一个投影只能反映形体一个面和两个方向的尺寸，因而缺乏立体感，图样也不够直观，往往给读图带来一定的困难。如图 6-13 所示，若在正投影旁边，再给出该形体的轴测图作为辅助图样，则能帮助未经过读图训练的人读懂投影图，以弥补正投影图的不足。

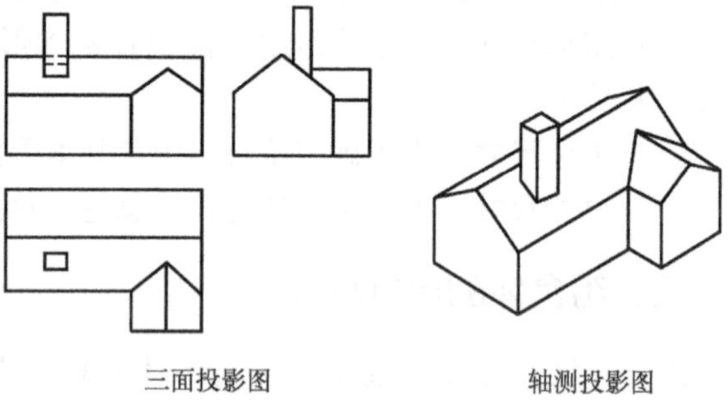

图 6-13　房屋的三面投影图与轴测投影图

一、轴测投影的形成、分类和特性

1. 轴测投影图的形成

根据平行投影的原理，把形体连同三个坐标轴一起投影到一个新的投影面 P 上所得到的单面投影图，称为轴测投影图，简称轴测图。这种投影方法称为轴测投影法，P 平面称为轴测投影面，如图 6-14 所示。

2. 轴测投影的分类

轴测投影分为正轴测投影和斜轴测投影两大类。当形体长、宽、高三个方向的坐标轴与投影面倾斜，投射线与投影面相垂直，所形成的轴测投影称为正轴投影；当形体两个方向的坐标轴与投影面平行，投射线与投影面倾斜，所形成的轴测投影称为斜轴测投影。用轴测投影方法画成的图，简称为轴测图。

如图 6-15 所示，S 为轴测投影的投射线方向，投影面 P 称为轴测投影面，空间形体的

三个坐标轴 OX、OY、OZ 在投影面上的投影 O_1X_1、O_1Y_1、O_1Z_1 称为轴测轴，每两个轴测轴之间的夹角称为轴间角。由于空间形体的三个（或一个）坐标轴与投影面 P 倾斜，其投影都比原来的长度短。它们的投影与原来长度的比值，称为轴向伸缩系数（简称伸缩系数），分别用 p_1、q_1、r_1 表示，即

$$p_1 = O_1X_1/OX \quad q_1 = O_1Y_1/OY \quad r_1 = O_1Z_1/OZ$$

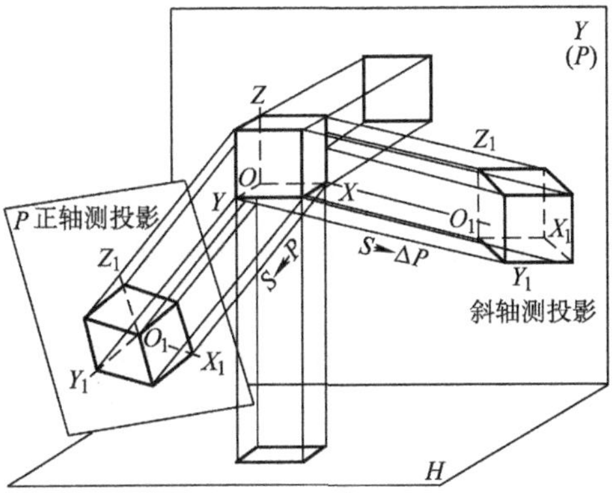

图 6-14　轴测投影图的形成

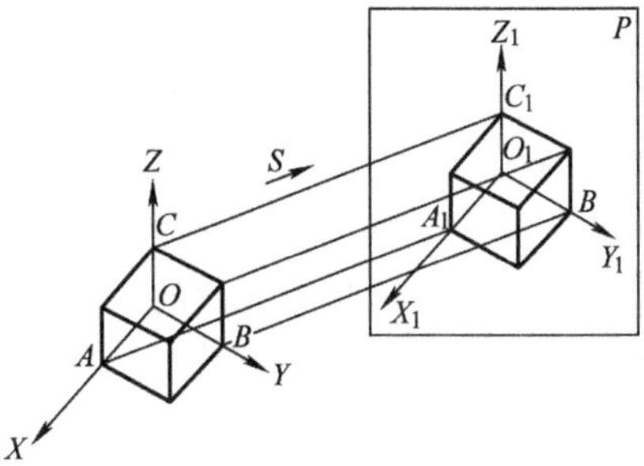

图 6-15　正等测轴测的投影

3. 轴测投影的特性

由于轴测投影图是平行投影，因此轴测图同样具有平行投影的各种特性。

（1）平行性。空间平行的直线，其轴测投影仍平行，即原来与坐标轴平行的直线，其轴测投影一定平行于相应的轴测轴。

（2）定比性。空间平行的直线，其轴向伸缩系数相等。物体上与坐标轴平行的线段，与其相应的轴测轴具有相同的轴向系数。

（3）真实性。空间与轴测投影面平行的直线或平面，其轴测投影均反映实长或实形。

二、轴测投影图的画法

1. 正等轴测投影图

（1）轴间角和轴向伸缩系数。正等轴测（简称正等测）投影，其轴间角和轴向伸缩系数如图 6-16 所示。

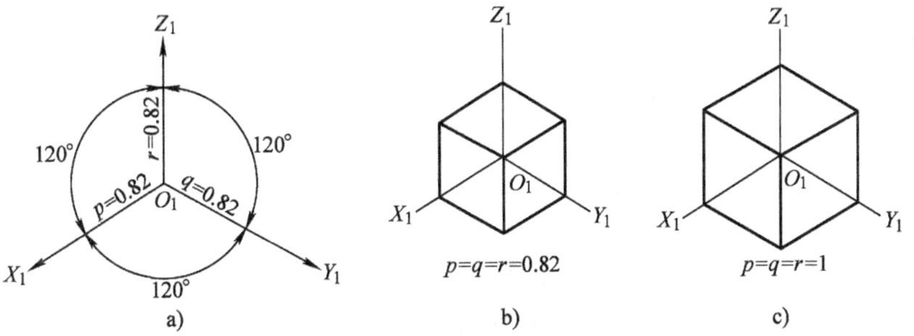

图 6-16　正等测图的轴间角与轴向伸缩系数

1）轴间角$\angle X_1O_1Y_1=\angle Y_1O_1Z_1=\angle Z_1O_1X_1=120°$，且表示长度和宽度的两条轴 O_1X_1 和 O_1Y_1 与水平线呈30°。

2）轴向伸缩系数$p=q=r=0.82$，为作图方便，通常采用$p=q=r=1$。

（2）画法。

1）坐标法。沿坐标轴量取形体关键点的坐标值，用以确定形体上各特征值的轴测投影位置，然后将各特征点连线，即可得到相应的轴测图。这是画正等轴测图最基本的方法。

【例6-2】 如图6-17所示，已知形体的投影图，画其正等轴测图。

① 画出轴测轴（图6-17a）。通常把 O_1Z_1 画成铅垂线。本例的 O_1X_1 轴、O_1Y_1 轴取法如图6-17所示。

②（图6-17b）在投影图上确定坐标轴及坐标原点，坐标原点选在下底面中心。根据水平投影分别沿X轴、Y轴量出几个顶点的坐标长。在轴测轴上，确定形体的轴测投影点，从而画出形体的下底面的正等轴测图。

③（图6-17c）从下底面的六个顶点分别向上引垂直线。并依据V面投影的Z坐标轴长，在所引垂线上量取各棱线的实际高度，连接各顶点，即得到上顶面的正等轴测图。

④（图6-17d）将轴测投影图的不可见线条及轴测轴等擦去，并加粗可见线，便得到此棱柱的正等轴测图。

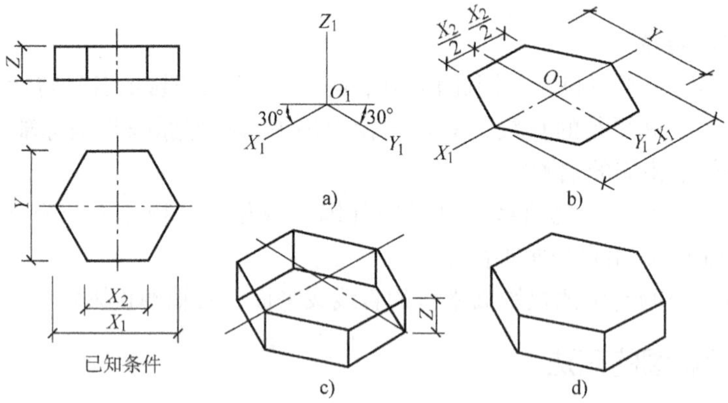

图6-17 坐标法绘制正等轴测图的步骤

2）叠加法。由几个基本形体组合而成的组合体，可先逐一画出各部分的轴测图，然后再将它们叠加在一起，得到组合体轴测图，这种画轴测图的方法称为叠加法。

【例6-3】 作台阶的正等轴测图。

从图6-18a所示台阶的正投影图中可以看出，台阶由右侧栏板和三级踏步组成。画图时，可以先画右侧栏板，而后再画踏步，具体作图步骤如下：

① 画出轴测轴，并根据栏板的长度、宽度和高度画出一个长方体（图6-18b）。

② 根据栏板前上方斜角的尺寸，在长方体上画出这个斜角，并在栏板的左侧平面上根据踏步的宽度和高度画出踏步右侧端面的轮廓线（图6-18c）。

③ 过端面轮廓线的各折点向 O_1X_1 轴方向引直线，并根据三级踏步的三个长度尺寸画出三级踏步，完成整个台阶的正等轴测图（图6-18d）。

3）切割法。当形体被看成由基本形体切割而成时，可先画形体的基本形体，然后再按基本形体被切割的顺序来切掉多余部分，这种画轴测图方法称为切割法。

【例 6-4】 如图 6-19 所示，已知形体的投影图，画其正等轴测图。

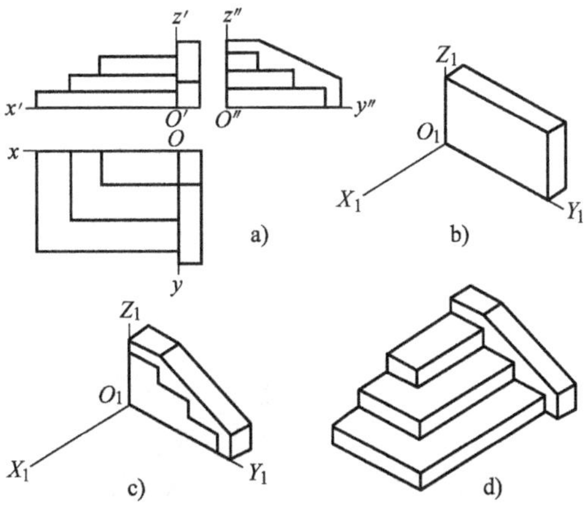

图 6-18　叠加法绘制正等轴测图的步骤

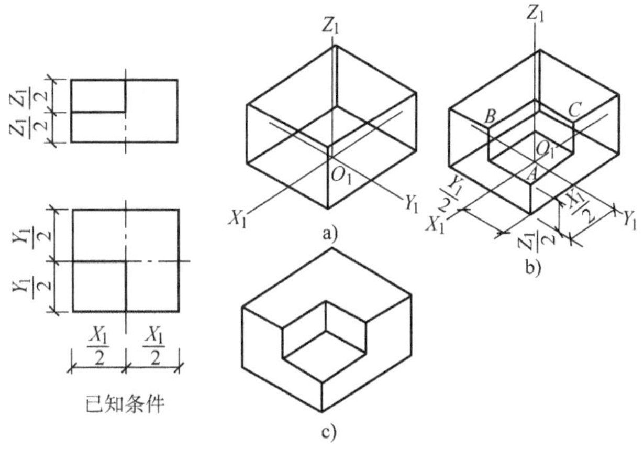

图 6-19　切割法绘制正等轴测图的步骤

① 画出正等轴测轴，并在其上画出基本形体的正等轴测图（图 6-19a）。

② 在基本体左前侧棱线上平行于 O_1Z_1 轴截取高度，$Z_1/2$ 求出点 A 的轴测投影位置，同法得出点 B 与点 C，然后过 A、B、C 分别作出平行于 O_1X_1、O_1Y_1、O_1Z_1 的平行线，即得切割去一个小四棱柱后的轴测图。

③ 擦去被切割部分及有关的作图辅助线及不可见线，并加粗轮廓线，便得到形体的正等轴测图。

2. 正面斜轴测投影图

（1）轴间角和轴向伸缩系数。正面斜轴测（又称斜二测）投影，其轴间角和轴向伸缩系数如图 6-20 所示。

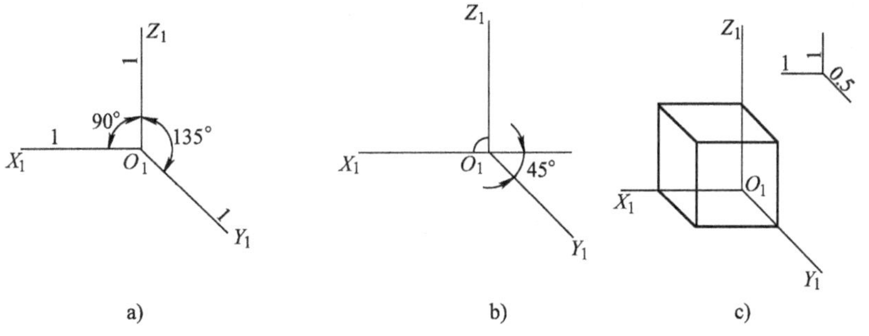

图 6-20　正面斜二测投影的轴间角与轴向伸缩系数

1）轴间角：$\angle X_1O_1Z_1=90°$，$\angle Y_1O_1Z_1=\angle Y_1O_1X_1=135°$

2）轴向伸缩系数：$p=r=1$，$q=0.5$。

3）平行于投影面的形体上的外表面反映实形。

（2）画法。

【例 6-5】 作出台阶的正面斜轴测图。

① 在正投影图上建立坐标轴及坐标原点，如图 6-21a 所示。

② 建立轴测轴，使台阶的正面 XOZ 面平行于轴测投影面，为了清楚地反映侧面台阶的形状，把宽向轴（O_1Y_1 轴）画在左侧，与水平轴（O_1X_1 轴）呈 45°，如图 6-21b 所示。

③ 用叠加法作两层台阶踏步板的正面斜轴测图，如图 6-21c、d 所示。

④ 在踏步板的右侧画出栏板的正面斜轴测图，如图 6-21e 所示。

⑤ 擦除不可见线，加粗可见轮廓线，作出物体的正面斜轴测图。

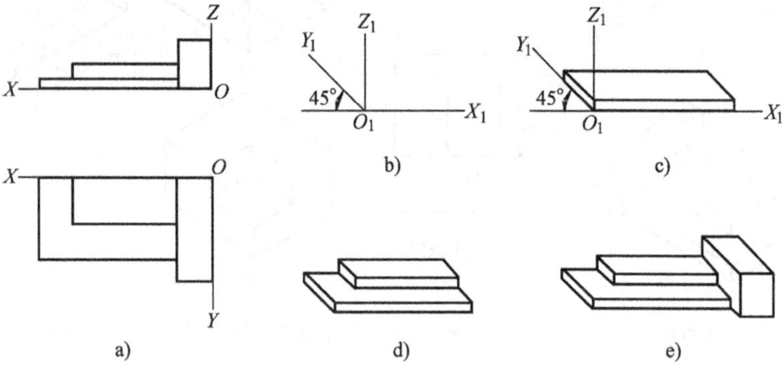

图 6-21　绘制台阶的正面斜轴测图

轴测投影图

本章小结

本章主要讲述了下列问题：

（1）组合体的组合方式、组合体视图的画法与读图方法、组合体的尺寸标注。

（2）轴测投影图的基本知识及画法。

复习思考题

1. 什么叫组合体？组合体的组合方式有几种？画组合体投影图时有哪些主要步骤？
2. 组合体应标注哪三类尺寸？标注尺寸时应注意哪些问题？
3. 如图 6-22 所示，由直观图画形体的三面正投影图，比例 1:1，不标注尺寸。

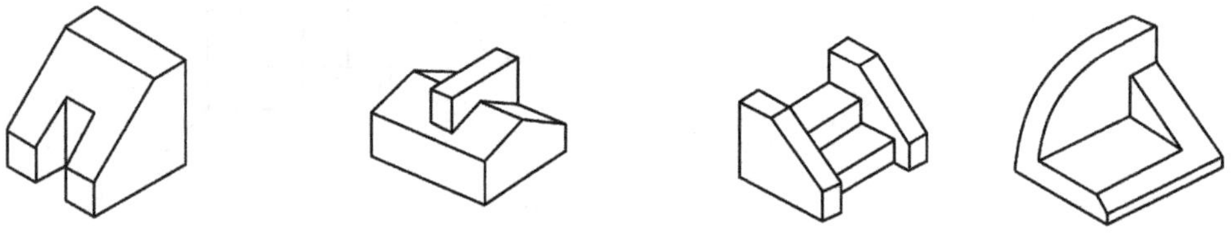

图　6-22

4. 如图 6-23 所示，已知组合体的两面投影，完成其第三面投影。
5. 如图 6-24 所示，已知建筑形体的两面投影，试完成其第三面投影。
6. 轴测投影图具有哪些特性？轴测投影图是怎样进行分类的？
7. 正等轴测、正面斜轴测的轴间角和轴向伸缩系数是多少？

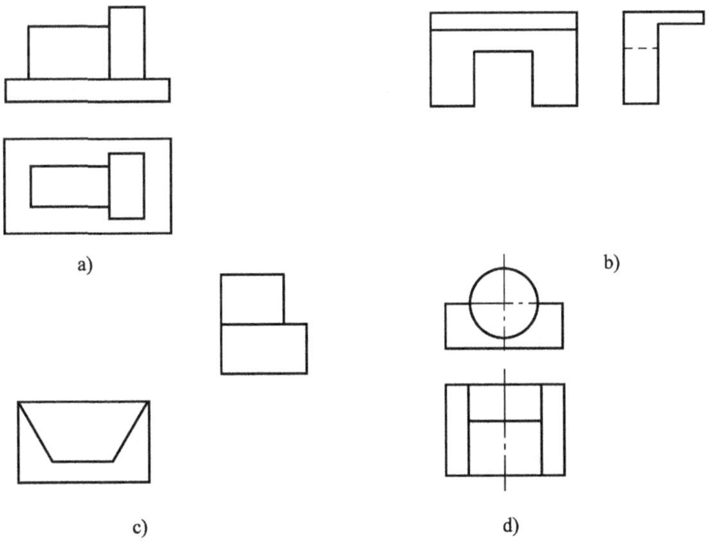

图 6-23

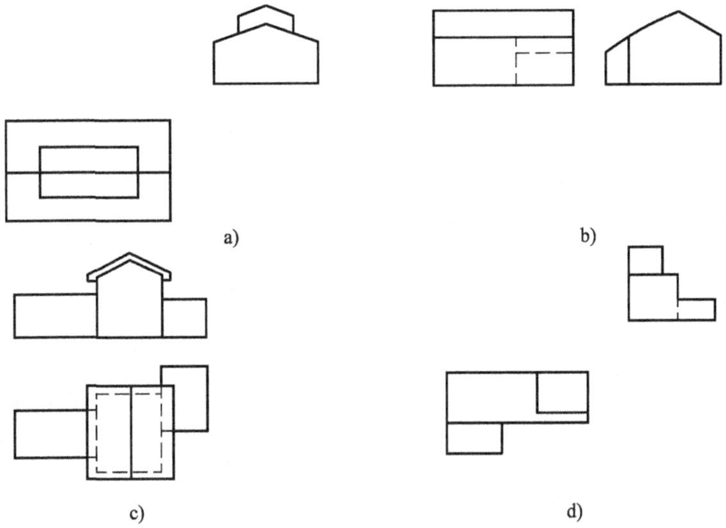

图 6-24

8. 如何画正等轴测和正面斜轴测图？常用方法有几种？

第七章　剖面图和断面图

学习目标：

明确剖面图与断面图的形成原理、表达方法，明确各种剖面图、断面图的适用范围；熟练掌握各种剖面图、断面图的识读与绘制，能综合应用。

学习重点：

识读与正确绘制剖面图与断面图。

学习建议：

对所学内容要善于分析和应用，提高图示表达和识读能力；要多看、多练、多画，注意总结归纳、复习巩固。

第一节　剖　面　图

为了能在图中直接表示出形体内部情况，假想用一个剖切平面将形体剖切，移去介于观察者和剖切平面之间的部分，对剩余部分向投影面所做的正投影图称剖面图，如图7-1所示。

一、剖面图的形成

如图7-1b、c所示，剖切平面为投影面平行面，使得剖切后截面的投影反映实形。通常剖切平面经过形体上孔、洞、槽的对称轴线，如图7-1b所示。形体被剖切后所形成的截面轮廓线，用粗实线画出；未剖到但可见的那部分形体的轮廓线，用中粗实线画出。为使图形清晰可辨，在截面轮廓线范围内画上45°倾斜的间隔相等的细实线，称为剖面线。形体被剖切后的不可见线不需画出，如图7-1d所示。

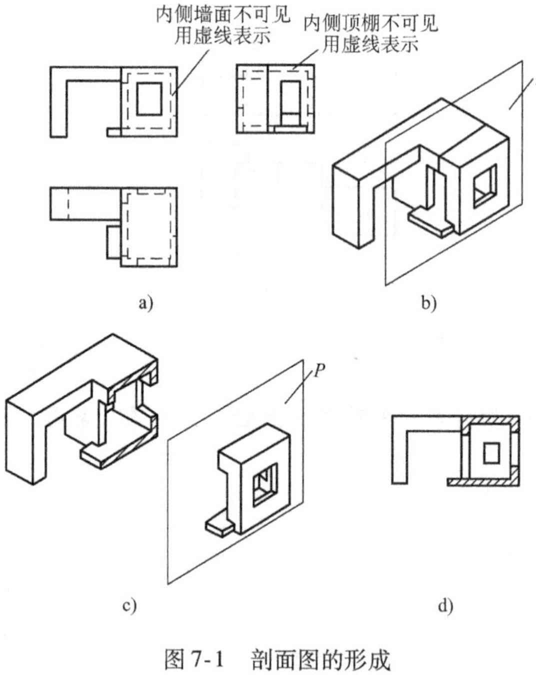

图7-1　剖面图的形成
a）正投影图　b）剖切平面P剖切时的直观图
c）移去剖切平面和前面的形体
d）在V投影面得到的剖面图

二、剖面图的分类与画法

1. 剖面图的分类

剖面图按剖切方式分全剖面图、

半剖面图、阶梯剖面图、局部剖面图、分层剖面图。

2. 剖面图的画法

在建筑工程图中用剖切符号表示剖切平面的位置及其剖切以后的投影方向。《房屋建筑制图统一标准》（GB/T 50001—2017）中规定剖切符号由剖切位置线及剖切方向线组成，均以粗实线绘制。剖切位置线的长度为 6 ~ 10mm，剖视方向线应垂直于剖切位置线，长度应短于剖切位置线，宜为 4 ~6mm。绘图时，剖切符号不应与图面上的图线相接触。为了区分同一形体上的几个剖面图，在剖切符号上应用阿拉伯数字加以编号，数字应写在剖视方向线的端部。在剖面图的下方应写上带有编号的图名，如图 7-2 中的“1—1 剖面图”“2—2 剖面图”，在图名下方画出图名线（粗实线）。

（1）全剖面图。用一个剖切平面将形体完整地剖切开，得到的剖面图称为全剖面图。全剖面图一般常应用于不对称的形体，或虽然对称，但外形比较简单，或在另一投影中已将它的外形表达清楚的形体。如图 7-3 所示即为全剖面图的举例。

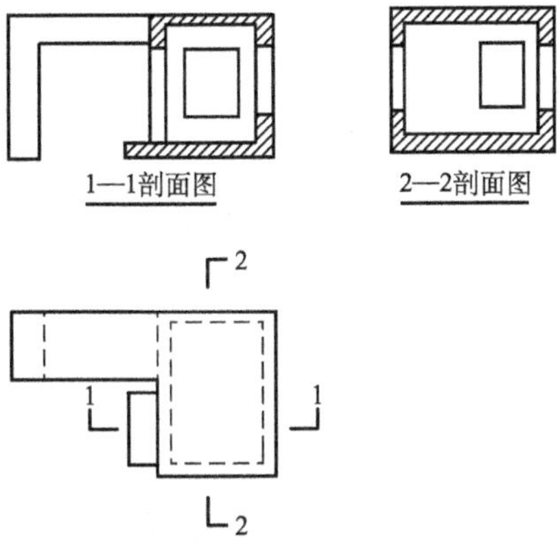

图 7-2　剖面图及其剖切符号

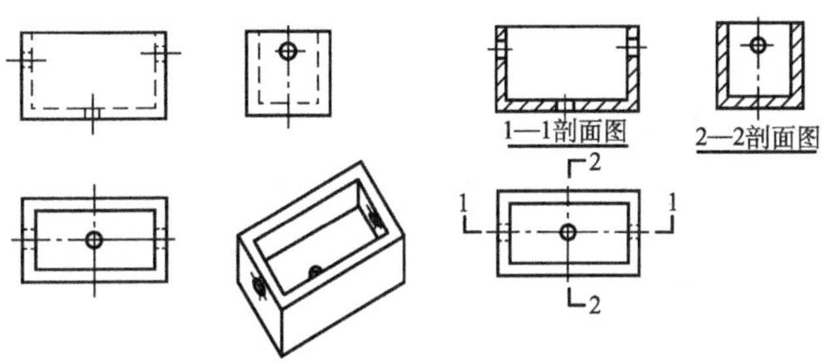

a)　b)

图 7-3　水槽的全剖面图

a）外观投影图　b）全剖面图

（2）半剖面图。如果形体是对称的，画图时常把形体投影图的一半画成剖面图，另一半画成外形图，这样组合而成的投影图叫作半剖面图。半剖面图从一个投影图可以同时观察到立体的外形和内部构造，如图 7-4 所示。应注意：半剖面图和半外形图应以对称面或对称线为界；它一般应画在水平对称轴线的下侧或竖直对称轴线的右侧且不画剖切符号和编号，图名沿用原投影图的图名。

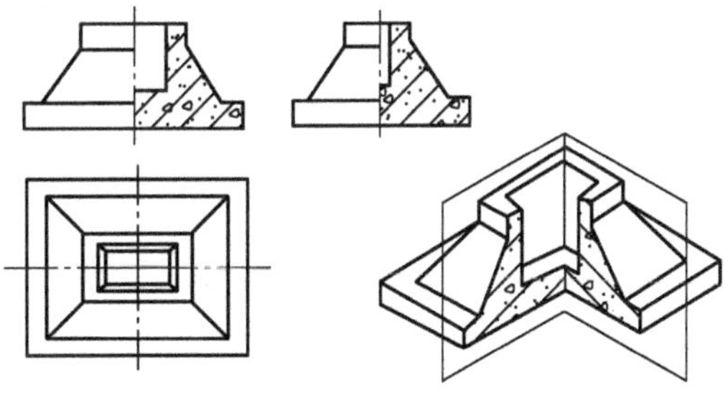

a)　b)

图 7-4　杯形基础的半剖面图

（3）阶梯剖面图。用两个或两个以上互相平行的剖切平面将形体剖开，得到的剖面图叫作阶梯剖面图，也称为转折剖面图，如图 7-5 所示。需注意，由于剖切平面是假想的，剖切平面转折处由于剖切而使形体产生的轮廓线不应在剖面图中画出。如图 7-5c 所示，在画剖切符号时，剖切平面的阶梯转折用粗折线表示，线段长度一般为 4 ~6mm。这种转折一般以一次为限。

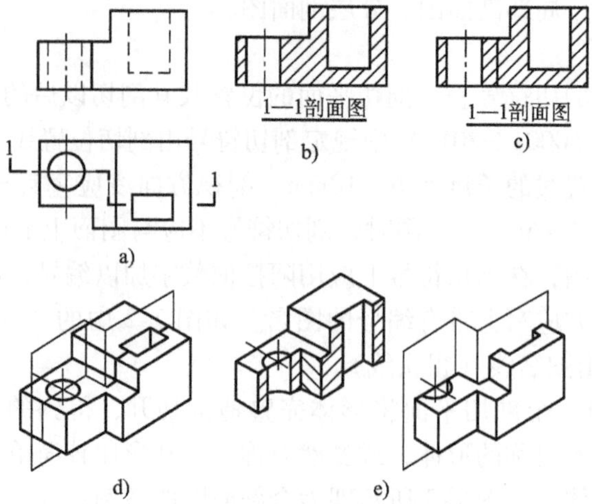

图 7-5　阶梯剖面图的形成

a）两投影及阶梯剖切符号　b）阶梯剖面图　c）省略图线

d）剖切直观图　e）剖切开的直观图

（4）局部剖面图。当形体仅需一部分采用剖面图就可以表示内部构造时，称为局部剖面图，如图 7-6 所示。局部剖面图部分用波浪线分界，不标注剖切符号和编号，图名沿用原投影图的名称，局部剖面图的范围通常不超过该投影图形的 1/2。

（5）分层剖面图。为表示多层材料构造做法，用分层剖切的方法得到的投影图称分层剖面图，如图 7-7 所示。

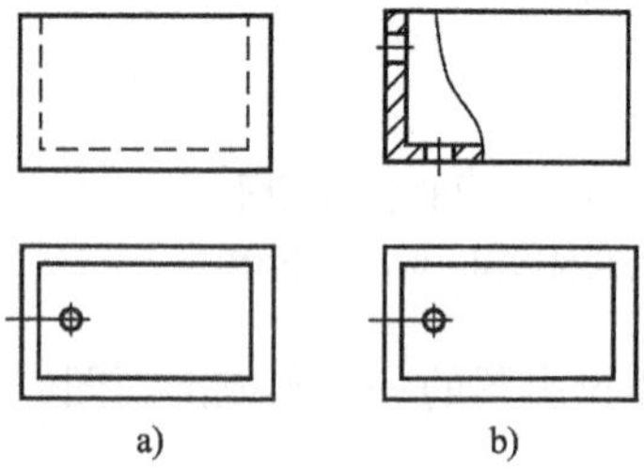

图 7-6　局部剖面图

a）投影图　b）局部剖面图

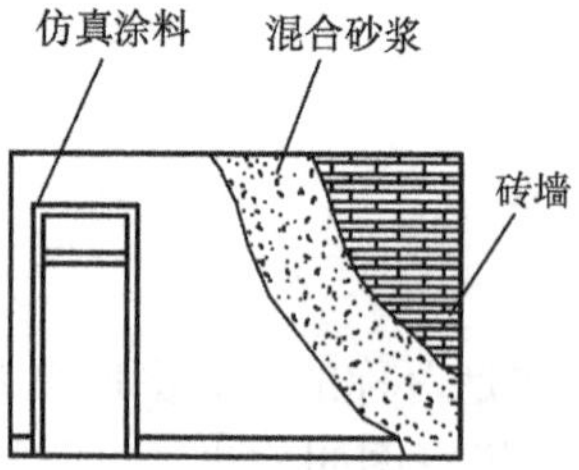

图 7-7　墙体的分层剖面图

剖面图

第二节　断　面　图

一、断面图的画法

对于某些单一杆件或需要表示构件某一部位的截面形状时，可以只画出形体与剖切平面相交的那部分图形，称为断面图，也称截面图。断面图符号长度为 6 ~ 10mm 的粗实线，而标注断面编号的一侧即为投影方向一侧，如图 7-8 所示。

断面图的图例标志，当不需指明材料名称时，用 45°倾斜的间隔相等的细实线表示；当需要注明材料时，则要画出材料图。如图 7-8 中的 1—1、2—2 断面图。

断面图与剖面图的区别是：断面图只画形体被剖切后剖切平面与形体接触的那部分，剖面图不仅要画剖切平面与形体接触的部分，而且还要画出剖切平面后面没有被切到但可以看得见的部分，因此，断面图包含在剖面图之中，如图 7-9 所示。

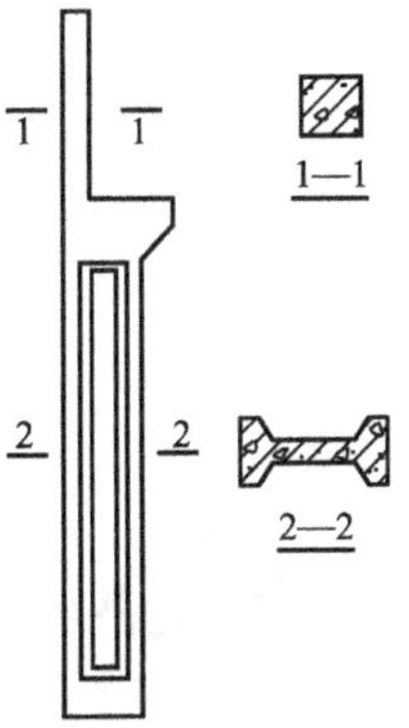

图 7-8　断面图

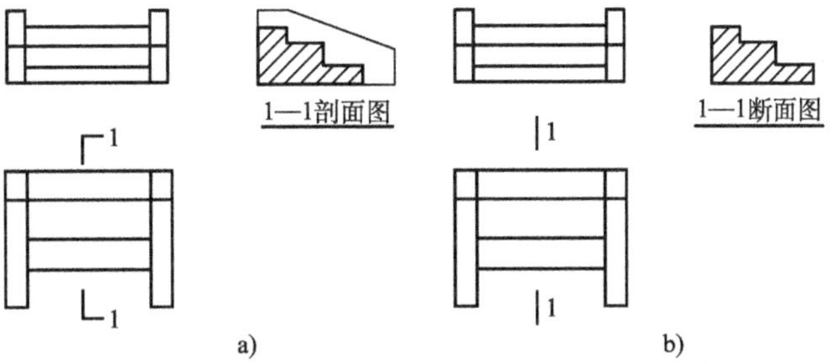

图 7-9　剖面图与断面图的区别
a）剖面图的画法　b）断面图的画法

二、断面图的分类

1. 移出断面

将形体某一部分剖切后所形成的断面移画于主投影图的一侧，称为移出断面，如图7-10所示。

2. 重合断面图

将断面图直接画于投影图中两者重合在一起，称为重合断面图，如图 7-11 所示。

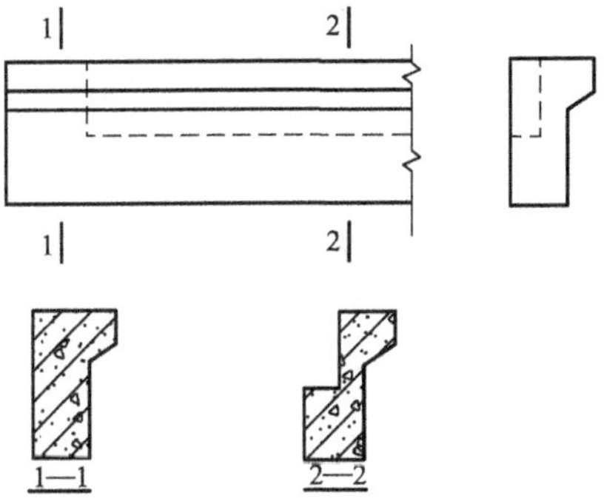

图 7-10　梁的移出断面图

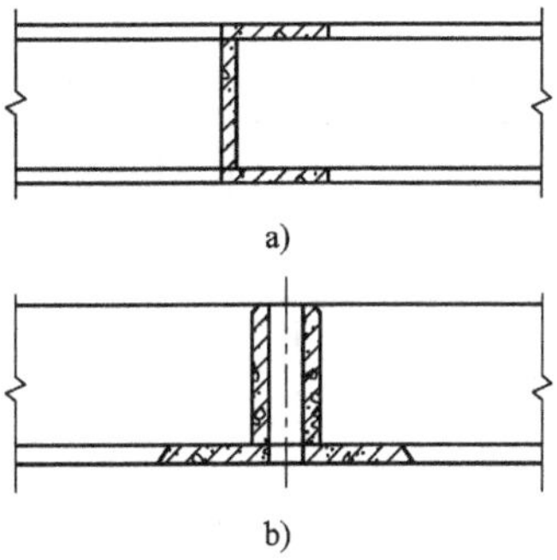

图 7-11　重合断面图
a）槽钢的重合断面图　b）双角钢的重合断面图

重合断面图的比例与原投影图比例应一致。其轮廓线可能是闭合的（图 7-11），也可能是不闭合的（图 7-12），当不封闭时应于断面轮廓线的内侧加画图例符号。

3. 中断断面

对于单一的长向杆件，也可以在杆件投影图

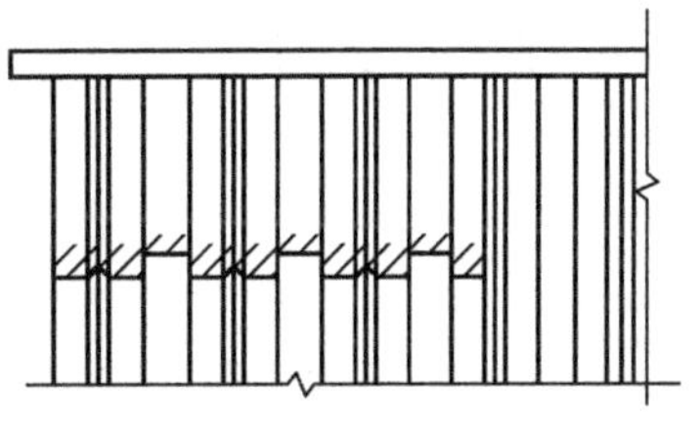

图 7-12　墙面的重合断面图——装饰图案

的某一处用折断线断开，然后将断面图画于其中，不画剖切符号，如图 7-13 所示的槽钢和木材的中断断面图。同样钢屋架的大样图也常采用中断断面的形式表达其各杆件的形状，如图7-14所示。

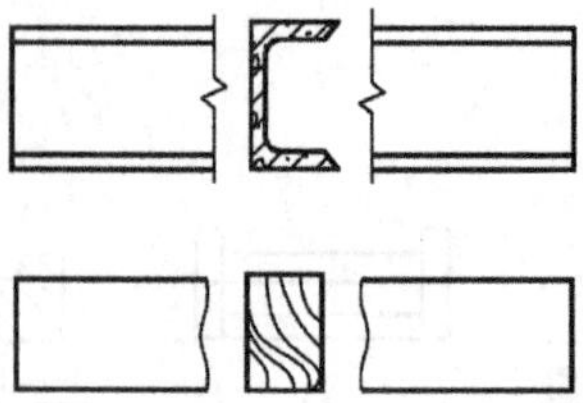

图 7-13　槽钢和木材的中断断面图

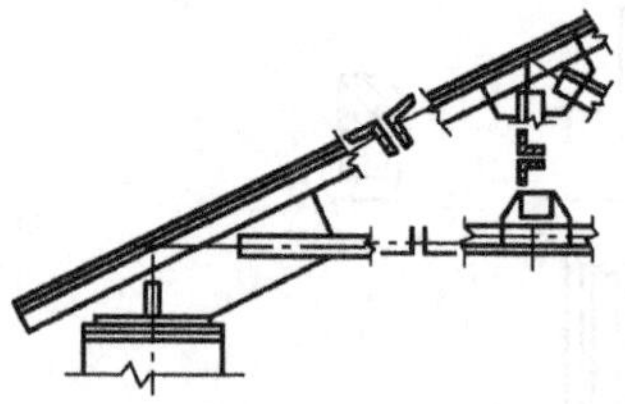

图 7-14　钢屋架采用中断断面图表示杆件

本 章 小 结

本章主要讲述了剖面图、断面图的形成、分类和表示方法以及它们之间的区别；要求掌握剖面图及断面图的形成原理、表达方法，熟记常用的材料图例，掌握各种剖面图、断面图的适用范围，熟练掌握剖面图及断面图的识读与绘制，并会综合应用。

断面图

复习思考题

1. 什么是剖面图？什么是断面图？说出它们之间的区别。
2. 剖面图有什么用途？剖切方式有哪几种？它们有何特点？剖切符号如何绘制？
3. 断面图的剖切符号在绘制时有什么要求？
4. 画全剖面图、半剖面图和阶梯剖面图应注意哪些问题？
5. 如图 7-15 所示，将水池的 *V* 图、*W* 图改画成 1—1、2—2 剖面图。
6. 如图 7-16 所示，已知窗口墙体立面图和 1—1 剖面图，画其 2—2 剖面图。

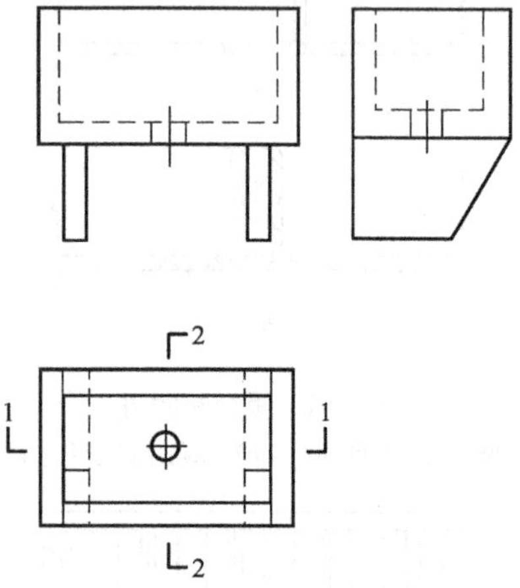

图　7-15

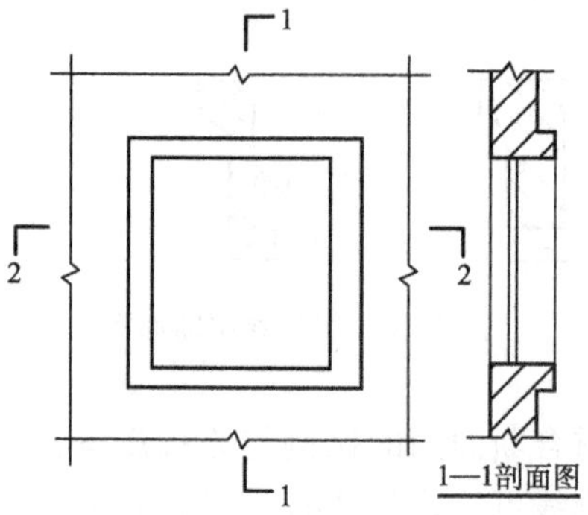

图　7-16

第八章　民用建筑构造概论

学习目标：

掌握民用建筑分类、分级的依据；掌握建筑物的基本组成和结构形式、建筑模数制及轴线的作用。

学习重点：

民用建筑的分类、分级；建筑物的基本组成；建筑模数制；定位轴线的作用。

学习建议：

掌握本章重点内容，应用所学知识对所在学校及周边建筑物进行分类和分级，并分析其构造组成。

第一节　民用建筑的分类和分级

一、建筑的分类

1. 按照建筑的使用性质分类

建筑物按照使用性质通常分为民用建筑、工业建筑；民用建筑又分为居住建筑和公共建筑。

建筑的分类

（1）居住建筑。居住建筑是指提供家庭和集体生活起居用的建筑物，如住宅、宿舍、公寓等。

（2）公共建筑。公共建筑是供人们进行社会活动的建筑物，如行政办公建筑、文教建筑、医疗建筑、商业建筑、观演建筑、体育建筑、展览建筑、交通建筑、通信建筑、园林建筑等。

（3）工业建筑。为满足生产服务的各类建筑，如工业厂房、锅炉房等。

2. 按照承重结构的材料进行分类

（1）砖（或石）结构建筑。是指以砖或石材作为承重墙柱和楼板（砖拱或石拱）的建筑。

（2）钢筋混凝土结构建筑。是指以钢筋混凝土作为承重结构的建筑。

（3）钢结构建筑。是指以型钢作为房屋承重骨架的建筑。

（4）混合结构建筑。是指用两种或两种以上材料作为承重结构的建筑，如砖木结构建筑、砖混结构建筑、钢混结构建筑等。

3. 按照建筑结构形式进行分类

（1）墙承重体系。是指由墙体承受建筑的全部荷载，并把荷载传递给基础的承重体系。

（2）骨架承重体系。是指由钢筋混凝土或型钢组成的梁柱体系承受建筑的全部荷载，墙体只起围护和分隔作用的承重体系。

（3）内骨架承重体系。是指建筑内部由梁柱体系承重，四周用外墙承重的承重体系。

（4）空间结构承重体系。是指由钢筋混凝土或型钢组成空间结构承受建筑的全部荷载的承重体系。

4. 按照民用建筑的层数和高度进行分类

（1）住宅建筑按层数分类。1～3 层为低层；4～6 层为多层；7～9 层为中高层；10 层以上为高层。

（2）公共建筑按高度分类。我国《民用建筑设计通则》（GB 50352—2005）将高度超过 24m 的公共建筑和综合性建筑称为高层建筑（但不包括高度超过 24m 的单层建筑）。

（3）超高层建筑。建筑物高度超过 100m 时，不论住宅建筑或公共建筑均称为超高层建筑。

二、民用建筑的分级

1. 按耐久年限分级

一级建筑：耐久年限为 100 年以上，适用于重要的建筑和高层建筑。

二级建筑：耐久年限为 50～100 年，适用于一般性建筑。

三级建筑：耐久年限为 25～50 年，适用于次要建筑。

四级建筑：耐久年限为 15 年以下，适用于临时性建筑。

2. 按耐火等级分类

根据建筑物构件的燃烧性能及耐火极限，我国《建筑设计防火规范》（GB 50016—2014）（2018 版）把多层建筑的耐火等级分为四级（表 8-1），把高层建筑的耐火等级分为二级。

表 8-1　不同耐火等级建筑相应构件的燃烧性能和耐火极限　　（单位：h）

构件名称		耐火等级			
		一级	二级	三级	四级
墙	防火墙	不燃性 3.00	不燃性 3.00	不燃性 3.00	不燃性 3.00
	承重墙	不燃性 3.00	不燃性 2.50	不燃性 2.00	不燃性 0.50
	非承重外墙	不燃性 1.00	不燃性 1.00	不燃性 0.50	可燃性
	楼梯间和前室的墙 电梯井的墙 住宅建筑单元之间的墙和分户墙	不燃性 2.00	不燃性 2.00	不燃性 1.50	难燃性 0.50
	疏散走道两侧的隔墙	不燃性 1.00	不燃性 1.00	不燃性 0.50	难燃性 0.25
	房间隔墙	不燃性 0.75	不燃性 0.50	难燃性 0.50	难燃性 0.25

（续）

构件名称	耐火等级			
	一级	二级	三级	四级
柱	不燃性 3.00	不燃性 2.50	不燃性 2.00	难燃性 0.50
梁	不燃性 2.00	不燃性 1.50	不燃性 1.00	难燃性 0.50
楼板	不燃性 1.50	不燃性 1.00	不燃性 0.50	可燃性
屋顶承重构件	不燃性 1.50	不燃性 1.00	可燃性 0.50	可燃性
疏散楼梯	不燃性 1.50	不燃性 1.00	不燃性 0.50	可燃性
顶棚（包括顶棚格栅）	不燃性 0.25	难燃性 0.25	难燃性 0.15	可燃性

耐火极限是指对任一建筑构件按时间－温度标准曲线进行耐火试验，从受到火的作用时起，到失去支持能力或完整性破坏或失去隔火作用时止的这段时间，用小时表示。

建筑构件的燃烧性能分三类，即非燃烧体、难燃烧体、燃烧体。

（1）非燃烧体。是指用非燃烧材料制成的构件。非燃烧材料指在空气中受到火烧或高温作用时不起火、不微燃、不炭化的材料，如混凝土、钢材、天然石材等。

（2）难燃烧体。是指用难燃烧材料制成的构件或用燃烧材料制成而用非燃烧材料做保护层的构件。难燃烧材料指在空气中受到火烧或高温作用时难起火、难微燃、难炭化，当火源移走后燃烧或微燃立即停止的材料，如沥青混凝土、经过防火处理的木材、用有机物填充的混凝土和水泥刨花板等。

（3）燃烧体。是指用燃烧材料做成的构件。燃烧材料指在空气中受到火烧或高温作用时立即起火或微燃，且火源移走后仍继续燃烧或微燃的材料，如木材等。

3. 按重要性和规模分类

我国目前将各类民用建筑分为特级、1 级、2 级、3 级、4 级、5 级六个级别，如列为国家重点项目或以国际性活动为主的特高级大型公共建筑、30 层以上建筑等均列为特级建筑。

第二节　民用建筑的构造组成

民用建筑一般由基础、墙或柱、楼板与地面、楼梯、屋顶、门与窗等六部分组成，如图 8-1所示。

（1）基础。基础是建筑物最下部的承重构件，承受上部传来的所有荷载，并把这些荷载传给地基。

（2）墙或柱。墙或柱是房屋的竖向承重构件，它承受着由屋盖和各楼层传来的各种荷载，并把这些荷载可靠地传给基础。

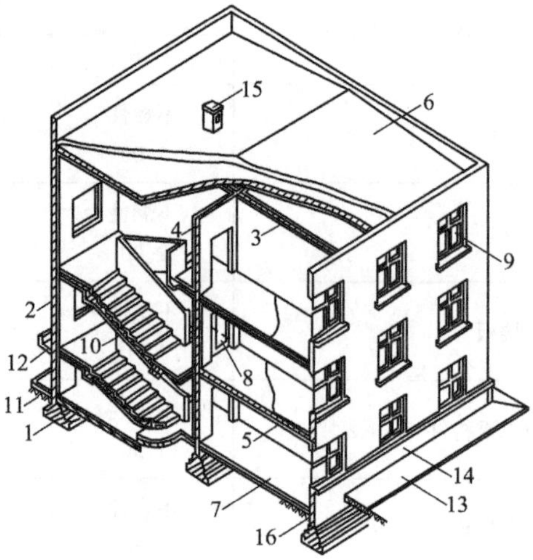

建筑的构造组成

图 8-1　民用建筑的构造组成

1—基础　2—外墙　3—内横墙　4—内纵墙　5—楼板　6—屋顶　7—地坪　8—门　9—窗　10—楼梯　11—台阶　12—雨篷　13—散水　14—勒脚　15—通风道　16—防潮层

（3）楼板与地面。楼板是建筑物水平方向的承重构件，同时用来竖向分隔建筑内部空间。楼板承受家具设备和人体荷载，并将其传给墙或梁，同时对墙体起水平支撑作用。

地面是建筑底层房间与下部土层之间的分隔构件，起承受底层房间荷载的作用。

（4）楼梯。楼梯是楼房建筑的垂直交通设施，供人们上下楼层和紧急疏散之用。

（5）屋顶。屋顶是建筑物的承重兼围护构件，承受风、雪荷载及施工、检修等荷载。

（6）门与窗。门主要起交通联系、分隔之用；窗主要起通风、采光、分隔、眺望等作用。

第三节　影响建筑构造的因素和构造设计原则

一、影响建筑构造的因素

1. 外力作用的影响

直接作用在建筑上的外力统称为荷载，荷载可分为恒荷载和活荷载两大类。恒荷载主要是指建筑的自重；活荷载指人体、家具、设备的重量，风、雪荷载和地震荷载等。外力作用是影响建筑构造的主要因素。

地震是对建筑造成破坏的主要自然因素，地震的大小用震级表示，震级是衡量地震时释放能量大小的标准。在进行建筑抗震设计时，是以地震烈度作为设计依据的。地震烈度是指某一地区，地面房屋遭受到一次地震影响的强弱程度。

2. 自然界其他因素的影响

气候是自然界对建筑影响的主要因素，不同的气候条件对房屋的影响也不尽相同，应当根据当地实际情况对房屋有关部位采取相应的构造措施，如保温、隔热、防水、防冻胀等，以保证房屋的正常使用。

3. 人为因素的影响

人们在房屋内部从事的生产、生活等活动，往往会对房屋产生不同的影响。建筑构造应当具备抵御不良因素的能力，通过在相应部位采取可靠的构造措施，提高建筑的生存能力，避免遭受不应有的损失。

4. 技术和经济条件的影响

随着各种新材料、新工艺、新技术的不断涌现，建筑构造组成也在不断地发生变化，建筑构造要根据行业发展的现状和趋势，不断调整，推陈出新。经济水平的提高，也会对建筑构造产生影响。如弱电技术、智能系统、灾害预警系统和高档装修在建筑中的逐步普及，对建筑构造提出了新的要求。

二、建筑构造的设计原则

1. 满足建筑使用功能的要求

房屋建造地点不同，使用功能不同，往往对建筑构造的要求也不相同。应当根据具体情况，选择合理的房屋构造方案。

2. 确保结构安全

房屋中的绝大多数构件是通过结构计算和设计确定的，有一些构配件的安全使用主要是通过构造措施来保证，如楼梯的栏杆和扶手、抗震构造等。在选择受力的构配件时，应把确保结构安全放在首位。

3. 适应建筑工业化和建筑施工的需要

在满足建筑使用功能、艺术形象的前提下，应尽量采用标准设计和通用构配件，以适应建筑工业化的需要。

4. 注重社会、经济和环境效益

在选择房屋构造方案时应充分考虑建筑的综合效益，因地制宜，就地取材，注重环境保护。在确保工程质量的同时，努力降低工程造价。

5. 注重美观

构造方案的处理还要考虑其造型、尺度、质感、色彩等艺术和美观问题，如有不当往往会影响建筑整体设计的效果。

综上所述，应当本着满足功能、技术先进、经济适用、确保安全、美观大方、符合环保要求的原则，对不同的构造方案进行比较和分析，做出最佳选择。

第四节　建筑标准化与模数制

建筑标准化与建筑模数

一、建筑标准化

建筑标准化主要包括两个方面：首先是应制定各种法规、规范、标准和指标，使设计有章可循；其次是在诸如住宅等大量性建筑的设计中推行标准化设计。实行建筑标准化可以有效减少建筑构配件的规格，在不同的建筑中采用标准构配件，进而提高施工效率，保证施工质量，降低造价。

二、建筑模数制

建筑模数是选定的标准尺度单位，作为建筑空间、建筑构配件、建筑制品以及有关设备尺寸相互协调中的增值单位。我国制定有《建筑模数统一协调标准》(GB/T 50002—2013)，用以约束和协调建筑的尺度关系。

1. 基本模数

基本模数是建筑模数协调统一标准的基本尺寸单位，基本模数的数值为100mm，用M表示，即1M = 100mm。整个建筑物和建筑物的一部分以及建筑组合件的模数化尺寸，应是基本模数的倍数。

2. 导出模数

导出模数应分为扩大模数和分模数，其基数应符合下列规定：

(1) 扩大模数基数应为2M、3M、6M、9M、12M、……。

(2) 分模数基数应为M/10、M/5、M/2。

3. 模数数列及应用

模数数列应根据功能性和经济性原则确定。

(1) 建筑物的开间或柱距，进深或跨度，梁、板、隔墙和门窗洞口宽度等分部件的截面尺寸宜采用水平基本模数和水平扩大模数数列，且水平扩大模数数列宜采用2nM、3nM(n为自然数)。

(2) 建筑物的高度、层高和门窗洞口高度等宜采用竖向基本模数和竖向扩大模数数列，且竖向扩大模数数列宜采用3nM。

(3) 构造节点和分部件的接口尺寸等宜采用分模数数列，且分模数数列宜采用M/10、M/5、M/2。

4. 几种尺寸

(1) 标志尺寸。符合模数数列的规定，用以标注建筑物定位轴面、定位面或定位轴线、定位线之间的垂直距离（如开间或柱距、进深或跨度、层高等）以及建筑构配件、建筑组合件、建筑制品以及有关设备界限之间的尺寸。

(2) 构造尺寸。建筑构配件、建筑组合件、建筑制品等的设计尺寸。

(3) 实际尺寸。建筑构配件、建筑组合件、建筑制品等生产制作后的实有尺寸。实际尺寸与构造尺寸之间的差数应符合建筑公差的规定。

标志尺寸、构造尺寸及与二者之间缝隙尺寸的关系如图8-2所示。

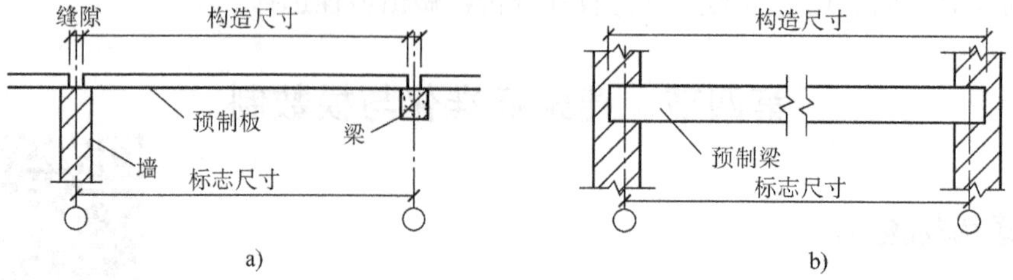

图8-2 几种尺寸间的关系

a) 构件标志尺寸大于构造尺寸 b) 构件标志尺寸小于构造尺寸

第五节　民用建筑的定位轴线

定位轴线是确定建筑各构配件相互位置的基准线。构配件的定位又分为水平面内的定位和竖向定位。

一、墙体的平面定位轴线

墙体的平面定位轴线

（1）承重内墙的定位轴线。承重内墙定位轴线与顶层内墙中线重合。如图 8-3 所示，图中 t 为顶层墙的厚度。

（2）承重外墙的定位轴线。定位轴线距离顶层墙体内缘 120mm，如图 8-4 所示。

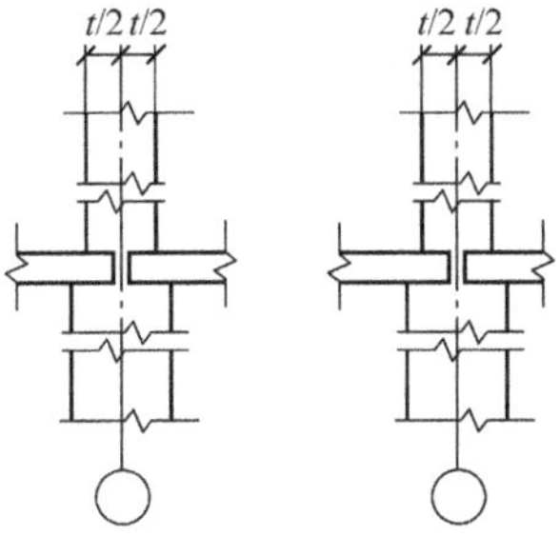

a)　　b)

图 8-3　承重内墙定位轴线

a）定位轴线中分底层墙身

b）定位轴线偏分底层墙身

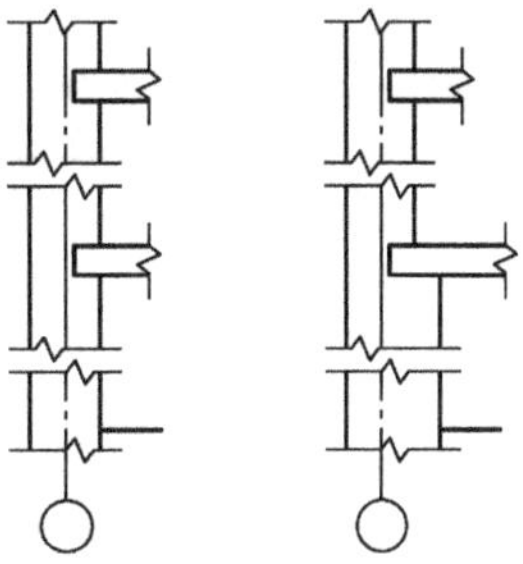

a)　　b)

图 8-4　承重外墙定位轴线

a）底层墙体与顶层墙体厚度相同

b）底层墙体与顶层墙体厚度不同

（3）非承重墙的定位轴线。非承重墙体定位轴线的标定可按承重墙定位轴线的方法标定，还可以使墙身内缘与平面定位轴线重合。

（4）带壁柱墙的定位轴线。带壁柱外墙的定位有两种情况：一种如图 8-5 所示，另一种如图 8-6 所示。

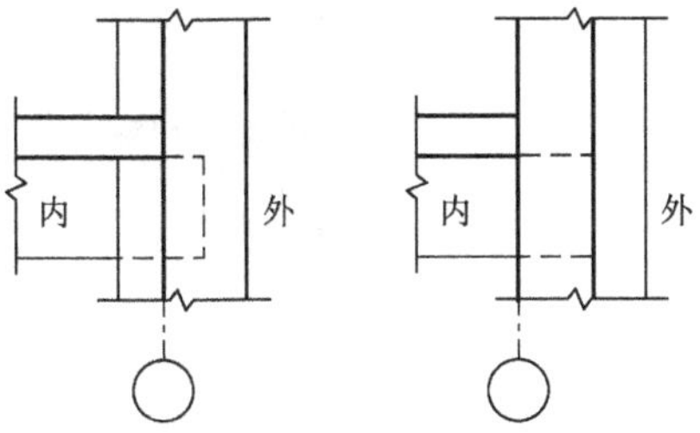

a)　　b)

图 8-5　定位轴线与墙身内皮重合

a）内壁柱时　b）外壁柱时

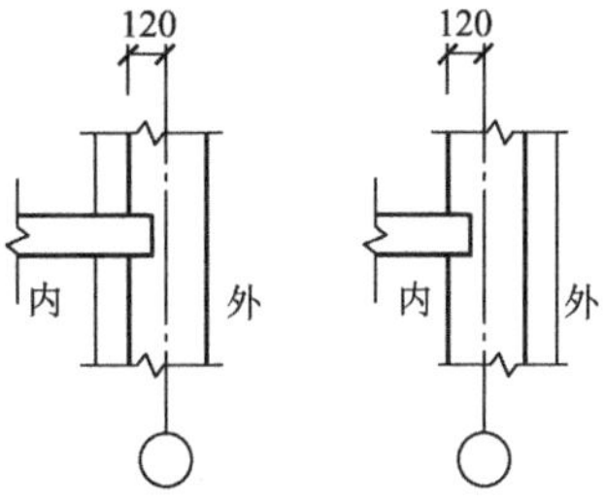

a)　　b)

图 8-6　定位轴线距墙身内皮 120mm

a）内壁柱时　b）外壁柱时

（5）变形缝处砖墙的定位轴线。建筑变形缝两侧如为双墙时，定位轴线分别设在距顶层墙体内缘 120mm 处；如两侧墙体均为非承重墙，定位轴线分别与顶层墙体内缘重合，如图 8-7 和图 8-8 所示。

（6）高低层分界处砖墙的定位轴线。这时常有两种情况，一是分界处设有变形缝，二是分界处不设变形缝。对第一种情况应按变形缝处砖墙平面定位轴线处理，对第二种情况按图 8-9 确定。

（7）底层框架结构砖墙的定位轴线。当房屋的结构形式为底层框架、上部砖混结构时，则下层框架应与上部砖混结构的平面定位轴线相互对应。

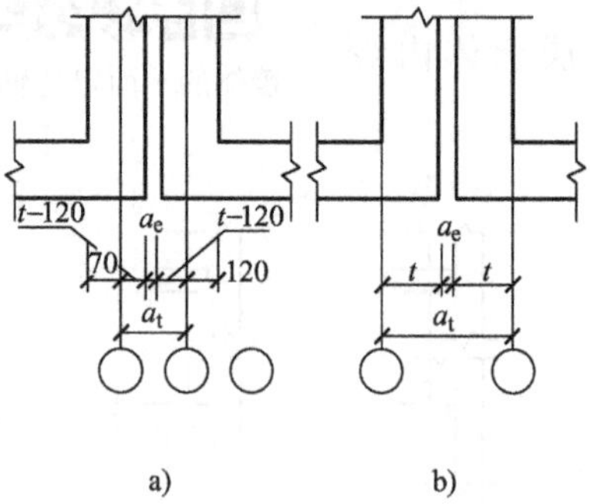

图 8-7　变形缝处的定位轴线的标定

a）按外承重墙处理　b）按非承重墙处理

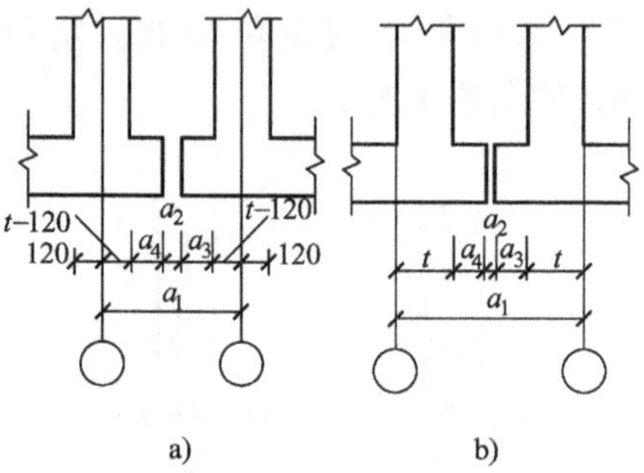

图 8-8　变形缝处带连系尺寸的定位轴线的标定

a）按外承重墙处理　b）按非承重墙处理

二、墙体的竖向定位轴线

（1）砖墙楼地面竖向定位轴线。砖墙楼地面竖向定位应与楼（地）面面层上表面重合（图 8-10），由于结构构件的施工先于楼（地）面面层进行，因此要根据建筑专业的竖向定位确定结构构件的控制高程。一般情况下，建筑标高减去楼（地）面面层构造厚度等于结构标高。

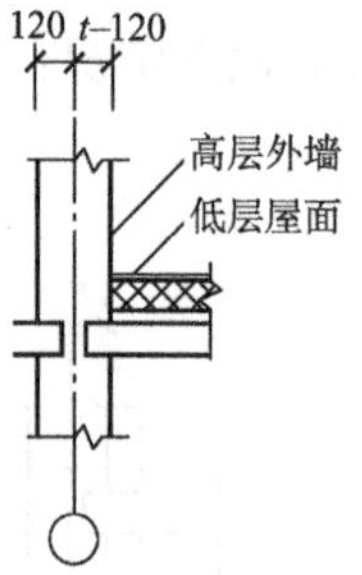

图 8-9　高低层分界处不设变形缝时砖墙的定位轴线

墙体的竖向定位轴线

（2）屋面竖向定位轴线。屋面竖向定位应为屋面结构层上表面与距墙内缘 120mm 处的外墙定位轴线的相交处（图 8-11）。

三、定位轴线的编号

根据《房屋建筑制图统一标准》（GB/T 50001—2017）的规定，定位轴线编写方法如

图 8-12所示。横向定位轴线的编号应从左至右用阿拉伯数字注写，竖向定位轴线的编号应自下向上用大写的拉丁字母编写，其中 I、O、Z 不得用于轴线编号，以免与数字 1、0、2 混淆。如字母数字不够，可用 A_1、B_1……标注。在组合较复杂的平面图中，定位轴线也可采用分区编号，如图 8-13 所示，编号注写形式应为“分区号 - 该分区编号”。

定位轴线的编号

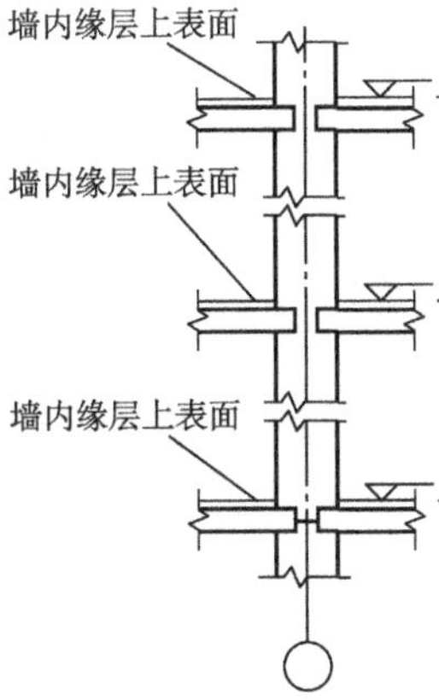

图 8-10　砖墙楼地面的竖向定位

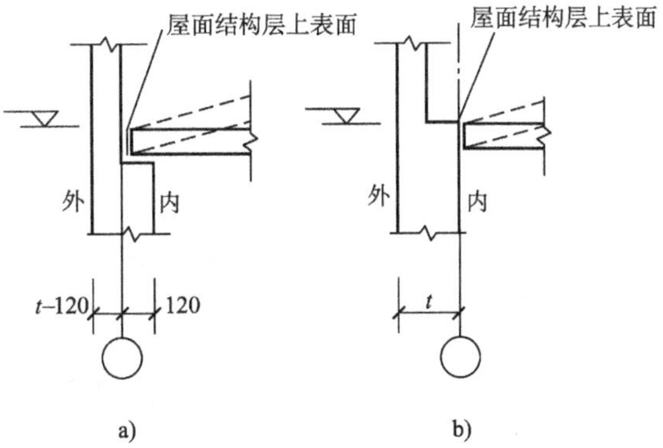

图 8-11　屋面竖向定位

a）距墙内缘 120mm 处定位　b）与墙内缘重合处定位

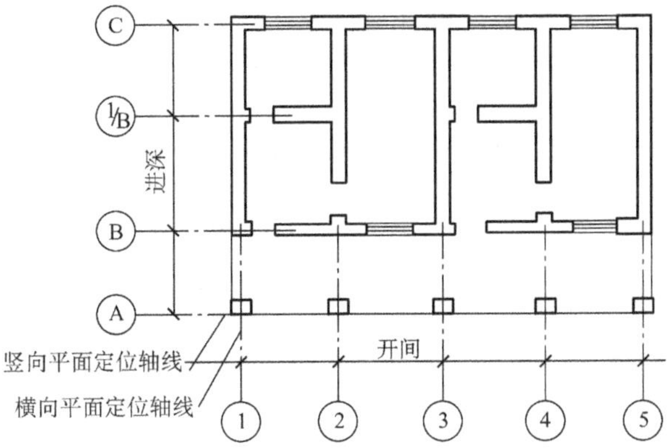

图 8-12　定位轴线编号

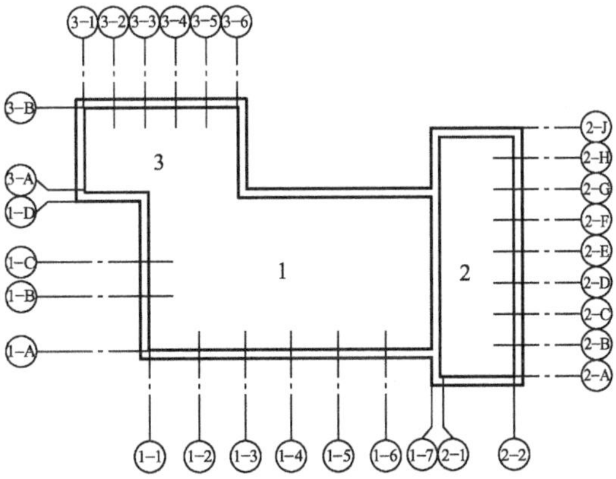

图 8-13　定位轴线分区编号

本章小结

（1）民用建筑的分类，按照使用性质、承重结构的材料、结构形式、层数和高度、规模和数量等几个方面有不同的分类方法；可以按照耐久年限、耐火等级、重要性和规模等进行分级。

（2）民用建筑的构造组成，一般有基础、墙或柱、楼板与地面、楼梯、屋顶、门与窗六个基本组成部分。

（3）在进行建筑构造设计时，必须要对影响建筑构造的因素进行综合分析，制订技术上可行、经济上合理的构造设计方案。

（4）我国制定有《建筑模数统一协调标准》（GB/T 50002—2013），用以约束和协调建筑的尺度关系。

（5）定位轴线是确定建筑各构配件相互位置的基准线。构配件的定位又分为水平面内的定位和竖向定位。

复习思考题

1. 民用建筑是如何分类的？
2. 民用建筑分级的依据有哪些？其中耐火等级是如何划分的？
3. 民用建筑的基本组成部分及各部分的作用分别是什么？
4. 地震烈度与震级有何区别？在进行建筑抗震设防时应如何考虑？
5. 影响建筑构造的因素主要有哪些？
6. 什么是建筑模数？为什么要实行建筑模数制？

第九章　基础与地下室

学习目标：

掌握基础的作用及其构造、基础与地基的关系、基础的类型及影响基础埋深的因素、基础沉降缝的处理；掌握地下室防潮、防水的基本构造原理与构造方法。

学习重点：

基础与地基的关系；基础的埋深、类型及构造、基础沉降缝；地下室防潮、防水构造。

学习建议：

1. 小组讨论基础的类型及特点。
2. 动手绘制地下室的防潮及防水构造图。

第一节　基础与地基的关系

一、地基、基础及其与荷载的关系

基础是建筑物上部承重结构向下的延伸和扩大部分，它承受建筑物的全部荷载，并把这些荷载连同自身的重量一起传到地基上。地基是建筑物基础下面的土层，直接承受着由基础传来的建筑物的全部荷载。地基虽然不是建筑物的组成部分，但它和基础一样，对保证建筑物的坚固耐久具有非常重要的作用。地基中直接承受荷载需要计算的土层称为持力层，持力层以下的土层称为下卧层，如图 9-1 所示。

基础与地基的关系

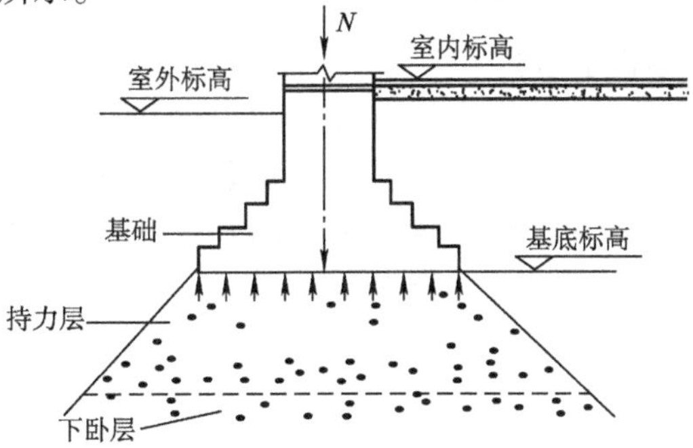

图 9-1　地基、基础及其与荷载的关系

地基上所承受的全部荷载是通过基础传递的。因此当荷载一定时，可通过加大基础底面积减小单位面积上地基所受到的压力。基础底面积 A 可通过下式来确定：

$$A \geqslant N/f$$

式中　N——建筑物的总荷载；

f——地基承载力。

二、地基的分类

地基可分为天然地基和人工地基两种类型。

天然地基是指天然状态下即可满足承载力要求、不需人工处理的地基。可做天然地基的岩土体包括岩石、碎石、砂土、黏性土等。经人工处理的地基称为人工地基。处理方法有：换填法、预压法、强夯法、振冲法、深层搅拌法等。

三、地基和基础的设计要求

1. 地基应具有足够的承载力和均匀程度

建筑物应尽量选择地基承载力较高而且均匀的地段，如岩石、碎石等。地基土质应均匀，否则基础处理不当，会使建筑物发生不均匀沉降，引起墙体开裂，严重时甚至影响建筑物的正常使用。

2. 基础应具有足够的强度和耐久性

基础是建筑物的重要承重构件，它承受着上部结构的全部荷载，是建筑物安全的重要保证。因此基础必须有足够的强度，才能保证其将建筑物的荷载可靠地传给地基。

基础埋于地下，建成后检查和维修困难，所以在选择基础的材料与构造形式时，应考虑其耐久性与上部结构相适应。

3. 经济要求

基础工程造价占建筑总造价的 10% ~40%，降低基础工程的造价是减少建筑总投资的有效方法。这就要求选择土质好的地段，以减少地基处理的费用。需要特殊处理的地基，也要尽量选用地方材料及合理的构造形式。

第二节　基础的类型与构造

一、基础埋置深度

1. 基础埋深的概念

基础埋深是指从设计室外地面至基础底面的垂直距离，如图 9-2 所示。基础按其埋深大小分为浅基础和深基础。基础埋深不超过 5m 时称为浅基础。如浅层土质不良，须将基础埋深加大，此时须采取一些特殊的施工手段和相应的基础形式来修建，如桩基、沉箱、沉井和地下连续墙等，这样的基础称为深基础。

基础的埋置深度

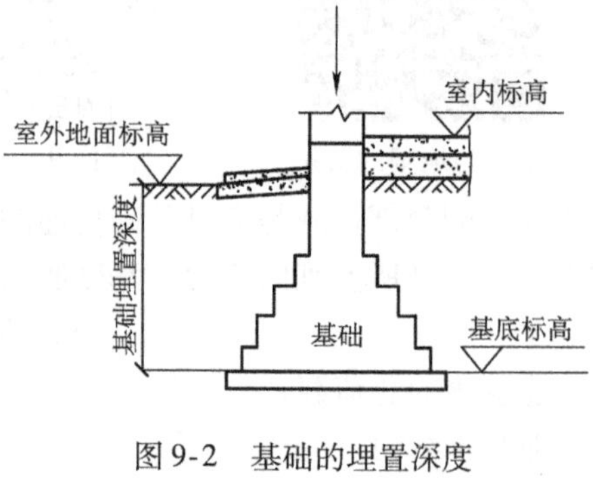

图 9-2　基础的埋置深度

2. 影响基础埋置深度的因素

基础埋深的大小关系到地基是否可靠、施工难易及造价高低。影响基础埋深的因素很多，其主要影响因素如下：

（1）建筑物的使用要求、基础形式及荷载。当建筑物设置地下室、设备基础或地下设施时，基础埋深应满足其使用要求；高层建筑基础埋深随建筑高度增加适当增大，才能满足稳定性要求；荷载大小和性质也影响基础埋深，一般荷载较大时应加大埋深；受向上拔力的基础，应有较大埋深以满足抗拔力的要求。

（2）工程地质和水文地质条件。基础应建造在坚实可靠的地基上，而不能设置在承载力低、压缩性高的软弱土层上。

在满足地基稳定和变形要求的前提下，基础尽量浅埋，但通常不浅于0.5m。如浅层土作持力层不能满足要求，可考虑深埋，但应与其他方案比较。地基软弱土层在2m内，下卧层为压缩性低的土时，一般应将基础埋在下卧层上；如软弱土层厚在2～5m间，低层轻型建筑应争取将基础埋于表层软弱土层内，可加宽基础，必要时也可用换土、压实等方法进行地基处理；如软弱土层大于5m，低层轻型建筑应尽量浅埋于软弱土层内，必要时可加强上部结构或进行地基处理；如地基土由多层土组成且均属于软弱土层或上部荷载很大时，常采用深基础方案，如桩基等。按地基条件选择埋深时，还经常要求从减少不均匀沉降的角度来考虑，当土层分布明显不均匀或各部分荷载差别很大时，同一建筑物可采用不同的埋深来调整不均匀沉降量，如图9-3所示。

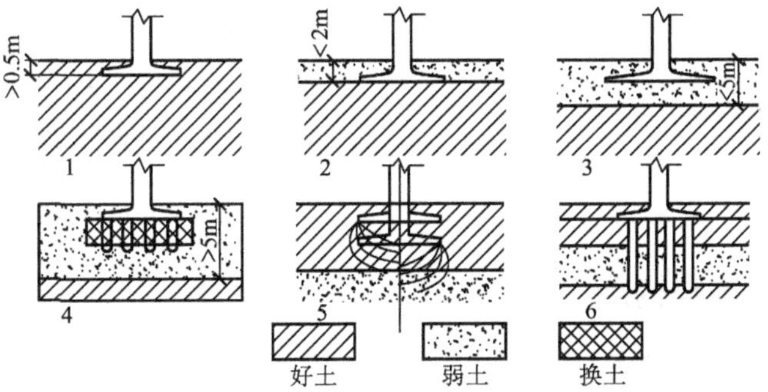

图9-3　基础埋深与地质构造的关系

存在地下水时，在确定基础埋深时一般应考虑将基础埋于地下水位以上不小于200mm处。当地下水位较高，基础不能埋置在地下水位以上时，宜将基础埋置在最低地下水位以上不少于200mm的深度，且同时考虑施工时基坑的排水和坑壁的支护等因素。地下水位以下的基础，选材时应考虑地下水是否对基础有腐蚀性，如有，应采取防腐措施，如图9-4所示。

（3）土的冻结深度。粉砂、粉土和黏性土等细粒土具有冻胀现象，冻胀会将基础向上拱起。土层解冻，基础又下沉，使基础处于不稳定状态。冻融的不均匀使建筑物产生变形，严重时产生开裂等破坏情况，因此，建筑物基础应埋置在冰冻层以下并不小于200mm，如图9-5所示。

（4）相邻建筑物的埋深。新建建筑物基础埋深不宜大于相邻原基础埋深，当埋深大于

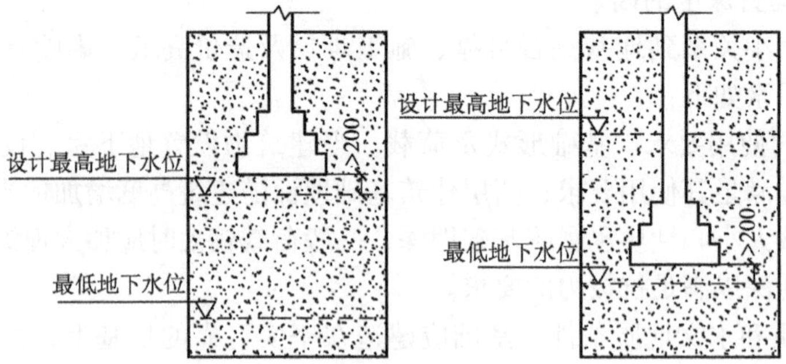

图 9-4　基础埋深与地下水位的关系

原有建筑物基础时，基础间的净距应根据荷载大小和性质等确定，一般为相邻基础底面高差的 1 ~ 2 倍，如图 9-6 所示。如不能满足时，应加固原有地基或分段施工、设临时加固支撑、打板桩、设置地下连续墙等施工措施。

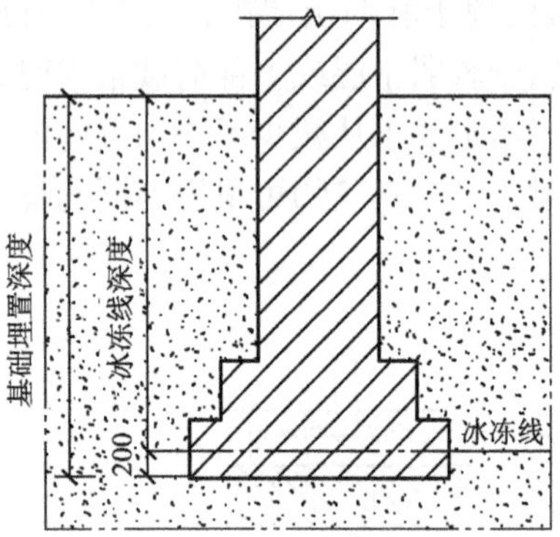

图 9-5　基础埋深与冰冻线的关系

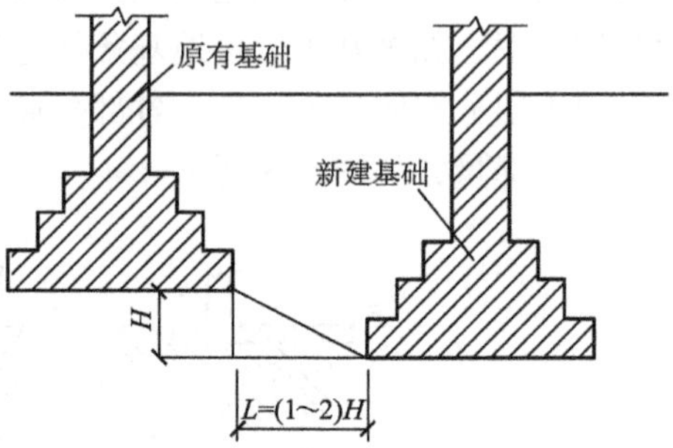

图 9-6　基础埋深与相邻基础的关系

二、基础的分类与构造

1. 按材料及受力特点分类

（1）刚性基础。是指受刚性角限制的基础，如砖石、毛石、素混凝土、灰土等刚性材料制作的基础，这种基础抗压强度高而抗拉、抗剪强度低。为此需要加大基础底面积，以满足地基允许承载力的要求，基底尺寸的放大应根据材料的刚性角来决定。刚性角是指基础放宽的引线与墙体垂直线之间的夹角，如图 9-7 中的 α 角。在工程实际中刚性角采用宽高比表示，如砖基础的大放脚宽高比应小于或等于 1:1.5。大放脚的做法，一般采用每两皮砖挑出 1/4 砖（等高式）或每两皮砖挑出 1/4 砖与一皮砖挑出 1/4 砖相间砌筑（间隔式），如图 9-8所示。

（2）柔性基础。钢筋混凝土基础称为柔性基础。钢筋混凝土的抗弯和抗剪性能良好，这类基础的高度不受刚性角限制。在同样情况下，与刚性基础比较，采用钢筋混凝土可节省大量的材料和挖土的工作量，如图 9-9 所示。柔性基础可在上部结构荷载较大、地基承载力不高等情况下使用。

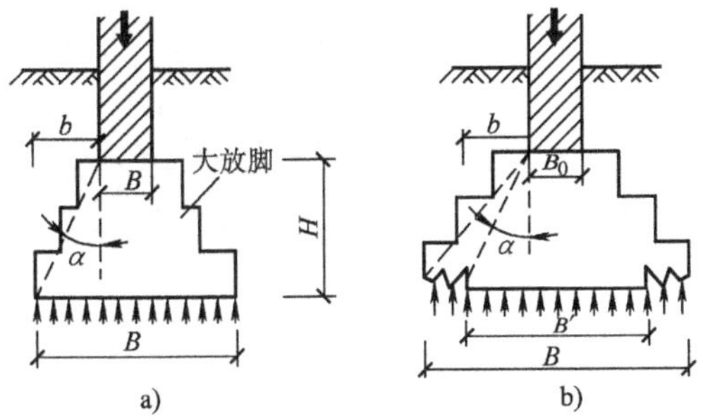

图 9-7　刚性基础的受力、传力特点

a）基础在刚性角范围内传力

b）基础底面宽度超过刚性角范围而遭破坏

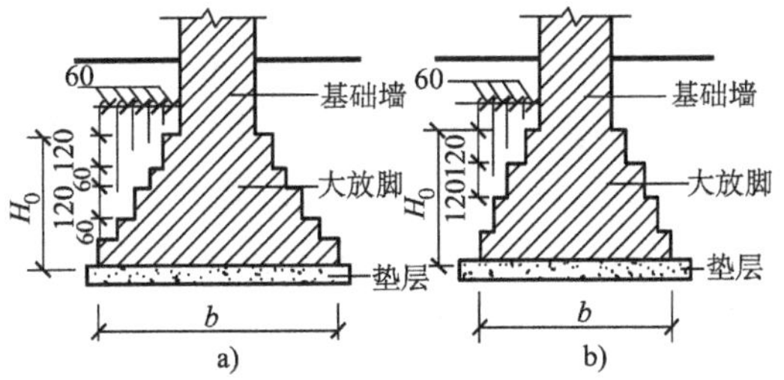

图 9-8　砖基础大放脚做法

a）间隔式　b）等高式

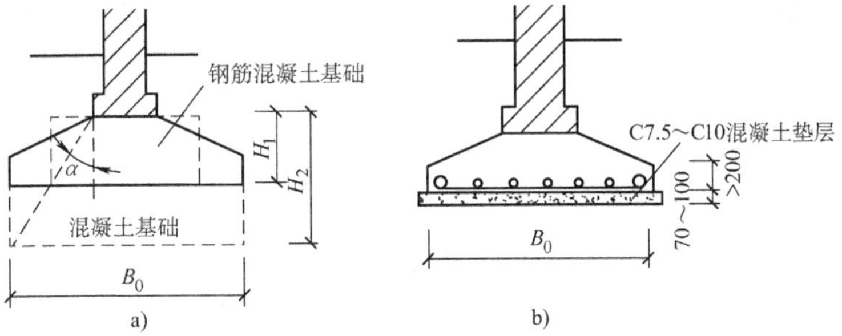

图 9-9　钢筋混凝土基础

a）混凝土基础与钢筋混凝土基础比较　b）基础配筋情况

2. 按构造形式分类

（1）独立基础。独立基础常用断面形式有阶梯形、锥形、杯形，适用于多层框架结构或厂房排架柱下基础，如图 9-10 所示。

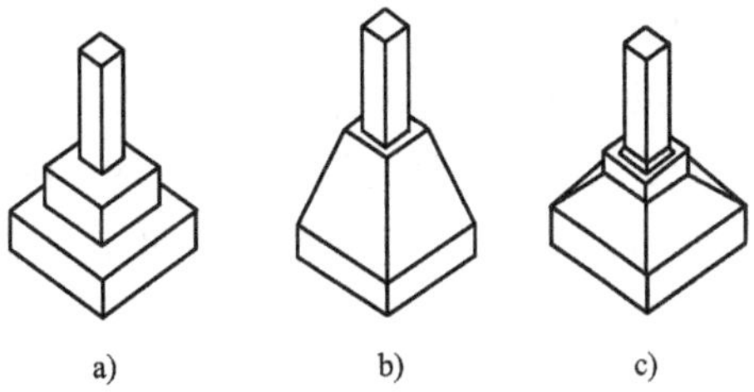

图 9-10　独立基础

a）阶梯形　b）锥形　c）杯形

（2）条形基础。条形基础是连续带形，也称带形基础，有墙下条形基础和柱下条形基础。

1）墙下条形基础。一般用于多层混合结构的墙下，低层或小型建筑常用砖、混凝土等刚性条形基础，如图 9-11 所示。如上部为钢筋混凝

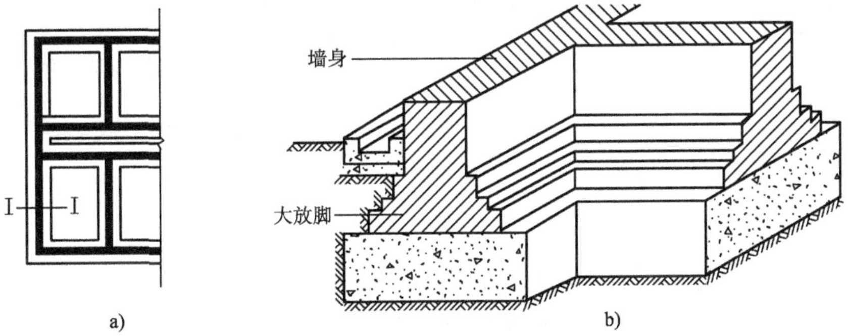

图 9-11　墙下条形基础

a）平面图　b）Ⅰ－Ⅰ剖面图

土墙，或地基较差、荷载较大时，可采用钢筋混凝土条形基础。

2）柱下条形基础。因为上部结构为框架结构或排架结构，荷载较大或荷载分布不均匀，地基承载力偏低，为增加基底面积或增强整体刚度，以减少不均匀沉降，常采用钢筋混凝土柱下条形基础，如图 9-12 所示。将各柱下基础用基础梁相互连接成一体，就形成井格基础，如图 9-13 所示。

基础的类型

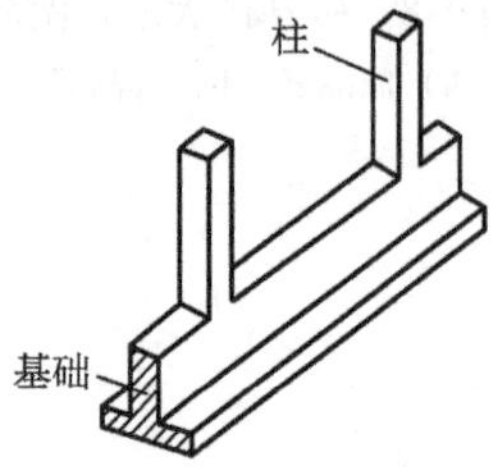

图 9-12 柱下条形基础

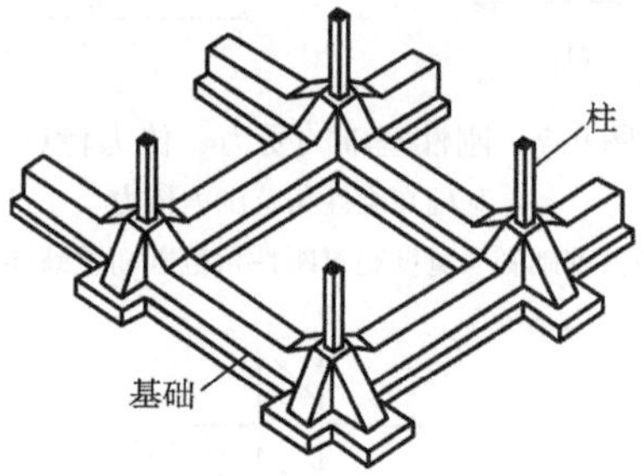

图 9-13 井格基础

（3）筏形基础。建筑物的基础由整片的钢筋混凝土板组成，板直接作用于地基土，称为筏形基础或片筏基础。筏形基础的整体性好，可以跨越基础下的局部软弱土。筏形基础常用于地基软弱的多层砌体结构、框架结构、剪力墙结构的建筑，以及上部结构荷载较大且不均匀或地基承载力低的情况，按其结构布置分为板式和梁板式，其受力特点与倒置的楼板相似，如图 9-14 所示。

（4）箱形基础。当上部建筑物为荷载大、对地基不均匀沉降要求严格的高层建筑、重型建筑以及软弱土地基上多层建筑时，为增加基础刚度，将地下室的底板、顶板和墙整体浇成箱子状的基础，称为箱形基础。箱形基础的刚度较大，且抗震性能好，有较好的地下空间可以利用，能承受很大的弯矩，可用于特大荷载且需设地下室的建筑，如图 9-15 所示。

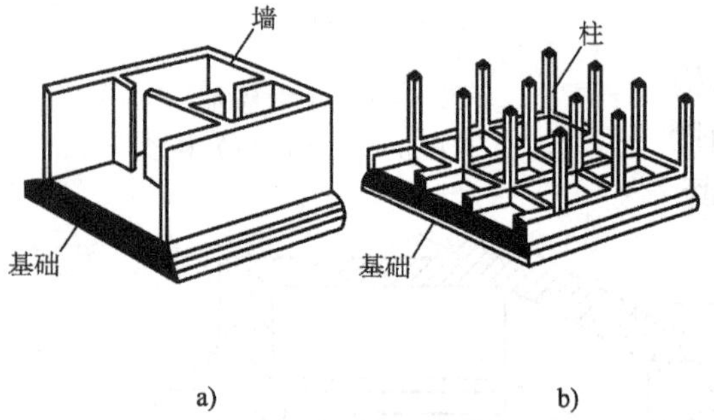

图 9-14 筏形基础

a）板式 b）梁板式

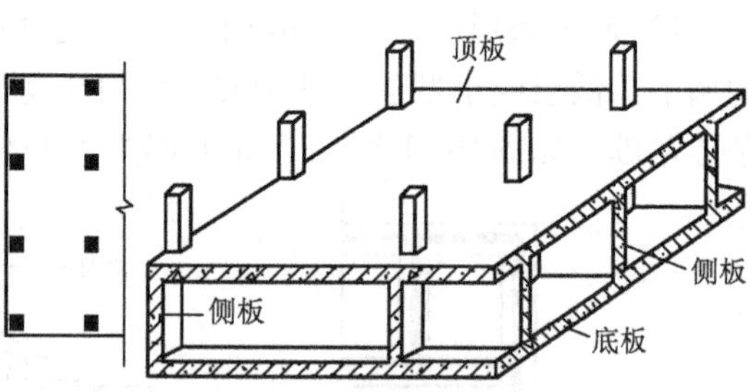

图 9-15 箱形基础

（5）桩基础。当建筑物荷载较大，地基土层软弱且较厚，基础不能埋置于软弱土层内，地基的坚实土层较深，或对软弱土层加固困难又不经济时常用桩基础。桩基础具有承载力高、沉降量小的特点，是高层建筑中常用的一种深基础。

桩基础由承台板（梁）和桩身两部分组成，如图 9-16 所示。其作用是将上部的荷载通过桩端传至深处较坚硬的土层；或通过桩身侧面与周围土壤的摩擦力传给地基。前者为端承桩，后者为摩擦桩。

基础沉降缝

三、基础沉降缝

建筑物基础沉降缝是从基础底面到屋顶全部断开，此时基础在构造上有三种处理方法。

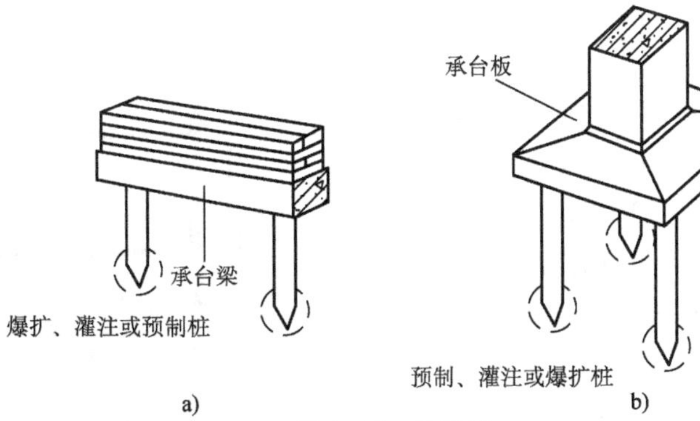

图 9-16　桩基础

a）墙下桩基础　b）柱下桩基础

1. 双墙式处理方法

将基础平行设置，沉降缝两侧的墙体均位于基础的中心，两墙之间有较大的距离，如图9-17a所示。若两墙间距小，基础则受偏心荷载，适用于荷载较小的建筑，如图 9-17b 所示。

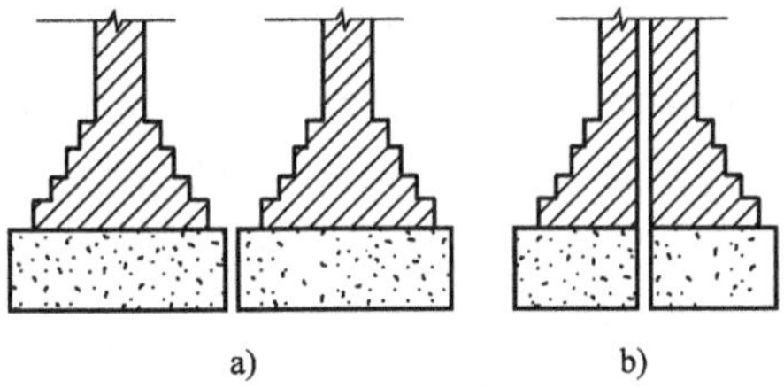

图 9-17　基础沉降缝处双墙式处理

2. 交叉式处理方法

将沉降缝两侧的基础交叉设置，在各自的基础上支承基础梁，墙砌筑在梁上，适用于荷载较大，沉降缝两侧的墙体间距较小的建筑，如图9-18 所示。

3. 悬挑式处理方法

将沉降缝一侧的基础按一般设计，而另一侧采用挑梁支承基础梁，在基础梁上砌墙，墙体材料尽量采用轻质材料，如图 9-19 所示。

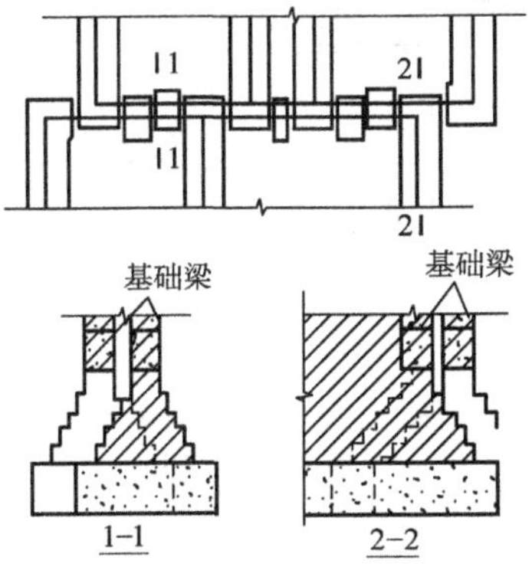

图 9-18　基础沉降缝处交叉式处理

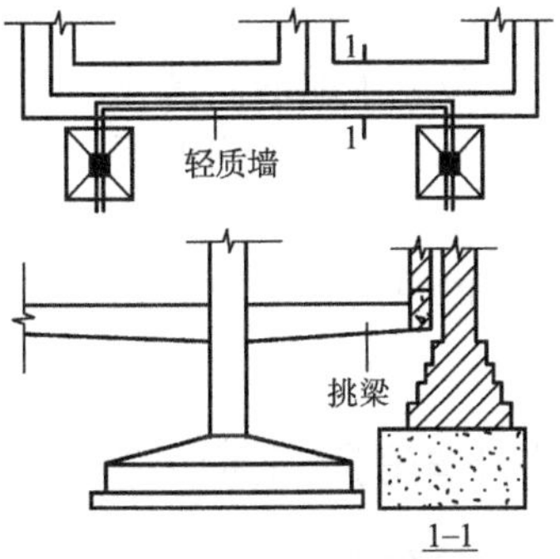

图 9-19　基础沉降缝处悬挑式处理

第三节　地下室的构造

一、地下室的类型和构造组成

1. 地下室的类型

地下室是建筑物首层下面的房间。利用地下空间，可节约建设用地。

地下室按使用功能分，有普通地下室和防空地下室；按顶板标高分，有半地下室（埋深为地下室净高的1/3～1/2）和全地下室（埋深为地下室净高的1/2以上）；按结构材料分，有砖混结构地下室和钢筋混凝土结构地下室。图9-20所示为地下室的构造组成。

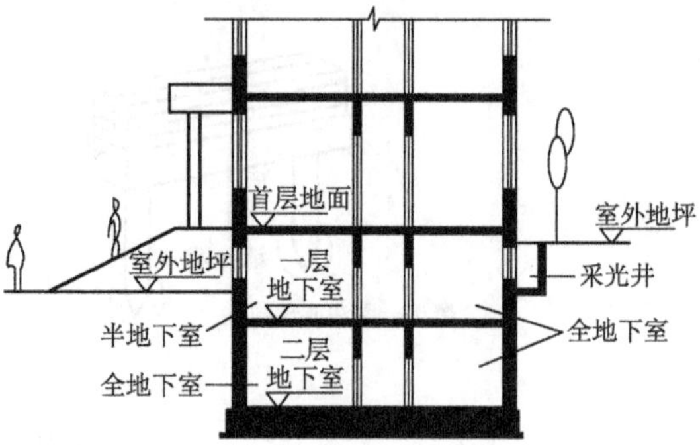

图9-20　地下室的构造组成

2. 地下室的构造组成

地下室一般由墙体、底板、顶板、楼梯、门窗五部分组成。

（1）地下室的墙体。地下室的墙体不仅要承受上部的垂直荷载，还要承受土、地下水及土壤冻结时的侧压荷载，所以采用砖墙时其厚度一般不小于490mm。当荷载较大或地下水位较高时，最好采用钢筋混凝土墙，其厚度不小于200mm。

（2）地下室的底板。地下室的底板主要承受地下室地坪的垂直荷载，当地下水位高于地下室地面时，还要承受地下水的浮力，所以底板要有足够的强度、刚度和抗渗能力。

（3）地下室的顶板。地下室的顶板主要承受首层地面荷载，可用预制板、现浇板或预制板上做现浇层，要求有足够的强度和刚度。如为防空地下室，顶板必须采用钢筋混凝土现浇板并按有关规定决定其跨度、厚度和混凝土的强度等级。

（4）地下室的楼梯。地下室的楼梯可与上部楼梯结合设置，层高小或用作辅助房间的地下室可设单跑楼梯。防空地下室的楼梯，至少要设置两部楼梯通向地面的安全出口，并且必须有一个独立的安全出口。

（5）地下室的门窗。普通地下室的门窗与地上房间门窗相同，窗口下沿距散水面的高度应大于250mm，以免灌水。当地下室的窗台低于室外地面时，为达到采光和通风的目的，应设采光井（图9-21）。

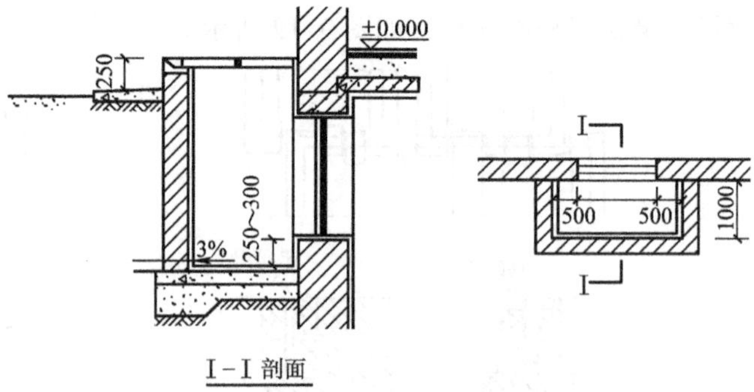

图9-21　地下室采光井

二、地下室的防潮和防水

1. 地下室的防潮

当最高地下水位低于地下室底板300～500mm，且地基范围内及回填土无形成上层滞水的可能时，墙和底板仅受到土中毛细管水和地表水下渗而造成的无压水的影响，只需做防潮处理。对于现浇混凝土外墙，一般可起到自防潮效果，不必再做防潮处理。对于黏土砖墙，其构造要求是：墙体必须用水泥砂浆砌筑，灰缝饱满；外墙外侧用 1∶2.5 水泥砂浆抹 20mm 厚，刷冷底子油一道和热沥青两道或涂刷乳化沥青、阳离子合成乳化沥青等防水冷涂料；然后在防潮层外侧回填黏土或低比例灰土等弱透水性土，宽约 500mm，并逐层夯实。此外，地下室的所有墙体都必须设两道水平防潮层。一道设在地下室底板附近，另一道设在室外地坪以上 150～200mm 处（图 9-22）。

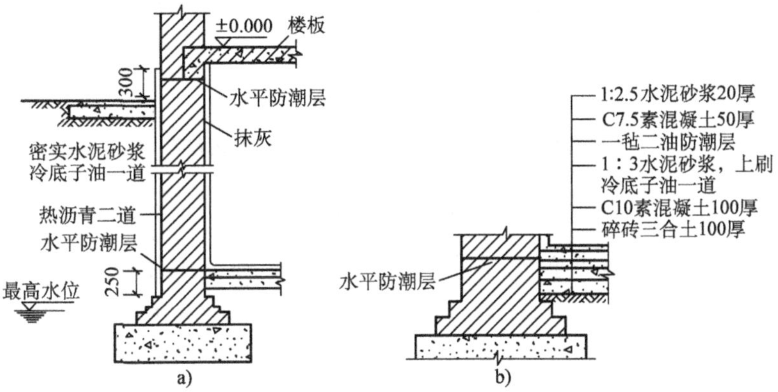

图 9-22　地下室防潮构造

a）墙身防潮　b）地坪防潮

2. 地下室的防水

当最高地下水位高于地下室地坪时，地下室的底板和部分外墙将浸在水中，此时地下室外墙受到地下水的侧压力，地坪受到水的浮力的影响，因此必须对地下室做防水处理。

目前我国地下工程防水常用的措施有混凝土构件自防水、卷材防水。

（1）混凝土构件自防水。当地下室的墙和底板均采用钢筋混凝土时，通过调整混凝土的配合比或在混凝土中掺入外加剂等手段，改善混凝土的密实性，提高混凝土的抗渗性能，使地下室结构构件的承重、围护、防水功能三者合一（图 9-23）。

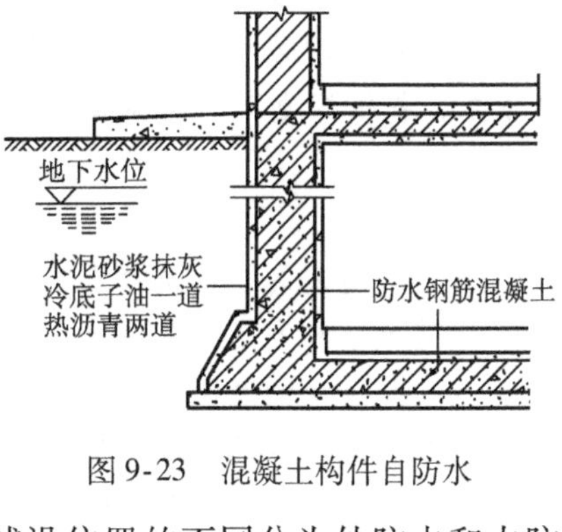

图 9-23　混凝土构件自防水

（2）卷材防水。卷材防水是以防水卷材和相应的黏结剂分层粘贴，铺设在地下室底板垫层至墙体顶端的基面上，形成封闭防水层的做法。根据防水层铺设位置的不同分为外防水和内防水（图 9-24）。

卷材防水材料分层粘贴在结构层外表面的做法称为卷材外防水。其具体做法是：先浇筑混凝土垫层，在垫层上粘贴卷材防水层（卷材层数视水压大小选定），在防水层上抹 20～30mm 厚水泥砂浆保护层，再在保护层上浇筑钢筋混凝土底板。在铺设卷材时，须在底板四周预留甩槎，以便与垂直防水卷材衔接。外防水效果好，但维修困难。

将防水层粘贴在结构层内表面时称为卷材内防水。内防水效果差，但施工简单，便于维修，常用于修缮工程。

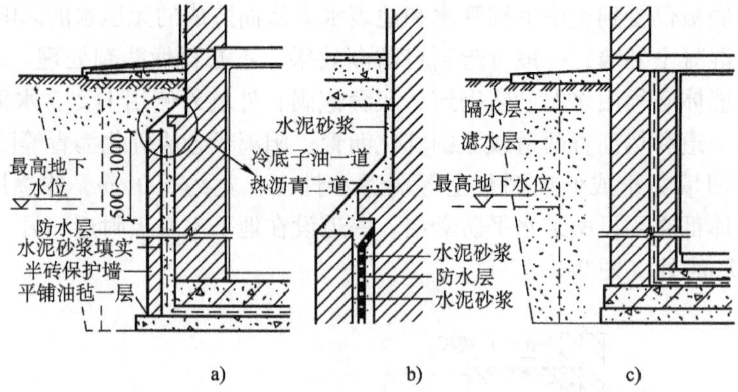

图 9-24　地下室卷材防水构造

a）外包防水　b）墙身防水层收头处理　c）内包防水

本章小结

（1）基础是建筑物上部承重结构向下的延伸和扩大部分，它承受建筑物的全部荷载，并把这些荷载连同本身的重量一起传到地基上。地基是建筑物基础下面的土层，直接承受着由基础传来的建筑物的全部荷载。地基可分为天然地基和人工地基两种类型。

（2）基础埋深是指从设计室外地面至基础底面的垂直距离，基础的埋深主要受到建筑功能、工程及水文地质条件、土的冻结深度、相邻基础埋深等因素的影响。基础按材料和受力特点分为刚性基础和柔性基础，按构造形式分为独立基础、条形基础、筏形基础、箱形基础、桩基础等。

（3）建筑物基础沉降缝应使建筑物从基础底面到屋顶全部断开，此时基础在构造上有双墙式、交叉式、悬挑式三种处理方法。

（4）地下室的防潮、防水是地下室设计和施工必须解决的一个重要问题。地下室防潮、防水方案，要根据地下室的标准、结构形式，特别是水文地质条件确定。

复习思考题

1. 基础与地基的区别是什么？
2. 天然地基和人工地基的区别是什么？
3. 什么是基础的埋深？影响基础埋深的因素有哪些？
4. 什么是刚性基础？其刚性角是怎样定义的？
5. 基础按照构造形式分为哪些类型？一般适用于什么情况？

第十章　墙　　体

学习目标：

掌握墙体的类型及布置方案、墙体的细部构造和墙面常用装修做法及适用范围；掌握墙体抗震构造和变形缝构造、新型墙面的构造做法；能准确绘制墙体构造详图。

学习重点：

墙体的类型及布置方案；墙体的细部构造和墙面常用装修做法。

学习建议：

1. 分析各部分墙体的名称、作用及特点。
2. 分析可能采取的承重方案及特点。
3. 分析外纵墙墙身的构造组成并动手绘制墙身构造详图。
4. 观察外墙采用的装修做法。
5. 观察有无变形缝及变形缝处的构造处理。

第一节　墙体的作用与设计要求

一、墙体的作用

（1）承重作用。承重墙承担建筑地上部分的全部荷载及风荷载，是建筑物主要的竖向承重构件。

（2）围护作用。外墙是建筑围护结构的主体，起着抵御自然界中风、雨、雪及噪声、温度变化、太阳辐射等不利因素侵袭的作用。

（3）分隔作用。墙体是划分建筑内部空间的主要构件，把建筑内部划分成不同的空间——室内与室外。

二、墙体的类型

1. 按位置分类

墙体按所处的位置不同分为外墙和内墙。墙体按布置方向又可以分为纵墙和横墙。沿建筑物长轴方向布置的墙称为纵墙，沿建筑物短轴方向布置的墙称为横墙，外横墙又称山墙。另外，窗与窗、窗与门之间的墙称为窗间墙；窗洞下部的墙称为窗下墙；屋顶上部的墙称为女儿墙等（图 10-1）。

墙体的类型

2. 按受力分类

根据受力情况不同，墙体可分为承重墙和非承重墙。

凡直接承受楼板、屋顶等传来荷载的墙称为承重墙；不承受这些外来荷载的墙称为非承重墙。

在非承重墙中，不承受外来荷载，仅承受自身重量并将其传至基础的墙称为自承重墙；仅起分隔空间作用，自身重量由楼板或梁来承担的墙称为隔墙；在框架结构中，填充在柱子之间的墙称为填充墙，内填充墙是隔墙的一种；悬挂在建筑物外部的轻质墙称为幕墙，有金属幕墙、玻璃幕墙等。

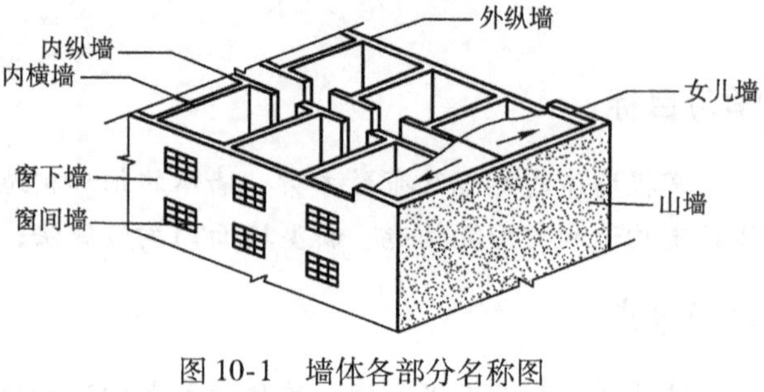

图 10-1　墙体各部分名称图

3. 按材料分类

按所用材料的不同，墙体有砖和砂浆砌筑的砖墙、利用工业废料制作的各种砌块砌筑的砌块墙、现浇或预制的钢筋混凝土墙、石块和砂浆砌筑的石墙等。

4. 按构造形式分类

按构造形式不同，墙体可分为实体墙、空体墙和复合墙三种。

5. 按施工方法分类

根据施工方法不同，墙体可分为块材墙、板筑墙和板材墙三种。

（1）横墙承重。横墙承重是将楼板及屋面板等水平承重构件搁置在横墙上，如图 10-2a 所示，这一布置方案适用于房间开间尺寸不大、墙体位置比较固定的建筑，如宿舍、旅馆、住宅等。

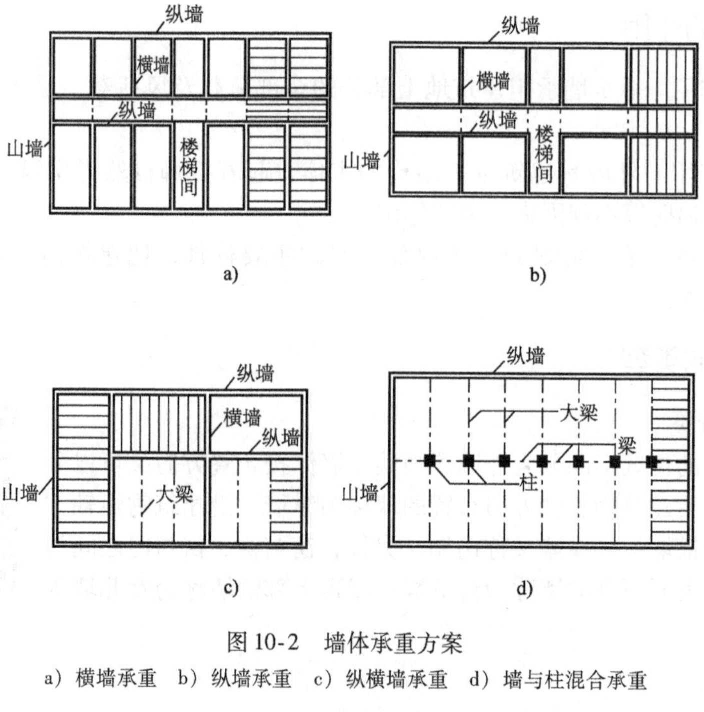

图 10-2　墙体承重方案

a）横墙承重　b）纵墙承重　c）纵横墙承重　d）墙与柱混合承重

（2）纵墙承重。纵墙承重是将楼板及屋面板等水平承重构件均搁置在纵墙上，横墙只起分隔空间和连接纵墙的作用，如图 10-2b 所示。这一布置方案适用于使用上要求有较大空间的建筑，如办公楼、商店、教学楼中的教室、阅览室等。

（3）纵横墙承重。这种承重方案的承重墙体由纵横两个方向的墙体组成，如图 10-2c 所示。纵横墙承重方式平面布置灵活，两个方向的抗侧力都较好。这种方案适用于房间开间、进深变化较多的建筑，如医院、幼儿园等。

（4）墙与柱混合承重。房屋内部采用柱、梁组成的内框架承重，四周采用墙承重，由墙和柱共同承受水平承重构件传来的荷载，称为墙与柱混合承重，如图 10-2d 所示。这种方案适用于室内需要大空间的建筑，如大型商店、餐厅等。

三、墙体的设计要求

1. 强度和稳定性要求

强度是指墙体承受荷载的能力，它与所采用的材料、材料强度等级、墙体的截面面积、构造和施工方式有关。作为承重墙的墙体，必须具有足够的强度，以保证结构的安全。

稳定性与墙的高度、长度和厚度及纵横向墙体间的距离有关。墙的稳定性可通过验算确定，提高墙体稳定性的措施有：增加墙厚、提高砌筑砂浆强度等级、增加墙垛、构造柱、圈梁、墙内加筋等。

2. 热工要求

我国北方地区，气候寒冷，要求外墙具有较好的保温能力，以减少室内热损失。墙厚应根据热工计算确定，同时应防止外墙内表面与保温材料内部出现凝结水的现象，构造上要防止冷桥的产生。我国南方地区气候炎热，除设计中考虑朝阳、通风外，外墙应具有一定的隔热性能。

3. 隔声要求

为保证建筑的室内有一个良好的声学环境，墙体必须具有一定的隔声能力。设计中可通过选用堆密度大的材料、加大墙厚、在墙中设空气间层等措施提高墙体的隔声能力。

4. 防火要求

在防火方面，应符合防火规范中相应的燃烧性能和耐火极限的规定。当建筑的占地面积或长度较大时，还应按防火规范要求设置防火墙，防止火灾蔓延。

5. 防水防潮要求

在卫生间、厨房、实验室等用水房间的墙体以及地下室的墙体应满足防水防潮要求。通过选用良好的防水材料及恰当的构造做法，保证墙体的坚固耐久，使室内有良好的卫生环境。

6. 适应工业化要求

建筑工业化的关键是墙体改革，通过提高机械化施工程度、提高工效、降低劳动强度，并采用轻质高强的墙体材料，以减轻自重、降低成本。

第二节 砖墙构造

一、砖墙的材料、尺寸和组砌方式

1. 砖墙的材料

（1）砖。普通砖是指孔洞率小于 15% 或没有孔洞的砖。普通实心砖的规格为 240mm ×

115mm × 53mm。在加入灰缝尺寸之后，砖的长、宽、厚之比为4∶2∶1，一个砖长等于两个砖宽加灰缝或等于四个砖厚加三个灰缝。普通实心砖的尺寸关系如图 10-3 所示。

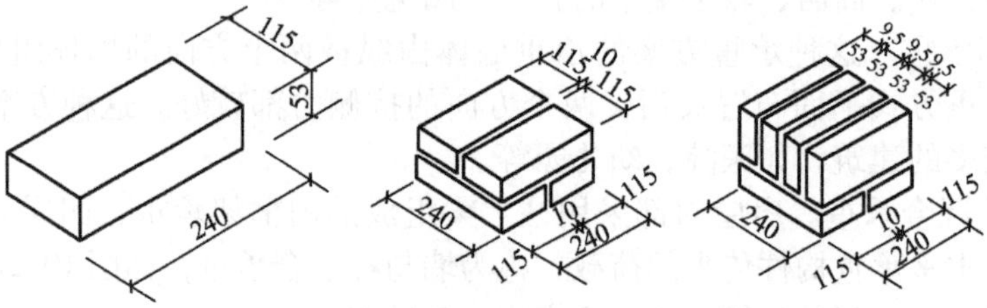

图 10-3　普通实心砖的尺寸关系

砖的强度由其抗压及抗折等因素确定，可分为 MU30、MU25、MU20、MU15、MU10 五个等级。

（2）砂浆。砂浆是由胶凝材料（水泥、石灰）和填充料（砂、矿渣、石屑等）混合加水搅拌而成的。其作用是将砖块黏结成砌体，提高墙体的强度、稳定性及保温、隔热、隔声、防潮等性能。

砌筑墙体常用的砂浆有水泥砂浆、混合砂浆和石灰砂浆。水泥砂浆由水泥、砂加水拌和而成，属水硬材料，强度高，但可塑性和保水性较差，适合砌筑潮湿环境下的砌体，如地下室、砖基础等；石灰砂浆由石灰膏、砂加水拌和而成。由于石灰膏为塑性掺和料，所以石灰砂浆的可塑性很好，但它的强度较低，且属于气硬性材料，遇水强度即降低，所以适宜砌筑次要的民用建筑的地面以上的砌体；混合砂浆由水泥、石灰膏、砂加水拌和而成，既有较高的强度，也有良好的可塑性和保水性，故民用建筑地面以上砌体中被广泛采用。

砂浆的强度也是以强度等级划分的，分为七级：M5、M7.5、M10、M15、M20、M25、M30。

2. 砖墙的尺寸

（1）砖墙厚度。砖墙的厚度习惯上以砖长为基数来命名，如半砖墙、一砖墙、一砖半墙等。工程上以它们的标志尺寸来命名，如一二墙、二四墙、三七墙等。常用墙厚的尺寸规律见表 10-1。

表 10-1　砖墙厚度的组成　（单位：mm）

砖墙断面		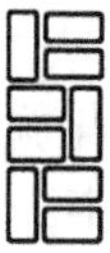	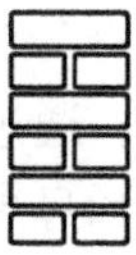	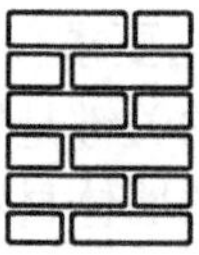	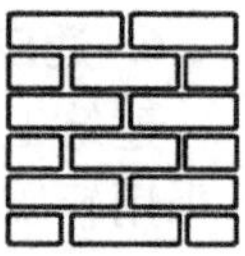
尺寸组成	115 × 1	115 × 1 + 53 + 10	115 × 2 + 10	115 × 3 + 20	115 × 4 + 30
构造尺寸	115	178	240	365	490
标志尺寸	120	180	240	370	490
工程称谓	一二墙	一八墙	二四墙	三七墙	四九墙
习惯称谓	半砖墙	3/4 砖墙	一砖墙	一砖半墙	两砖墙

（2）墙段长度和洞口尺寸。由于砖的尺寸确定时间要早于模数协调确定的时间，因此二者之间存在着不协调之处，这给建筑的设计和施工带来了一定的麻烦。在工程实际中经常以一个砖宽加一个灰缝（115mm＋10mm＝125mm）为砌体的组合模数，以此为尺寸基数确定各部分尺寸，墙段及洞口尺寸计算如图10-4所示。

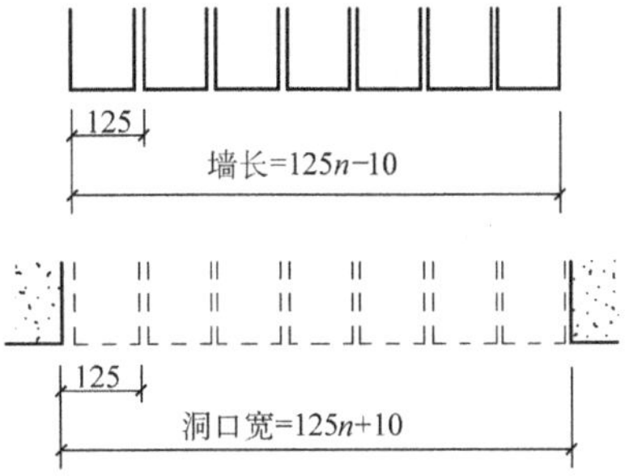

图10-4　墙段的长度和洞口尺寸

（3）砖墙高度。按砖模数要求，砖墙的高度应为53mm＋10mm＝63mm的整倍数。但现行统一模数协调系列多为3M，如2700mm、3000mm、3300mm等，住宅建筑中层高尺寸则按1M递增，如2700mm、2800mm、2900mm等，均无法与砖墙皮数相适应。为此，砌筑前必须事先按设计尺寸反复推敲砌筑皮数，适当调整灰缝厚度，并制作若干根皮数杆以作为砌筑的依据，如图10-5所示。

砖墙的组砌方式

3. 砖墙的组砌方式

砖墙是用普通实心砖砌筑的实体墙，砖墙的组砌是指砖块在砌体中的排列方式。为了保证墙体的强度，其组砌原则是：砖缝必须横平竖直、错缝搭接，砖缝砂浆饱满，厚薄均匀。在砌筑中，每排列一层砖称为“一皮”，并将垂直于墙面砌筑的砖叫“顶砖”，把砖的长边沿墙面砌筑的砖叫“顺砖”。实体墙常见的砌筑方式如图10-6所示。

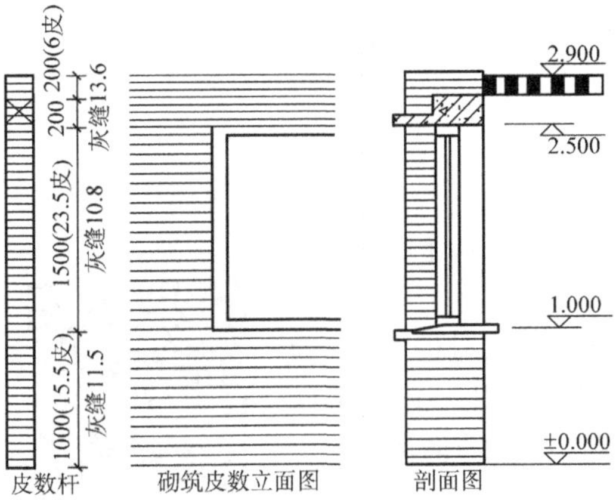

图10-5　砖墙高度与砖皮数协调实例

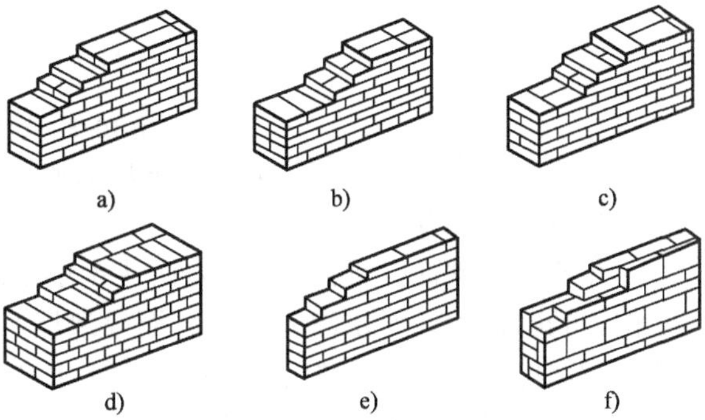

图10-6　砖墙组砌方式

a）一砖墙一顺一丁砌法　b）一砖墙三顺一丁砌法

c）一砖墙梅花丁砌法　d）一砖半墙砌法

e）半砖墙全顺式砌法　f）3/4砖墙砌法

在我国北方采暖地区，为改变建筑采暖能耗大、热环境差的状况，按国家节能政策，可采用复合砖墙。复合砖墙是用砖和轻质保温材料组合构成的既承重又保温的墙体，按保温材料的设置位置不同，可分为外保温墙、内保温墙和夹心墙，如图10-7所示。

因砌筑墙体的细部构造与砌墙材料的关系不大，故本章仍以砖墙为例介绍墙体的细部构造。

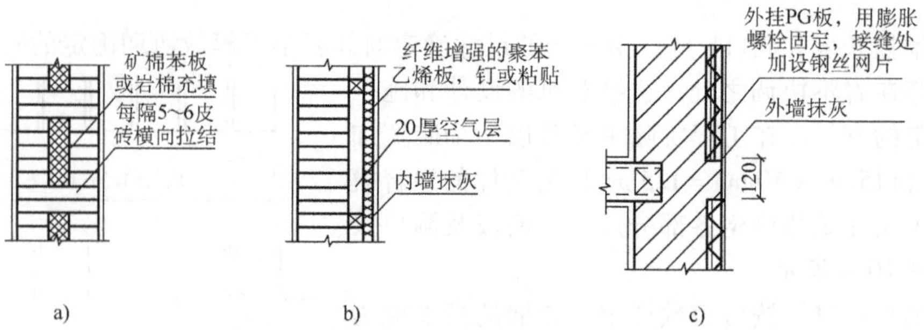

图 10-7　复合砖墙的构造

a）夹心墙　b）内保温外墙　c）外保温外墙

二、砖墙的细部构造

1. 勒脚

勒脚是墙身接近室外地面的部分，高度一般位于室内地坪与室外地面的高差部分。勒脚的作用是防止外界碰撞，防止地表水对墙脚的侵蚀，增强建筑物立面美观。所以要求勒脚坚固、防水和美观。一般采用图 10-8 所示的几种构造做法。

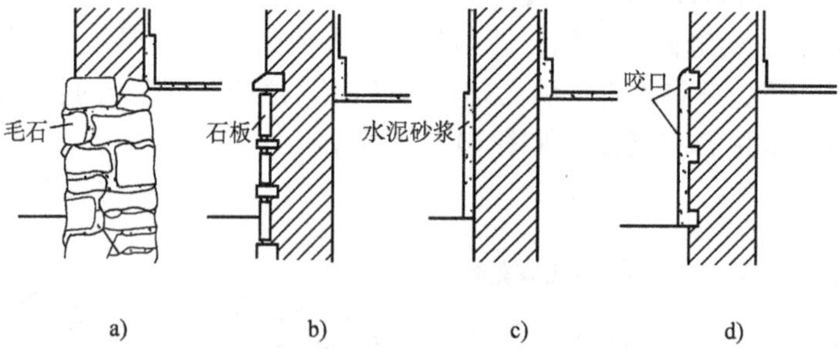

图 10-8　勒脚构造做法

a）毛石勒脚　b）石板贴面勒脚　c）抹灰勒脚　d）带咬口抹灰勒脚

2. 墙身防潮层

墙身防潮

在墙身中设置防潮层的目的是防止土壤中的水分沿基础墙上升，防止位于勒脚处的地面水渗入墙内，而导致墙身受潮。因此，必须在内、外墙脚部位连续设置防潮层。构造形式有水平防潮层和垂直防潮层。

（1）防潮层的位置。水平防潮层一般应在室内地面不透水垫层（如混凝土）范围以内，通常在 -0.060m 标高处设置，而且至少要高于室外地坪 150mm，以防雨水溅湿墙身。当地面垫层为透水材料（如碎石、炉渣等）时，水平防潮层的位置应平齐或高于室内地面 60mm，即在 +0.060m 处。当两相邻房间之间室内地面有高差时，应在墙身内设置高低两道水平防潮层，并在靠土壤一侧设置垂直防潮层，以避免回填土中的潮气侵入墙身。墙身防潮层位置如图 10-9 所示。

（2）防潮层的做法。

1）水平防潮层的做法。

① 卷材防潮层（图 10-10a）。在防潮层部位先抹 20mm 厚的水泥砂浆找平层，然后干铺

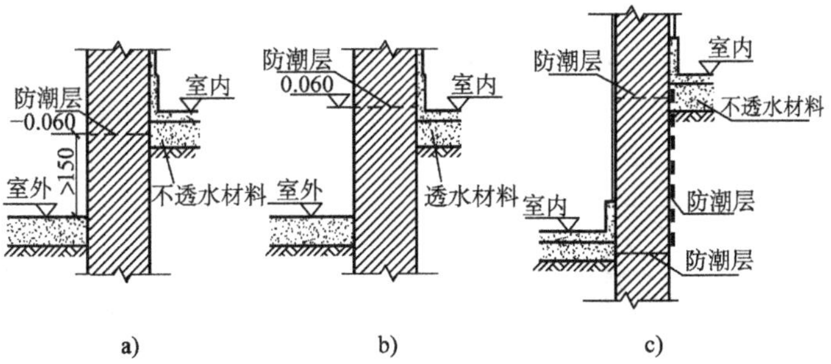

图 10-9 墙身防潮层的位置

a）地面垫层为不透水材料 b）地面垫层为透水材料 c）室内地面有高差

卷材一层或用沥青粘贴一毡二油。卷材防潮层具有一定的韧性、延展性和良好的防潮性能，但日久易老化失效，同时由于卷材使墙体隔离，削弱了砖墙的整体性和抗震能力。

② 防水砂浆防潮层（图 10-10b）。在防潮层位置抹一层 20 ~25mm 厚、由 1:2 水泥砂浆掺 3% ~5% 的防水剂配制成的防水砂浆；也可以用防水砂浆砌筑 3 ~6 皮砖。用防水砂浆作防潮层适用于抗震地区、独立砖柱和震动较大的砖砌体中，但砂浆开裂或不饱满时易影响防潮效果。

③ 细石混凝土防潮层（图 10-10c）。在防潮层位置铺设 60mm 厚 C15 或 C20 细石混凝土，内配 3Φ6 或 3Φ8 钢筋以抗裂。由于混凝土密实性好，有一定的防水性能，并与砌体结合紧密，故适用于整体刚度要求较高的建筑中。

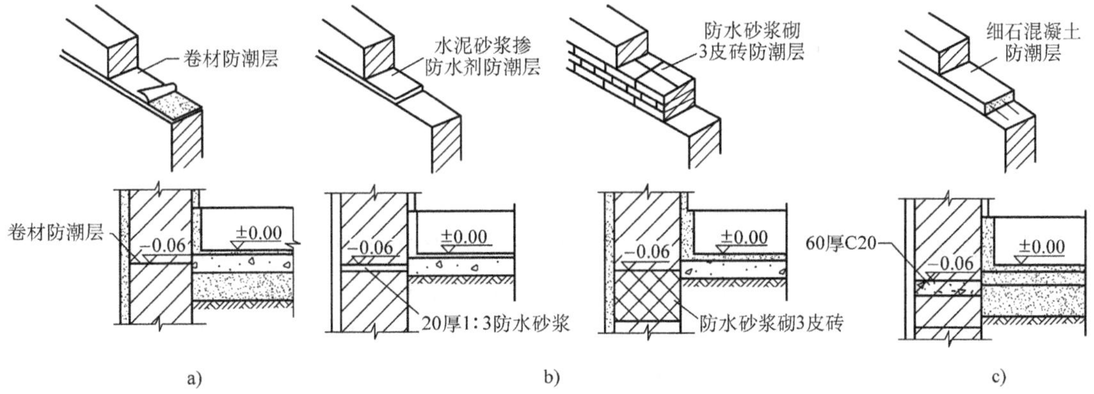

图 10-10 墙身水平防潮层构造

a）卷材防潮层 b）防水砂浆防潮层 c）细石混凝土防潮层

2）垂直防潮层的做法。在需设垂直防潮层的墙面（靠回填土一侧）先用水泥砂浆抹面，刷上冷底子油一道，再刷热沥青两道；也可以采用掺有防水剂的砂浆抹面的做法，如图 10-11所示。

3. 散水与明沟

为了防止屋顶落水或地表水侵入勒脚危害基础，必须沿外墙四周设置散水或明沟，将地表水及时排离。

散水是沿建筑物外墙设置的倾斜坡面，坡度一般为 3% ~5%。散水又称散水坡或护坡。散水可用水泥砂浆、混凝土、砖、块石等材料做面层，其宽度一般为 600 ~1000mm。当屋面为自由落水时，散水宽度应比屋檐挑出宽度大 150～200mm。由于建筑物的沉降和勒脚与散水施工时间的差异，在勒脚与散水交接处应留有缝隙，缝内填粗砂或碎石子，上嵌沥青胶盖缝，以防渗水。散水整体面层纵向距离每隔 6～12m 做一道伸缩缝，缝内处理与勒脚和散水相交处构造相同，如图 10-12 所示。

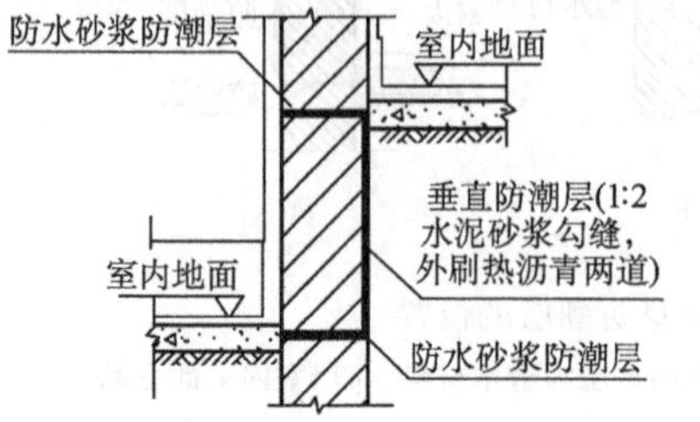

图 10-11　墙身垂直防潮层构造

明沟和散水

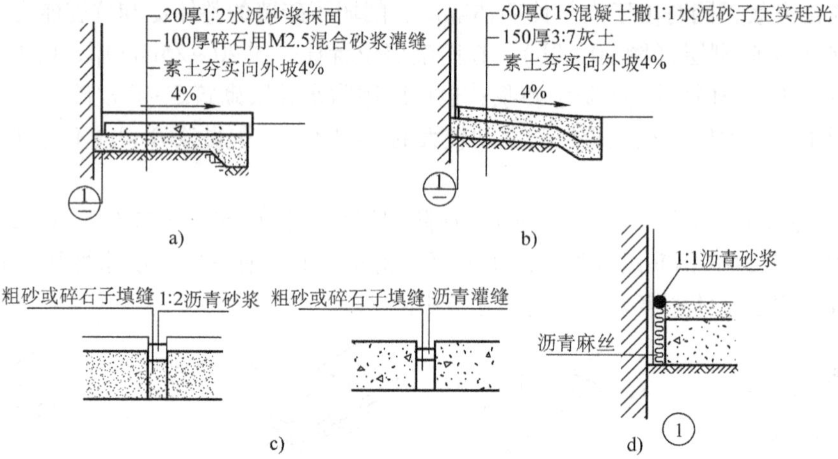

图 10-12　散水构造做法

a）水泥砂浆散水　b）混凝土散水　c）散水伸缩缝构造　d）节点详图

明沟是设置在外墙四周的排水沟，将水有组织地导向集水井，然后流入排水系统。明沟一般用素混凝土现浇，或用砖石铺砌成 180mm 宽、150mm 深的沟槽，然后用水泥砂浆抹面。沟底应有不小于 1% 的坡度，以保证排水通畅。明沟适用于降雨量较大的南方地区，其构造如图 10-13 所示。

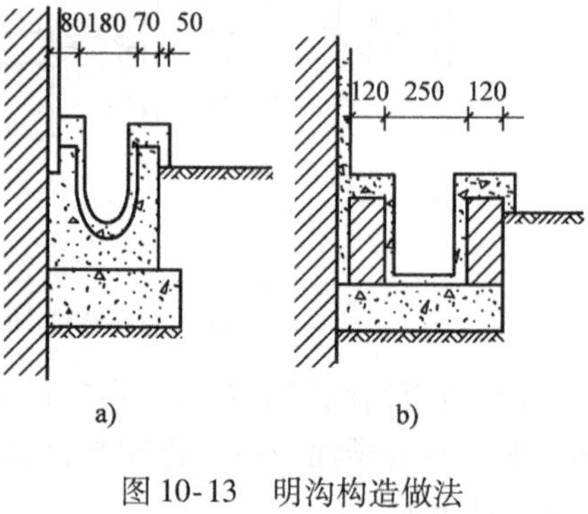

图 10-13　明沟构造做法

a）混凝土明沟　b）砖砌明沟

4. 窗台

窗台构造做法分为外窗台和内窗台两个部分，如图 10-14 所示。外窗台应设置排水构造，采用不透水的面层，并向外形成不小于 20% 的坡度，以利于排水。

外窗台有悬挑窗台和不悬挑窗台两种。悬挑窗台常采用顶砌一皮砖出挑 60mm，或将一砖侧砌并出挑 60mm，也可采用钢筋混凝土窗台。挑窗台底部边缘处抹灰时应做宽度和深度均不小于 10mm 的滴水线或滴水槽。

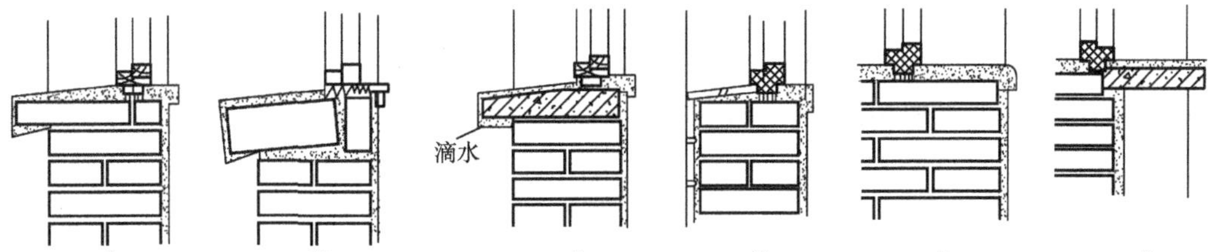

图 10-14　窗台的构造

a）平砌砖外窗台　b）侧砌砖外窗台　c）预制钢筋混凝土窗台　d）不悬挑窗台

e）抹灰内窗台　f）采暖地区预制钢筋混凝土内窗台

5. 门窗过梁

过梁用来支承门窗洞口上部的砌体和楼板传来的荷载，并把这些荷载传给洞口两侧墙体的承重构件。过梁一般采用钢筋混凝土材料，也有采用砖拱过梁和钢筋砖过梁的形式。但在较大振动荷载、可能产生不均匀沉降以及有抗震设防要求的建筑中，不宜采用砖拱过梁和钢筋砖过梁。

（1）砖拱过梁。这种过梁是由竖砖砌筑而成的，它利用灰缝上大下小，使砖向两边倾斜、相互挤压形成拱的作用来承担荷载。砖拱过梁分为平拱和弧拱两种，建筑上常用砖砌平拱过梁。高度多为一砖长，灰缝上部宽度不宜大于 15mm，下部宽度不应小于 5mm。中部起拱高度为洞口跨度的 1/50。砖的强度等级不低于 MU7.5，砂浆的强度等级不低于 M2.5，净跨宜小于或等于 1.0m，不应超过 1.8m，如图 10-15 所示。

砖砌弧拱过梁也用竖砖砌筑而成，其最大跨度 l 与矢高 f 有关，$f=(1/12\sim1/18)l$ 时，l 为 2.5 ~ 3.5m；$f=(1/6\sim1/5)l$ 时，l 为 3 ~ 4m。

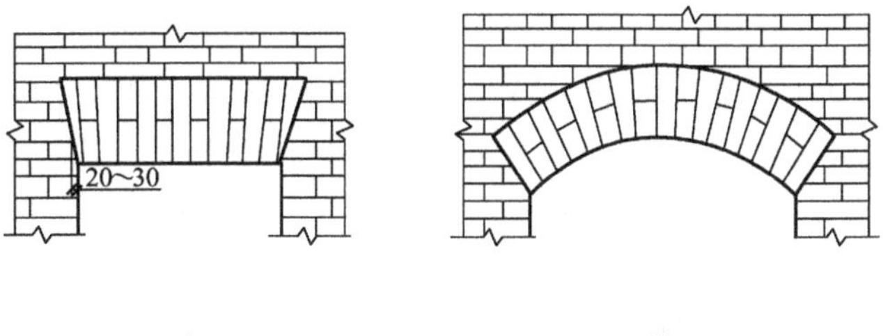

图 10-15　砖拱过梁

a）平拱过梁　b）弧拱过梁

（2）钢筋砖过梁。钢筋砖过梁是配置了钢筋的平砌砖过梁。通常将间距小于 120mm 的Φ6 钢筋埋在梁底部厚度为 30mm 的水泥砂浆层内，钢筋伸入洞口两侧墙内的长度不应小于 240mm，并设 90°直弯钩埋在墙体的竖缝内。在洞口上部不小于 1/4 洞口跨度的高度范围内（且不应小于 5 皮砖），用不低于 M5 的砂浆砌筑。钢筋砖过梁净跨宜小于或等于 1.5m，不应超过 2.0m，如图 10-16 所示。

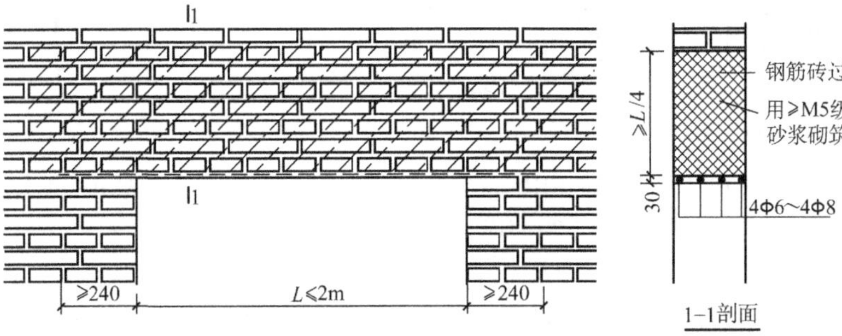

图 10-16　钢筋砖过梁

（3）钢筋混凝土过梁。钢筋混凝土过梁承载力强，一般不受跨度的限制。预制装配过梁施工速度快，是最常用的一种。过梁宽度同墙厚，高度及配筋应由计算确定，但为了施工方便，梁高应与砖的皮数相适应，如60mm、120mm、180mm、240 mm等。过梁在洞口两侧伸入墙内的长度应不小于240mm。为了防止雨水沿门窗过梁向外墙内侧流淌，过梁底部外侧抹灰时要做滴水。

过梁的断面形式有矩形和L形，矩形多用于内墙和混水墙，L形多用于外墙和清水墙。在寒冷地区，为防止钢筋混凝土过梁产生热桥问题，也可将外墙洞口的过梁断面做成L形。预制钢筋混凝土过梁形式如图10-17所示。

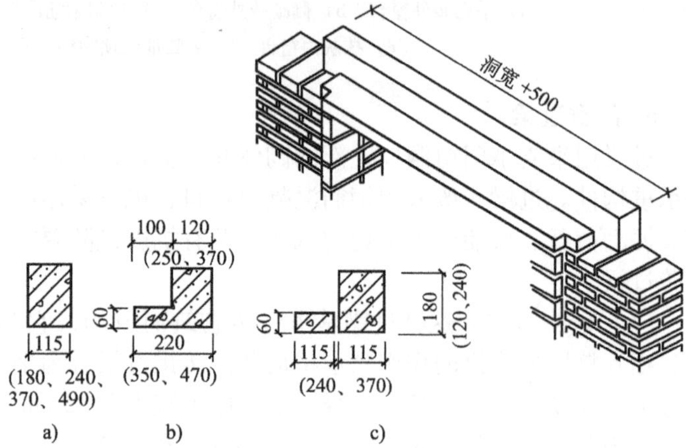

图10-17　预制钢筋混凝土过梁

a）矩形截面　b）L形截面　c）组合截面

6. 圈梁

圈梁是沿外墙四周及部分内墙的水平方向设置的连续闭合的梁。圈梁配合楼板共同工作，可提高建筑物的空间刚度及整体性，增加墙体的稳定性；减少不均匀沉降引起的墙身开裂。在抗震设防地区，圈梁与构造柱一起形成骨架，可提高抗震能力。

圈梁有钢筋砖圈梁和钢筋混凝土圈梁两种。钢筋砖圈梁多用于非抗震区，结合钢筋砖过梁沿外墙形成。钢筋混凝土圈梁的宽度同墙厚且不小于180mm，高度一般不小于120mm。钢筋混凝土圈梁在墙身上的位置，外墙圈梁顶一般与楼板持平，铺预制楼板的内承重墙的圈梁一般设在楼板之下，如图10-18所示。圈梁最好与门窗过梁合一，在特殊情况下，当遇有门窗洞口致使圈梁局部截断时，应在洞口上部增设相应截面的附加圈梁。附加圈梁与圈梁搭接长度不应小于其垂直间距的两倍，且不得小于1.0m，如图10-19所示。但对有抗震要求的建筑物，圈梁不宜被洞口截断。

圈梁

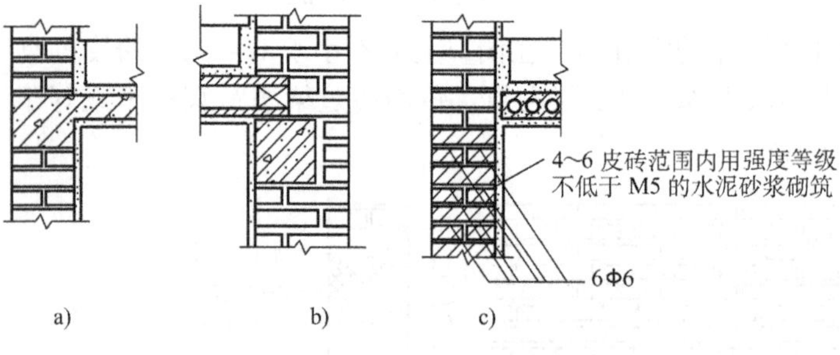

图10-18　圈梁的构造

a）钢筋混凝土板平圈梁　b）钢筋混凝土板压圈梁　c）钢筋砖圈梁

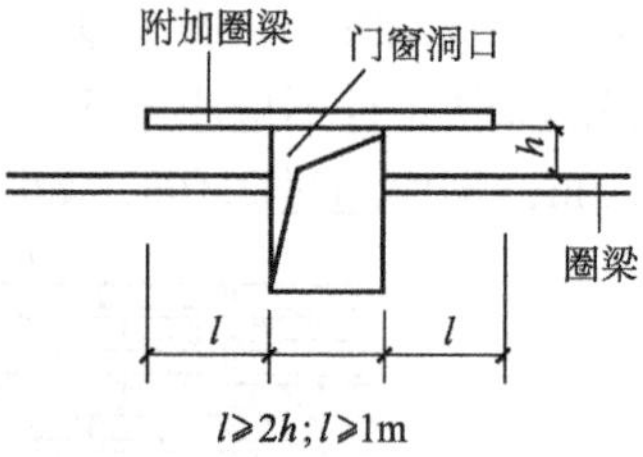

图10-19　附加圈梁

7. 构造柱

钢筋混凝土构造柱是从抗震角度考虑设置的，一般设在外墙转角、内外墙交接处、较大洞口两侧及楼梯、电梯间四角等。由于房屋的层数和抗震烈度不同，构造柱的设置要求也有所不同。构造柱必须与圈梁紧密连接形成空间骨架，以增强房屋的整体刚度，提高墙体抵抗变形的能力，并使砖墙在受震开裂后也能“裂而不倒”。

构造柱

构造柱的最小截面尺寸为240mm×180mm，构造柱的最小配筋量是：纵向钢筋4Φ12，箍筋Φ6，间距不大于250mm。构造柱下端应伸入地梁内，无地梁时应伸入底层地坪下500mm处。为加强构造柱与墙体的连接，构造柱处墙体宜砌成马牙槎，并应沿墙高每隔500mm设2Φ6拉结钢筋，每边伸入墙内不少于1.0m，施工时应先放置构造柱钢筋骨架，后砌墙，随着墙体的升高而逐段浇筑混凝土构造柱身（图10-20）。由于女儿墙的上部是自由端而且位于建筑的顶部，在地震时易受破坏，一般情况下构造柱应当通至女儿墙顶部，并与钢筋混凝土压顶相连，而且女儿墙内的构造柱间距应当加密。

8. 墙体变形缝的构造

变形缝包括伸缩缝、沉降缝和防震缝。在建筑中设置变形缝的目的，是防止建筑物由于温度变化、地基不均匀沉降以及地震等外界因素的影响而发生裂缝或破坏。变形缝因其功能不同，缝的宽度也不同，但构造设计的要点基本相同，即要求在产生位移和变形时不受阻、不被破坏，并不破坏建筑物及其饰面层。同时应根据其部位和需要分别采取防水、防火、保温、防虫害等措施。

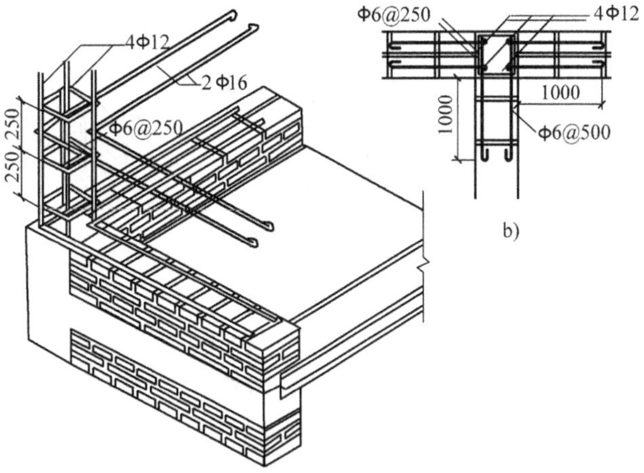

图10-20　砖砌体中的构造柱

a）外墙转角处　b）内外墙交接处

（1）伸缩缝。伸缩缝又称温度缝。为了防止房屋在正常使用条件下，由温差和砌体干缩引起的墙体竖向裂缝，应在墙体中设置伸缩缝。伸缩缝从基础顶面开始，将墙体、楼地面、屋顶等全部断开。基础因埋在地下，受气候等影响小，可不断开。

伸缩缝的间距与结构类型和房屋的屋盖类型以及有无保温层和隔热层有关，一般整体式或装配整体式钢筋混凝土结构，因屋顶和楼板本身自由伸缩的余地较小，伸缩缝间距比其他结构形式小些。屋盖有保温（或隔热层）的房屋，伸缩缝间距相对大些。

伸缩缝的宽度为20～30mm，以保证缝两侧的建筑构件能在水平方向自由伸缩。为避免风雨对室内的影响，伸缩缝可砌成错口缝和企口缝，也可做成平缝，如图10-21所示。为防止外界自然条件对墙体的侵袭，伸缩缝内应填塞经防腐处理的可塑材料加浸沥青的麻丝、橡

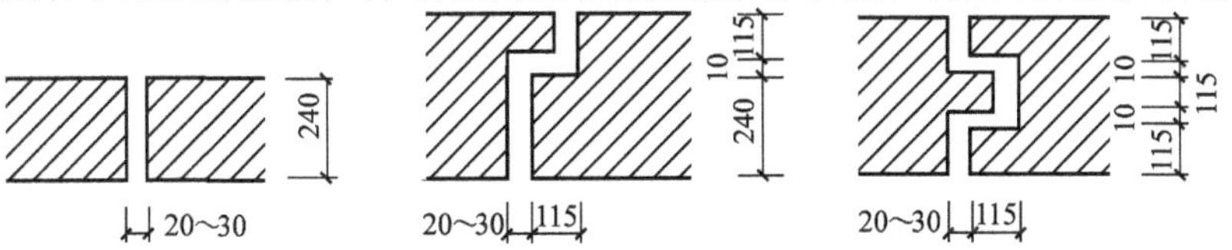

a)　b)　c)

图10-21　墙体伸缩缝的形式

a）平缝　b）错口缝　c）企口缝

胶条、塑料条等。外墙面上用镀锌薄钢板、彩色薄钢板、铝皮等盖缝，内墙面用木制盖缝条或有一定装饰效果的金属调节盖板装修，所有的填缝及盖缝材料的安装构造均应能保证结构在水平方向自由伸缩。墙体伸缩缝构造如图 10-22 所示。

（2）沉降缝。当建筑物的地基承载能力差别较大或建筑物相邻部分的高度、荷载、结构类型有较大不同时，为防止地基不均匀沉降而被破坏，应在适当的位置设置垂直的沉降缝。沉降缝应从基础底面起，沿墙体、楼地面、屋顶等在构造上全部断开，使相邻两侧各成单元各自沉降互不影响。

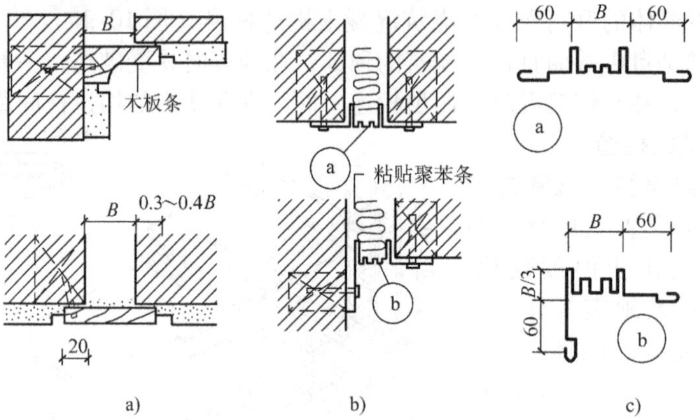

图 10-22　墙体伸缩缝构造

a）内墙伸缩缝构造　b）外墙伸缩缝构造　c）外墙伸缩缝盖缝板

设置沉降缝是为了适应建筑物各部分不均匀沉降在竖直方向上的自由变形，因此建筑物从基础到屋顶都要断开。沉降缝的宽度与地基性质及建筑物的高度有关，一般为30～70mm。地基越软弱，建筑物越高大，缝宽也就越大。

沉降缝兼起伸缩缝的作用，其构造做法与伸缩缝基本相同，但外墙沉降缝通常用金属调节板盖缝，以保证建筑物两个独立单元在竖向能自由变形。墙体沉降缝构造如图 10-23 所示。

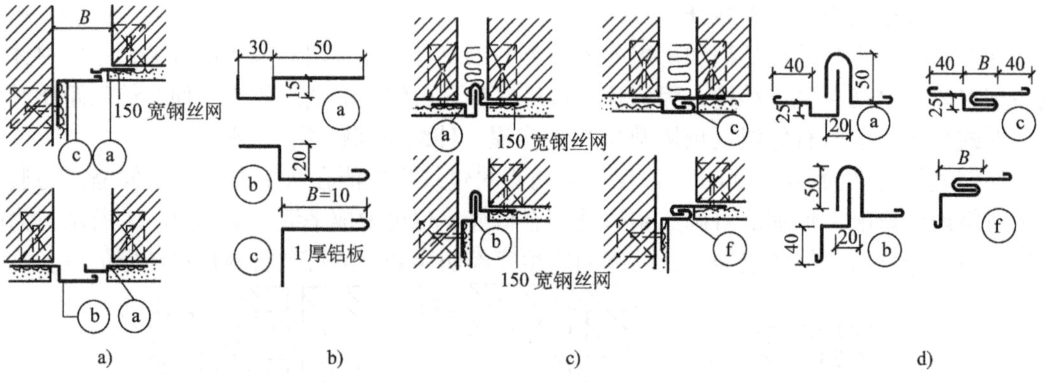

图 10-23　墙体沉降缝构造

a）内墙沉降缝构造　b）内墙沉降缝盖缝板　c）外墙沉降缝构造　d）外墙沉降缝盖缝板

（3）防震缝。当建筑物体型复杂，结构刚度、高度相差较大时，为了防止建筑物的各部分在地震时相互撞击造成变形和破坏，应在变形敏感部位设置防震缝，将建筑物分成若干个体型简单、结构刚度均匀的独立单元。

下列情况应设置防震缝：

1）建筑物平面复杂，凹角长度过大或突出部分较多。

2）建筑物立面高差在6m以上。

3）建筑物毗连部分的结构刚度或荷载相差悬殊。

4）建筑物有错层，且楼板错开距离较大。

防震缝应沿建筑物全高设置，基础可不断开。防震缝应与伸缩缝、沉降缝协调布置。地震区需设伸缩缝和沉降缝时，须按防震缝构造要求处理。防震缝的最小宽度应根据不同的结构类型和体系以及设计烈度确定。防震缝封盖做法与伸缩缝相同，但不应做成错口缝和企口缝。由于防震缝的缝隙较大，故在外墙缝处常用可伸缩的、呈V形或W形的镀锌薄钢板或铝板遮盖，盖缝条应满足牢固、防风和防水等要求，墙体防震缝构造如图10-24所示。

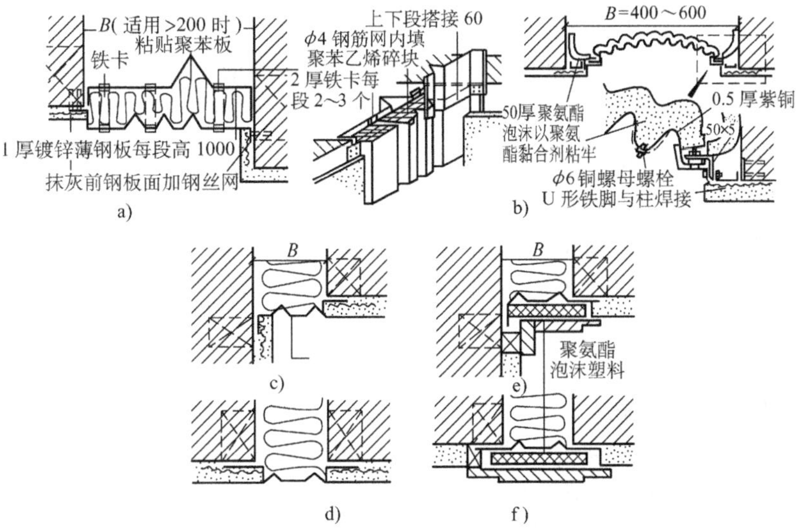

图10-24　墙体防震缝构造

a)、b)、c)、d）外墙防震缝　e)、f）内墙防震缝

第三节　砌块墙构造

一、砌块的类型和规格

按材料分为普通混凝土砌块、轻骨料混凝土砌块、加气混凝土砌块以及利用各种工业废料制成的砌块（炉渣混凝土砌块、蒸养粉煤灰砌块等）；按构造形式分为实心砌块和空心砌块；按功能分为承重砌块和保温砌块等；按砌块在组砌中的作用和位置分为主砌块和辅砌块；按单块重量和幅面大小分为小型砌块、中型砌块和大型砌块。

二、砌块墙的组砌方式

砌块的尺寸比较大，砌筑不够灵活。因此，在设计时应做出砌块的排列，并给出砌块排列组合图，施工时按图进料和安装。砌筑砌块时，上下皮应错缝，搭接长度为砌块长度的

1/4，高度的1/3～1/2，并应不小于90mm。当无法满足搭接长度要求时，在灰缝内应设Φ4的钢筋网片拉接，纵横墙交接和外墙转角处均应咬接搭砌（图10-25）。

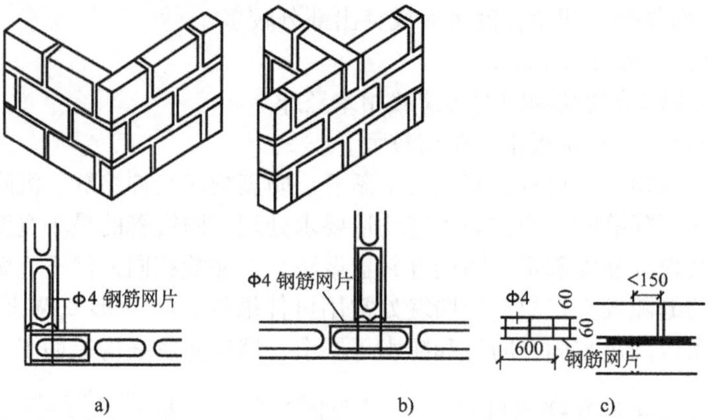

图10-25　砌块墙转角处咬接搭砌

a）转角搭砌　b）内外墙搭砌　c）上下皮垂直缝小于150mm时的处理

砌块墙与后砌墙交接处，应沿墙高每400mm在水平灰缝内设置2Φ4、横筋间距不大于200mm的焊接钢筋网片。砌筑砌块的砂浆一般采用强度等级不少于M5的水泥砂浆。灰缝的宽度主要根据砌块材料和规格大小确定，一般情况下，小型砌块为10～15mm，中型砌块为15～20mm。当竖缝宽大于30mm时，须用C20细石混凝土灌实。

三、砌块墙的构造

1. 增加墙体整体性措施

（1）设置圈梁。为加强砌块墙的整体性，砌块建筑应在适当的位置设置圈梁。当圈梁与过梁位置接近时，往往用圈梁取代过梁。圈梁分现浇和预制两种。现浇圈梁整体性好，对加固墙身有利，但施工复杂。预制圈梁一般采用U形预制块代替模板，然后在凹槽内配筋，再现浇混凝土（图10-26）。

（2）设置构造柱。砌块墙的竖向加强措施是在外墙转角以及内外墙交接处增设构造柱，将砌块在垂直方向连成整体。构造柱的施工方法是利用空心砌块上下孔洞对齐，并在孔中用Φ12～Φ14的钢筋分层插入，再用C20细石混凝土分层灌实。构造柱与砌块墙连接处的拉结钢筋网片，每边伸入墙内不少于1m，混凝土小型砌块房屋可采用Φ4点焊钢筋网片，沿墙高每隔600mm设置，中型砌块可采用Φ6钢筋网片，并隔皮设置。砌块墙构造柱如图10-27所示。

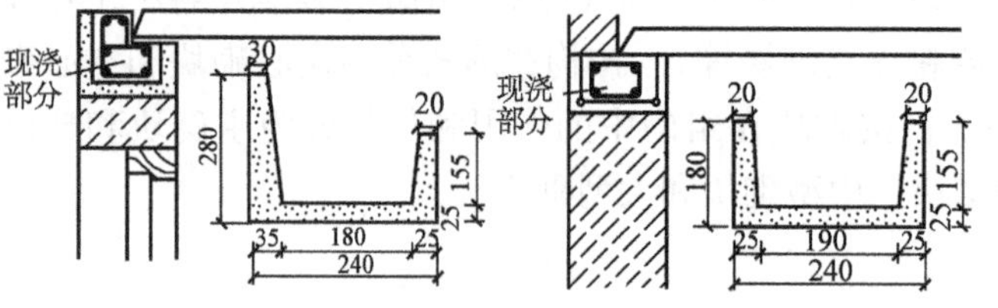

图10-26　砌块现浇圈梁

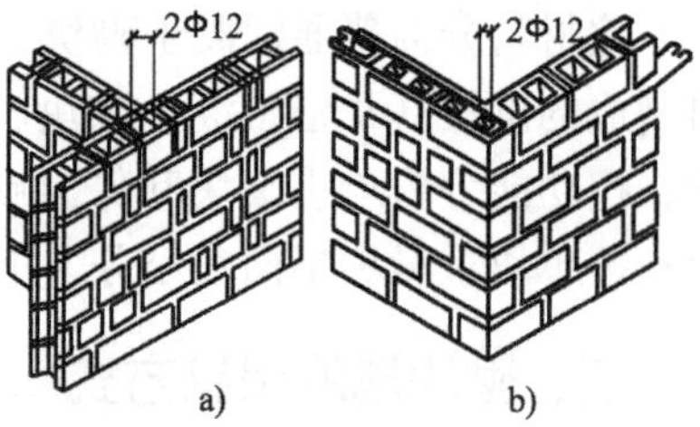

图10-27　砌块墙构造柱

a）内外墙交接处构造柱　b）外墙转角处构造柱

2. 门窗框与墙体的连接

由于砌块的块体较大且不宜砍切，或因空心砌块边壁较薄，门窗框与墙体的连接，除采用在砌块内预埋木砖的做法外，还有利用膨胀木楔、膨胀螺栓、铁件锚固以及利用砌块凹槽固定等做法。图 10-28 所示为根据砌块种类选用相应的连接方法。

3. 勒脚防潮构造

砌块建筑在室内地坪以下部分的墙体，应做好防潮处理。除了应设防潮层以外，对砌块材料也有一定的要求，通常应选用密实而耐久的材料，不能选用吸水性强的砌块材料。图 10-29所示为勒脚防潮构造。

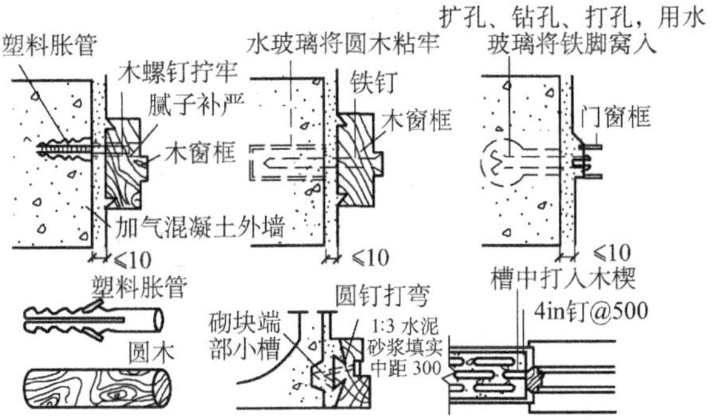

图 10-28　门窗框与墙体的连接

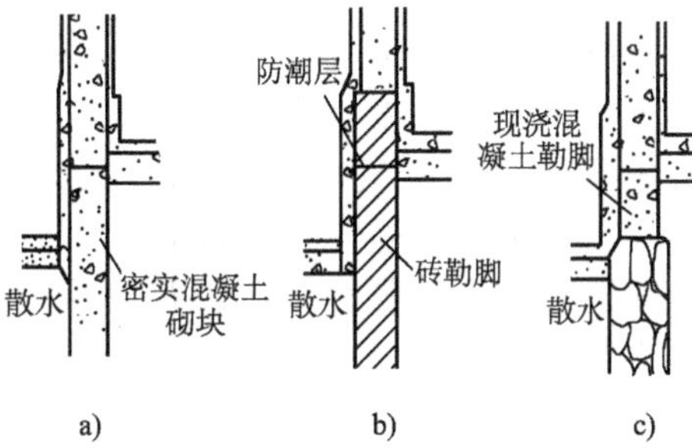

图 10-29　勒脚防潮构造

a）密实混凝土砌块　b）实心砖砌块

c）现浇混凝土勒脚

第四节　隔 墙 构 造

一、隔墙的类型和要求

在建筑中用于分隔室内空间的非承重内墙统称为隔墙。由于隔墙布置灵活，可以适应建筑使用功能的变化，在现代建筑中应用广泛。

隔墙为非承重墙，其自身重量由楼板或墙下小梁承受，因此设计时要求隔墙符合下列要求，以满足建筑的使用功能。

（1）自重轻，有利于减轻楼板的荷载。

（2）厚度薄，增加建筑的有效空间。

（3）便于安装和拆卸，能随使用要求的改变而变化。

（4）有一定的隔声能力，使各使用房间互不干扰。

（5）满足不同使用部位的要求，如卫生间的隔墙要求防水、防潮，厨房的隔墙要求防潮、防火等。

常见的隔墙可分为块材隔墙、骨架隔墙和板材隔墙。

二、隔墙的构造

1. 块材隔墙

块材隔墙是指用普通砖、空心砖、加气混凝土砌块等块材砌筑的墙，常用的有普通砖隔墙和砌块隔墙。

（1）普通砖隔墙。砖砌隔墙是普通民用建筑中应用较广泛的一种隔墙。砖砌隔墙多采用普通砖砌筑，分成1/4砖厚和1/2砖厚两种，以1/2砖砌隔墙为主。1/2砖砌隔墙又称半砖隔墙，标志尺寸为120mm，采用普通砖顺砌而成。当砌筑砂浆为M2.5时，墙的高度不宜超过3.6m，长度不宜超过5m；当采用M5砂浆砌筑时，高度不宜超过4m，长度不宜超过6m；高度超过4m时，应在门过梁处设通长钢筋混凝土带，长度超过6m时，应设砖壁柱。半砖隔墙构造如图10-30所示。

半砖隔墙坚固耐久，隔声性能较好，但自重大，湿作业量大，不易拆装。

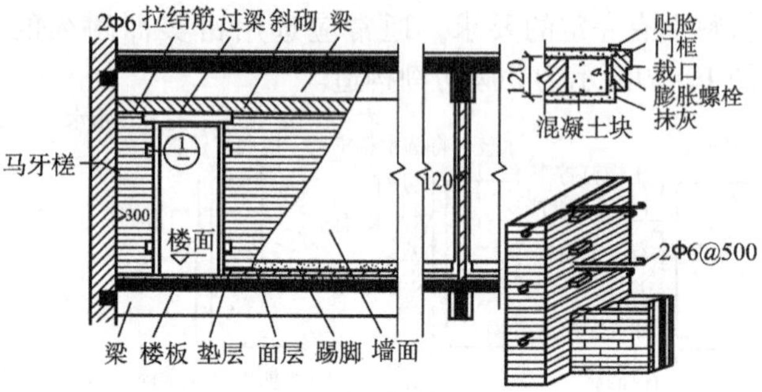

图10-30　半砖隔墙

（2）砌块隔墙。砌块隔墙厚由砌块尺寸决定，一般为90～120mm。由于砌块的密度和强度较低，如需要在砌块隔墙上安装暖气片或电源开关、插座时，应预先在墙体内部设置预埋件。砌块墙吸水性强，故在砌筑时应先在墙下部实砌3～5皮黏土砖再砌砌块。砌块不够整块时宜用普通黏土砖填补。砌块隔墙的其他加固构造方法同普通砖隔墙（图10-31）。

2. 骨架隔墙

骨架隔墙又名立筋隔墙，它是以木材、钢材或其他材料构成骨架，把面层钉结、涂抹或粘贴在骨架上形成的隔墙，所以隔墙由骨架和面层两部分组成。

（1）骨架。骨架有木骨架、轻钢骨架、石膏骨架、石棉水泥骨架和铝合金骨架等。木骨架自重轻、构造简单、便于拆装，但防水、防潮、防火、隔声性能较差。木骨架隔墙构造如图10-32所示。轻钢骨架常采用0.8～1.0mm厚的槽钢或工字钢，它具有强度高、刚度大、重量轻、整体性好、易于加工和大批量生产，且防火、防潮性能好等优点。轻钢骨架隔墙构造如图10-33所示。石膏骨架、石棉水泥骨架和铝合金骨架是利用工业废料和地方材料及轻金属制成的，具有良好的使用性能，同时可以节约木材和钢材，应推广采用。

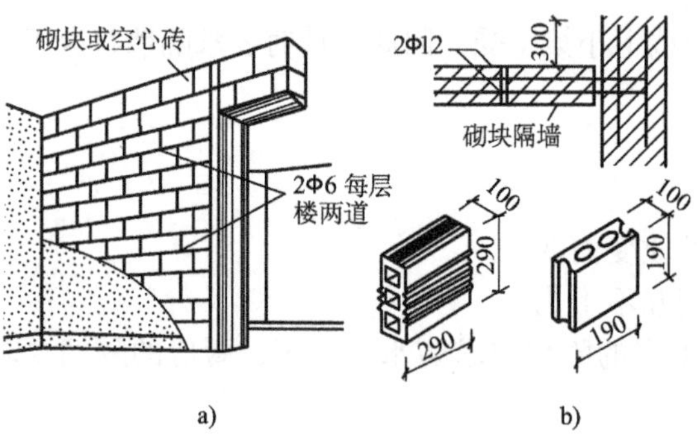

图10-31　砌块隔墙
a）空心砖　b）空心砌块

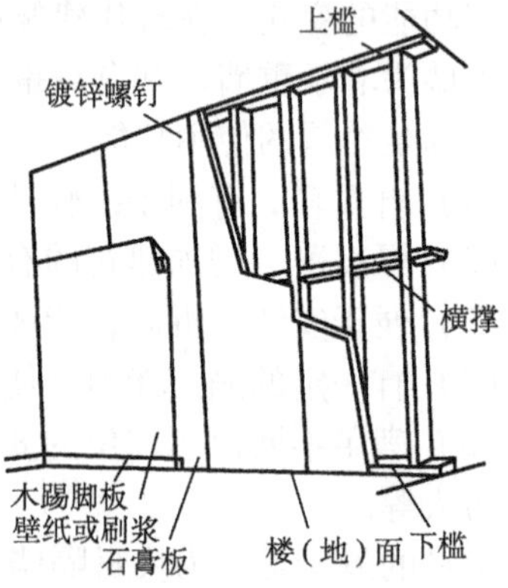

图10-32　木骨架隔墙

（2）面层。骨架隔墙的面层有人造板面层和抹灰面层两种。根据不同的面板和骨架材料可分别采用钉子、自攻螺钉、膨胀铆钉或金属夹子等将面板固定于立筋骨架上。隔墙的名称是依据不同的面层材料而定的，如板条抹灰隔墙和人造板面层骨架隔墙等。

1）板条抹灰隔墙。它是先在木骨架的两侧钉灰板条，然后抹灰。灰板条尺寸一般为1200mm×30mm×6mm。板条间留缝7～10mm，便于抹灰层能咬住灰板条；同时为避免灰板条在一根墙筋上接缝过长而使抹灰层产生裂缝，板条的接头一般连续高度不应超过500mm，如图10-34所示。

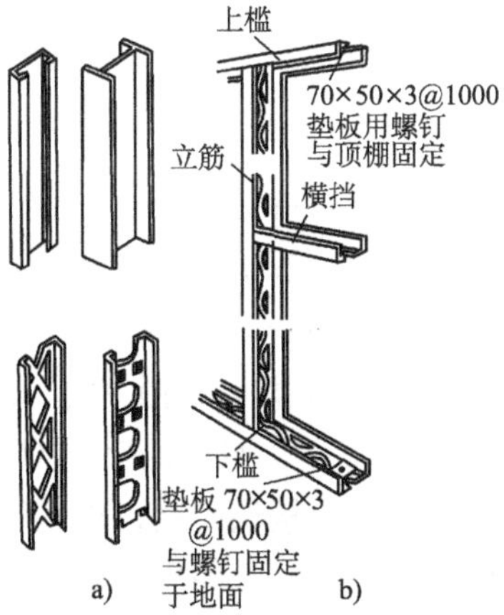

图10-33　轻钢骨架隔墙

a）薄壁金属墙筋形式　b）骨架组合

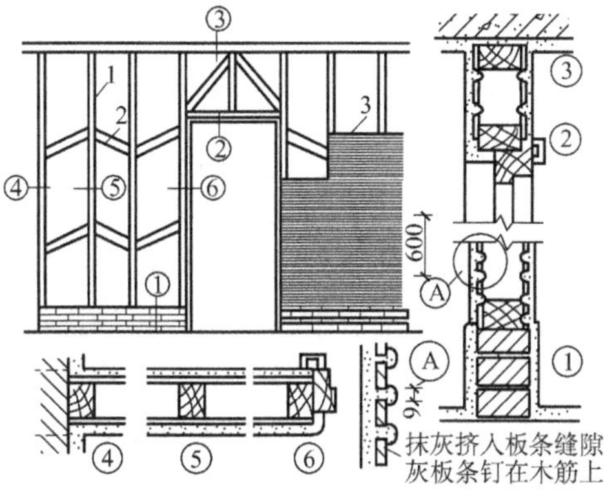

图10-34　板条抹灰隔墙

1—横筋　2—斜撑　3—板条

2）人造板面层骨架隔墙。常用的人造板面层（即面板）有胶合板、纤维板、石膏板等。胶合板、硬质纤维板以木材为原料，多采用木骨架。石膏板多采用石膏或轻金属骨架。面板可用镀锌螺钉、自攻螺钉或金属夹子固定在骨架上。

3. 板材隔墙

板材隔墙是指单块轻质板材的高度相当于房间净高的隔墙，它不依赖骨架，可直接装配面层。由于板材隔墙是用轻质材料制成的大型板材，施工中直接拼装而不依赖骨架，因此它具有自重轻、安装方便、施工速度快、工业化程度高的特点。目前多采用条板，如加气混凝土条板、石膏条板、炭化石灰板、石膏珍珠岩板、泰柏板以及各种复合板。条板厚度大多为60～100mm，宽度为600～1000mm，长度略小于房间净高。安装时，先将条板下部用一对木楔顶紧，然后用细石混凝土堵严，板缝用黏结砂浆或胶粘剂进行黏结，并用胶泥刮缝，平整后再做表面装修。条板隔墙构造如图10-35所示。

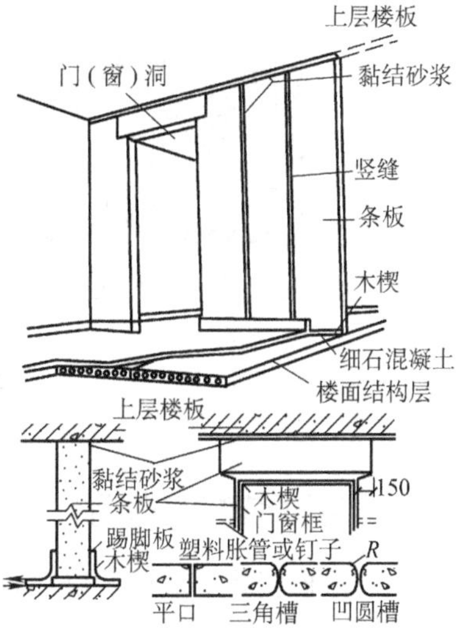

图10-35　条板隔墙

第五节　幕墙构造

一、幕墙的概念

建筑幕墙是悬挂于主体结构上的轻质外围护墙，犹如悬挂的幕而得名。幕墙是现代公共建筑外墙的一种常见形式，幕墙的特点是装饰效果好、重量轻、安装速度快，使外墙轻型化、装配化，是较理想的装饰形式，被广泛采用。但玻璃幕墙产生光反射，在建筑密集区造成光污染，带来诸多不便，因此在设计时应考虑环境条件。幕墙不承重，但要承受风荷载，并通过连接件将自重和风荷载传到主体结构。同时，幕墙还控制着光线、空气、热量等的内外交换。

幕墙按幕面材料不同有玻璃幕墙、金属幕墙和石材幕墙等类型。

二、玻璃幕墙的构造

玻璃幕墙是由金属构件与玻璃板组成的建筑外围护结构。按构造方式不同又可分为明框幕墙、隐框幕墙、全玻幕墙和点式玻璃幕墙等。按施工方式不同可分为元件式幕墙和单元式幕墙两种。元件式幕墙（图 10-36）是用一根根元件（立柱、横梁等）连接并安装在建筑物主体结构上，形成框格体系，再镶嵌或安装玻璃而成。单元式幕墙（图 10-37）是在工厂中预制并拼装成单元组件，安装时将单元组件固定在楼层梁或板上，组件的竖边对扣连接，下一层组件的顶与上一层组件的底对齐连接而成。组件一般为一个楼层高度，也可以有2～3层楼高。有框玻璃幕墙要现场组装，也可预制装配，无框玻璃幕墙则只能现场组装。

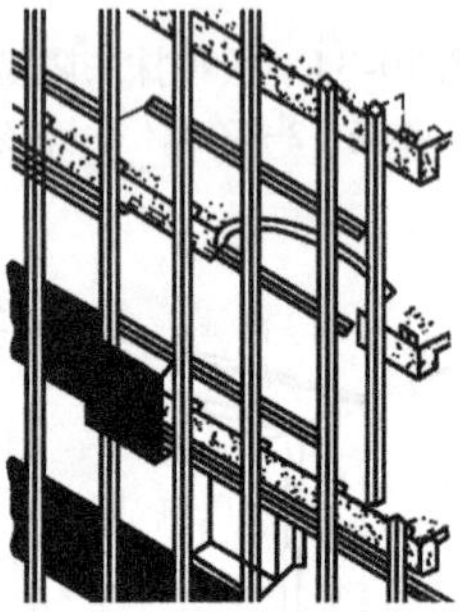

图 10-36　元件式幕墙

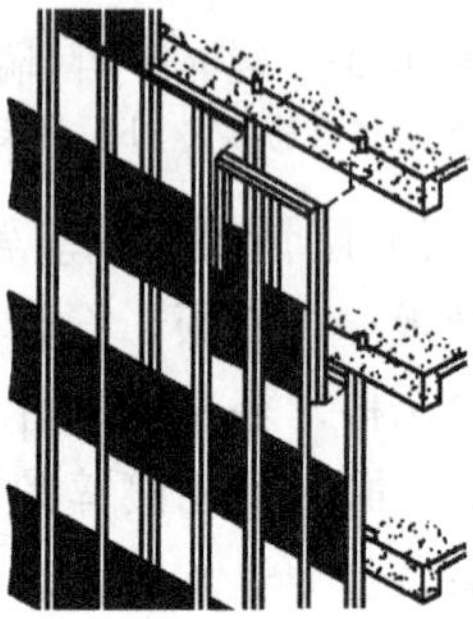

图 10-37　单元式幕墙

第六节　墙 面 装 修

一、墙面装修的作用

（1）保护墙体。墙面装修能保护墙体，使墙体不直接受到风、霜、雨、雪的侵蚀，提高墙体的防潮、抗风化的能力。增强墙体的坚固性、耐久性，延长墙体的使用年限。

（2）改善物理性能。对墙面进行装修处理，增加墙厚，用装修材料堵塞孔隙，可改善墙体的热工性能，提高墙体的保温、隔热和隔声能力，平整、光滑、色浅的内墙装修，可增加光线的反射，提高室内照度和采光均匀度，改善室内卫生条件。利用不同材料的室内装修，会产生对声音的吸收或反射作用，改善室内音质效果。

（3）美观。墙面装修可以提高建筑物立面的艺术效果，通过材料的质感、色彩和线型等的表现，丰富建筑的艺术形象。

二、墙面装修的分类

1. 按装修部位分类

按装修所处部位不同，有室外装修和室内装修两类。室外装修用于外墙表面，兼有保护墙体和增加美观的作用。要求采用强度高、抗冻性强、耐水性好以及具有抗腐蚀性的材料。室内装修材料则因室内使用功能不同，要求有一定的强度、耐水及耐火性。

2. 按材料和工艺分类

按材料及施工方式的不同，常见的墙面装修可分为抹灰类、贴面类、涂料类、裱糊类和铺钉类五大类。

三、墙面装修的构造

1. 抹灰类

抹灰又称粉刷，是我国传统的饰面做法，它是用砂浆或石灰浆涂抹在墙体表面上的一种装修做法，该做法材料来源广泛、施工操作简便、造价低廉，通过改变工艺可获得不同的装饰效果，因此在墙面装修中应用广泛。但目前多为手工湿作业，工效低，劳动强度大。

抹灰类墙面装修

为了避免墙面出现裂缝，保证抹灰层牢固和表面平整，施工时须分层操作。抹灰装饰层由底层、中间层和面层三个层次组成（图 10-38）。普通抹灰分底层和面层；对一些标准较高的中级抹灰和高级抹灰，在底层和面层之间还要增加一层或数层中间层。各层抹灰不宜过厚，总厚度一般为15 ~ 20mm。

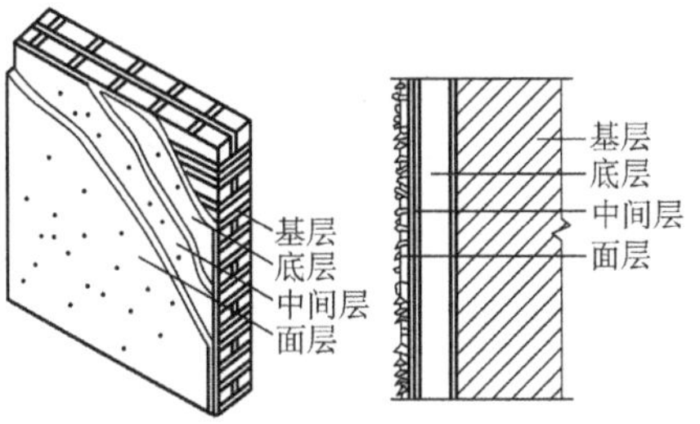

图 10-38 墙体抹灰的分层构造

底层抹灰的作用是与基层（墙体表面）黏结和初步找平，厚度为 5 ~ 15mm。底层灰浆用料视基层材料而异：普通砖墙常用石灰砂浆和混合砂浆；混凝土墙应采用混合砂浆和水泥砂浆；板条墙的底灰用麻刀石灰浆或纸筋石灰砂浆；另外，对湿度较大的房间或有防水、防潮要求的墙体，底灰应选用水泥砂浆或水泥混合砂浆。

中层抹灰主要起找平作用，其所用材料与底层基本相同，也可以根据装修要求选用其他材料，厚度一般为 5 ~ 10mm。

面层抹灰主要起装修作用，要求表面平整、色彩均匀、无裂纹，可以做成光滑或粗糙等不同质感的表面。

2. 贴面类

贴面类装修是指将各种天然石材或人造板、块，通过绑、挂或直接粘贴于基层表面的装修做法。它具有耐久性好、装饰性强、容易清洗等优点。常用的贴面材料有花岗石板和大理石板等天然石板，水磨石板、水刷石板、剁斧石板等人造石板，以及面砖、瓷砖、陶瓷锦砖等陶瓷和玻璃制品。质地细腻、耐候性差的各种大理石、瓷砖等一般适用于内墙面的装修，面质感粗犷、耐候性好的材料，如面砖、陶瓷锦砖、花岗石板等适用于外墙装修。

贴面类墙面装修

（1）天然石板及人造石板墙面装修。常见的天然石板有花岗石板、大理石板两类。它们具有强度高、结构密实、不易污染、装修效果好等优点。但由于加工复杂、价格昂贵，故多用于高级墙面装修中。天然石板由于石板面积大、重量大，为保证石板饰面的坚固和耐久，一般应先在墙身或柱内预埋Φ6 铁箍，在铁箍内立Φ8～Φ10 竖筋和横筋，形成钢筋网，再用双股铜线或镀锌钢丝穿过事先在石板上钻好的孔眼（人造石板则利用预埋在板中的安装环），将石板绑扎在钢筋网上。上下两块石板用不锈钢卡销固定。石板与墙之间一般留30mm 缝隙，上部用定位活动木楔做临时固定，校正无误后，在板与墙之间分层浇筑 1:2.5 水泥砂浆，每次灌入高度不应超过 200mm。待砂浆初凝后，取掉定位活动木楔，继续上层石板的安装，如图 10-39a 所示。

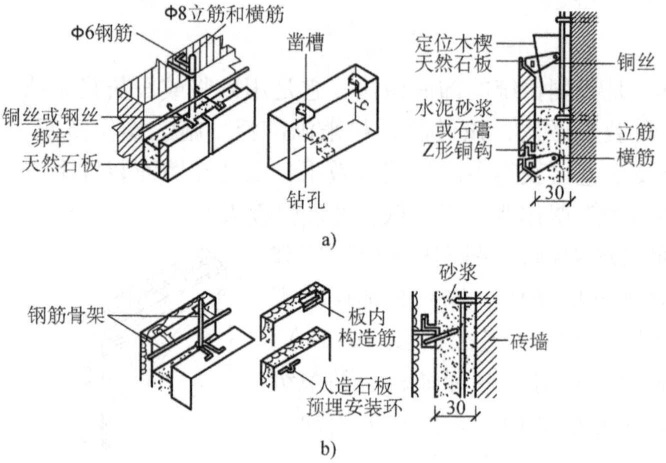

图 10-39　天然石板与人造石板墙面装修

a）天然石板墙面装修　b）人造石板墙面装修

人造石板一般由白水泥、彩色石子、颜料等配合而成，具有天然石材的花纹和质感，重量轻、表面光洁、色彩多样、造价较低，常见的有水磨石板、仿大理石板等。其构造与天然石材相同，但不必在预制板上钻孔，而用预制板背面在生产时露出的钢筋将板用钢丝绑牢在墙面所设的钢筋网上即可，如图 10-39b 所示。

（2）陶瓷面砖、陶瓷锦砖墙面装修。面砖多数是以陶土和瓷土为原料，压制成型后煅烧而成的饰面块，由于面砖不仅可以用于墙面，也可用于地面，所以也被称为墙地砖。面砖分挂釉和不挂釉、平滑和有一定纹理质感等不同类型。无釉面砖主要用于高级建筑外墙面装修，釉面砖主要用于高级建筑内外墙面及厨房、卫生间的墙裙贴面。面砖质地坚固、防冻、耐蚀、色彩多样。陶土面砖常用的规格有 113mm×77mm×17mm、145mm×113mm×17mm、233mm×113mm×17mm 和 265mm×113mm×17mm 等多种；瓷土面砖常用的规格有 108mm×108mm×5mm、152mm×152mm×5mm、100mm×200mm×7mm、200mm×200mm×7mm 等。

陶瓷锦砖又名马赛克，是以优质陶土烧制而成的小块瓷砖，有挂釉和不挂釉之分。常用规格有 18.5mm×18.5mm×5mm、39mm×39mm×5mm、39mm×18.5mm×5mm 等，有方形、长方形和其他不规则形。面砖等类型贴面材料通常是直接用水泥砂浆黏于墙上。面砖安装前应先将墙面清洗干净，然后将面砖放入水中浸泡，贴前取出晾干或擦干。面砖安装时，先抹 15mm 厚 1:3 水泥砂浆打底找平，再抹 5mm 厚 1:1 水泥细砂砂浆粘贴面层制品。镶贴面砖需留出缝隙，面砖的排列方式和接缝大小对立面效果有一定影响，通常有横铺、竖铺、错开排列等几种方式。陶瓷锦砖一般按设计图样要求，在工厂反贴在标准尺寸为 325mm×325mm 的牛皮纸上，施工时将纸面朝外整块粘贴在 1:1 水泥细砂砂浆上，用木板压平，待砂浆硬结后，洗去牛皮纸即可。面砖、瓷砖粘贴构造如图 10-40 所示。

3. 涂料类

（1）材料特点。涂料类墙面装修是指利用各种涂料敷于基层表面而形成完整牢固的膜层，从而起到保护和装饰墙面作用的一种装修做法。它具有造价低、装饰性好、工期短、工效高、自重轻，以及操作简单、维修方便、更新快等特点，因而在建筑上得到广泛的应用和发展。

涂料按其成膜物的不同可分为无机涂料和有机涂料两大类。

（2）构造作法。建筑涂料的施涂方法，一般分刷涂、滚涂和喷涂。施涂溶剂型涂料时，后一遍涂料必须在前一遍涂料干燥后进行，否则易发生皱皮、开裂等质量问题。施涂水溶性涂料时，要求与做法同上。每遍涂料均应施涂均匀，各层结合牢固。当采用双组分和多组分的涂料时，应严格按产品说明书规定的配合比使用，根据使用情况可分批混合，并在规定的时间内用完。

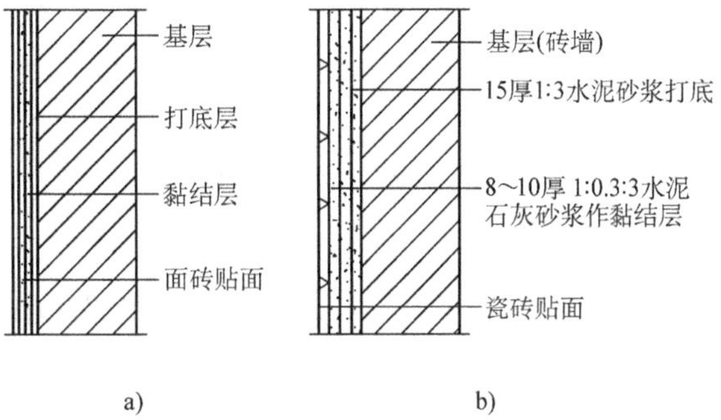

图 10-40　面砖、瓷砖粘贴构造
a）外墙面砖贴面　b）瓷砖贴面

在湿度较大，特别是遇明水部位的外墙和厨房、厕所、浴室等房间内施涂涂料时，为确保涂层质量，应选用耐洗刷性较好的涂料和耐水性能好的腻子材料（如聚醋酸乙烯乳液水泥腻子等）。涂料工程使用的腻子应坚实牢固，不得粉化、起皮和裂纹。待腻子干燥后，还应打磨平整光滑，并清理干净。

用于外墙的涂料长期直接暴露于自然界中，经受日晒雨淋的侵蚀，除应具有良好的耐水性、耐碱性外，还应具有良好的耐洗刷性、耐冻融循环性、耐久性和耐玷污性。当外墙施涂涂料面积过大时，可以外墙的分格缝、墙的阴角处或雨水管等处为分界线，在同一墙面应用同一批号的涂料，每遍涂料不宜施涂过厚，涂料要均匀，颜色应一致。

4. 裱糊类

裱糊类墙面装修是将各种装饰性的墙纸、墙布、织锦等卷材类的装饰材料裱糊在墙面上的一种装修做法。常用的装饰材料有 PVC 塑料墙纸、复合墙纸、玻璃纤维墙布等。裱糊类墙体饰面装饰性强、造价较经济、施工方法简捷高效、材料更换方便，并且在曲面和墙面转折处粘贴，可以顺应基层，获得连续的饰面效果。

在裱糊工程中，基层涂抹的腻子应坚实牢固，不得粉化、起皮和裂缝。当有铁帽等凸现时，应先将其嵌入基层表面并涂防锈涂料，钉眼接缝处用油性腻子填平，干后用砂纸磨平。为达到基层平整效果，通常在清洁的基层上用胶皮刮板刮腻子数遍。刮腻子的遍数视基层的情况不同而定，抹完最后一遍腻子时应打磨，光滑后再用软布擦净。对有防水或防潮要求的墙体，应对基层做防潮处理，在基层涂刷均匀的防潮底漆。

裱糊工程的质量标准是粘贴牢固，表面色泽一致，无气泡、空鼓、翘边、皱折和斑污，斜视无胶痕，正视（距墙面 1.5m 处）不显拼缝。

5. 铺钉类

铺钉类墙面装修是指利用天然木板或各种人造板，用镶、钉、黏等固定方式对墙面进行的装修处理。这种做法一般不需要对墙面抹灰，故属于干作业范畴，可节省人工，提高工效。一般适用于装修要求较高或有特殊使用功能的建筑中。

铺钉类装修一般由骨架和面板两部分组成。

骨架有木骨架和金属骨架之分。木骨架由墙筋和横挡组成，通过预埋在墙上的木砖钉固到墙身上。金属骨架中的墙筋多采用冷轧薄钢板制成槽形断面。为防止骨架与面板受潮而损坏，可先在墙体上刷热沥青一道再干铺卷材一层，也可在墙面上抹10mm厚混合砂浆并涂刷热沥青两道。

装饰面板多为人造板，如纸面石膏板、硬木条、胶合板、装饰吸声板、纤维板、彩色钢板及铝合金板等。

本章小结

（1）墙体上承屋顶，中搁楼板，下接基础，是组成建筑空间的竖向构件，起着承重、围护、分隔作用。墙体必须具有足够的强度和稳定性，要满足隔热、隔声、防火、防水、防潮等诸方面的要求。

（2）墙体的承重方案有横墙承重、纵墙承重、纵横墙承重及墙与柱混合承重四种类型。

（3）砖墙由砖和砂浆两种材料组成。为了保证墙体的强度，砖墙的组砌原则是：砖缝必须横平竖直，错缝搭接，砖缝砂浆饱满，厚薄均匀。

（4）墙体细部构造包括墙身防潮、勒脚、散水、窗台、门窗过梁、圈梁和构造柱等。在墙身中设置防潮层的目的是防止墙身受潮，构造形式上有水平防潮层和垂直防潮层；过梁有砖拱过梁、钢筋砖过梁、钢筋混凝土过梁等形式；圈梁是沿外墙四周及部分内墙的水平方向设置的连续闭合的梁；钢筋混凝土构造柱是从抗震角度考虑设置的，构造柱必须与圈梁紧密连接形成空间骨架，使砖墙在受震开裂后也能“裂而不倒”。

（5）墙体变形缝包括伸缩缝、沉降缝和防震缝。设置变形缝的目的，是防止建筑物由于温度变化、地基不均匀沉降以及地震等外界因素的影响而发生裂缝或破坏。

（6）砌块墙在设计时，应做出砌块的排列，并给出砌块排列组合图，施工时按图进料和安装。

（7）在建筑中用于分隔室内空间的非承重内墙统称为隔墙。常见的隔墙可分为块材隔墙、骨架隔墙和板材隔墙。

（8）幕墙装饰效果好、重量轻、安装速度快，使外墙轻型化、装配化，是较理想的装饰形式，被广泛采用。

（9）常见的墙面装修可分为抹灰类、贴面类、涂料类、裱糊类和铺钉类五大类。

复习思考题

1. 墙体的承重方案有哪些？各适用于什么情况？
2. 什么是砖模数？它与建筑模数如何协调？
3. 绘图说明实心砖墙、多孔砖墙的组砌方式。
4. 墙身防潮层的位置是怎样确定的？绘图说明其构造及做法。

5. 过梁有哪些作用？常见过梁有哪些类型？各自的适用范围和构造特点是什么？

6. 什么是圈梁？什么是构造柱？简述两者的作用。

7. 常见隔墙有哪些类型？简述各种隔墙的构造做法。

8. 砌块墙的组砌要求是怎样的？

9. 举例说明每类墙面装修的一、两种构造做法及其使用范围。

10. 外墙身构造设计：

（1）设计条件。今有一两层砖混结构建筑物，外墙采用240mm厚砖墙，墙上有窗。窗台距室内地面900mm。层高3.6m，室内外高差为0.45m。室内地坪层次分别为素土夯实、3:7灰土（厚100mm），C10素混凝土层（厚80mm）、水泥砂浆面层（厚20mm）。采用钢筋混凝土楼板。

（2）设计内容。要求沿纵墙窗部位纵剖，从二层楼板以下至基础以上，绘制墙身大样图（图10-41）。重点绘制以下大样图：

1）楼板与砖墙结合节点。

2）过梁。

3）窗台。

4）勒脚及其防潮处理。

5）明沟或散水。

（3）设计要求。

1）用一张A3图纸竖向绘制，比例1:10，图中线条、材料等，均按建筑制图标准表示。

2）如果图纸尺寸不够，可在节点与节点之间用折断线断开，也可将5个节点分为两部分布图。

3）图中必须注明具体尺寸，注明所用材料。

4）要求字体工整，线条粗细分明。

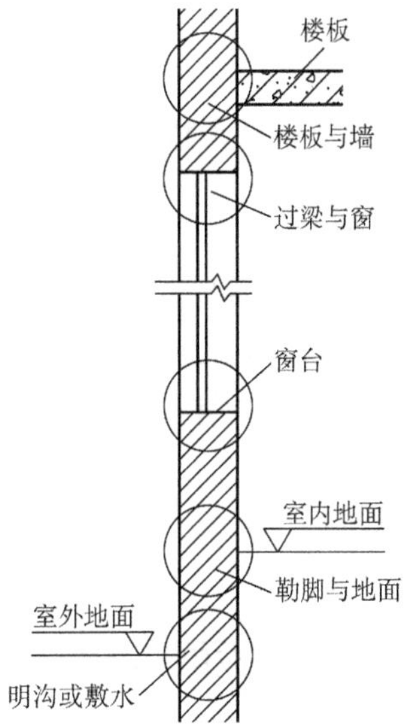

图 10-41

第十一章　楼板与地面

学习目标：

掌握楼地层的类型和适用范围；掌握钢筋混凝土楼板和楼地面的细部构造方法；掌握阳台和雨篷的结构类型、细部构造；熟悉压型钢板楼面等新型构造；能完成一般楼地面细部构造设计。

学习重点：

钢筋混凝土楼板和楼地面的细部构造；阳台和雨篷的细部构造。

学习建议：

1. 观察分析校内办公楼、教学楼、学生公寓、学生食堂、实训中心、大学生活动中心等建筑物各自采用的楼板类型及其特点，并比较分析上述建筑物楼地面做法的异同。

2. 观察分析校内各类建筑物主要入口处雨篷的类型及构造特点。

第一节　楼板的要求、组成和分类

一、楼板层的设计要求

楼板层是建筑物中分隔上下楼层的水平构件，它不仅承受自重和其上的使用荷载，并将其传递给墙或柱，而且对墙体也起着水平支撑的作用。楼板层的设计应满足以下要求：

（1）强度和刚度要求。强度要求是指楼板层应保证在自重和活荷载作用下安全可靠，不发生任何破坏。刚度要求是指楼板层在一定荷载作用下不发生过大变形，以保证正常使用。

（2）隔声要求。为了避免上下层房间的相互影响，要求楼板应具有一定的隔绝噪声的能力。不同使用性质的房间对隔声的要求不同，如我国对住宅楼板的隔声标准中规定：一级隔声标准为65dB，二级隔声标准为75dB 等。对一些特殊性质的房间如广播室、录音室、演播室等的隔声要求则更高。

（3）热工及防火要求。一般楼板层应有一定的蓄热性，即地面应有舒适的感觉。当上下层房间设计温度不同时，应在楼板上加设保温层。

有防火要求的楼地面应根据建筑物的等级、对防火的要求等进行设计。建筑物的耐火等级对构件的耐火极限和燃烧性能有一定的要求，如楼板不得采用燃烧体，只有四级耐火建筑的楼板可采用难燃烧体，但其耐火极限不低于0. 25h。

（4）防水、防潮要求。对用水的房间（如卫生间、盥洗室、厨房或学校的实验室、医院的检验室等），都应该进行防潮、防水处理，以防水的渗漏，影响下层空间的正常使用或者渗入墙体，使结构内部产生冷凝水，破坏墙体和内外饰面。

（5）敷设管线的要求。在现代建筑中，由于各种服务设施日趋完善，家用电器更加普及。有更多的管道、线路将借楼板层来敷设。为保证室内平面布置更加灵活，空间使用更加完整，在楼板层的设计中，必须仔细考虑各种设备管线的走向。

（6）经济要求。在多层房屋中，楼板层的造价约占总造价的20%～30%，因此在进行结构选型、结构布置和确定构造方案时，应与建筑物的质量标准和房间使用要求相适应，减少材料消耗、降低工程造价，满足建筑经济的要求。

二、楼板的构造组成

楼板的组成与类型

楼板层主要由三部分组成：面层、结构层和顶棚层，根据使用的实际需要可在楼板层里设置附加层。如图11-1所示。

（1）面层。又称为楼面，起着保护楼板、承受并传递荷载的作用，同时对室内有很重要的清洁及装饰作用。

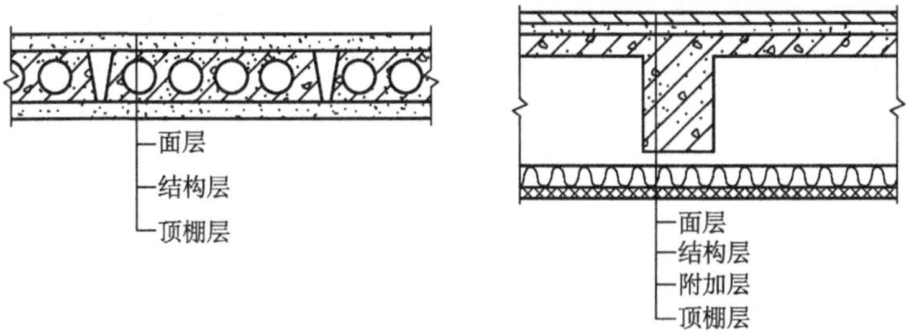

图11-1　楼板层的组成

（2）结构层。即楼板，是楼层的承重部分。主要功能是承受楼板层及其上的全部荷载并将这些荷载传给墙或柱；同时还对墙身起水平支撑作用，以加强建筑物的整体刚度。

（3）附加层。又称功能层，根据楼板层的具体要求而设置。主要作用是隔声、隔热、保温、防水、防潮、防腐蚀、防静电等。根据需要，有时和面层合二为一，有时又和顶棚合为一体。

（4）顶棚层。位于楼板层最下层，主要作用是保护楼板、安装灯具、装饰室内、敷设管线等。

三、楼板的分类

楼板按所用材料不同可分为木楼板、钢筋混凝土楼板、压型钢板组合楼板等多种类型，如图11-2所示。

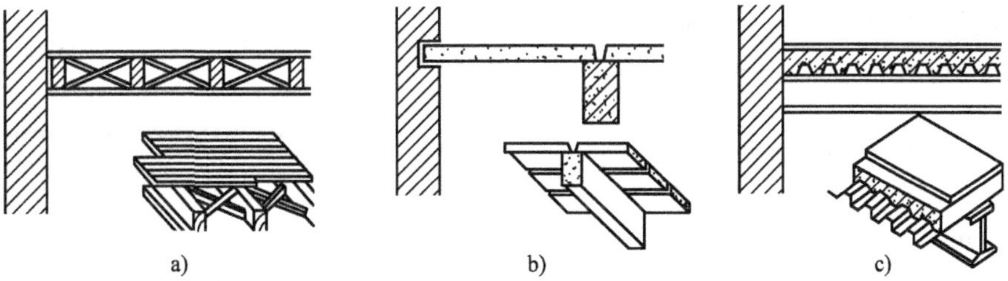

图11-2　楼板的类型

a）木楼板　b）钢筋混凝土楼板　c）压型钢板组合楼板

第二节　钢筋混凝土楼板

根据钢筋混凝土楼板的施工方法不同，钢筋混凝土楼板可分为现浇式、装配式和装配整体式三种。

一、现浇钢筋混凝土楼板

现浇钢筋混凝土楼板

现浇钢筋混凝土楼板常用的有板式楼板、梁板式楼板、无梁楼板以及压型钢板组合楼板。

1. 板式楼板

楼板下不设置梁，将板直接搁置在墙上的称为板式楼板。板式楼板有单向板与双向板之分，如图 11-3 所示。当长边与短边长度之比大于或等于 3.0 时，由于作用于板上的荷载主要是沿板的短向传递的，因此称之为单向板；当长边与短边长度之比小于或等于 2.0 时，作用在板上的荷载是沿板的双向传递的，此时板的四边均发挥作用，因此称之为双向板。当长边与短边长度之比大于 2.0 但小于 3.0 时宜按双向板计算。双向板在结构上属于空间受力和传力，单向板则属于平面受力和传力。因此，双向板比单向板更为经济合理。

以 B/80 为例，单向板的代号含义是：B 代表板，80 代表板厚为 80mm。双向板长边与短边之比不大于 2，荷载沿双向传递，短边方向内力较大，长边方向内力较小，受力主筋平行于短边，并布置在下面。双向板的代号如图 11-3 所示，B 代表板，100 代表厚度为 100mm，双向箭头表示双向板。板厚的确定原则与单向板相同。

板式楼板底面平整、美观、施工方便。适用于小跨度房间，如走廊、厕所和厨房等。

2. 梁板式楼板

由板、梁组合而成的楼板称为梁板式楼板（又称为肋梁楼板）。根据梁的构造情况又可分为单梁式、复梁式和井梁式楼板。

（1）单梁式楼板。当房间尺寸不大时，可以只在一个方向设梁，梁直接支承在墙上，称为单梁式楼板（图 11-4）。

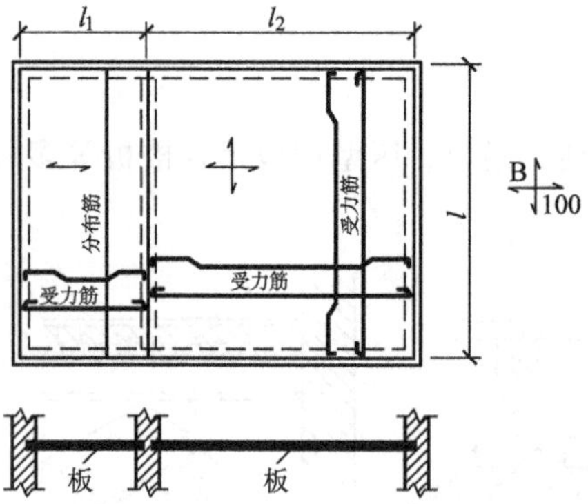

a)　　　　b)

图 11-3　单向板和双向板

a）单向板　b）双向板

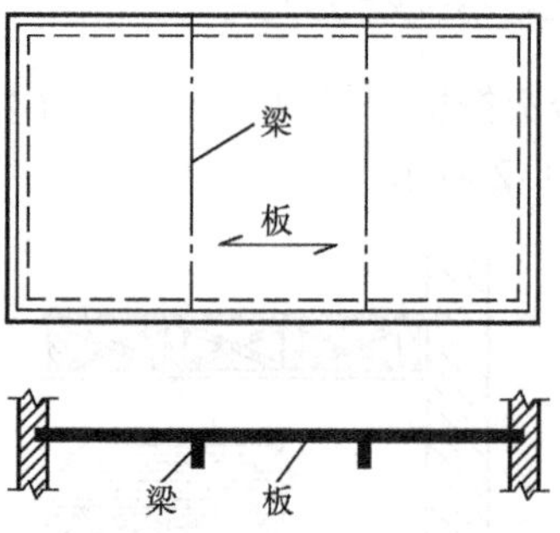

图 11-4　单梁式楼板

（2）复梁式楼板。有主次梁的楼板称为复梁式楼板（图 11-5）。

（3）井梁式楼板。井梁式楼板是梁板式楼板的一种特殊形式。当房间尺寸较大，并接近正方形时，常沿两个方向布置等距离、等截面高度的梁（不分主、次梁），板为双向板，形成井格形的梁板结构，纵梁和横梁同时承担着由板传递下来的荷载。井式楼板的跨度一般为 6 ~ 10m，板厚为 70 ~ 80mm，井格边长一般在 2.5m 之内。井式楼板有正井式和斜井式两种。梁与墙之间成正交梁系的为正井式（图 11-6a）；长方形房间的梁与墙之间常作斜向布置，形成斜井式（图 11-6b）。井式楼板常用于跨度为 10m 左右、长短边之比小于 1.5 的公共建筑的门厅、大厅。如果在井格梁下面加以艺术装饰处理，抹上线腰或绘上彩画，则可使顶棚更加美观。

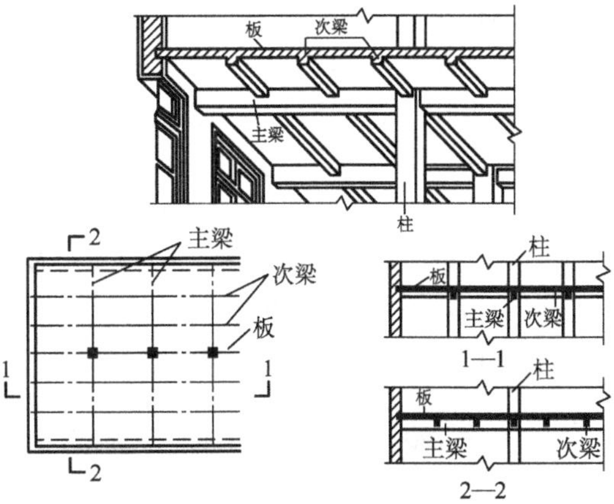

图 11-5　复梁式楼板

3. 无梁楼板

无梁楼板为等厚的平板直接支承在柱上，分为有柱帽和无柱帽两种。当楼面荷载比较小时，可采用无柱帽楼板；当楼面荷载较大时，为提高楼板的承载能力、刚度和抗冲切能力，必须在柱顶加设柱帽。无梁楼板的柱可设计成方形、矩形、多边形和圆形，柱帽可根据室内空间要求和柱截面形式进行设计；板的最小厚度不小于 150mm 且不小于板跨的 1/35 ~ 1/32。无梁楼板的柱网一般布置为正方形或矩形，间跨一般不超过 6m。无梁楼板四周应设圈梁，梁高不小于 2.5 倍的板厚和 1/15 的板跨。无梁楼板具有净空高度大、顶棚平整、采光通风及卫生条件均较好，施工简便等优点，适用于商店、书库、仓库等荷载较大的建筑（图 11-7）。

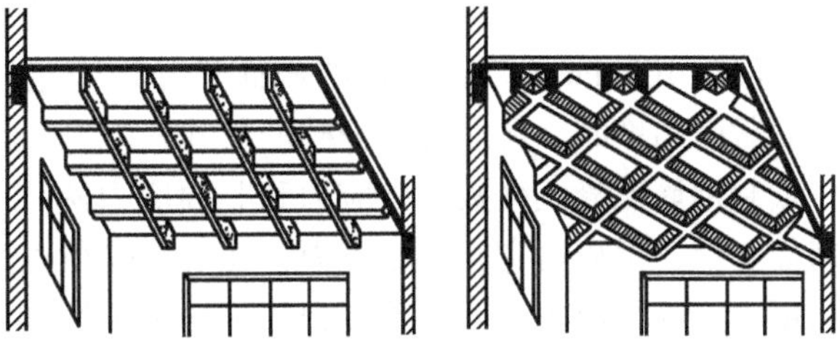

a)　b)

图 11-6　井梁式楼板

a）正井式　b）斜井式

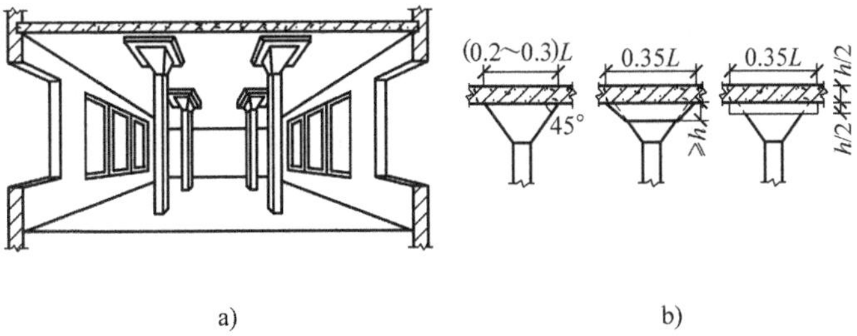

a)　b)

图 11-7　无梁楼板

a）无梁楼板透视图　b）柱帽形式

4. 压型钢板组合楼板

压型钢板组合楼板是以截面为凹凸形的压型钢板做衬板，与现浇混凝土浇筑在一起构成的楼板结构。压型钢板起到现浇混凝土的永久模板作用；同时板上的肋条能与混凝土共同工作，可以简化施工程序，加快施工速度；并且具有刚度大、整体性好的优点；同时还可利用压型钢板肋间空间敷设电力或通信管线。此种楼板适用于需有较大空间的高、多层民用建筑及大跨度工业厂房中。

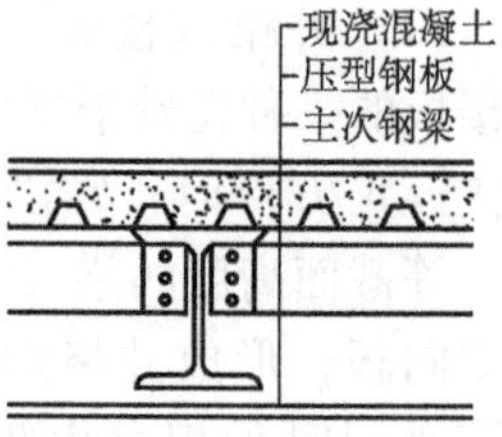

图 11-8　压型钢板组合楼板基本构造形式

压型钢板组合楼板的基本构造形式如图 11-8 所示，它由钢梁、压型钢板和现浇混凝土三部分组成。

二、预制装配式钢筋混凝土楼板

预制装配式钢筋混凝土楼板是将楼板在预制厂或施工现场预制，然后在施工现场装配而成。这种楼板可节省模板，改善劳动条件，提高劳动生产率，加快施工速度，缩短工期，但楼板的整体性差。预制钢筋混凝土楼板是目前广为采用的楼板形式。

预制装配式钢筋混凝土楼板

预制板的长度应与房间的开间或进深一致，长度一般为 300mm 的倍数；板的宽度根据制作、吊装和运输条件以及有利于板的排列组合确定，一般为 100mm 的倍数；板的截面尺寸须经过结构计算确定。在确定板的截面高度时，还应考虑与砖的尺寸相配合，以便于墙的砌筑。

预制钢筋混凝土楼板有预应力和非预应力两种。预应力楼板是指在预制加工中，预先给它施加压应力，在安装受荷以后，板所受到的拉应力和预先给的压应力平衡。预应力楼板的抗裂性和刚度均好于非预应力楼板，且板型规整、节约材料、减轻自重、降低造价。

1. 预制板的类型

（1）实心平板。预制实心平板的跨度一般在 2.5m 以内，板厚为跨度的 1/30，一般为 60 ~ 100mm，板宽为 400 ~ 800mm，如图 11-9所示。

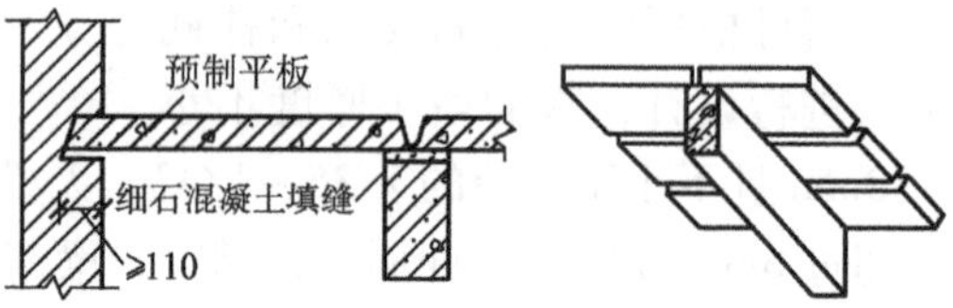

图 11-9　实心平板

由于板的跨度小，多用于过道和小房间的楼板，也可用作搁板、沟盖板、阳台栏板等，施工时对起吊机械要求不高。

（2）槽形板。槽形板由板和边肋组成，是一种梁板结合的构件，即在实心板两侧设纵向边肋，构成槽形截面。它具有自重轻、省材料、造价低、便于开孔等优点。槽形板有预应力和非预应力两种。板肋即相当于小梁，作用在板上的荷载由板肋来承担，因而板可以做得很薄，仅有 25 ~ 30mm。板的经济跨度也比实心平板大，一般为 3 ~ 6m，肋高为 150 ~ 300mm，板宽为 500 ~ 1200mm。当板长超过 6m 时，每隔 1000 ~ 1500mm 增设一道横肋。

槽形板的搁置方式有两种：正槽板和倒槽板。正槽板正向放置，边肋向下。由于板底不平，通常做顶棚遮盖。为避免板端肋被压坏，可在板端伸入墙内部分堵砖填实，如图 11-10a 所示。倒槽板边肋向上放置，受力不如正槽板合理，但可在槽内填充轻质材料，以解决楼板的隔声和保温隔热问题，而且容易保持顶棚的平整，如图 11-10b 所示。

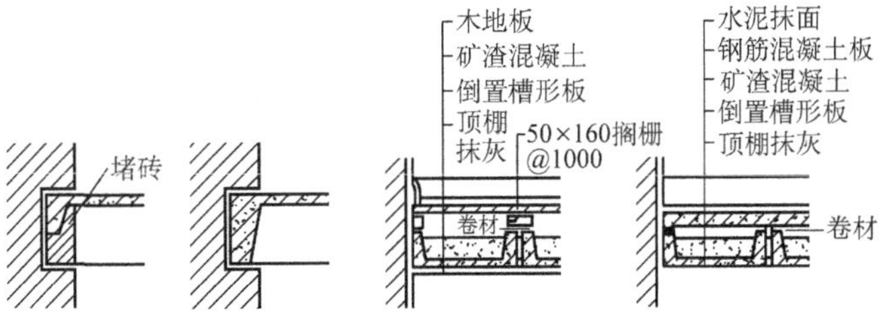

a)　　　　　　　　b)

图 11-10　槽形板

a）正槽板板端支承在墙上　b）倒槽板的楼面及顶棚构造

（3）空心板。空心板是将平板沿纵向抽空而成，孔洞形状有圆形、椭圆形和矩形等，如图 11-11 所示，其中以圆孔板的制作最为方便，应用最广。空心板是一种梁板结合的预制构件，其结构计算理论与槽形板相似，两者材料消耗也相近，但空心板上下板面平整，且隔声效果优于槽形板，因此是目前广泛采用的一种形式。

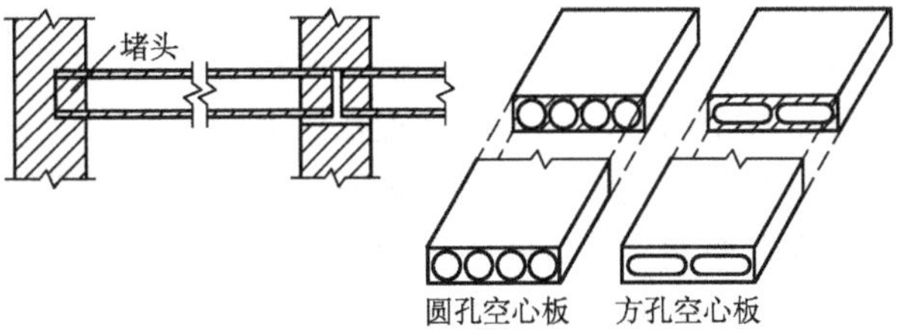

图 11-11　空心板

空心板跨度一般在 2.4 ~ 7.2m 之间，板宽通常为 500mm、600mm、900mm、1200mm，板厚有 120mm、150mm、180mm、240mm 等几种。空心板板面不能随意开洞。在安装和堆放时，空心板两端的孔常以砖块、混凝土专制填块填塞（俗称堵头），以免在板端灌缝时漏浆，并保证支座处不被压坏。短向空心板的长度为 2.1 ~ 4.2m，非预应力板厚 150mm，预应力板厚 130mm。预应力空心板可制成 4.5 ~ 6.0m 的长向板，板厚 200mm，板宽有 600mm、900mm、1200mm 等。

2. 预制楼板的结构布置和连接构造

（1）结构布置。在进行楼板结构布置时，应先根据房间开间、进深的尺寸确定构件的支承方式，然后选择板的规格，进行合理的安排。结构布置时应注意以下几点原则：

1）尽量减少板的规格、类型。板的规格过多，不仅给板的制作增加麻烦，而且施工也较复杂，甚至容易搞错。

2）为减少板缝的现浇混凝土量，应优先选用宽板，窄板作调剂用。

3）板的布置应避免出现三面支承情况，即楼板的长边不得搁置在梁或砖墙内，否则，在荷载作用下，板会产生裂缝（图 11-12）。

4）按支承楼板的墙或梁的净尺寸计算楼板的块数，不够整块数的尺寸可通过调整板缝或于墙边挑砖或增加局部现浇板等办法来解决（图 11-13）。当缝差超过 200mm 时，应考虑重新选板或采用调缝板。

5）遇有上下管线、烟道、通风道穿过楼板时，为防止圆孔板开洞过多，应尽量将该处楼板现浇。

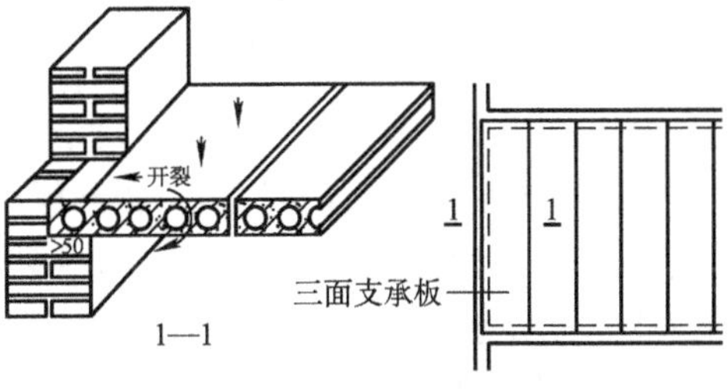

图 11-12　三面支承的板

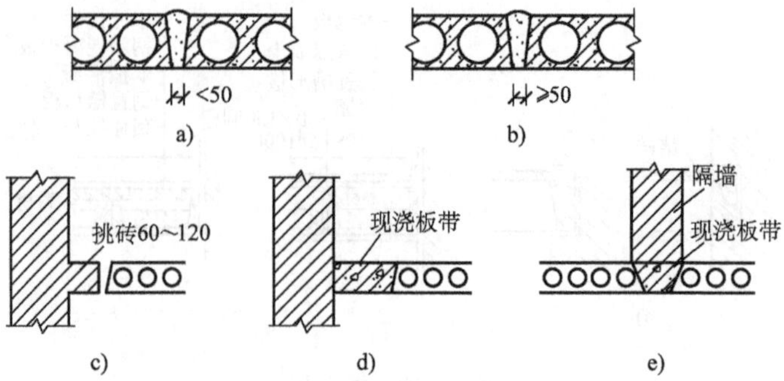

图 11-13　板缝差的处理

a）调整板缝　b）配筋灌缝　c）挑砖　d）墙边设现浇板带　e）隔墙下现浇板带

板的支承方式有板式和梁板式两种（图 11-14）。预制板直接搁置在墙上的称为板式结构布置；若先搁梁，再将板搁置在梁上的称为梁板式结构布置。

（2）板缝构造。安装预制板时，为使板缝灌浆密实，要求板块之间离开一定距离，以便填入细石混凝土。板间的接缝有端缝和侧缝两种。端缝一般以细石混凝土灌注，必要时可将板端留出的钢筋交错搭接在一起，或加钢筋网片后再灌注细石混凝土，以加强连接。对整体性要求较高的建筑，可在板缝配筋或用短钢筋与预制板吊钩焊接（图 11-15）。侧缝一般有 V 形缝、U 形缝和凹槽缝三种形式，如图 11-16 所示，缝内灌水泥砂浆（细缝）或细石混凝土（粗缝），其中凹槽缝板的受力状态较好，但灌缝较困难，常见的为 V 形缝。

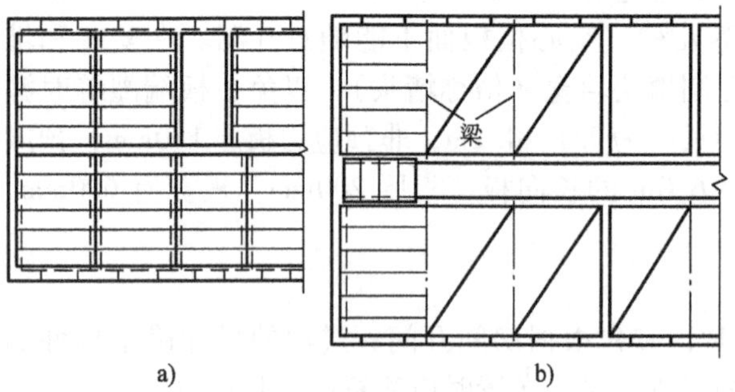

图 11-14　预制楼板的结构布置

a）板式结构布置　b）梁板式结构布置

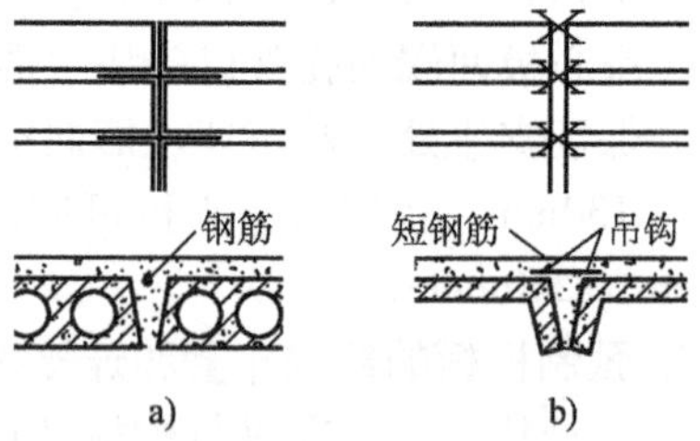

图 11-15　整体性要求较高时的板缝处理

a）板缝配筋　b）用短钢筋与预制板吊钩焊接

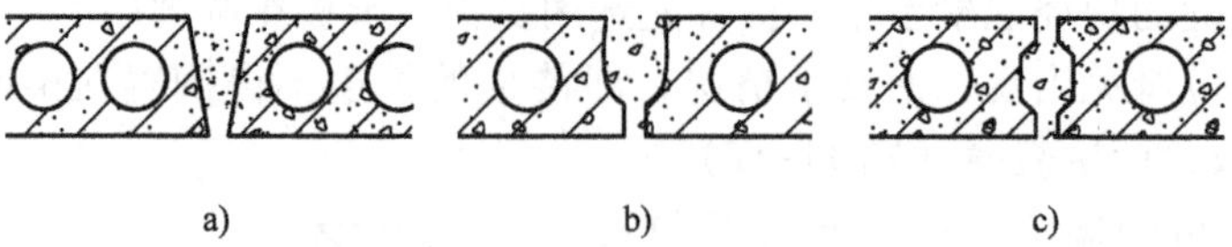

图 11-16　楼板侧缝的接缝形式

a）V 形缝　b）U 形缝　c）凹槽缝

（3）板与墙、梁的连接构造。预制板直接搁置在砖墙或梁上时，均应有足够的支承长度。支承于梁上时其搁置长度不小于 80mm，支承于墙上时其搁置长度不小于 100mm，并在梁或墙上坐 M5 水泥砂浆，厚度为 20mm，以保证板的平稳，传力均匀。另外，为增加建筑物的整体刚度，板与墙、梁之间或板与板之间常用钢筋拉结。拉结程度随抗震要求和对建筑物整体性要求不同而异，各地均有不同的拉结锚固措施。图 11-17 中锚固钢筋的配置可供参考。

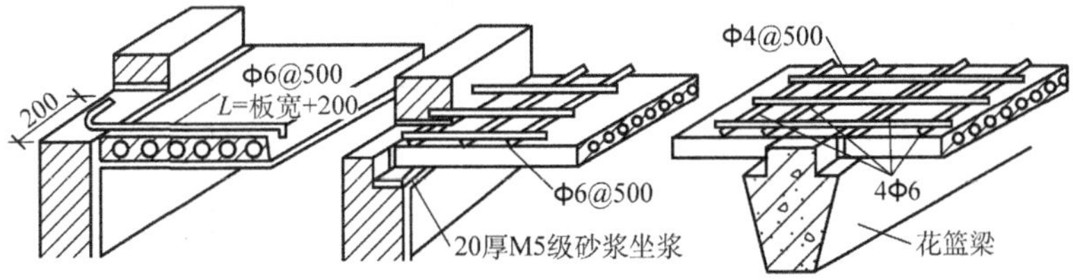

图 11-17　锚固钢筋的配置

（4）楼板上隔墙的处理。预制钢筋混凝土楼板上设立隔墙时，宜采用轻质隔墙，可搁置在楼板的任何位置。若隔墙自重较大时，如采用砖隔墙、砌块隔墙等，则应避免将隔墙搁置在一块板上，通常将隔墙设置在两块板的接缝处。当采用槽形板或小梁搁板的楼板时，隔墙可直接搁置在板的纵肋或小梁上；当采用空心板时，须在隔墙下的板缝处设现浇板带或梁来支承隔墙（图 11-18）。

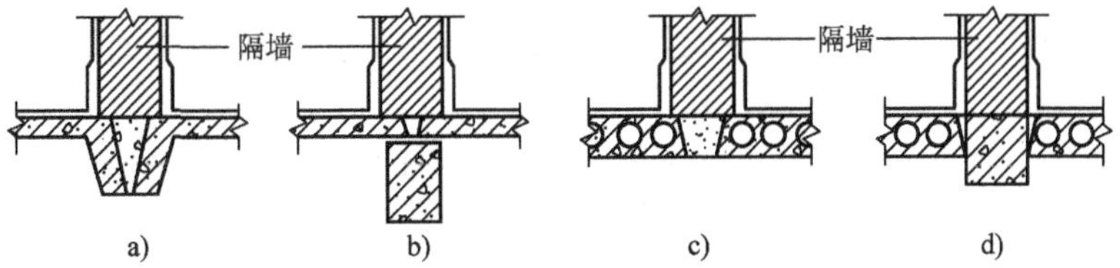

图 11-18　楼板上隔墙的处理

a）隔墙搁置于纵肋上　b）隔墙搁置于小梁上　c）隔墙下设现浇板带　d）隔墙下设梁

（5）楼板面层的处理。在中小型预制板铺设的楼层上，由于预制构件的尺寸误差及施工误差会造成板面不平整，所以须做面层处理。常用的做法是现浇 40mm 厚 C18 细石混凝土为找平层，其上再另做面层，对于标准较低的建筑也有直接将细石混凝土表面压光即可。

第三节　楼地面构造

一、地面的组成和设计要求

1. 地面的构造组成

地面通常是指底层地坪。地面主要由面层、垫层和基层三部分组成，对有特殊要求的地面常在面层和垫层之间增设附加层（图 11-19）。

基层为地面层的承重层，一般为土壤。当土壤条件较好、地层上荷载不大时，一般采用原土夯实或填土分层夯实；地层上荷载较大时，需对土壤进行换土或夯入碎砖、砾石等，如采用 150mm 厚 2:8 灰土，或 100 ~ 150mm 厚碎砖、道渣三合土等。

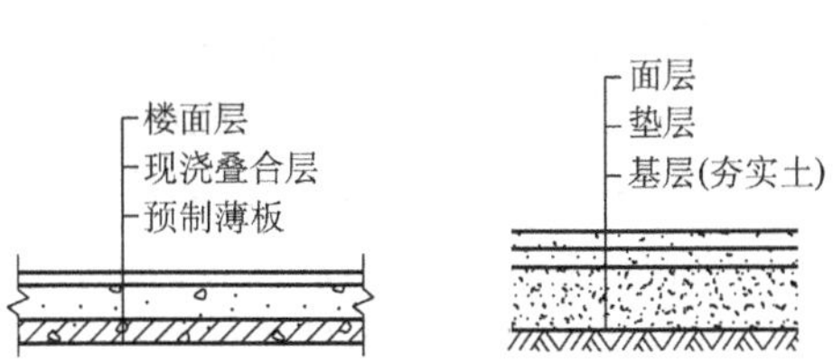

图 11-19　地面的构造组成

垫层为承重层和面层之间的填充层，一般起找平和传递荷载的作用。因土壤强度较低，因此地面层的垫层一般较厚、强度较大、刚度较好，能承受上部荷载并将其均匀地传给基层。一般采用 C10 素混凝土或焦渣混凝土等做垫层，厚度为 60 ~ 100mm。

面层是地面上人、家具、设备等直接接触的部位，起着保护垫层和装饰室内的作用。面层的材料和做法应根据室内的使用、耐久性要求和装修要求来确定。

地面的附加层主要是为了满足某些特殊使用功能要求而设置的，如防潮层、防水层、管线敷设层、保温隔热层等。

2. 地面的设计要求

地面是人们日常生活、工作和生产时必须接触的部分，也是建筑中直接承受荷载，经常受到摩擦、清扫和冲洗的装修部分，因此，对它应有一定的功能要求。

（1）具有足够的坚固性。即要求在各种外力作用下不易被磨损、破坏，且要求表面平整、光洁、易清洁和不起灰。

（2）保温性能好。作为人们经常接触的地面，应给人们以温暖舒适的感觉，保证寒冷季节脚部舒适。

（3）具有一定的弹性。当人们行走时不致有过硬的感觉，同时有弹性的地面对减弱撞击声也有利。

（4）满足隔声要求。隔声要求主要针对楼地面，可通过选择楼地面垫层的厚度与材料类型来达到。

（5）美观要求。地面是建筑内部空间的重要组成部分，应具有与建筑功能相适应的外观形象。

（6）其他要求。对有水作用的房间，地面应防潮防水；对有火灾隐患的房间，应防火耐燃烧；对有酸碱作用的房间，则要求具有耐腐蚀的能力等。

综上所述，在进行地面和楼面的设计或施工时，应根据房间的使用功能和装修标准，选择适宜的面层和附加层，从构造设计到施工质量确保地面坚固、耐磨、平整、不起灰、易清洁、有弹性，且具有防火、保温、防潮、防腐蚀等功能。

二、地面的构造

对室内装修而言，楼板层的面层（楼面）及地面面层通称地面，在构造要求及做法上基本相同，因此归纳在一起叙述。

地面的名称是依据面层所用的材料来命名的。根据面层所用的材料及施工方法的不同，常用地面可分为四大类型，即整体地面、块材地面、卷材地面和涂料地面。

1. 整体地面

用现场浇筑的方法做成整片的地面称为整体地面，常用的有水泥砂浆地面、细石混凝土地面、水磨石地面、菱苦土地面等。

（1）水泥砂浆地面。水泥地面是在一般民用建筑中采用较多的一种地面，原因在于水泥地面构造简单、坚固、能防潮、防水而造价又较低。但水泥砂浆地面蓄热系数大，冬天感觉冷。空气湿度大时易产生凝结水，而且表面起灰，不易清洁。

水磨石地面

水泥砂浆地面有单层和双层构造之分。单层做法是先刷素水泥砂浆结合层一道，再用 15 ~ 20mm 厚 1:2 水泥砂浆压实抹光。双层做法是先以 15 ~ 20mm 厚 1:3 水泥砂浆打底、找平，再以 5 ~ 10mm 厚 1:2 或 1:5 的水泥砂浆抹面（图 11-20）。分层构造虽增加了施工程序，却容易保证质量，减少了表面收缩时产生裂纹的可能。目前以双层水泥砂浆地面居多。

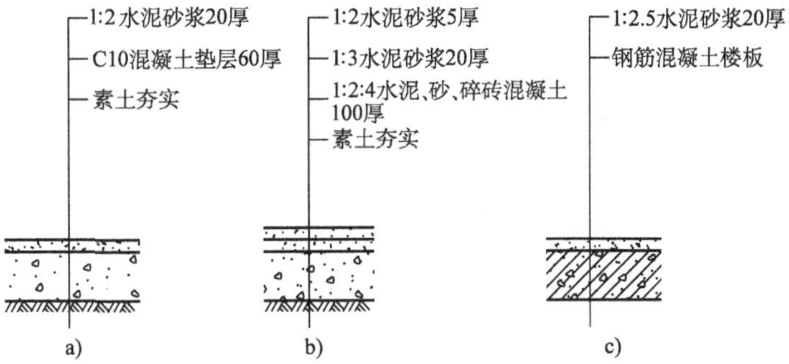

图 11-20　水泥砂浆地面

a）底层地面单层做法　b）底层地面双层做法　c）楼层地面

（2）细石混凝土地面。为了增强楼板层的整体性和防止楼面产生裂缝和起砂，现不少地区在做楼板面层时，采用 30～40mm 厚细石混凝土层，在初凝时用铁滚滚压出浆水抹平后，待其终凝前再用铁板压光，作为地面。

（3）水磨石地面。水磨石地面是用水泥作胶结材料、大理石或白云石等中等硬度石料的石屑作骨料而形成的水泥石屑浆浇抹硬结后，经磨光打蜡而成。其性能与水泥砂浆地面相似，但耐磨性更好、表面光洁、不易起灰。由于造价较高，水磨石地面常用于卫生间和公共建筑的门厅、走廊、楼梯间以及标准较高的房间。

水磨石地面的常规做法是先用 10～15mm 厚 1:3 水泥砂浆打底、找平，按设计图采用 1:1水泥砂浆固定分格条（玻璃条、铜条或铝条等），再用 1:2～1:1.5水泥石渣浆抹面，浇水养护约一周后用磨石机磨光，再用草酸清洗，打蜡保护（图 11-21）。水磨石地面分格的作用是将地面划分成面积较小的区格，减少开裂的可能。分格条形成的图案增加了地面的美观，同时也方便了维修。

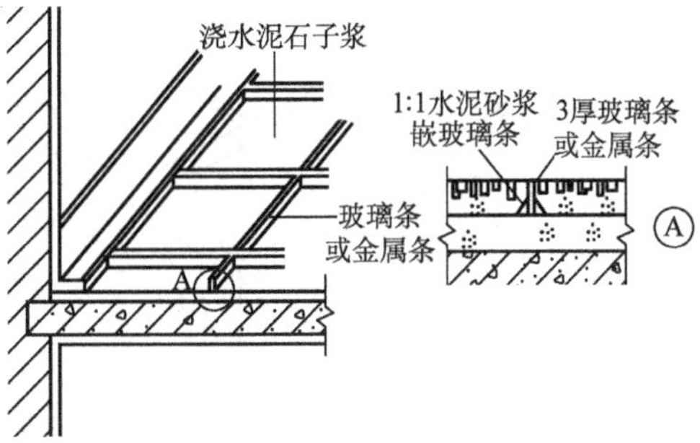

图 11-21　水磨石地面

如果将普通水泥换成白水泥，并掺入不同颜料做成各种彩色地面，谓之美术水磨石。但造价较普通水磨石高约 4 倍。

2. 块材地面

块材地面是指利用各种块材铺贴而成的地面。按面层材料不同有陶瓷板块地面、石板地面、木地面等。

（1）陶瓷板块地面。用于地面的陶瓷板块有缸砖、陶瓷锦砖、釉面陶瓷地砖、瓷土无釉砖等。这类地面的特点是表面致密光洁、耐磨、耐腐蚀、吸水率低、不变色，但造价偏高，一般适用于用水的房间及有腐蚀的房间，如厕所、盥洗室、浴室和实验室等。

缸砖等陶瓷板块地面的铺贴方式是在结构层或垫层找平的基础上撒素水泥（洒适量清水），用 5～10mm 厚 1:1 水泥浆铺平拍实，再用干水泥擦缝（图 11-22）。

板块地面

（2）石板地面。石板地面包括天然石地面和人造石地面。

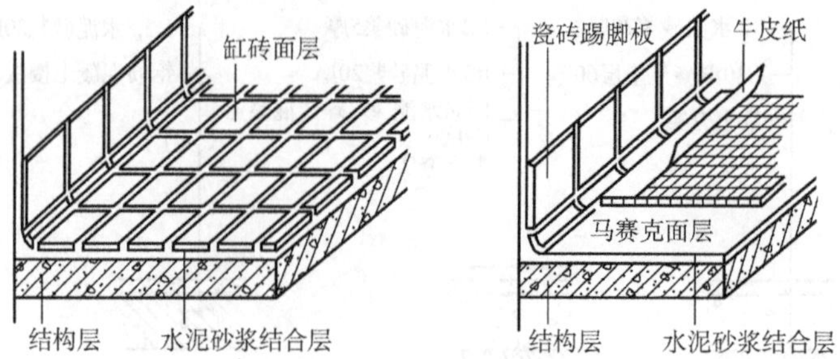

a) b)

图 11-22 陶瓷板块地面

a）缸砖或瓷砖地面 b）陶瓷锦砖地面

天然石有大理石和花岗石等。人造石有预制水磨石板、人造大理石板等。与陶瓷板块地面相比，大理石板、水磨石板不耐磨，主要优点是装饰效果好。磨光花岗石板的耐磨性与装饰效果极佳，但价格十分昂贵，是高档的地面装饰材料。

石板尺寸较大，一般为500mm×500mm以上，铺设时需预先试铺，合适后再正式粘贴，粘贴表面的平整度要求高。其构造做法是在混凝土垫层上先用20～30mm厚1:3～1:4干硬性水泥砂浆找平，再用5～10mm厚1:1水泥砂浆铺贴石板，缝中灌稀水泥浆擦缝。图11-23所示为花岗石、大理石地面构造。

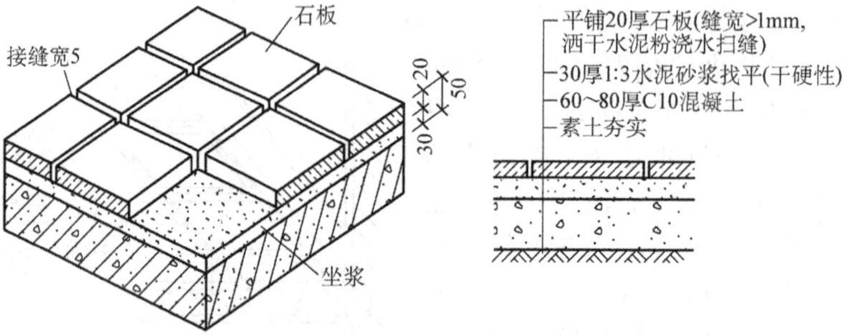

图 11-23 花岗石、大理石地面构造

（3）木地面。木地面的主要特点是有弹性、不起灰、不返潮、易清洁、保温性好，但耐火性差，保养不善时易腐朽，且造价较高，一般用于装修标准较高的住宅、宾馆、体育馆、健身房、剧院舞台等建筑中。

木地面

木地面按构造方式不同分为空铺式和实铺式两种。

空铺木地面常用于底层地面，其做法是将木地板架空。使地板下有足够的空间通风，以防止地板受潮腐烂。架空的做法是首先砌筑地垄墙到预定标高，地垄墙顶部用20mm厚1:3水泥砂浆找平，并设截面尺寸为100mm×50mm的压沿木（用8号钢丝绑扎）；压沿木上钉50mm×70mm木龙骨，中距400mm；在垂直龙骨方向钉50mm×50mm横撑，中距800mm。其上钉50mm×20mm硬木企口长条地板或拼花地板，表面刷涂料、烫硬蜡（图11-24）。空铺木地板由于构造复杂，耗费木材较多，因而采用较少。

实铺木地面有铺钉式和粘贴式两种做法。

铺钉式实铺木地面有单层和双层做法，单层做法是将木地板直接钉在钢筋混凝土基层上的木搁栅上，而木搁栅绑扎在预埋于钢筋混凝土楼板内或混凝土垫层内的10号双股镀锌钢丝上。木搁栅为50mm×70mm方木，中距400mm，50mm×50mm横撑，中距800mm。若在木搁栅上加设45°斜铺木板，再钉长条木板或拼花地板，就形成了双层做法。为了防腐，可在基层上刷冷底子油一道，热沥青玛𤧛脂两道，木龙骨及横撑等均满涂氟化钠防腐剂。另外，还应在踢脚板处设置通风口，使地板下的空气流通，以保持干燥（图11-25a、b）。

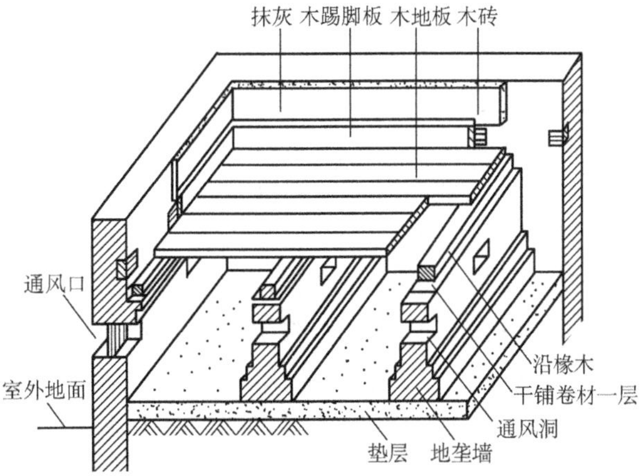

图11-24　空铺式木地面

粘贴式实铺木地面是将木地面用胶粘材料直接粘贴在钢筋混凝土楼板或混凝土垫层上的砂浆找平层上。其做法是先在钢筋混凝土基层上用20mm厚1∶2.5水泥砂浆找平，然后刷冷底子油和热沥青各一道作为防潮层，再用胶粘剂随涂随铺20mm厚硬木长条地板。当面层为小细纹拼花木地板时，可直接用胶粘剂刷在水泥砂浆找平层上进行粘贴（图11-25c）。

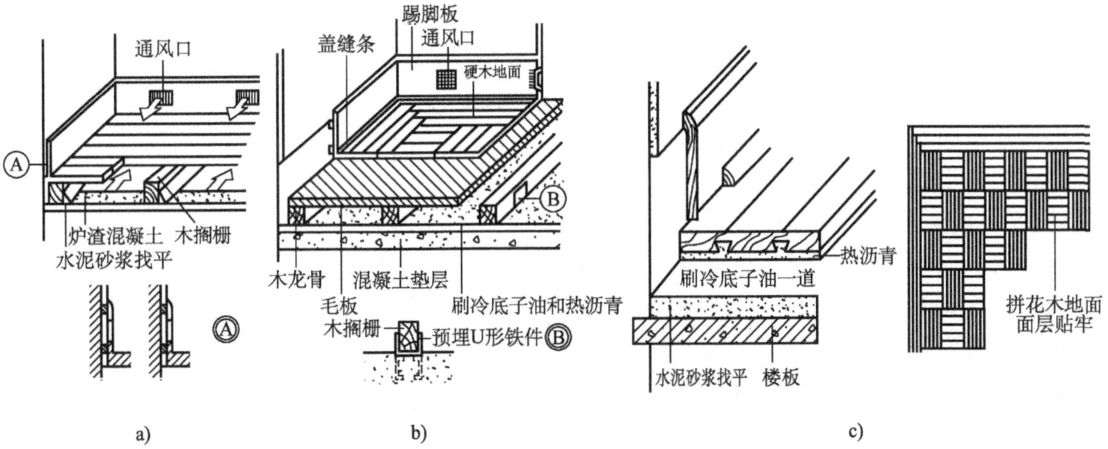

图11-25　实铺式木地面

a）铺钉式单层做法　b）铺钉式双层做法　c）粘贴式木地面

木地板做好后应刷油漆并打蜡，以保护地面。

3. 卷材地面

卷材地面是用成卷的铺材铺贴而成。常见卷材有软质聚氯乙烯塑料地毡、橡胶地毡以及地毯等。

软质聚氯乙烯塑料地毡可用胶粘剂粘贴在水泥砂浆找平层上，也可干铺。塑料地面的拼接缝隙，通常切割成V形，用三角形塑料焊条焊接（图11-26）。

橡胶地毡是以橡胶粉为基料，掺入填充料、防老剂、硫化剂等制成的卷材，它耐磨、防滑、耐湿、绝缘、吸声并富有弹性。橡胶地毡可以干铺，也可以用胶粘剂粘贴在水泥砂浆找平层上。

地毯类型较多，按地毯面层材料不同，有化纤地毯、羊毛地毯、棉织地毯等。地毯柔软舒适、吸声、隔声、保温、美观，而且施工简便，是理想的地面装修材料，但价格较高。地毯的铺设方法有固定和不固定两种。固定式通常是将地毯用胶粘剂粘贴在地面上，或将地毯四周钉牢。为增强地面的弹性和消声能力，地毯下可铺设一层泡沫橡胶衬垫。

4. 涂料地面

涂料地面是用涂料涂刷或涂刮而成。它是水泥砂浆地面的一种表面处理形式，用以改善水泥砂浆地面在使用和装饰方面的不足。

地板漆是传统的地面涂料，它与水泥砂浆地面黏结性差，易磨损、脱落，目前已逐步被人工合成高分子材料所取代。

人工合成高分子涂料是由合成树脂代替水泥或部分代替水泥，再加入填料、颜料等搅拌混合而成的材料，经现场涂布施工，硬化以后形成整体的涂料地面。它的突出特点是无缝、易于清洁，并且施工方便，造价较低，可以提高地面的耐磨性、韧性和不透水性，适用于一般建筑水泥地面装修。

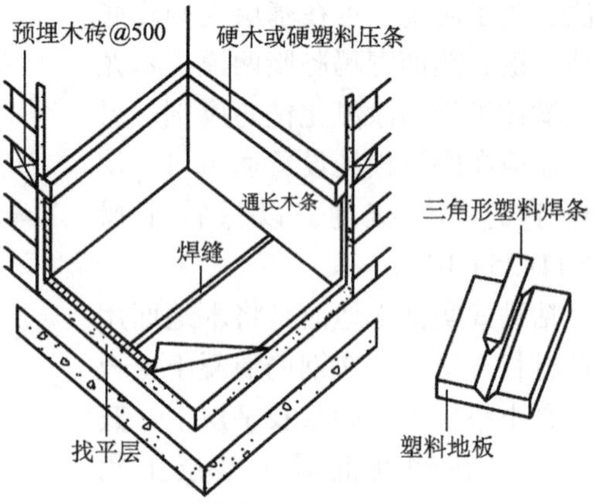

图 11-26　塑料地面

三、地面的细部及防潮防水

1. 踢脚板构造

对于地面与墙面交接处的垂直部位，在构造上通常按地面的延伸部分来处理，这部分被称为踢脚板，也称为踢脚线。它可以保护室内墙脚，避免扫地或拖地板时污染墙面。踢脚板的高度一般为 100 ~ 150mm，所用材料有水泥砂浆、水磨石、木材、石材等，一般应与室内地坪材料一致或相适应。当采用多孔砖或空心砖砌筑墙体时，为保证室内踢脚板质量，楼地面以上应改用三皮实心砖砌筑。图 11-27 所示为常用的缸砖踢脚板、木踢脚板、水泥踢脚板构造图。

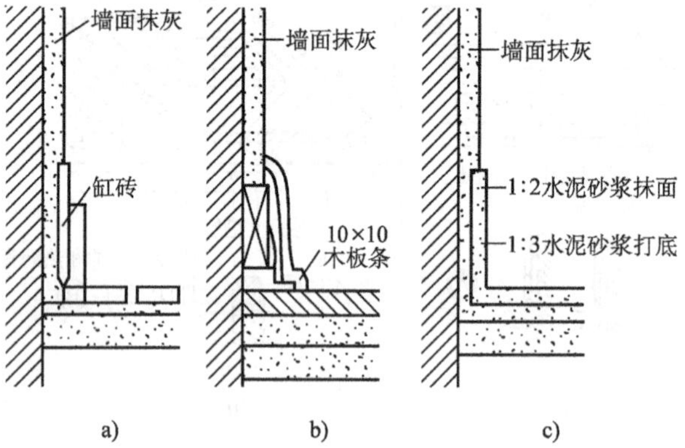

图 11-27　踢脚板构造

a）缸砖踢脚板　b）木踢脚板　c）水泥踢脚板

2. 地面的防潮防水

在用水频繁的房间，如厕所、盥洗室、浴室、实验室等，地面容易积水，且易发生渗漏水现象，因此应做好楼地面的排水和防水。

为排除室内积水，地面应有一定坡度，一般为 1% ~1.5%，同时应设置地漏，使水有组织地排向地漏；为防止积水外溢，影响其他房间的使用，有水房间地面应比相邻房间的地面低 20 ~ 30mm；若不设此高差，即两房间地面等高时，则应在门口做 20 ~ 30mm 高的门槛（图 11-28）。

有水房间楼板以现浇钢筋混凝土楼板为佳，面层材料通常为整体现浇水泥砂浆、水磨石

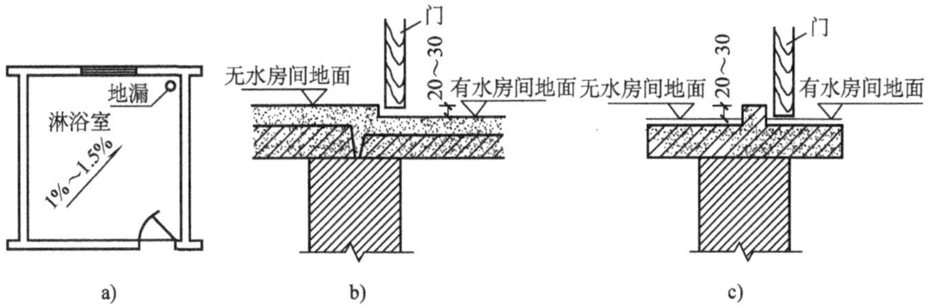

图 11-28 有水房间的排水与防水

a）走廊 b）地面低于无水房间 c）与无水房间地面平齐，设门槛

或瓷砖等防水性较好的材料。对于防水要求较高的房间，还应在楼板与面层之间设置防水层。常见的防水材料有卷材、防水砂浆和防水涂料。为防止房间四周墙脚受水，应将防水层沿周边向上泛起至少 150mm（图 11-29a）。当遇到门洞时，应将防水层向外延伸 250mm 以上（图 11-29b）。

当竖向管道穿越楼地面时，也容易产生渗透，处理方法一般有两种：对于冷水管道，可在竖管穿越的四周用 C20 干硬性细石混凝土填实，再用卷材或涂料做密封处理（图 11-29c）；对于热水管道，为防止由于温度变化引起管壁周围材料涨缩变形，常在穿管位置预埋比竖管管径稍大的套管，高出地面 30mm 左右，并在缝隙内填塞弹性防水材料（图 11-29d）。

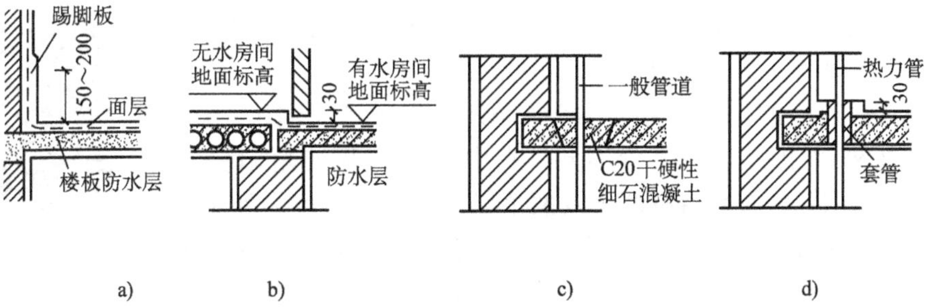

图 11-29 楼地面防水构造

a）防水层沿周边上卷 b）防水层向无水房间延伸 c）一般立管穿越楼层 d）热力管穿越楼层

四、楼地面变形缝构造

伸缩缝、沉降缝、防震缝三缝在楼地面的构造处理是一样的，因此统称为变形缝构造。

楼地面变形缝的设置与墙体变形缝一致，应贯通楼板层和地坪层。其构造特点为方便行走、防火和防止灰尘下落，卫生间等有水环境还应考虑防水处理。变形缝一般贯通楼地面各层，对于采用沥青类材料的整体楼地面和铺在砂、沥青胶体结合层上的板块楼地面，可只在楼板层、顶棚层或混凝土垫层设变形缝。

变形缝内采用具有弹性的油膏、金属调节片、沥青麻丝等材料做嵌缝处理，面层和顶棚应加设不妨碍构件之间变形需要的盖缝板，盖缝板的形式和色彩应和室内装修协调（图11-30）。

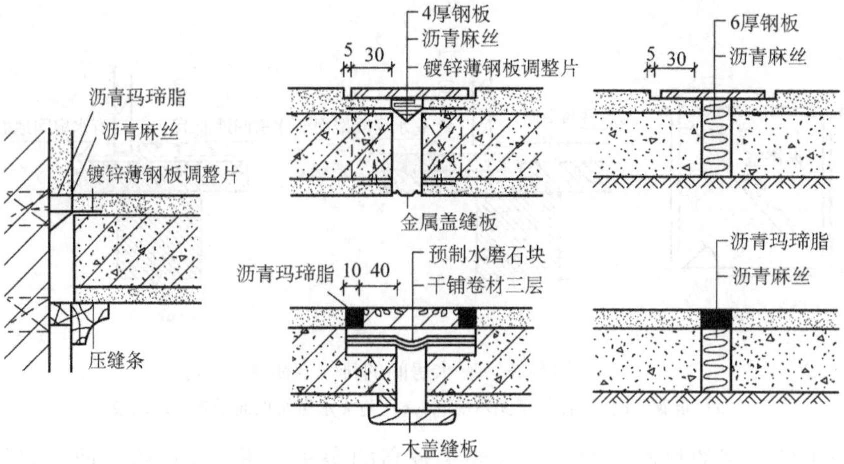

a)　　　　b)

图 11-30　楼地面变形缝构造

a）楼面变形缝　b）地面变形缝

第四节　阳台与雨篷构造

一、阳台的构造

1. 阳台的类型及设计要求

（1）阳台的类型。阳台是楼房建筑中不可缺少的室内外过渡空间。人们可利用阳台晒衣、休息、眺望或从事家务活动。

阳台与雨篷

阳台按其与外墙的位置关系可分为凸阳台、凹阳台与半凸半凹阳台；按阳台在外墙上所处的位置不同，有中间阳台和转角阳台之分（图 11-31）。当阳台的长度占有两个或两个以上开间时，称为外廊。住宅阳台按照功能的不同可分为生活阳台和服务阳台，生活阳台设主立面，主要供人们休息、活动、晾晒衣物等，服务阳台与厨房相连，主要供人们从事家庭服务操作与存放杂物。

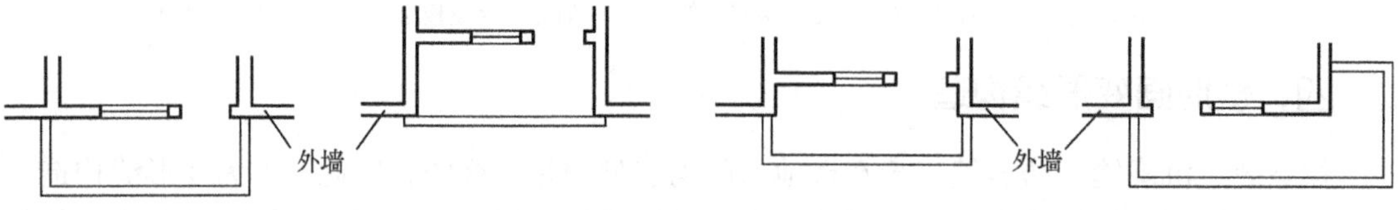

a)　b)　c)　d)

图 11-31　阳台的类型

a）凸阳台（中间阳台）　b）凹阳台　c）半凸半凹阳台　d）转角阳台

（2）阳台的设计要求。阳台是建筑物中较特殊的构配件。所以设计时应考虑以下要求：

对于阳台的安全性来说，主要是要保证阳台底板及阳台栏板（或栏杆）的安全可靠。如果是凸阳台，一般是悬挑结构，应保证阳台上施加荷载的情况下不致发生倾覆。阳台的挑出深度应考虑结构的安全，但也应考虑适用。对于凹阳台或带两侧墙的阳台来说，阳台底板为简支结构，按一般现浇钢筋混凝土楼板考虑即可。

2. 结构布置

凹阳台其实是楼板层的一部分，所以它的承重结构布置可按楼板层的受力分析进行，采用搁板式布板方法。而凸阳台的受力构件为悬挑构件，涉及结构受力、倾覆等问题，构造上要特别重视。

凸阳台的承重方案大体可分为挑梁式和挑板式两种类型。当出挑长度在1200mm以内时，可采用挑板式；大于1200mm时可采用挑梁式。

（1）搁板式。在凹阳台中，将阳台板搁置于阳台两侧凸出来的墙上，即形成搁板式阳台。阳台板型和尺寸与楼板一致，施工方便。在寒冷地区采用搁板式阳台，可以避免冷桥（图11-32a）。

（2）挑板式。挑板式阳台的一种做法是利用楼板从室内向外延伸，即形成挑板式阳台（图11-32b）。这种阳台构造简单，施工方便，但预制板型增多，且对寒冷地区保温不利。这是纵墙承重住宅阳台的常用做法，阳台的长宽可不受房屋开间的限制而按需要调整。

挑板式阳台的另一种做法是将阳台板与墙梁整浇在一起。这种形式的阳台底部平整，长度可调整，但须注意阳台板的稳定。一般可通过增加墙梁长度，借助梁自重进行平衡；也可利用楼板的重力或其他措施来平衡（图11-32c）。

（3）挑梁式。当楼板为预制楼板，结构布置为横墙承重时，可选择挑梁式。即从横墙内向外伸挑梁，其上搁置预制楼板。阳台荷载通过挑梁传给纵横墙，由压在挑梁上的墙体和楼板来抵抗阳台的倾覆力矩。为美观起见，可在挑梁端头设置边梁，既可以遮挡挑梁头，又可以承受阳台栏杆重力，还可以加强阳台的整体性（图11-32d）。

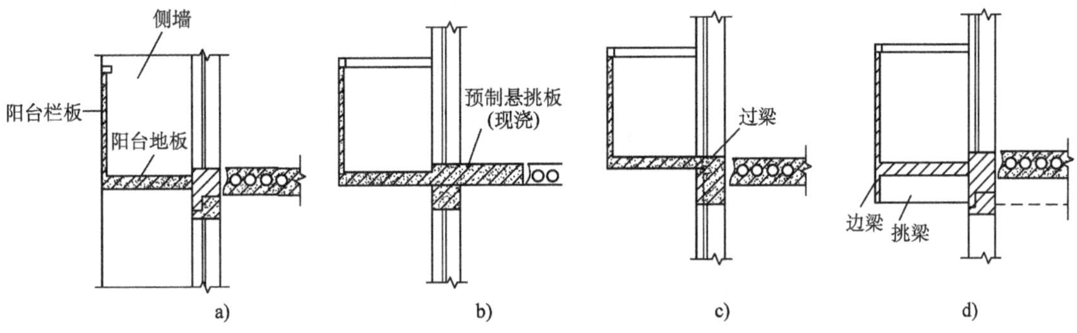

图11-32 阳台的结构布置形式

a）搁板式 b）预制或现浇悬挑板 c）从过梁上挑出阳台板 d）挑梁式

3. 栏杆和扶手

（1）栏杆。栏杆有三种，即空花栏杆、实心栏板及由空花栏杆和实心栏板组合而成的组合式栏杆。按材料不同，有金属栏杆、砖砌栏板、预制钢筋混凝土栏杆（板）等。金属栏杆多为圆钢和方钢，它们与阳台板中预埋的通长扁钢焊牢或直接插入阳台板的预留孔内。钢栏杆自重小，造型轻巧，但易锈蚀；如采用其他合金，则造价较高。

（2）扶手。扶手有金属和钢筋混凝土两种。金属扶手一般用$\phi50$钢管与金属栏杆焊接。钢筋混凝土扶手应用广泛，形式多样，一般直接用作栏杆压顶，宽度有80mm、120mm、

160mm。当扶手上需放置花盆时，需在外侧设保护栏杆，一般高为 180～200mm，花台净宽为 240mm。

栏杆及扶手构造如图 11-33 所示。

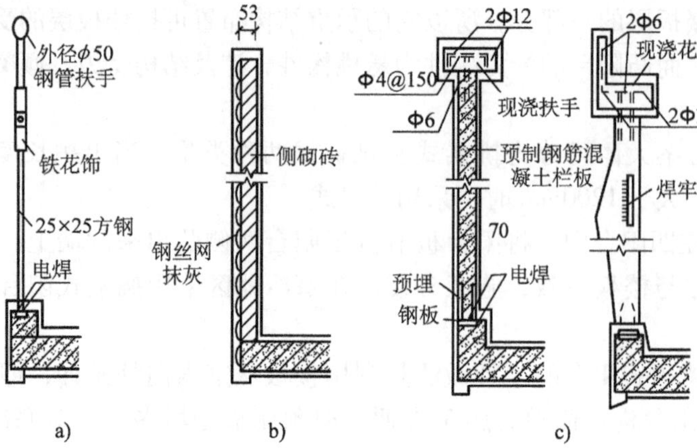

图 11-33　栏杆及扶手构造

a）金属栏杆　b）砖砌栏杆　c）预制钢筋混凝土栏杆

4. 阳台排水

阳台排水有外排水和内排水两种。

外排水的做法：在阳台一侧或两侧设排水口，阳台地面向排水口做 1%～2% 的坡，排水口内埋设 φ40～φ50 镀锌钢管或塑料管（称水舌），外挑长度不小于 80mm，以防雨水溅到下层阳台（图 11-34a）。

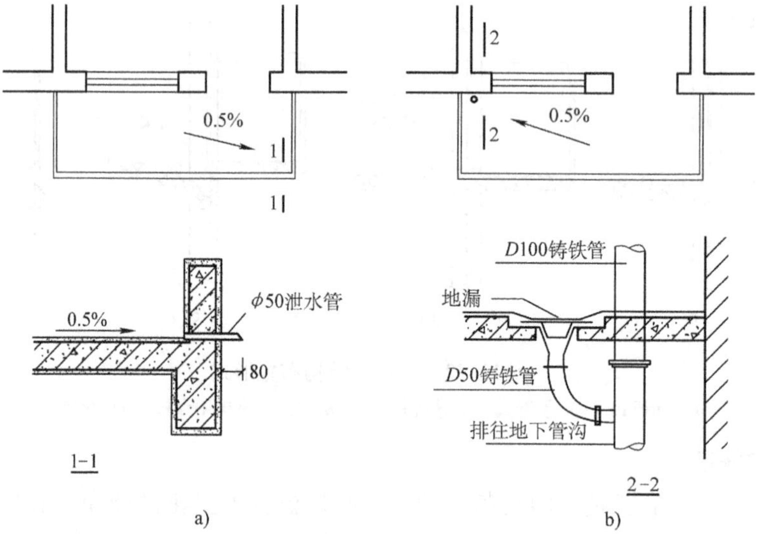

图 11-34　阳台排水构造

a）水舌排水　b）排水管排水

内排水的做法：在阳台内设置排水立管和地漏，将雨水直接排入地下管网，保证建筑立面美观（图 11-34b）。

二、雨篷的构造

雨篷是建筑物入口处和顶层阳台上部用以遮挡雨水、保护外门免受雨水侵蚀的水平构件。

雨篷的设计要求为：①反映建筑物的性质、特征；②与建筑物的整体和周围环境相协调；③满足挡雨、照明等功能要求，既有适宜的尺度，又配备相应的照明设施；④保证雨篷结构和构造的安全性。

雨篷在构造上需解决好两个问题：一是防倾覆，保证雨篷梁上有足够的压重；二是板面上要做好排水和防水。钢筋混凝土雨篷通常沿板四周用砖砌或现浇混凝土做凸檐挡水，板面用防水砂浆抹面，并向排水口做出 1% 的坡度。防水砂浆应顺墙上卷至少 300mm，如图 11-35所示。

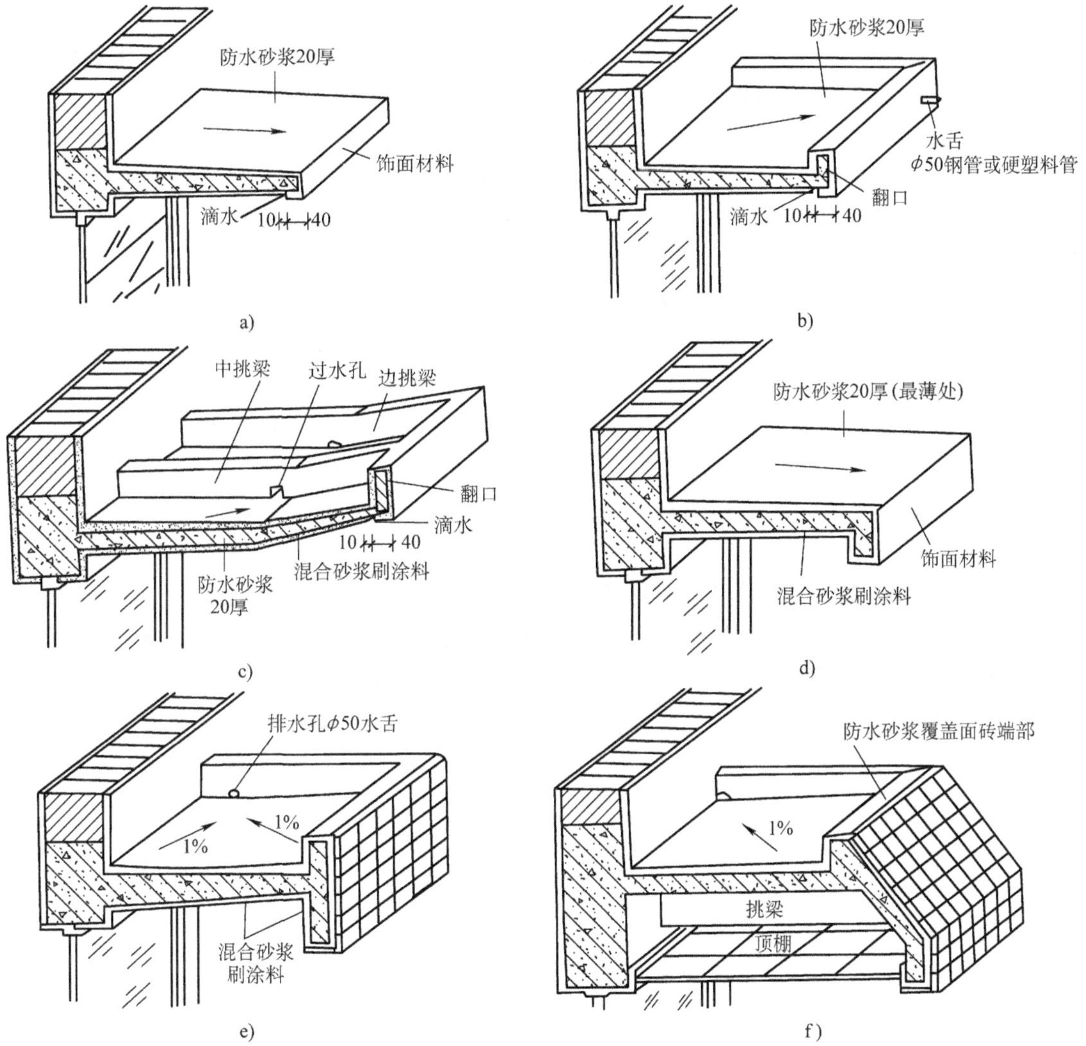

图 11-35　雨篷构造

a）自由落水雨篷　b）上翻口有组织排水雨篷　c）折挑倒梁有组织排水雨篷

d）下翻口自由落水雨篷　e）上下翻口有组织排水雨篷　f）下挑梁有组织排水带顶棚雨篷

雨篷形式多样，按照材料和结构形式的不同可分为钢筋混凝土雨篷、钢结构悬挑雨篷、玻璃采光雨篷等。

雨篷多为钢筋混凝土悬挑构件，大型雨篷下常加立柱形成门廊。较小的雨篷常为挑板式，由雨篷梁悬挑雨篷板，雨篷梁兼做过梁。板悬挑长度一般为700～1500mm。挑出长度较大时，一般做成挑梁式，为使底板平整，可将挑梁上翻。

钢结构悬挑雨篷一般由支撑系统、骨架系统和板面系统三部分组成。

玻璃采光雨篷是用阳光板、钢化玻璃做雨篷面板的新型透光雨篷。其特点是结构轻巧，造型美观，透明新颖，富有现代感，也是现代建筑中广泛采用的一种雨篷。

本章小结

（1）楼板层是建筑物中分隔上下楼层的水平构件，它不仅承受自重和其上的使用荷载，并将其传递给墙或柱，而且对墙体也起着水平支撑的作用。楼板按所用材料不同可分为木楼板、钢筋混凝土楼板、压型钢板组合楼板等类型。

（2）根据施工方法的不同，钢筋混凝土楼板可分为现浇式、装配式和装配整体式三种。现浇板常用的有板式楼板、梁板式楼板、无梁楼板以及压型钢板组合楼板。预制板的类型主要有实心平板、槽形板、空心板等，在使用时应选择合理的承重方案，做好结构布置，处理好板与板的连接构造，板与墙、梁的连接构造，隔墙下楼板的构造等。

（3）地面主要由面层、垫层和基层三部分组成，对有特殊要求的地坪常在面层和垫层之间增设附加层。根据面层所用的材料及施工方法的不同，常用地面可分为整体地面、块材地面、卷材地面和涂料地面四种类型。在用水频繁的房间，应做好楼地面的排水和防水。

（4）楼地面变形缝的位置和宽度应与墙体变形缝一致，其构造特点为方便行走、防火和防止灰尘下落，卫生间等有水环境还应考虑防水处理。

（5）凹阳台一般采用搁板式布板方法，凸阳台的承重方案大体可分为挑梁式和挑板式两种类型。

（6）雨篷形式多样，按照材料和结构形式的不同可分为钢筋混凝土雨篷、钢结构悬挑雨篷、玻璃采光雨篷等。雨篷在构造上需解决好两个问题：一是防倾覆，保证雨篷梁上有足够的压重；二是板面上要做好排水和防水。

复习思考题

1. 简述楼板层的设计要求。
2. 楼板层的主要组成部分有哪些？各起什么作用？
3. 现浇钢筋混凝土楼板有哪些类型？各有什么特点？
4. 简述装配式钢筋混凝土楼板的结构布置原则。
5. 绘图表示板与板、板与墙和梁的连接构造。
6. 常用的地面类型有哪些？水泥砂浆地面有哪些优缺点？
7. 有水房间的楼地层应如何防水？
8. 绘图表示楼地面的变形缝构造。
9. 绘图表示阳台的结构布置形式。

第十二章　楼　　梯

学习目标：

掌握楼梯的类型和组成，掌握钢筋混凝土楼梯的构造和设计方法；掌握室外台阶与坡道的构造；了解电梯和自动扶梯设计的基本要求；能完成楼梯建筑施工图设计。

学习重点：

本章着重讲述楼梯的设计，钢筋混凝土楼梯的构造、台阶和坡道以及电梯的构造。钢筋混凝土楼梯的构造是本章的重点。

学习建议：

建议以钢筋混凝土楼梯的设计为重点展开学习，同时加强对楼梯施工图的识读，以便达到理论联系实际的效果。

第一节　楼梯的分类与组成

一、楼梯分类

楼梯按位置不同分，有室内与室外两种。按使用性质分，室内有主要楼梯、辅助楼梯；室外有安全楼梯、防火楼梯。按材料分有木质、钢筋混凝土、钢质、混合式及金属楼梯。按楼梯的平面形式不同，可分为如下几种，如图 12-1 所示。

楼梯形式与分类

（1）直行单跑楼梯。如图 12-1a 所示，此种楼梯无中间平台，由于单跑梯段踏步数一般不超过 18 级，主要用于层高不大的建筑中。

（2）直行双跑楼梯。如图 12-1b 所示，直行双跑楼梯增加了中间休息平台，一般为双跑梯段，适合于层高较大的建筑。

（3）平行双跑楼梯。如图 12-1c 所示，平行双跑楼梯是指第二跑楼梯段折回和第一跑平行的楼梯。这种楼梯所占的楼梯间长度较小，面积紧凑，使用方便，是建筑物中较多采用的一种形式。

（4）平行双分、双合式楼梯。图 12-1d 所示为平行双分式楼梯，图 12-1e 所示为平行双合式楼梯。

（5）折行双跑楼梯。图 12-1f 所示为折行双跑楼梯。此种楼梯第二跑与第一跑梯段之间呈 90°或其他角度，人流导向较自由，适宜于布置在靠房间一侧的转角处，多用于仅上一层楼的影剧院、体育馆等建筑的门厅中。

图 12-1g、h 所示为折行多跑楼梯。当楼梯井未作为电梯井时，因梯井较大，不安全，故不宜用于幼儿园、中小学等建筑中。

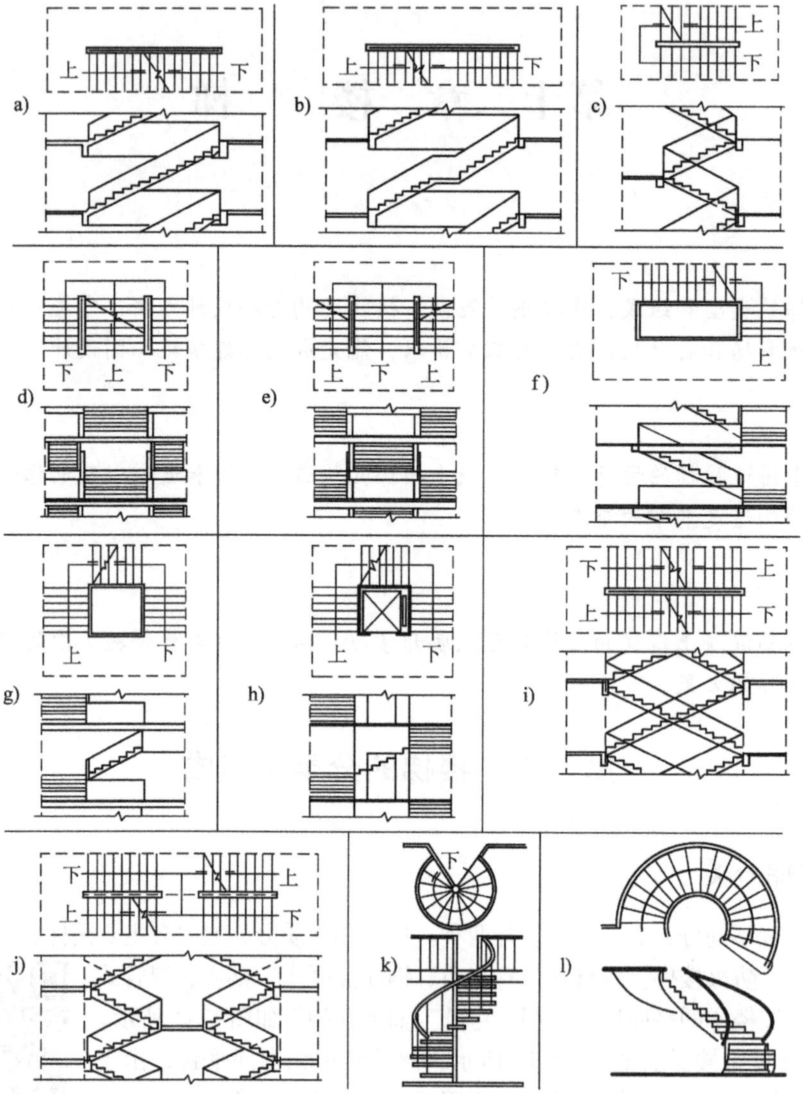

图 12-1　楼梯的形式

a）直行单跑楼梯　b）直行双跑楼梯　c）平行双跑楼梯　d）平行双分式楼梯　e）平行双合式楼梯　f）折行双跑楼梯
g）折行三跑楼梯　h）折行四跑楼梯　i）交叉式楼梯　j）剪刀式楼梯　k）螺旋式楼梯　l）弧形楼梯

（6）交叉式楼梯。图 12-1i 所示为交叉式楼梯，可认为是由两个直行单跑楼梯交叉并列而成。

（7）剪刀式楼梯。图 12-1j 所示为剪刀式楼梯，相当于两个双跑式楼梯对接。

（8）螺旋式楼梯。图 12-1k 所示为螺旋式楼梯，此种楼梯平面呈圆形，梯段绕一根主轴旋转而上，分为中柱式和无中柱式两类。

（9）弧形楼梯。图 12-1l 所示为弧形楼梯，是投影平面呈弧形的楼梯。

二、楼梯组成

建筑中，布置楼梯的房间称为楼梯间。楼梯一般由楼梯段、楼梯平台、栏杆扶手三部分组成，如图 12-2 所示。

1. 楼梯段

楼梯段又称“梯跑”，是联系两个不同标高平台的倾斜构件，它由若干个踏步组成。为了减轻人们上下楼梯时的疲劳，梯段的踏步数一般最多不超过 18 级，但也不宜少于 3 级，以免步数太少时不被人们察觉而摔倒。

2. 楼梯平台

楼梯平台是指连接两梯段之间的水平部分。按平台所处的位置与标高，与楼层标高相一致的平台称为楼层平台，介于两个楼层之间的平台，称为中间平台。平台的主要作用在于缓解疲劳，让人们在连续上楼时可在平台上稍加休息，故又称为休息平台。同时，平台还是梯段之间转换方向的连接处。楼层平台还用来分配从楼梯到达各楼层的人流。

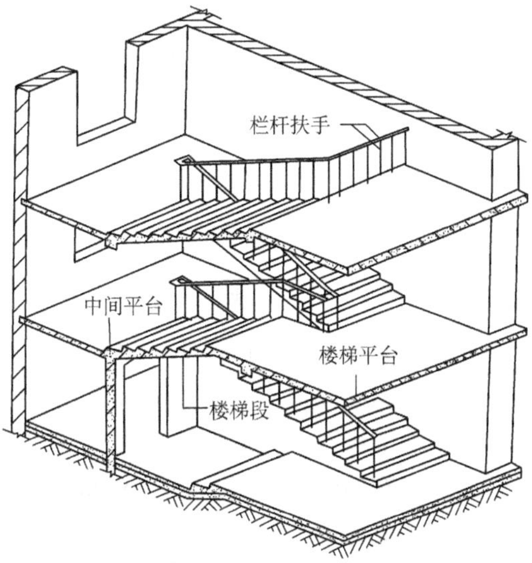

图 12-2　楼梯的组成

3. 栏杆扶手

栏杆扶手是布置在楼梯梯段和平台边缘处的安全围护构件，要求坚固可靠，并保证有足够的安全高度。

第二节　楼梯的尺度和设计

一、楼梯的坡度

楼梯的坡度是指楼梯段的坡度。楼梯的坡度有两种表示方法：可用楼梯斜面与水平面的夹角来表示，如 30°、45°等；也可用楼梯斜面的垂直投影高度与斜面的水平投影长度之比来表示，如 1∶12、1∶8 等。楼梯常见坡度为 20°～45°，其中 30°左右较为通用。坡度小时，行走舒适，但占地面积大；反之可节约面积，但行走较吃力。当坡度小于 20°时，采用坡道；大于 45°时，则采用爬梯，如图 12-3 所示。楼梯梯段坡度可由踏步的高宽比决定。踏步的高宽比需根据人流行走的舒适、安全和楼梯间的尺度、面积等因素进行综合权衡。

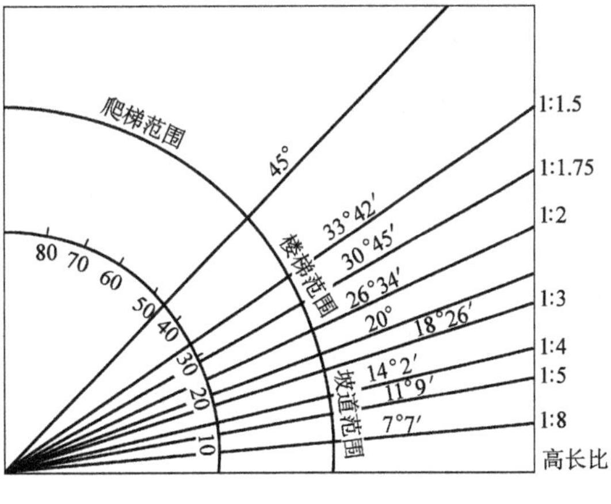

图 12-3　坡度范围

二、楼梯的宽度和长度

梯段的宽度必须满足上下人流及搬运物品的需要，应根据紧急疏散时要求通过的人流股数确定，并不少于两股人流。每股人流宽为 0.55 +（0 ~ 0.15）m 宽度考虑，其中 0 ~ 0.15m 为人流在行进中的摆幅，人流较多的公共建筑应取上限。双人通行时为 1000 ~ 1200mm，三人通行时为 1500 ~ 1800mm，其余类推。同时，需满足各类建筑设计规范中对梯段宽度的限定，如住宅大于或等于 1100mm，公共建筑大于或等于 1300mm 等。

楼梯梯段的长度 L 是每一梯段的水平投影长度，其值为 $L = b \times (N-1)$，其中 b 为踏步踏面宽度，N 为每一梯段踏步数。

三、楼梯的净空高度

楼梯净空高度包括梯段净高和平台处净高。梯段净高以踏步前缘处到顶棚垂直线的净高度计算。这个净高保证人们行走或搬运物品时不受影响，一般不小于 2200mm。楼梯平台净高是平台结构下缘至人行通道的垂直高度，应不小于 2000mm。梯段的起始、终了踏步的前缘与顶部突出物的外缘线应不小于 300mm，如图 12-4 所示。

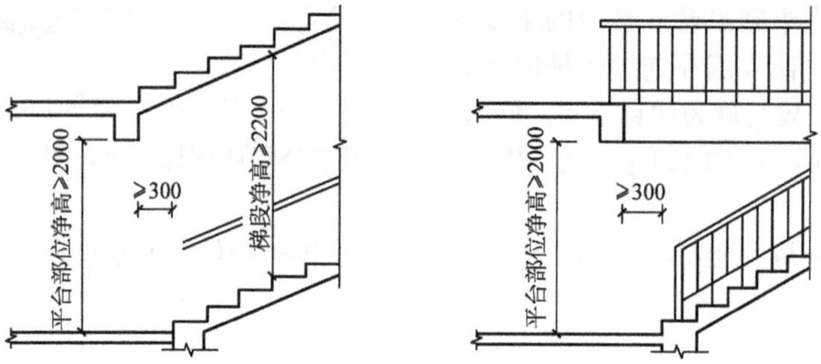

图 12-4　楼梯及平台处净高要求

在居住建筑中，通常利用楼梯间作为出入口，同时居住建筑的层高较低，故应着重处理底层楼梯平台下通行时的净高。

四、踏步尺寸

踏步尺寸包括踏步的高与宽。踏步的高宽比需根据人流行走的舒适、安全和楼梯间的尺度、面积等因素进行综合权衡。

踢面高度与踏面宽度之和与人行步距有关，通常按下面公式计算踏步尺寸：

$$2h + b = 600 \sim 620\text{mm 或 } h + b = 450\text{mm}$$

式中　h——踏步踢面高度；

b——踏步踏面宽度。

不同性质建筑中楼梯踏步的最小和最大尺寸的要求不同，具体见表 12-1。

表 12-1　常用楼梯踏步适宜尺寸　（单位：mm）

名称	住宅	幼儿园	学校、办公楼	医院、疗养院	剧院、会堂
踏步高	150 ~ 175	120 ~ 150	140 ~ 160	120 ~ 150	120 ~ 150
踏步宽	250 ~ 300	260 ~ 280	280 ~ 340	300 ~ 350	300 ~ 350

在设计踏步宽度时，当楼梯间深度受到限制，致使踏面宽不足最小尺寸时，为保证踏面

宽有足够尺寸而又不增加总深度，可以采取加做踏口（或突缘）或将踢面倾斜的方式加宽踏面。一般踏口（或突缘）挑出尺寸为20～25mm，如图12-5所示。

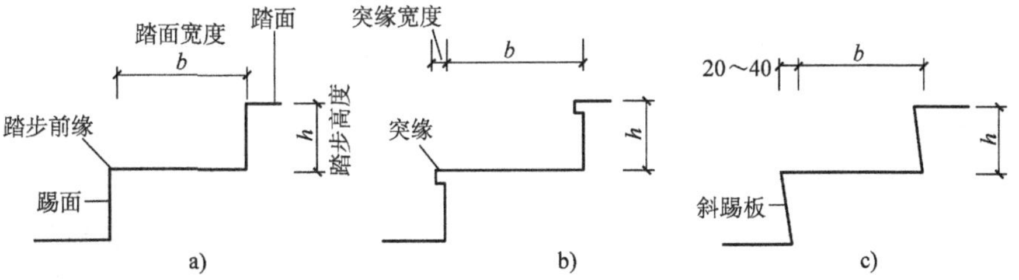

图12-5　踏步形式和尺寸

a）无突缘　b）有突缘　c）斜踢板

五、栏杆和扶手高度

栏杆是布置在楼梯梯段和平台边缘处有一定安全保障度的围护构件。栏杆或栏板顶部供人们行走倚扶用的连续构件，称为扶手。

扶手高度是指踏面宽度中点至扶手面的竖向高度，一般高度为900mm。供儿童使用的扶手高度为600mm，室外楼梯栏杆、扶手高度应不小于1100mm。栏杆、扶手在设计、施工时应考虑坚固、安全、适用、美观。

六、楼梯设计

楼梯设计应根据建筑物的功能要求以及人流股数等考虑。其设计步骤如下：

（1）根据建筑物的使用性质，初选踏步高 h，确定踏步数 N，N = 层高/h。为减少构件类型，应尽量采用等跑楼梯，故 N 宜为偶数。如所求出的 N 为奇数或非整数，取 N 为偶数，反过来调整步高。再根据公式 $2h+b=600\sim620$mm，确定踏步踏面宽度 b。

（2）根据步数 N 和步宽 b，计算梯段水平投影长度。

$$L=(0.5N-1)\times b$$

（3）根据楼梯间开间确定梯段宽度 B 和梯井宽度 C，B =（开间 $-C-$ 墙厚）/2，梯井宽 $C=60\sim200$mm。

（4）初步确定中间平台宽 D_1，$D_1\geqslant$ 梯段宽 B。

（5）根据中间平台宽度 D_1 及梯段长度 L 计算楼层平台宽度 D_2，D_2 = 进深 $-D_1-L$。

（6）进行楼梯净高的验算，有时也会重新调整楼梯的踏步数及踏步的高、宽。

（7）绘出楼梯的平面图及剖面图，如图12-6所示。

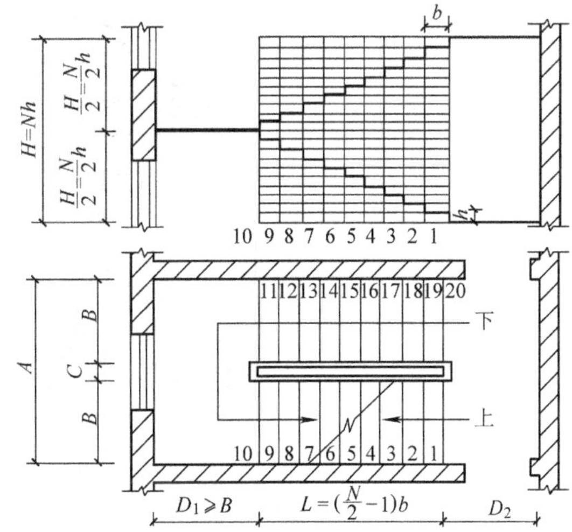

图12-6　楼梯尺寸计算

第三节　钢筋混凝土楼梯的构造

一、钢筋混凝土现浇楼梯

1. 现浇钢筋混凝土楼梯特点

现浇钢筋混凝土楼梯是指楼梯段、楼梯平台等整体浇筑在一起的楼梯。其结构整体性好，刚度大，能适应各种楼梯间平面和楼梯形式，充分发挥钢筋混凝土的可塑性。但在施工过程中，由于需要现场支模，模板耗费较大，施工周期较长，且抽孔困难，不便做成空心构件，所以混凝土用量和自重较大。比较适合于异型的楼梯或整体要求较高的楼梯，或在预制装配条件不具备时采用。

楼梯构造

2. 现浇钢筋混凝土楼梯的分类及其构造

（1）板式楼梯。板式楼梯段作为一块整浇板，斜向搁置在平台梁上。楼梯段相当于一块斜放的板，平台梁之间的距离即为板的跨度，楼梯段应沿跨度方向布置受力钢筋，如图12-7a所示。也有带平台板的板式楼梯，即把两个或一个平台板和一个梯段组合成一块折形板，从而使得平台下的净空扩大，且形式简洁，如图12-7b所示。

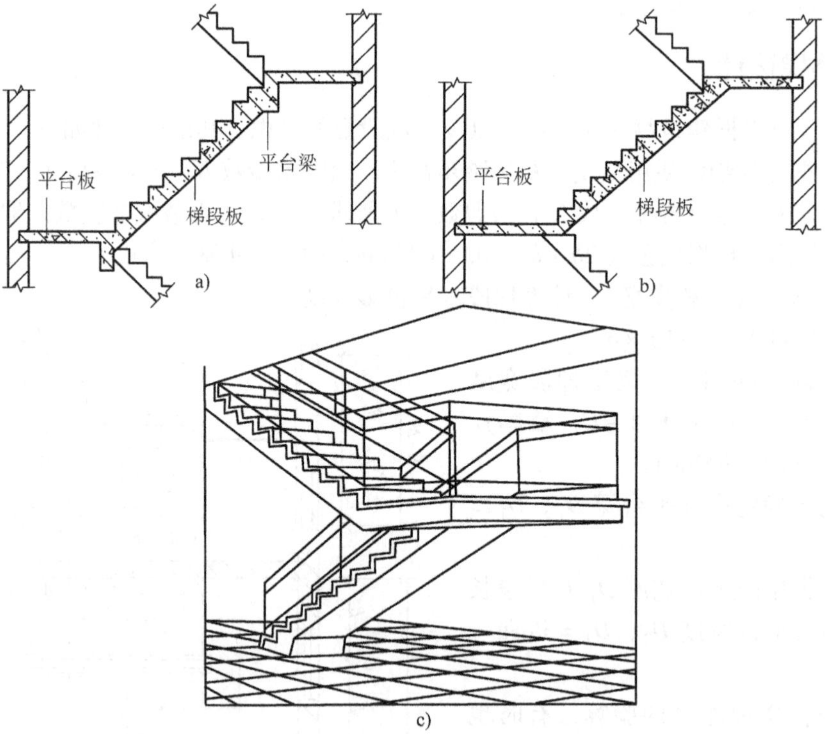

图12-7　现浇钢筋混凝土板式楼梯

a）不带平台板的梯段　b）带平台板的梯段　c）悬挑平台板的梯段

近年来悬臂板式楼梯采用较多，其特点是梯段和平台均无支承，完全靠上下梯段和平台组成的空间板式结构与上下层楼板结构共同受力，因而造型新颖，空间感好，多用作公共建筑和庭院建筑的外部楼梯。如图 12-7c 所示。

（2）梁板式楼梯。当楼梯荷载较大、楼梯段的跨度也较大时，采用板式梯段不经济，须增加斜梁以承受板的荷载，并将其荷载传给平台梁，这种由踏步、楼梯斜梁、平台梁和平台板组成的楼梯称为梁板式楼梯，在结构上有双梁布置和单梁布置之分。

1）双梁式梯段。双梁式梯段是将梯段斜梁布置在踏步的两端，这时踏步板的跨度便是梯段的宽度，也就是楼梯段斜梁间的距离。

梯梁在踏步板之下，踏步板外露的称正梁式梯段，又称为明步，如图 12-8a 所示。其形式较为明快，但在板下露出的梁的阴角容易积灰。

梯梁在踏步板之上，形成反梁，踏步包在里面称反梁式梯段，又称为暗步，如图 12-8b 所示。暗步楼梯段底面平整，洗刷楼梯时污水不致污染楼梯底面，但梯梁占去了一部分梯段宽度。

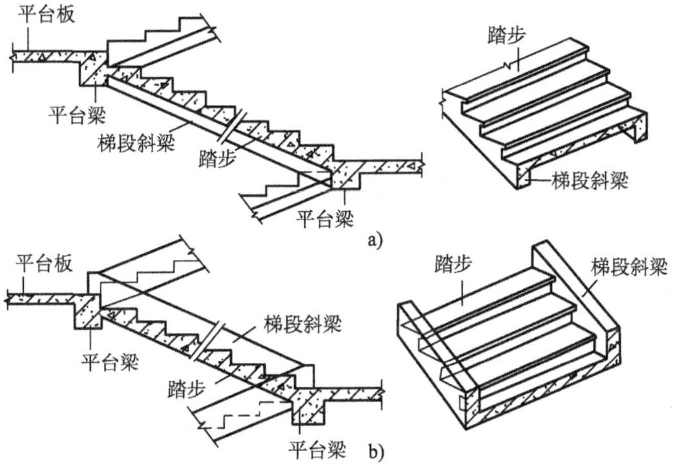

图 12-8　现浇钢筋混凝土梁板式楼梯

a）正梁式梯段　b）反梁式梯段

2）单梁式梯段。单梁式梯段是近年来公共建筑中采用较多的一种结构形式。这种楼梯的每个梯段由一根梯梁支承踏步。梯梁布置分单梁悬臂式和单梁挑板式两种，前者是将梯梁布置在踏步的一端，而将踏步另一端向外悬臂挑出；后者是将梯梁布置在踏步的中间，让踏步从梁的两端挑出，如图 12-9 所示。单梁楼梯受力复杂，梯梁受弯又受扭，但楼梯外形轻巧、

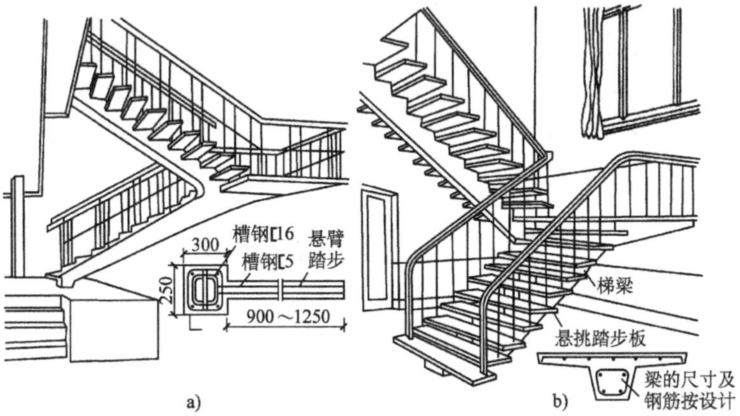

图 12-9　单梁式楼梯

a）单梁悬臂踏板式楼梯　b）单梁挑板式楼梯

美观，故常作为建筑空间造型之用。

二、钢筋混凝土预制楼梯

预制装配式楼梯有利于节约模板、提高施工速度，使用较为普遍。

第四节　楼梯的细部构造

一、踏步面层

楼梯踏步面层应光洁、耐磨、防滑，便于清洁，同时要求美观。踏步面层的材料视装修要求而定，常与门厅或走道的楼地面面层材料一致，常用的有水泥砂浆、水磨石、大理石、地砖和缸砖等。如图 12-10 所示。

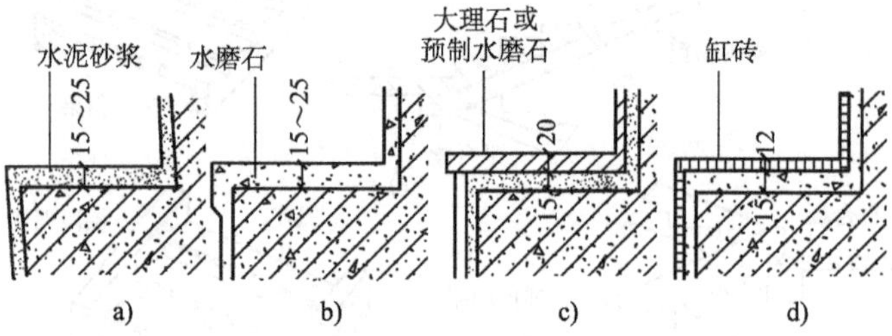

图 12-10　踏步面层构造

a）水泥砂浆面层　b）水磨石面层　c）天然石材面层　d）缸砖面层

二、防滑处理

为防止行人在行走时滑倒，踏步表面应采取防滑和耐磨措施，通常是在踏口处做防滑条。防滑条材料可采用铁屑水泥、金刚砂、塑料条、橡胶条、金属条、马赛克等。如图 12-11 所示。

防滑处理

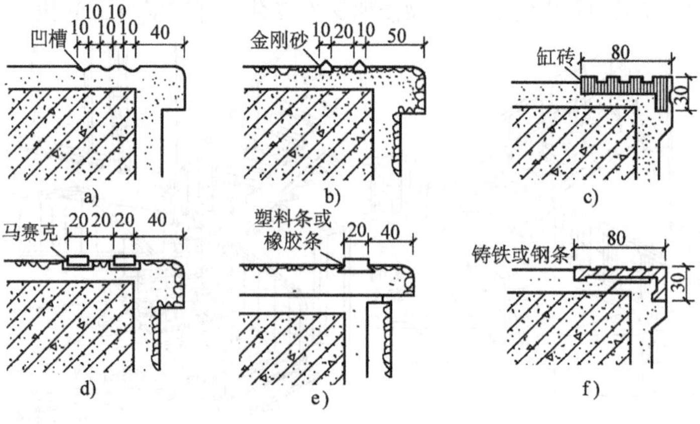

图 12-11　踏步防滑处理

a）防滑凹槽　b）金刚砂防滑条　c）缸砖防滑条　d）马赛克防滑条　e）橡皮防滑条　f）铸铁防滑条

三、栏杆、栏板和扶手

栏杆是布置在楼梯梯段和平台边缘处有一定安全保障度的围护构件。栏杆与楼梯段连接方法有以下几种：预埋件焊接，即将栏杆的立杆与楼梯段中预埋的钢板或套管焊接在一起，如图 12-12a、f 所示；预留孔洞插接，即将栏杆的立杆端部做成开脚或倒刺插入楼梯段预留的孔洞，用水泥砂浆或细石混凝土填实，如图 12-12b、e 所示；螺栓连接，用螺栓将栏杆固定在梯段上，固定方法有若干种，如用板底螺母栓紧贯穿踏板的栏杆等，如图 12-12c、d 所示。

栏杆扶手

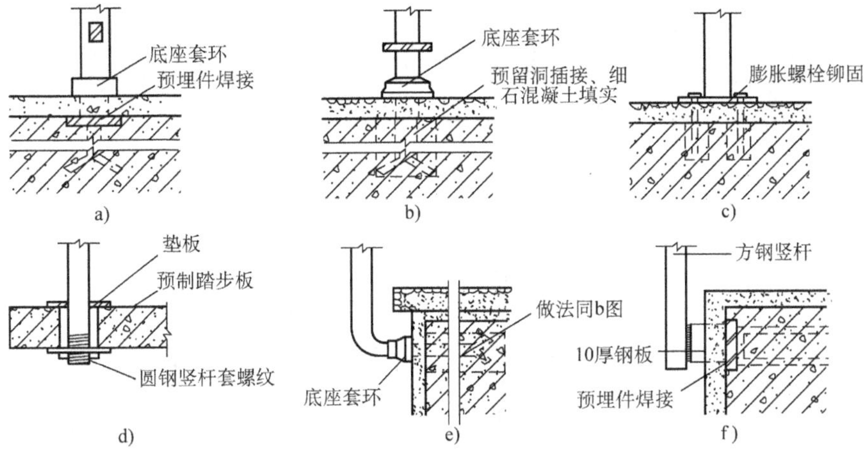

图 12-12　栏杆与梯段的连接

a）预埋件焊接　b）预留孔洞插接　c）膨胀螺栓连接　d）螺栓连接　e）预留孔洞插接　f）预埋件焊接

栏杆或栏板顶部供人们行走倚扶用的连续构件，称为扶手。扶手高度是指踏面宽度中点至扶手面的竖向高度，一般高度为900mm。供儿童使用的扶手高度为600mm，室外楼梯栏杆、扶手高度应不小于1100mm。如图 12-13 所示。

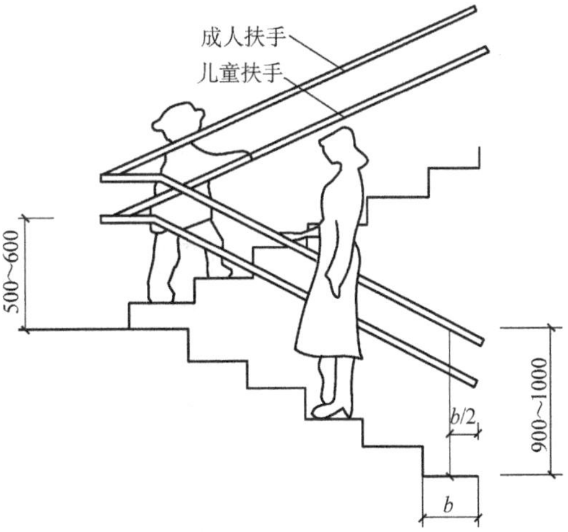

图 12-13　栏杆扶手高度

（1）空花栏杆。空花栏杆多用方钢、圆钢、扁钢等型材焊接或铆接成各种图案，既起防护作用，又有一定的装饰效果。常见栏杆形式如图 12-14 所示。

（2）实体栏板。栏板是用实体材料构成的，多由钢筋混凝土、加筋砖砌体、有机玻璃、钢化玻璃等制作，如图 12-15、图 12-16 所示。

（3）扶手。

1）扶手的类型。扶手位于栏杆的顶部，一般采用硬木、塑料和金属材料制作。硬木扶手常用于室内楼梯。

图 12-14　栏杆形式

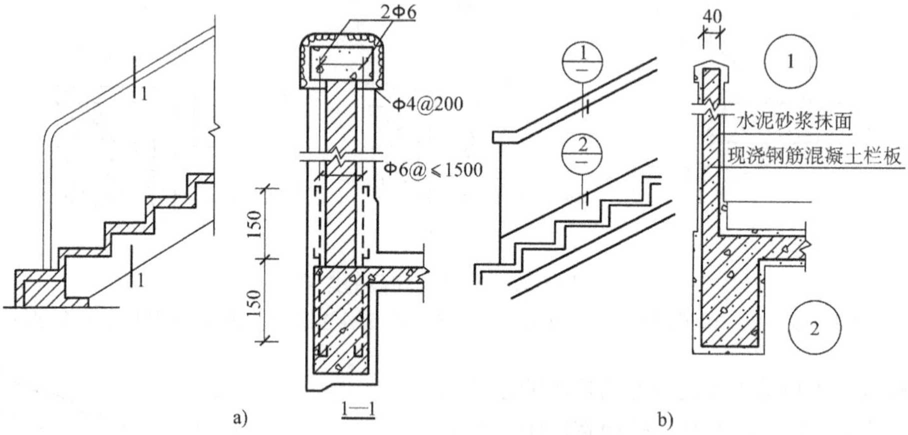

图 12-15　楼梯栏板构造

a）60mm 厚砖砌栏板　b）现浇钢筋混凝土栏板

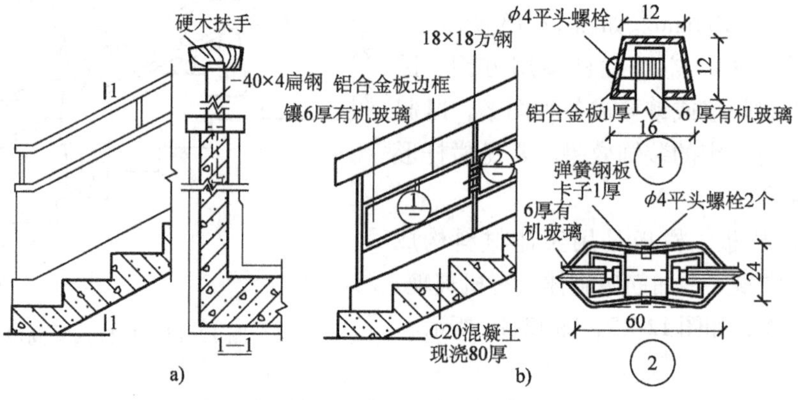

图 12-16　组合式栏杆构造

a）金属与钢筋混凝土栏杆组合　b）金属与有机玻璃组合

2）扶手与栏杆的连接。当采用木材或塑料扶手时，一般在栏杆顶部设通长扁钢与扶手底面或侧面槽口榫接，用木螺钉固定。金属扶手与金属栏杆的连接一般采用焊接或铆接。常见的扶手类型与连接如图 12-17 所示。

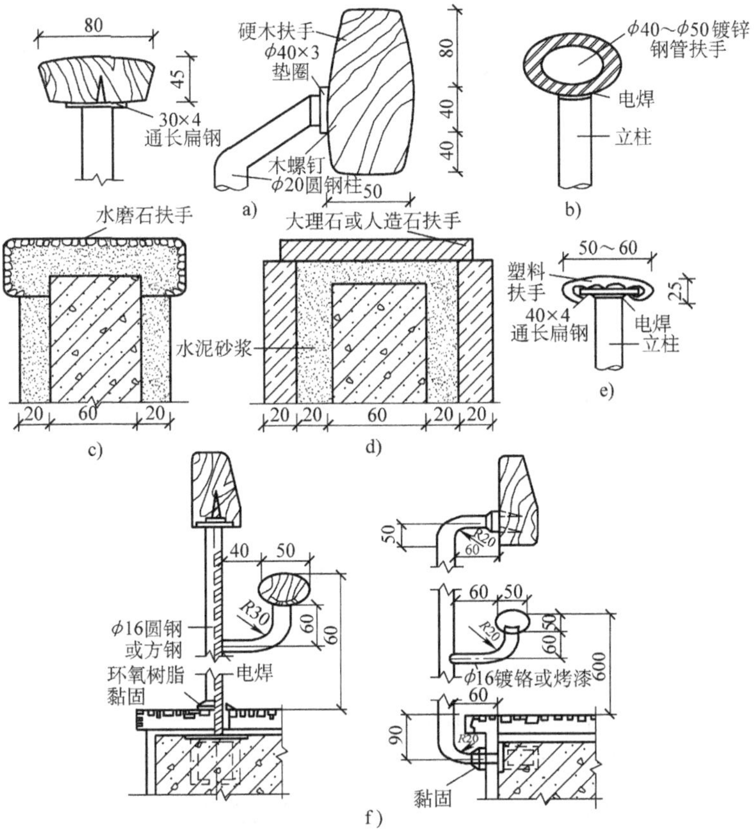

图 12-17　扶手的类型与连接

第五节　其他垂直交通联系设施

一、台阶与坡道

台阶与坡道设置在建筑出入口高差处。室内外交通联系一般多采用台阶，当有车辆通行或有无障碍要求或室内外地面高差较小时，可采用坡道。

1. 台阶和坡道的形式

台阶由踏步和平台组成。其形式有单面踏步式、三面踏步式等。为便于汽车在大门口处通行，可考虑采用台阶与坡道相结合的形式，如图 12-18所示。

台阶与坡道

2. 台阶构造

室外台阶的平台为防止雨水积聚或倒溢，其表面应比室内地面低 20～60mm，且向外做 3%左右的坡度，以利雨水排除。室外台阶构造与地坪层相似，由面层、结构层和垫层组成。

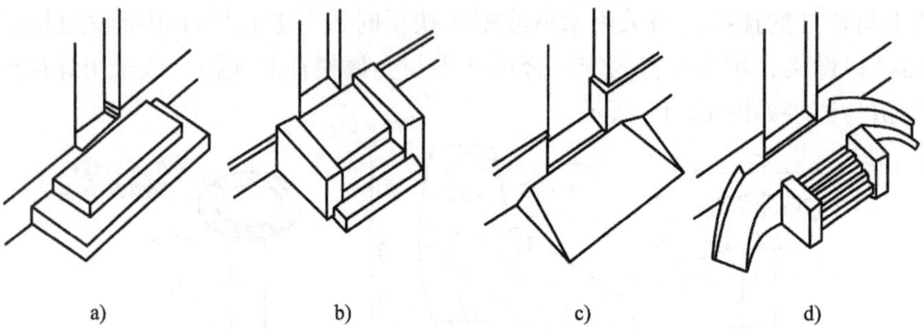

图 12-18　台阶与坡道的形式

a）三面踏步　b）单面踏步　c）坡道　d）踏步与坡道结合

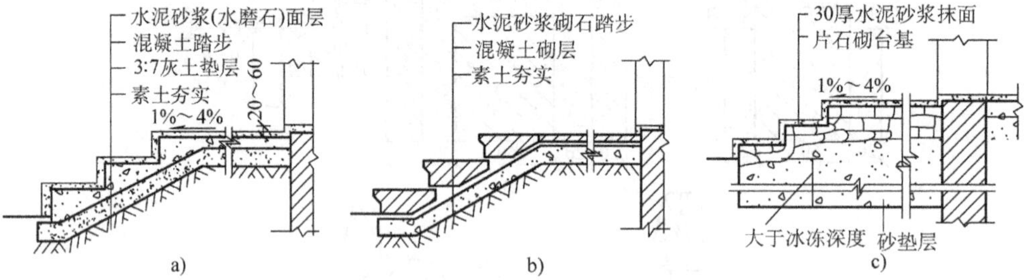

图 12-19　台阶的构造

a）混凝土台阶　b）石台阶　c）换土地基台阶

台阶构造如图 12-19 所示。为防止建筑主体结构下沉时拉裂台阶，可加强主体与台阶间的联系以形成整体沉降；也可将台阶和主体完全断开，加强缝隙处理，如图 12-20 所示。

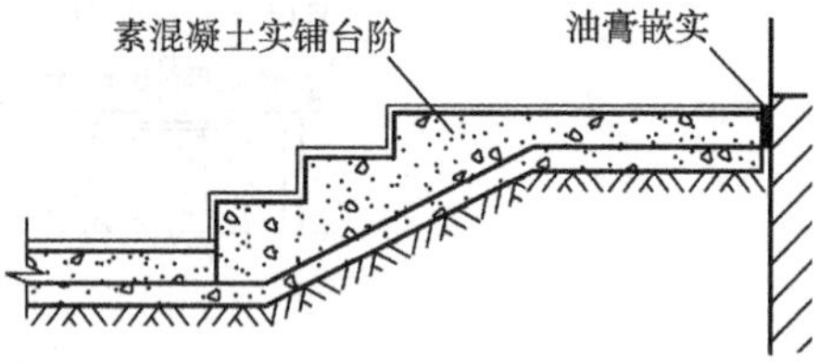

图 12-20　台阶的变形缝处理

3. 坡道构造

坡道材料常用混凝土或石块等，面层多为水泥砂浆，其构造要求与台阶相似，同时应注意加强防滑处理，如图 12-21 所示。

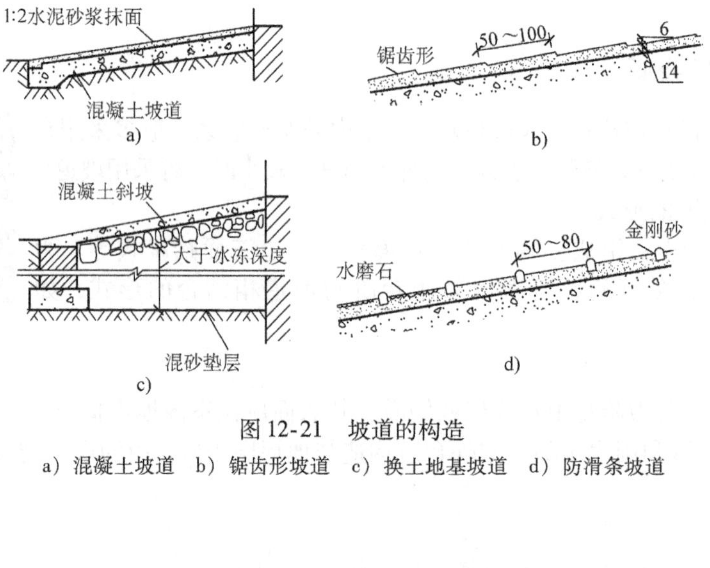

图 12-21　坡道的构造

a）混凝土坡道　b）锯齿形坡道　c）换土地基坡道　d）防滑条坡道

二、电梯与自动扶梯

1. 电梯

电梯是高层住宅与公共建筑等不可或缺的垂直交通联系设施，分为客梯、货梯和消防电梯。电梯由以下几部分组成：

（1）电梯井道。是电梯运行的通道，内部安装有轿厢、导轨、平衡重、缓冲器等，如图 12-22 所示。

（2）电梯机房。电梯机房一般设置在电梯井道的顶部，少数设在底层或地下。机房尺寸根据机械设备尺寸及管理、维修等需要来确定，可向任意一个或两个相邻方向伸出，且应有良好的采光和通风条件。

（3）电梯厅门套。电梯厅门套装修的构造做法与电梯厅的装修统一考虑，可用水泥砂浆抹灰，水磨石或木板装修，高级的还可采用大理石或金属装修。

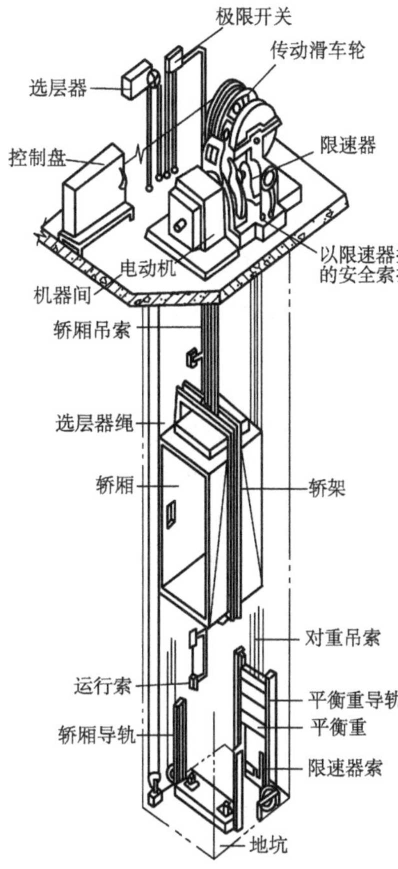

图 12-22　电梯井道示意图

2. 自动扶梯

自动扶梯多用于有大量人流出入的公共建筑中，其坡度比较平缓，运行速度为 0.5 ~ 0.7m/s，宽度有单人和双人两种，如图 12-23 所示。

电梯与自动扶梯

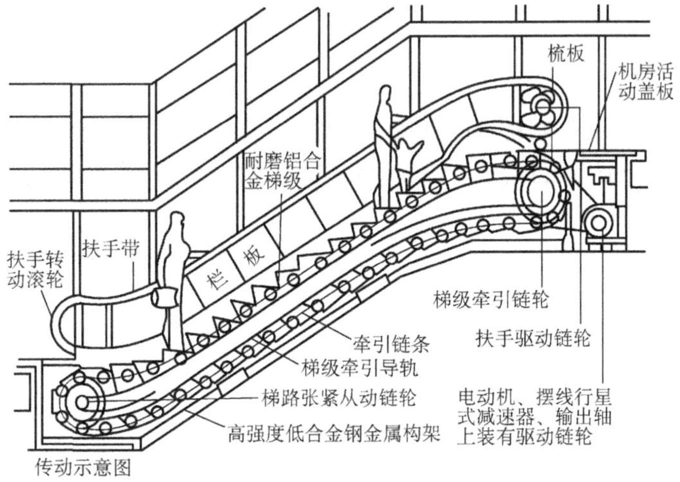

图 12-23　自动扶梯示意图

本章小结

（1）楼梯是建筑中的重要组成构件，由楼梯段、平台和栏杆扶手所组成。常见楼梯平面形式有直跑楼梯、双跑楼梯、多跑楼梯、剪刀楼梯、交叉楼梯等。楼梯的位置应明显，具有明确的导向性，同时构造合理，安全坚固，也要具有一定的美观性。

（2）楼梯的细部构造包括踏步面层处理、栏杆扶手的构造以及相关的连接处理。

（3）室外台阶与坡道设置在建筑出入口处。其平面形式有单面踏步式、三面踏步式、坡道式等，构造方法依其所采用的材料而有所不同。

（4）电梯是垂直交通工具，由轿厢、电梯井道及运载设备等构成。自动扶梯适用于有大量人流上下的公共建筑中。

复习思考题

1. 楼梯由哪几部分组成？各组成部分的作用与要求如何？
2. 楼梯有哪几种常见的平面形式？
3. 楼梯设计的要求有哪些方面？
4. 现浇钢筋混凝土楼梯中板式梯段与梁板式梯段有何不同？

作业：楼梯构造设计任务书

依下列条件和要求，设计某住宅的钢筋混凝土平行双跑楼梯。

1. 设计条件

该住宅为6层，层高为2.8m，楼梯间开间2.7m，进深5.6m。底层平台下设有住宅出入口，楼梯间四壁均为普通240mm砖墙承重。室内外地面高差0.7m，出入口处雨篷挑出宽度0.9m，楼梯间窗洞尺寸：高×宽=1.2m×1.2m，地面做法自定。

2. 设计要求

（1）根据以上条件，设计楼梯梯段宽度、长度、踏步数及其高、宽尺寸。

（2）确定休息平台的宽度；设计栏杆形式及尺寸。

（3）写出计算过程。

3. 图纸要求

（1）用一张2号图纸绘制楼梯间顶层、二层、底层平面图和剖面图，比例1:50。

（2）绘制2~3个节点大样图，比例1:5~1:10，反映楼梯各细部构造（包括踏步、栏杆、扶手等）。

（3）简要说明设计方案及构造做法；所有线条、材料图例等均应符合建筑制图统一标准。

第十三章　屋　　顶

学习目标：

了解屋顶类型及作用，屋顶保温与隔热层的构造，屋顶的柔性、刚性排水，泛水的屋面常用构造（含变形缝）；掌握顶棚构造；掌握坡屋顶的构造；能完成屋顶的一般构造设计。

学习重点：

民用建筑屋顶的类型、作用和要求；平屋顶的组成、特点和排水组织方式；平屋顶的防水构造、柔性防水屋面构造、刚性防水屋面构造；平屋顶的泛水构造方法和保温与隔热措施。

学习建议：

掌握平屋顶的防水构造、泛水构造、保温与隔热措施；掌握坡屋顶屋面防水、泛水构造和保温隔热措施。加强对屋顶构造图的识读，以便达到理论联系实际的效果。

第一节　屋顶的类型及作用

屋顶类型

一、屋顶类型

根据屋顶的外形和坡度划分，屋顶一般可分为平屋顶、坡屋顶和其他屋顶等（图 13-1）。

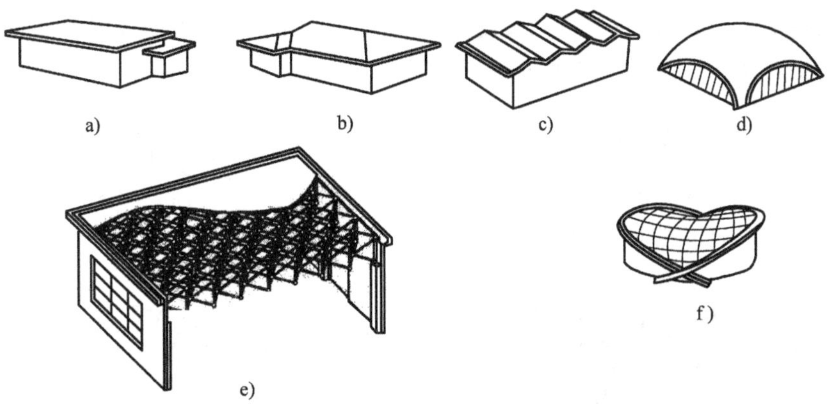

图 13-1　屋顶形式

a）平屋顶　b）坡屋顶　c）折板屋顶　d）壳体屋顶　e）网架屋顶　f）悬索屋顶

（1）平屋顶。平屋顶的屋面应采用防水性能好的材料，但为了排水也要设置坡度，平屋顶的屋面坡度小于10%，常用的坡度范围为2%～5%，其一般构造是用现浇或预制的钢筋混凝土屋面板做基层，上面铺设卷材防水层或其他类型防水层。

（2）坡屋顶。坡屋顶是常用的屋顶类型，屋面坡度大于10%，有单坡、双坡、四坡和歇山等多种形式，单坡顶用于小跨度的房屋，双坡和四坡顶用于跨度较大的房屋。

（3）曲面屋顶。曲面屋顶是由各种薄壳结构、悬索结构、拱结构和网架结构作为屋顶承重结构的屋顶，如双曲拱屋顶、球形网壳屋顶、扁壳屋顶、鞍形悬索屋顶等。

二、屋顶的作用及设计

1. 屋顶的作用

屋顶能抵御自然界的风霜雨雪、太阳辐射、昼夜气温变化和各种外界不利因素对建筑物的影响；屋顶承受作用于屋顶上部荷载，包括风、雪荷载和屋顶自重，并将它们通过墙、柱传递到基础；另外，屋顶的形式对建筑造型有重要影响，可以使房屋形体美观、造型协调。

2. 屋顶的设计要求和坡度

（1）屋顶的设计要求。

1）防水可靠、排水迅速是屋顶首先应当具备的功能。

2）强度和刚度的要求。

3）保温隔热的要求。

4）美观的要求。

（2）坡度。

1）影响坡度的因素。为了预防屋顶渗漏水，常将屋面做成一定坡度，利用屋顶的坡度，以最短而直接的途径排除屋面的雨水，减少渗漏的可能。屋顶的坡度首先取决于建筑物所在地区的降水量大小。我国南方地区年降雨量较大，屋面坡度较大；北方地区年降雨量较小，屋面平缓些。屋面坡度的大小也取决于屋面防水材料的性能，即采用防水性能好、单块面积大、接缝少的材料，如防水卷材，金属钢板，钢筋混凝土板等材料，屋面坡度就可小些，如采用小青瓦、平瓦、琉璃瓦等小块面层的材料，则接缝多，坡度就应大些。

2）坡度的表示方法。屋顶坡度的常用表示方法有斜率法、百分比法和角度法三种。斜率法是以屋顶高度与坡面的水平投影长度之比表示，可用于平屋顶或坡屋顶，如：1:2，1:4等。百分比法是以屋顶高度与坡面的水平投影长度的百分比表示，多用于平屋顶，如 $i=1\%$，$i=2\%\sim3\%$。角度法是以倾斜屋面与水平面的夹角表示，多用于有较大坡度的坡屋面，如15°、30°和45°等，目前在工程中较少采用（图13-2）。

3）坡度形成的方法。屋顶的坡度形成有结构找坡和材料找坡两种方法。

屋面坡度

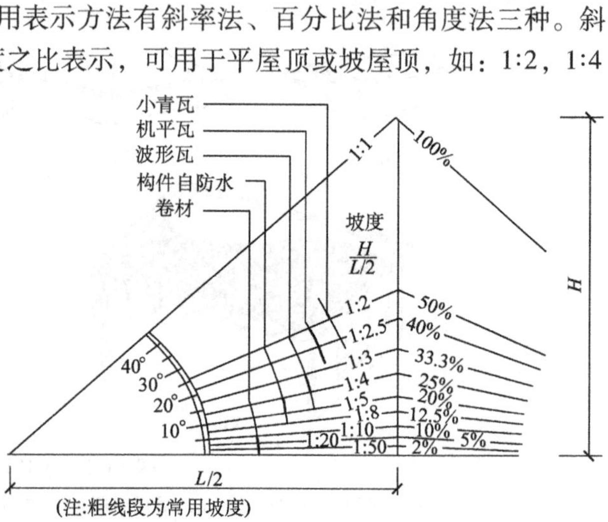

图13-2　屋顶坡度

① 结构找坡。结构找坡是指屋顶结构自身有排水坡度，一般采用上表面呈倾斜的屋面梁或屋架上安装屋面板，也可采用在顶面倾斜的山墙上搁置屋面板，使结构表面形成坡面，这种做法不需另加找坡材料，构造简单，不增加荷载，其缺点是室内的顶棚是倾斜的，空间不够规整，有时需加设顶棚，某些坡屋顶，曲面屋顶常用结构找坡。

② 材料找坡。材料找坡是指屋顶坡度由垫坡材料形成，一般用于坡度较小的屋面，通常选用炉渣等，找坡保温屋面也可根据情况直接采用保温材料找坡。

第二节　平屋顶构造

一、平屋顶的组成

平屋顶设计中主要解决防水、排水、保温、隔热和结构承载等问题，一般做法是结构层在下，防水层在上，其他层次位置视具体情况而定（图 13-3）。

（1）承重结构层。平屋顶的承重结构层一般采用钢筋混凝土梁板，要求具有足够的承载力和刚度，以减少板的挠度和变形。

（2）找坡层。平屋面的排水坡度分结构找坡和材料找坡，结构找坡要求屋面结构按屋面坡度设置，材料找坡常利用屋面保温层铺设厚度的变化完成，如1:6水泥焦渣或 1:8 水泥膨胀珍珠岩。

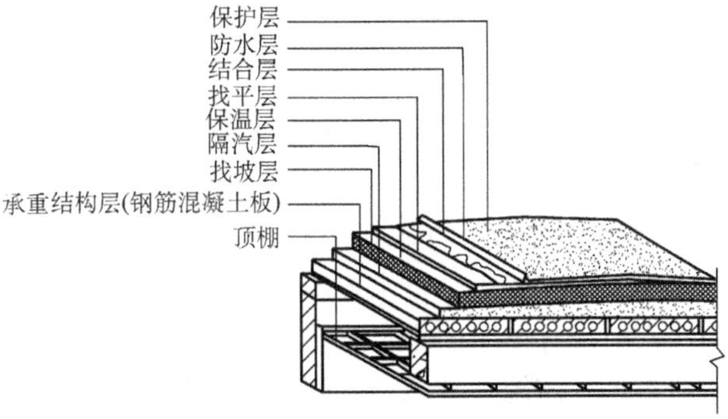

图 13-3　平屋面基本构造

（3）防水层。屋顶通过面层材料的防水性能达到防水的目的。目前在北方地区多采用沥青卷材的屋面面层，称柔性防水层，而在南方地区常采用水泥砂浆或混凝土浇筑的整体屋面面层，称刚性防水层。

1）柔性防水层。柔性防水层指采用有一定韧性的防水材料隔绝雨水，防止雨水渗漏到屋面下层。由于柔性材料允许有一定变形，所以在屋面基层结构变形不大的条件下可以使用。柔性防水层的材料主要有防水卷材和防水涂料两类。

① 防水卷材。防水卷材有沥青防水卷材、高聚物改性沥青防水卷材和合成高分子防水卷材。

② 防水涂料。防水涂料有合成高分子防水涂料和高聚物改性沥青防水涂料。

2）刚性防水层。刚性防水层是采用密实混凝土现浇而成的防水层。刚性防水层的材料有：普通细石混凝土防水层、补偿收缩防水混凝土防水层、块体刚性防水层和配筋钢纤维刚性防水层。

（4）保温（隔热）层。保温层或隔热层应设在屋顶的承重结构层与面层之间，一般采用松散材料、板（块）状材料或现场整浇三种，如膨胀珍珠岩、加气混凝土块、硬质聚氨酯泡沫塑料等，纤维材料容易产生压缩变形，采用较少。选用时应综合考虑材料来源、性能、经济等因素。

（5）找平层。找平层的作用是使平屋面的基层平整，以保证防水层平整，使排水顺畅，无积水。

（6）结合层。基层处理剂是在找平层与防水层之间涂刷的一层黏结材料，以保证防水层与基层更好地结合，故又称结合层。

（7）隔气层。为了防止室内的水蒸气渗透进入保温层内，降低保温效果，采暖地区湿度大于75%～80%时，屋面应设置隔气层。

（8）保护层。当柔性防水层置于最上层时，为了防止阳光的照射使防水材料日久老化，或上人屋面为防止踩踏防水层，应在防水层上加保护层。

二、平屋顶柔性防水屋面

平屋顶柔性防水屋面是将柔性的防水卷材相互搭接，用胶结料粘贴在屋面基层上，形成防水能力的柔性防水屋面，也称为卷材防水屋面。

1. 卷材防水屋面的基本构造

卷材防水屋面由结构层、找平层、防水层和保护层组成，它适用于防水等级为Ⅰ～Ⅳ级的屋面防水。

2. 卷材防水层的铺贴方法

卷材防水层的铺贴方法包括冷粘法、自粘法、热熔法等常用铺贴方法。

3. 卷材防水屋面的排水方式

卷材屋面排水方式

平屋顶坡度较小，排水较困难，为把雨水尽快排除出去，减少积留时间，需组织好屋面的排水系统，而屋面的排水系统又与排水方式及檐口做法有关，需统一考虑。屋面排水方式有无组织排水和有组织排水两大类。

（1）无组织排水。当平屋顶采用无组织排水时，需把平屋顶在外墙四周挑出，形成挑檐，屋面雨水经挑檐自由下落至室外地坪，这种排水方式称为无组织排水（图13-4）。

（2）有组织排水。在屋顶设置与屋面排水方向垂直的纵向天沟，汇集雨水后，将雨水由雨水口、雨水管有组织地排到室外地面或室内地下排水系统，这种排水方式称有组织排水（图13-5）。有组织排水有外排水和内排水两种。

1）外排水。外排水是屋顶雨水由室外雨水管排到室外的排水方式。这种排水方式构造简单，造价较低，应用最广（图13-6）。

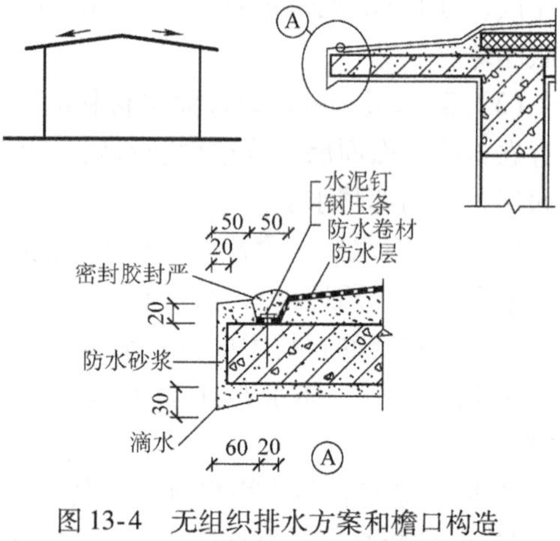

图13-4　无组织排水方案和檐口构造

2）内排水。内排水是屋顶雨水由设在室内的雨水管排到地下排水系统的排水方式（图13-7）。

4. 卷材防水屋面的节点构造

卷材防水屋面在檐口、屋面与凸出构件之间，变形缝、上人孔等处特别容易产生渗漏，所以应加强这些部位的防水处理。

卷材屋面节点构造

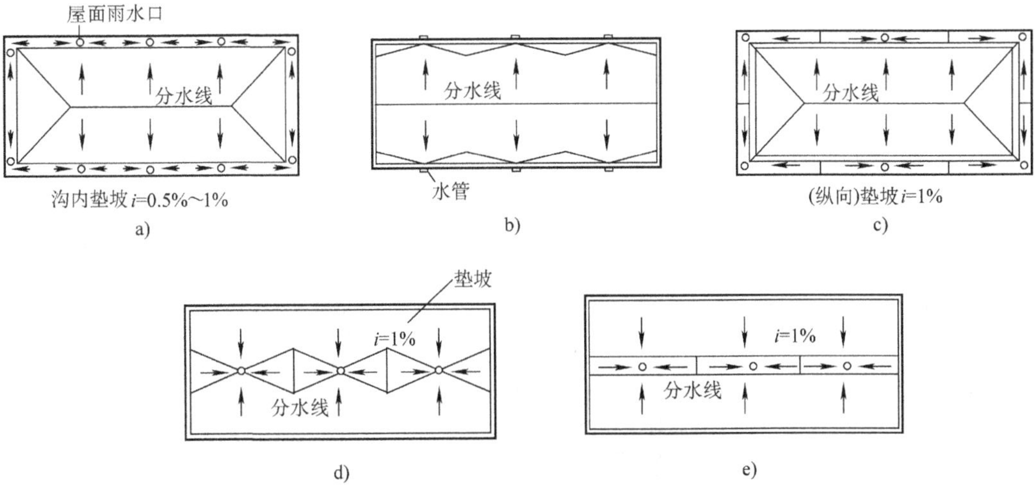

图 13-5　有组织排水屋顶平面

a）檐沟　b）女儿墙　c）女儿墙（挑檐）　d）内排水　e）中间天沟内排水

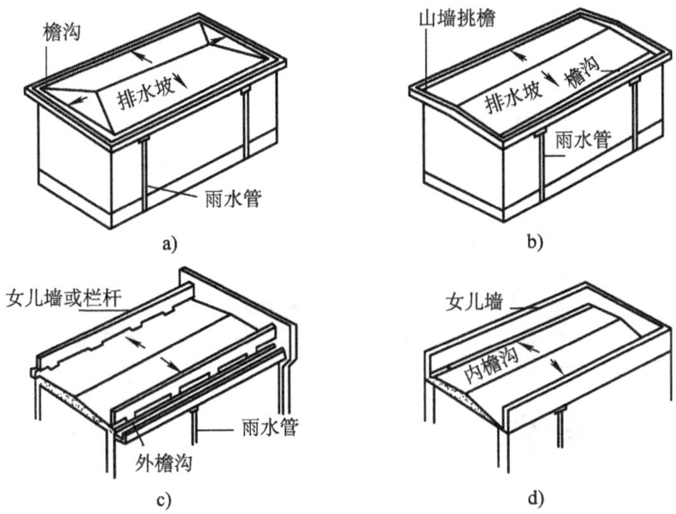

图 13-6　平屋顶有组织外排水

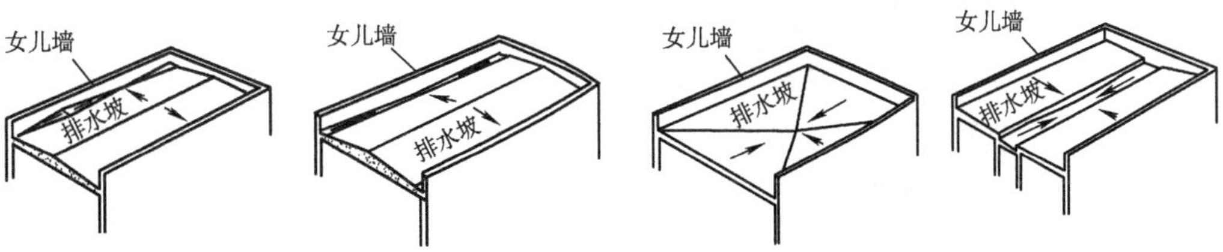

图 13-7　有组织内排水屋面

（1）泛水。泛水是指屋面防水层与凸出构件之间的防水构造。一般在屋面防水层与女儿墙之间，上人屋面的楼梯间，凸出屋面的电梯机房、水箱间、高低屋面交接处等都需做泛水（图 13-8）。

（2）檐口。檐口是屋面防水层的收头处，此处的构造处理方法与檐口的形式有关，檐口的形式由屋面的排水方式和建筑物的立面造型要求来确定，一般有无组织排水檐口、挑檐沟檐口、女儿墙檐口和斜板挑檐檐口等。

1）无组织排水檐口（图 13-9）。

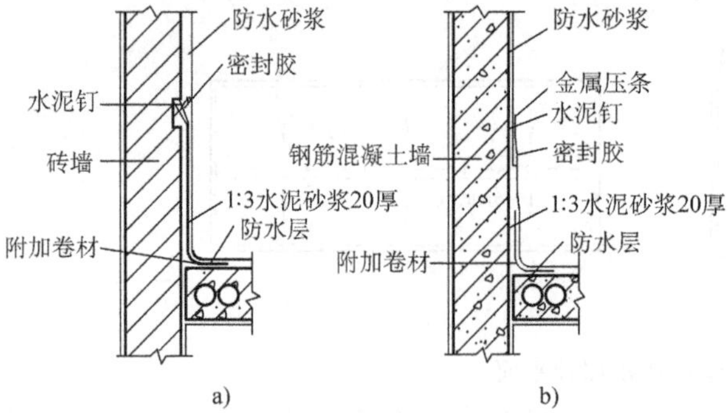

图 13-8　泛水的做法

a）墙体为砖墙　b）墙体为钢筋混凝土墙

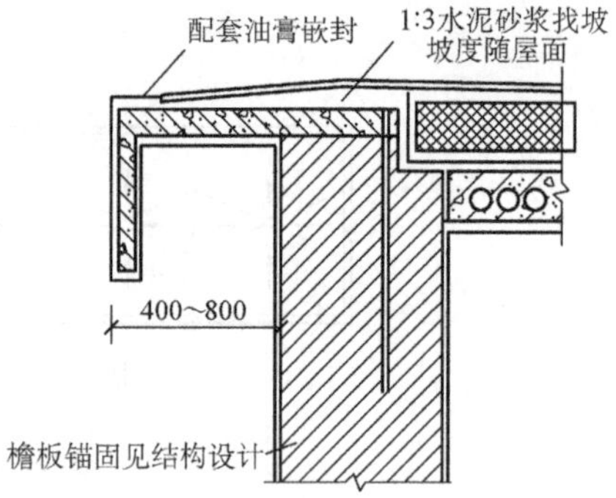

图 13-9　无组织排水檐口油膏压顶

2）有组织排水檐口是将聚集在檐沟中的雨水分别由雨水口经水斗、雨水管（又称水落管）等装置导至室外明沟内。

3）雨水口。雨水口是屋面雨水排至落水管的连接构件，通常为定型产品，多用铸铁、钢板制作。雨水口分直管式和弯管式两大类。直管式用于内排水中间天沟，外排水挑檐等，弯管式只适用女儿墙外排水天沟，柔性卷材屋面雨水口构造如图 13-10 所示。

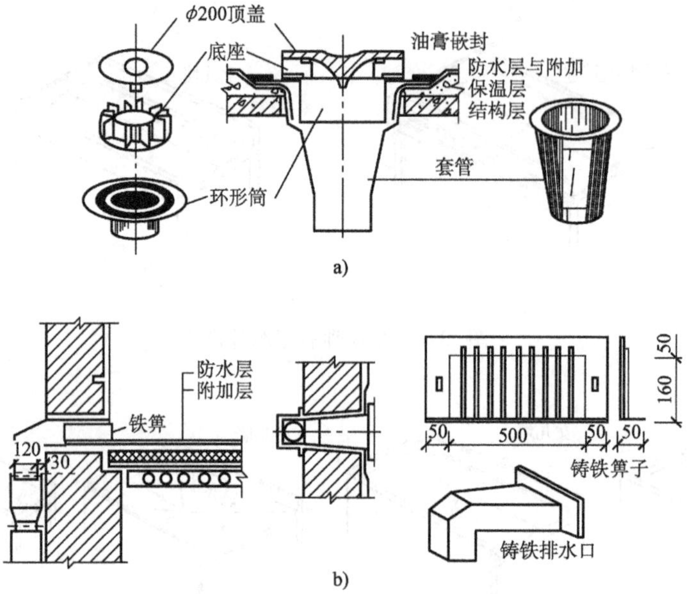

图 13-10　柔性卷材屋面雨水口构造

a）直管式雨水口　b）弯管式雨水口

三、平屋顶刚性防水屋面

刚性防水屋面是用刚性防水材料，如防水砂浆、细石混凝土、配筋的细石混凝土等做防水层的屋面，屋面坡度宜为2% ~3%，并应采用结构找坡。这种屋面构造简单，施工方便，造价低廉，但对湿度变化和结构变形较敏感，容易产生裂缝而渗漏。故刚性防水屋面不宜用于湿度变化大，有振动荷载和基础有较大不均匀沉降的建筑。一般用于南方地区的建筑。

1. 刚性防水屋面的基本构造

刚性防水屋面是由结构层、找平层、隔离层和防水层组成。

2. 刚性防水屋面的节点构造

刚性防水屋面的节点构造包括分格缝、泛水构造、檐口和雨水口构造。

（1）分格缝。分格缝是为了避免刚性防水层因结构变形、温度变化和混凝土干缩等产生裂缝所设置的“变形缝”（图13-11）。

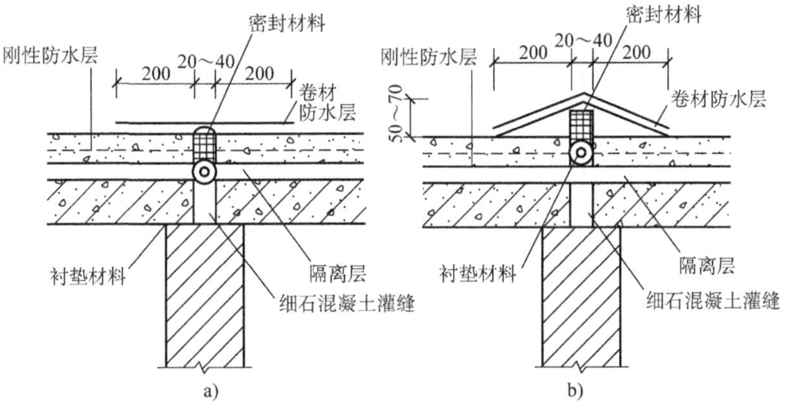

图13-11　分格缝构造

a）平缝　b）凸缝

（2）泛水构造。刚性防水屋面泛水构造与柔性防水屋面原理基本相同，一般做法是将细石混凝土防水层直接引伸到墙面上，细石混凝土内的钢筋网片也同时上弯（图13-12）。

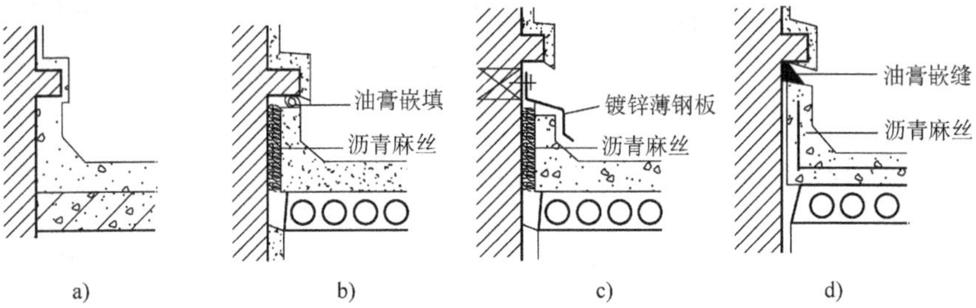

图13-12　刚性防水屋面泛水构造

a）挑砖　b）挑砖嵌油膏　c）挑砖盖薄钢板　d）配筋细石混凝土油膏嵌缝

（3）檐口。刚性防水屋面的檐口形式分为无组织排水檐口和有组织排水檐口（图13-13）。

（4）雨水口。刚性防水屋面雨水口的规格和类型与柔性防水屋面所用雨水口相同。

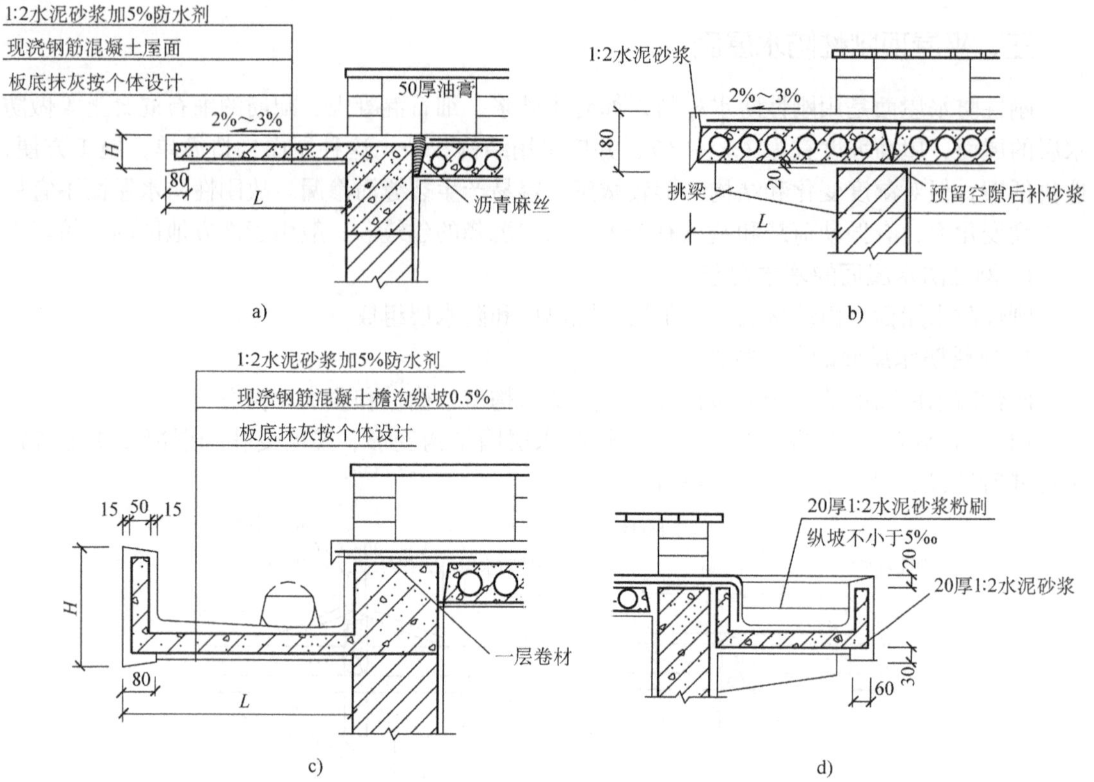

图 13-13　刚性防水屋面檐口构造

a）现浇钢筋混凝土檐口板　b）预制板檐口　c）现浇檐沟　d）预制檐沟

四、平屋顶的保温与隔热

1. 平屋顶的保温

屋面保温材料应具有吸水率低、堆密度和热导率较小，并有一定强度的性能。保温材料按物理特性可分为三大类：一是散料类保温材料，如膨胀珍珠岩、膨胀蛭石、炉渣、矿渣等；二是整浇类保温材料，如水泥膨胀珍珠岩、水泥膨胀蛭石等；三是板块类保温材料，如用加气混凝土、泡沫混凝土、膨胀珍珠岩混凝土、膨胀蛭石混凝土等加工成的保温块材或板材，或采用聚苯乙烯泡沫塑料保温板。在实际工程中，应根据工程实际来选择保温材料的类型，通过热工计算确定保温层的厚度。

平屋顶的保温

2. 平屋顶的隔热

平屋顶的隔热可采用通风隔热、蓄水隔热、植被隔热、反射隔热等方式。

1）通风隔热是在屋顶设置通风间层，利用空气的流动带走大部分的热量，达到隔热降温的目的。通风隔热屋面有两种做法：一种是在结构层与悬吊顶棚之间设置通风间层，在屋面上设排汽口（图 13-14）；另一种是设架空屋面（图 13-15）。

平屋顶的隔热

2）蓄水隔热是在平屋顶上面设置蓄水池，利用水的蒸汽带走大量的热量，从而达到隔热降温的目的。

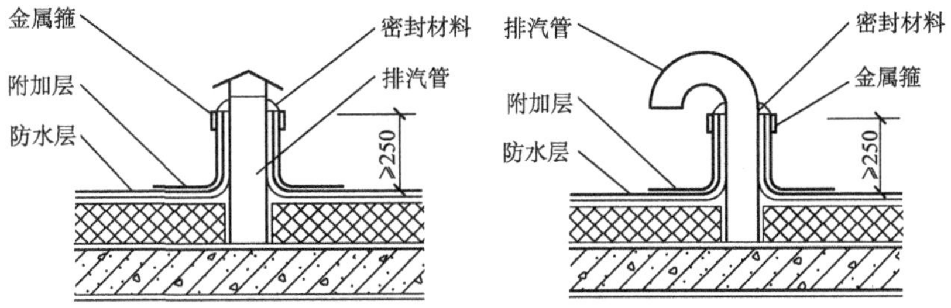

图 13-14　屋面排汽口

a）屋面排汽口之一　b）屋面排汽口之二

3）植被隔热是在平屋顶上种植植物，利用植物光合作用时吸收热量和植物对阳光的遮挡功能来达到隔热的目的。

4）反射隔热是在屋面铺浅色的砾石或刷浅色涂料等，利用浅色材料的颜色和光滑度对热辐射的反射作用，将屋面的太阳辐射热反射出去，从而达到降温的作用。

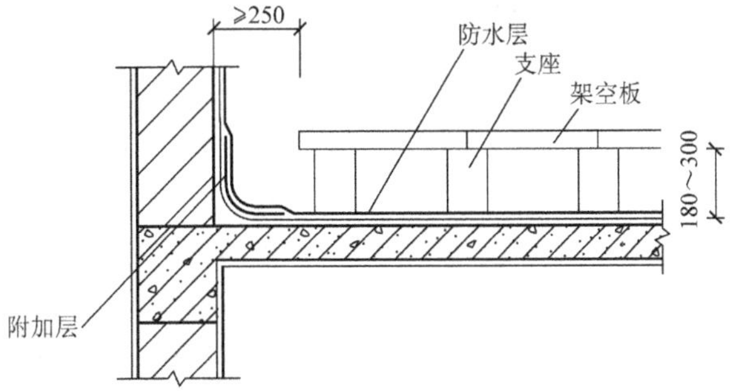

图 13-15　架空屋面

五、屋顶伸缩缝的构造

屋顶伸缩缝的位置和尺寸大小，应与墙体、楼板层伸缩缝相对应。常见屋顶伸缩缝构造如图 13-16 及图 13-17 所示。

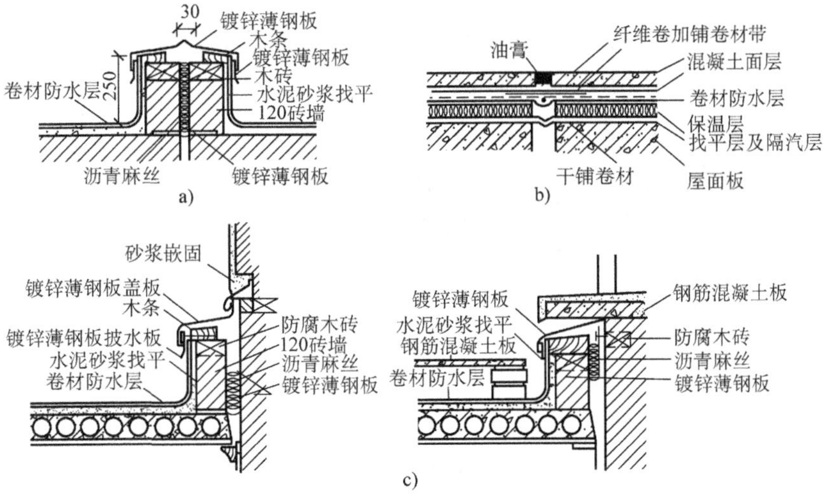

图 13-16　卷材防水屋顶伸缩缝构造

a）不上人屋顶平接变形缝　b）上人屋顶平接变形缝　c）高低缝处屋顶变形缝

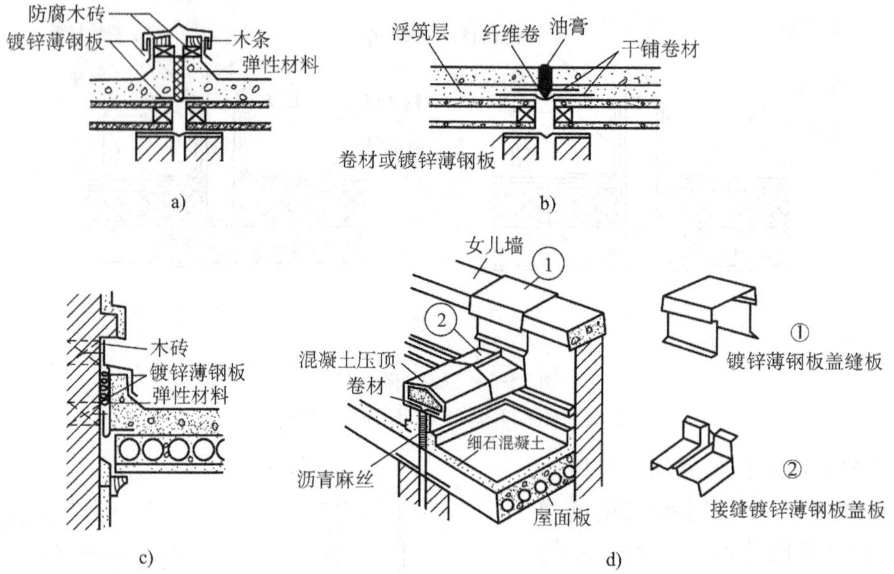

图 13-17　刚性防水屋顶伸缩缝构造

a）不上人屋顶平接变形缝　b）上人屋顶平接变形缝　c）高低缝处屋顶变形缝　d）变形缝立体图

第三节　坡屋顶构造

一、坡屋顶的承重构件

不同材料和结构可以设计出各种形式的屋顶，同一种形式的屋顶也可采用不同的结构方式。为了满足功能、经济、美观的要求，必须合理地选择支承结构。在坡屋顶中常采用的支承结构有山墙承重、屋架承重、梁架承重等类型（图 13-18）。在低层住宅、宿舍等建筑中，由于房间开间较小，常用山墙承重结构。在食堂、学校、俱乐部等建筑中，开间较大的房间可根据具体情况用山墙和屋架承重。

坡屋顶的承重构件

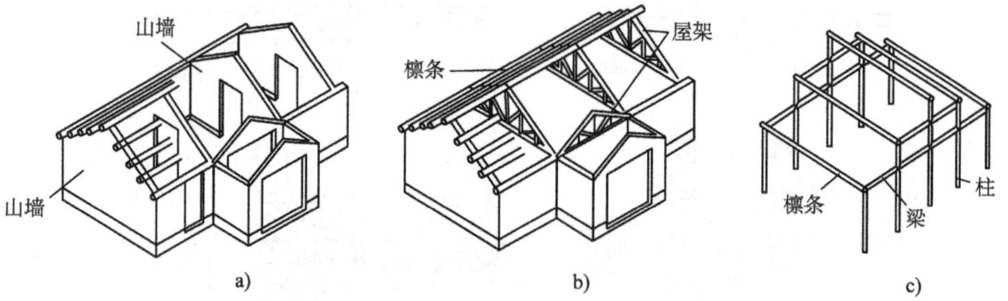

图 13-18　瓦屋面的承重结构

a）山墙承重　b）屋架承重　c）梁架承重

1. 山墙承重

山墙作为屋顶承重结构，多用于房间开间较小的建筑。这种建筑是在山墙上搁檩条、檩条上再铺屋面面板；或在山墙上直接搁钢筋混凝土板，然后铺瓦（图 13-19）。山墙承重结

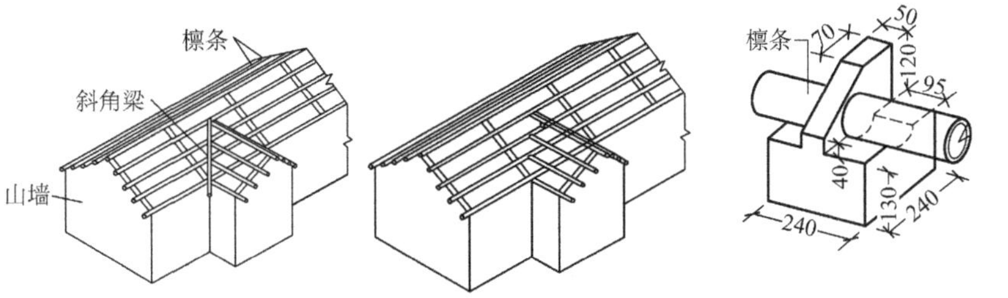

图 13-19　山墙承重的屋顶

构一般用于小型、较简易的建筑。

2. 屋架承重

屋架承重是指利用建筑物的外纵墙或柱支承屋架，然后在屋架上搁置檩条来承受屋面重量的一种承重方式。屋架一般按房屋的开间等间距排列，其开间的选择与建筑平面以及立面设计都有关系。屋架承重体系的主要优点是建筑物内部可以形成较大的空间结构，布置灵活，通用性大（图 13-20）。

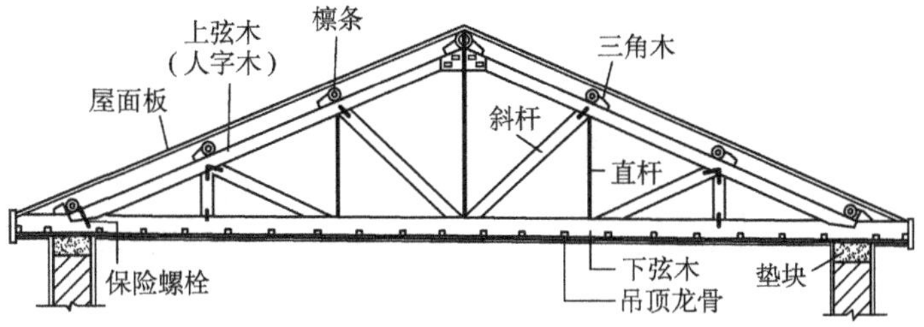

图 13-20　三角形屋架组成

3. 梁架承重

梁架承重是我国传统的木结构形式。它由柱和梁组成梁架，檩条搁置在梁间，承受屋面荷载，并将各梁架联系为一完整的骨架。

二、坡屋顶的屋面

坡屋顶屋面由屋面支承构件及防水面层组成。支承构件包括檩条、椽子、屋面板和钢筋混凝土挂瓦板。屋面防水层包括各类瓦，常用的有黏土平瓦、小青瓦、水泥瓦、卷材瓦等铺材。金属材料中的镀锌钢板彩瓦及彩色镀铝锌压型钢板等多用于大型公共建筑中耐久性及防水要求高，建筑物自重要求轻的房屋中。民用建筑中的坡屋顶以水泥瓦采用较多，当屋顶坡度较平，对房屋自重要求减轻并防火要求高时常用石棉瓦等。

坡屋顶的屋面

1. 屋面支承构件

屋面支承构件包括檩条、椽子、屋面板和钢筋混凝土挂瓦板。

2. 坡屋顶屋面铺材与构造

坡屋顶屋面铺材决定了屋面防水层的构造，屋面防水层包括平瓦屋面、波形瓦屋面、小青瓦屋面、钢筋混凝土大瓦屋面、钢筋混凝土板基层平瓦屋面、玻璃纤维卷材瓦屋面、钢板彩瓦屋面、彩色镀锌压型钢板屋面。

（1）平瓦屋面。平瓦屋面适用于防水等级为Ⅱ级、Ⅲ级、Ⅳ级的屋面防水

（图 13-21a）。

1）冷摊瓦屋面，在一般不保温的房屋及简易房屋中常采用，在椽子上直接钉 25mm × 30mm 挂瓦条挂瓦。其缺点是雨水可能从瓦缝中渗入室内，且屋顶隔热、保温效果差。但价格比较便宜（图 13-21b）。

2）木屋面板平瓦屋面是在檩条或椽子上钉木屋面板（15 ~ 25mm 厚），板上平行屋脊方向铺一层卷材，上钉顺水条（又称压毡条），再钉挂瓦条挂瓦（图 13-21c、d）。

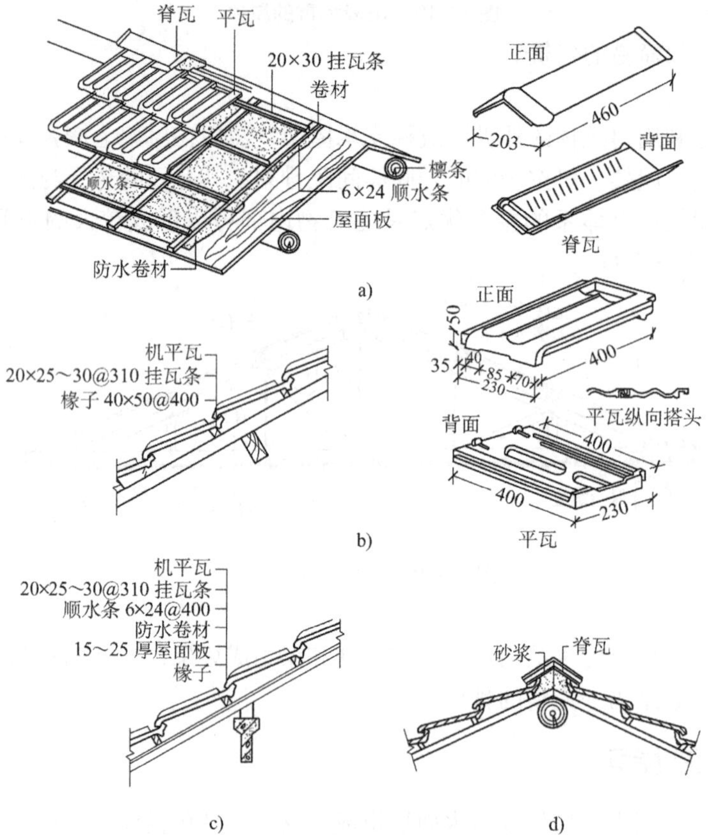

图 13-21　平瓦屋面构造

a）屋面构造示意图　b）冷摊瓦　c）屋面板卷材防水　d）屋脊构造

（2）小青瓦屋面。在我国旧民居建筑中常用小青瓦（板瓦、蝴蝶瓦）作屋面（图 13-22）。

（3）钢筋混凝土板平瓦屋面。在住宅、学校、宾馆、医院等民用建筑中，钢筋混凝土屋面板找平层上铺防水卷材、保温层，再做水泥砂浆卧瓦层，最薄处为 20mm，内配 ϕ6@500mm × 500mm 钢筋网，再铺瓦（图 13-23）。

3. 钢筋混凝土屋面板

用钢筋混凝土技术可塑造坡屋面的任何形式效果，可作直斜面、曲斜面或多折斜面，尤其现浇钢筋混凝土屋面对建筑的整体性、防渗漏、抗震害和防火耐久性等都有明显的优势。当今，钢筋混凝土坡屋顶已广泛用于住宅、别墅、仿古建筑和高层建筑中。

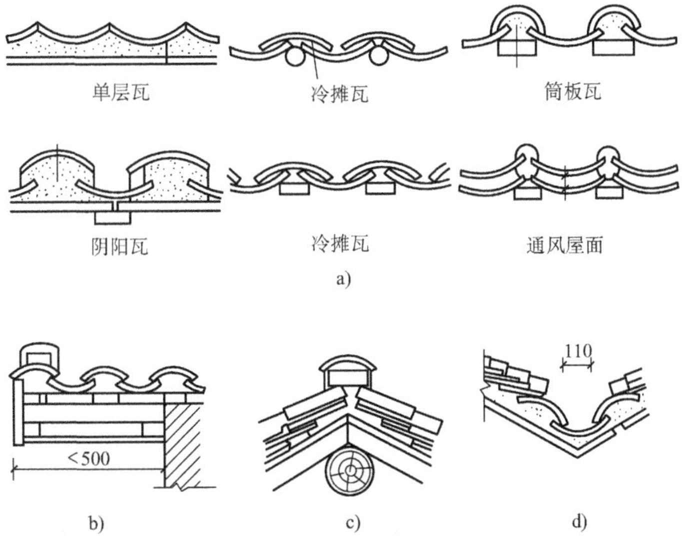

图 13-22　小青瓦屋面构造

a）小青瓦铺法　b）悬山　c）屋脊　d）天沟

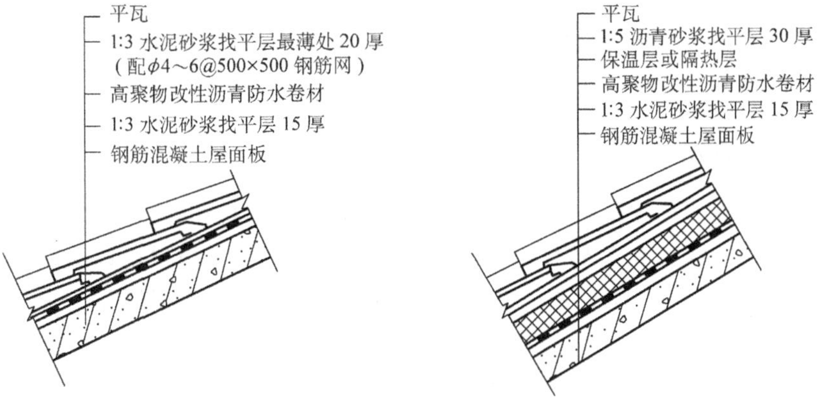

图 13-23　钢筋混凝土板平瓦屋面

第四节　顶棚的构造

顶棚是楼板层下面的装修层，又称天花板，是建筑物室内主要饰面之一。对顶棚的要求是表面光洁、美观，能反射光线，改善室内照度以提高室内装饰效果；对某些有特殊要求的房间，还要求顶棚具有隔声吸音或反射声音、保温、隔热、管道敷设等方面的功能，以满足使用要求。

顶棚的构造形式有两种：直接式顶棚和悬吊式顶棚。设计时应根据建筑物的使用功能、装修标准和经济条件来选择适宜的顶棚形式。

顶棚的构造

一、直接式顶棚

直接式顶棚（图 13-24）是指直接在钢筋混凝土屋面板或楼板下表面直接做饰面层形成

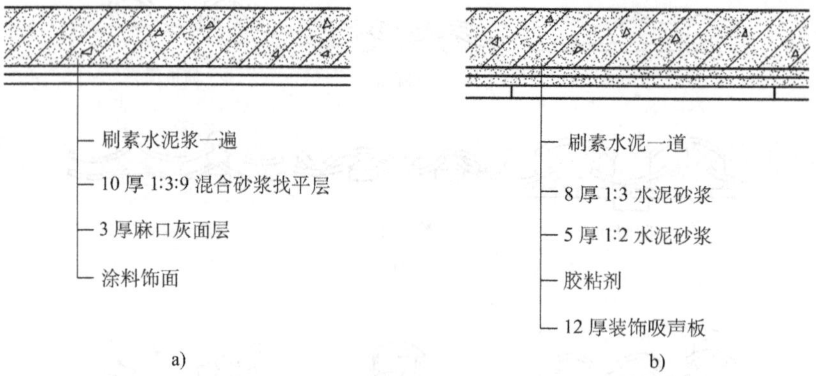

图 13-24 直接式顶棚

a）抹灰顶棚 b）贴面顶棚

顶棚的方法。当板底平整时，可直接喷、刷大白浆或 106 涂料；当楼板结构层为钢筋混凝土预制板时，可用 1∶3 水泥砂浆填缝刮平，再喷刷涂料。这类顶棚构造简单、施工方便、造价较低，常用于装饰要求不高的一般建筑，如办公室、住宅、教学楼等。

此外，有的房屋是将屋盖结构暴露在外，不另做顶棚，称为“结构顶棚”。例如网架结构，构成网架的杆件本身很有规律，有结构自身的艺术表现力。又如拱结构屋盖，可以形成富有韵律的拱面顶棚。结构顶棚广泛用于体育建筑及展览大厅等公共建筑。

二、悬吊式顶棚

悬吊式顶棚又称“吊顶”，它通过悬挂构件与主体结构相连，悬挂在屋顶或楼板下面。这类顶棚在使用功能和美观上都有一定作用。在使用功能上，吊顶可以提高楼板的隔声能力，或利用吊顶安装管道设施；在观感方面，吊顶的色彩、材质及图案都可提高室内的装饰效果。

1. 吊顶的构造组成

吊顶一般由龙骨与面层两部分组成。吊顶龙骨分为主龙骨与次龙骨，主龙骨为吊顶的承重结构，次龙骨则是吊顶的基层。主龙骨通过吊筋或吊件固定在屋顶（或楼板）结构上，次龙骨固定在主龙骨上（图 13-25）。

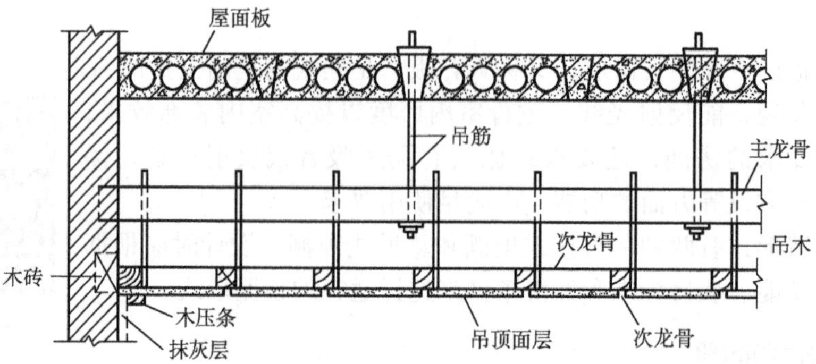

图 13-25 吊顶的构造组成

龙骨可用木材、轻钢、铝合金等材料制作，其断面大小根据材料、荷载和面层构造做法等因素而定。

吊顶面层分为抹灰面层和板材面层两大类。抹灰面层为湿作业施工，费工费时，目前板材面层应用较广，既可加快施工速度，又容易保证施工质量。板材吊顶有植物板材、矿物板材和金属板材等。

2. 木质板材吊顶构造

木质板材包括：胶合板、硬质纤维板、软质纤维板、装饰吸音板、木丝板、刨花板等，其中用得最多的是胶合板和纤维板。植物板材吊顶的优点是施工速度快，干作业，比抹灰吊顶应用更广。

吊顶龙骨一般用木材制作，龙骨布置成格子状，如图 13-26a，分格大小应与板材规格相协调。龙骨的间距最好采用 450mm。

由于植物板材易吸湿而产生凹凸变形，因此，面板宜锯成小块板铺钉在次龙骨上，板块接头留 3 ~6mm 的间隙作为预防板面翘曲的措施。板缝的缝形根据设计要求可做成密缝、斜槽缝、立缝等形式，图 13-26b、c、d 所示。

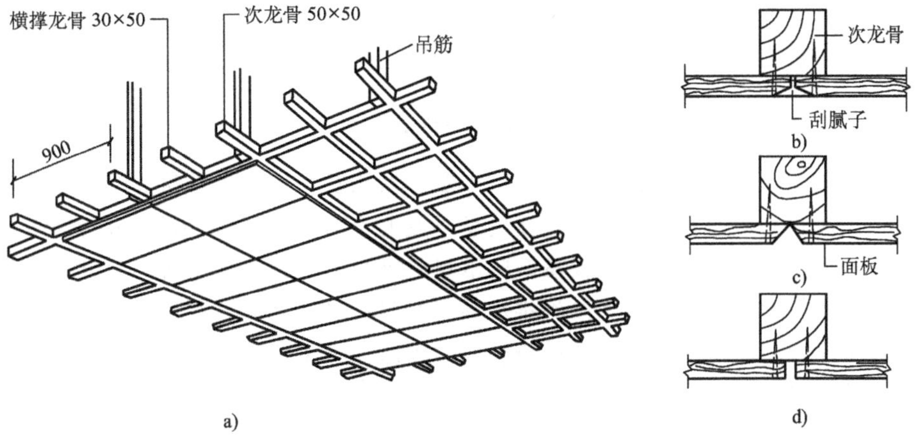

图 13-26　木质板材吊顶构造

a）仰视图　b）密缝　c）斜槽缝　d）立缝

3. 矿物板材吊顶构造

常用石膏板、石棉水泥板、矿棉板等板材做面层，轻钢或铝合金型材做龙骨。这类吊顶自重轻、施工安装快、耐火性好，多用于公共建筑或高级工程中。

轻钢和铝合金龙骨的布置：主龙骨采用槽形断面的轻钢型材，次龙骨为 T 形断面的铝合金型材。矿物板材安装在次龙骨翼缘上，次龙骨露在顶棚表面成方格形，方格大小 500mm 左右，如图 13-27a 所示。悬吊主龙骨的吊挂件为槽形断面，吊挂点间距为 0.9 ~ 1.2m，最大不超过 1.5m，次龙骨与主龙骨的连接采用 U 形连接吊钩，如图 13-27b 所示。

4. 金属板材吊顶构造

金属板材吊顶最常用的是以铝合金条板做面层，龙骨采用轻钢型材，根据建筑物的具体要求，选择密铺的铝合金条板吊顶或开敞式铝合金条板吊顶。

当吊顶无吸声要求时，条板采取密铺方式，不留间隙；当有吸声要求时，条板上面需加

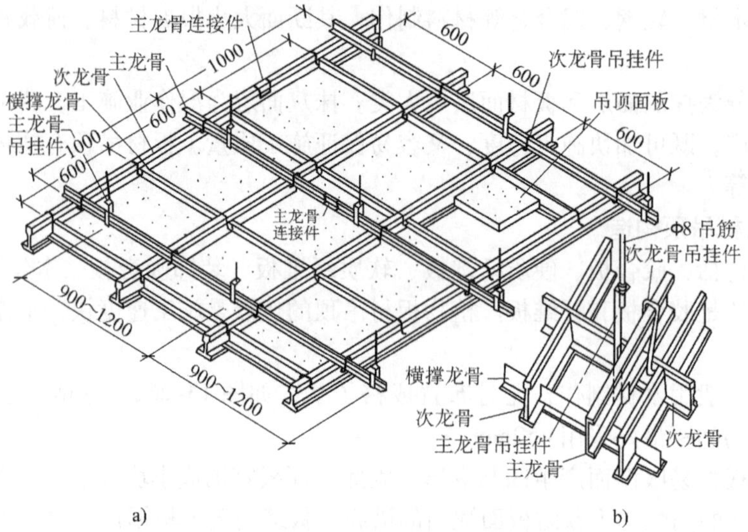

图 13-27　龙骨外露的吊顶

a）吊顶龙骨布置　b）细部构造

铺吸声材料，条板之间留出一定的间隙，使吸声材料能够吸收投射到顶棚的声能。

本 章 小 结

屋顶是建筑物的承重和围护构件，由防水层、结构层和保温层等组成。屋顶按其外形分为坡屋顶、平屋顶和曲面屋顶等。坡屋顶坡度一般大于10%，平屋顶坡度小于5%，曲面屋顶的坡度随外形变化，形式多样。按屋面防水材料可分为柔性防水屋面、刚性防水屋面、瓦屋面。平屋顶的排水方式主要有无组织排水和有组织排水两大类，有组织排水又分为内排水和外排水。平屋顶的坡度形式主要是材料垫坡的方法，平屋顶的防水按材料性质不同分为刚性防水和柔性防水。

复习思考题

1. 屋顶由哪几部分组成？各组成部分的作用是什么？
2. 简述平屋顶的特点及其主要构造组成。
3. 屋顶的排水方式有哪些？各自的适用范围是什么？
4. 平屋顶的隔热措施有哪些？

作业：平屋顶构造设计

1. 设计目的和要求

通过本次作业，使学生掌握屋顶有组织排水的设计方法和屋顶构造节点详图设计，训练绘制和识读施工图的能力。

2. 设计资料

（1）图 13-28 所示为某小学教学楼平面图和剖面图。该教学楼为 4 层，教学区层高为 3.3m，办公区层高为 3m，教学区与办公区的交界处做错层处理。

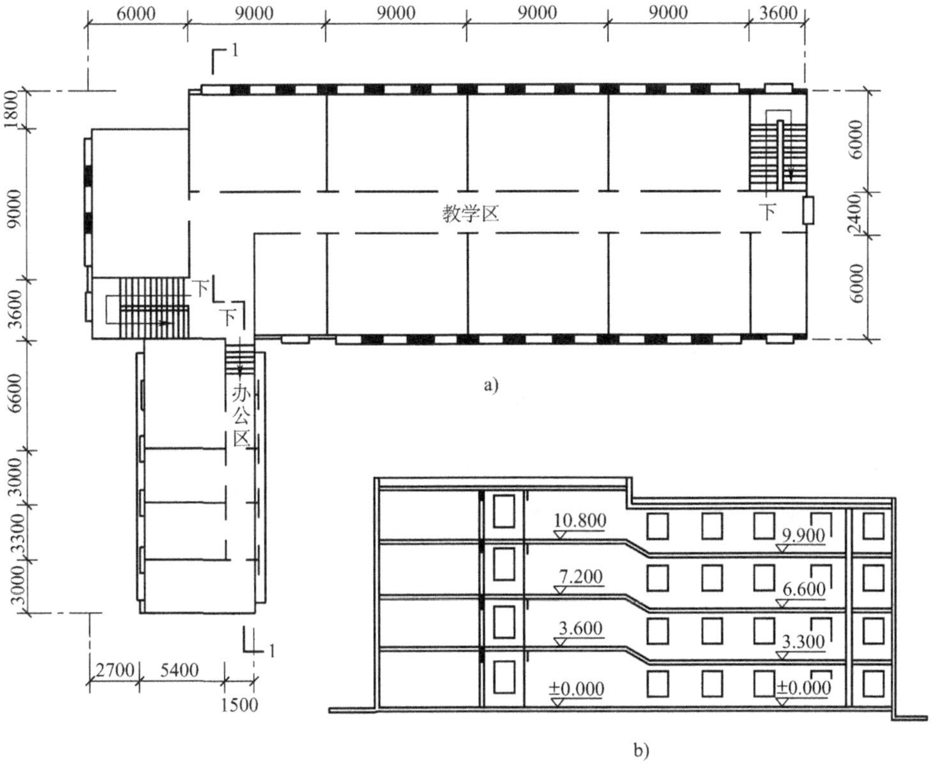

图 13-28　某小学教学楼平面图和剖面图

a）平面图　b）剖面图

（2）结构类型：砖混结构。

（3）屋顶类型：平屋顶。

（4）屋顶排水方式：有组织排水，檐口形式由学生自定。

（5）屋面防水方案：卷材防水或刚性防水。

（6）屋顶有保温或隔热要求。

3. 设计内容及图纸要求

用 A2 图纸一张，按建筑制图标准的规定，绘制该小学教学楼屋顶平面图和屋顶节点详图。

（1）屋顶平面图比例 1∶100。

1）画出各坡面交线、檐沟或女儿墙和天沟、雨水口和屋面上人孔等，刚性防水屋面还应画出纵横分格缝。

2）标注屋面和檐沟或天沟内的排水方向和坡度大小，标注屋面上人孔等凸出屋面部分的有关尺寸，标注屋面标高（结构上表面标高）。

3）标注各转角处的定位轴线和编号。

4）外部标注两道尺寸（即辅线尺寸和雨水口到邻近轴线的距离或雨水口的间距）。

5）标注详图索引符号，并注明图名和比例。

（2）屋顶节点详图比例 1∶10 或 1∶20。

1）檐口构造。当采用檐沟外排水时，表示清楚檐沟板的形式、屋顶各层构造、檐口处的防水处理，以及檐沟板与圈梁、墙、屋面板之间的相互关系，标注檐沟尺寸，注明檐沟饰面层的做法和防水层的收头构造做法。

当采用女儿墙外排水或内排水时，表示清楚女儿墙压顶构造、泛水构造、屋顶各层构造和天沟形式等，注明女儿墙压顶和泛水的构造做法，标注女儿墙的高度、泛水的高度等尺寸。

当采用檐沟女儿墙外排水时，要求同上。用多层构造引出线注明屋顶各层做法，标注屋面排水方向和坡度大小，标注详图符号和比例，剖切到的部分用材料图例表示。

2）泛水构造。画出高低屋面之间的立墙与低屋面交接处的泛水构造，表示清楚泛水构造和屋面各层构造，注明泛水构造做法，标注有关尺寸，标注详图符号和比例。

3）雨水口构造。表示清楚雨水口的形式、雨水口处的防水处理，注明细部做法，标注有关尺寸，标注详图符号和比例。

4）刚性防水屋面分格缝构造。若选用刚性防水屋面，则应做分格缝，要表示清楚各部分的构造关系，标注细部尺寸、标高、详图符号和比例。

第十四章 窗 与 门

学习目标：

掌握门、窗类型及特点；掌握门、窗的构造方法和遮阳设施。

学习重点：

本章主要讲述窗与门的类型、特点和构造。重点要求理解窗与门的自身构造理论及与墙体的连接构造理论，掌握正确选用与识读标准图的方法。

学习建议：

着重学习各种门、窗的自身构造理论及与墙体的连接构造理论，同时加强对门、窗构造详图的识读，以便达到理论联系实际的效果。

第一节 窗

一、窗的组成、分类和尺寸

（一）窗的组成

窗是房屋建筑的围护构件，对保证建筑物安全、坚固、舒适起着很大的作用，窗的作用是采光、通风、观察和递物。因此，对窗的要求是坚固耐久、开启方便、便于维修，同时要有保温、隔热、防火和防水等功能。

窗主要由窗框和窗扇组成（图 14-1）。窗扇有玻璃窗扇、纱窗扇、板窗扇和百页窗扇等；还有各种铰链、风钩、插销、拉手以及导轨、转轴、滑轮等五金零件；有时要加设窗台、贴脸板、筒子板、窗帘盒等。

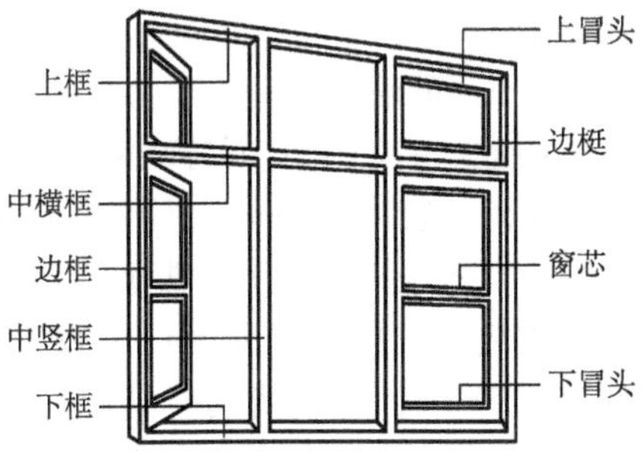

图 14-1 窗的组成

（二）窗的分类与尺寸

（1）按窗的使用材料分类。按窗的使用材料分为铝合金窗、塑钢窗、彩板窗、木窗、钢窗等。铝合金窗和塑钢窗材质好、坚固、耐久、密封性好，所以在建筑工程中应用广泛，而木窗由于耐久性差、易变形、不利于节能，国家已限制使用。

（2）按窗的层数分类。按窗的层数分为单层窗和双层窗。单层窗构造简单，造价低，适用于一般建筑；双层窗保温隔热效果好，适用于对建筑要求高的建筑。

（3）按窗扇的开启方式分类。按窗扇的开启方式分为固定窗、平开窗、悬窗、立转窗、推拉窗、百叶窗等（图 14-2）。

（4）窗的尺度。窗的尺度一般根据采光通风要求、结构构造要求和建筑造型等因素决定，同时应符合模数制要求。一般平开窗的窗扇宽度为 400 ~ 600mm，高度为 800 ~ 1500mm，亮子高 300 ~ 600mm，固定窗和推拉窗尺寸可大些。

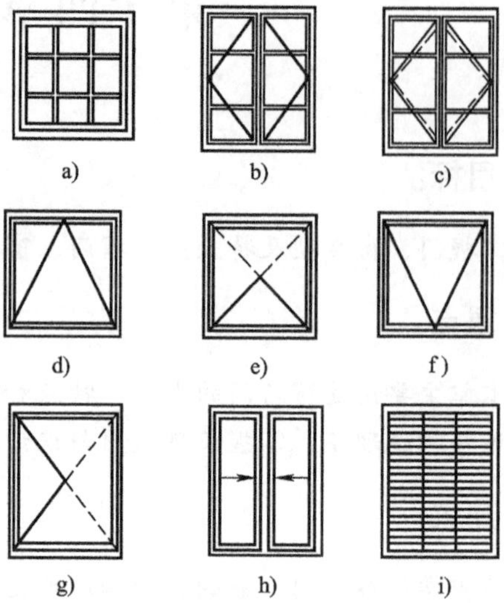

图 14-2　窗的开启形式
a）固定窗　b）平开窗（单层外开）
c）平开窗（双层内外开）　d）上悬窗　e）中悬窗
f）下悬窗　g）立转窗　h）左右推拉窗　i）百叶窗

二、窗的构造

（一）木窗的构造

木窗主要由窗框和窗扇组成（图 14-3）。窗扇有玻璃窗扇、纱窗扇、板窗扇和百叶窗扇等；还有各种铰链、风钩、插销、拉手以及导轨、转轴、滑轮等五金零件；有时要加设窗台、贴脸板、筒子板、窗帘盒等。

木窗构造

1. 窗框

（1）将上框、中框、下框、边框用合角全榫拼接成框。它的安装方法有两种：

1）立口。施工时先将窗框立好后再砌窗间墙。

2）塞口。在砌墙时先留出窗洞，以后再安装窗框。

（2）窗框断面形状与尺寸。一般尺度的单层窗窗樘的厚度常为 40 ~ 50mm，宽度为 70 ~ 95mm，中竖梃双面窗扇需加厚一个铲口的深度 10mm，中横档除加厚 10mm 外，若要加披水，一般还要加宽 20mm 左右。

2. 窗扇

（1）平开玻璃窗。

1）组成。一般由上下冒头和左右边梃榫接而成，有的中间还设窗棂。窗扇厚度约为 35 ~ 42mm，一般为 40mm。上下冒头及边梃的宽度视木料材质和窗扇大小而定，一般为 50 ~ 60mm，下冒头可较上冒头适当加宽 10 ~ 25mm，窗棂宽度约 27 ~ 40mm。

2）玻璃。常用厚度为 3mm，较大面积可采用 5mm 或 6mm。为了隔声保温等需要可采用双层中空玻璃；需遮挡或模糊视线可选用磨砂玻璃或压花玻璃；为了安全可采用夹丝玻璃、钢化玻璃以及有机玻璃等；为了防晒可采用有色、吸热和涂层、变色等种类的玻璃。

3）五金零件。一般可分为启闭时转动、启闭时定位以及推拉执手三类。

（2）双层窗。

1）子母窗扇。由两个玻璃大小相同，窗扇用料大小不同的两窗扇合并而成，用一个窗框，一般为内开。

2）内外开窗。在一个窗框上内外开双铲口，一扇向内，一扇向外，必要时内层窗扇在夏季还可取下或换成纱窗。

3）大小扇双层内开窗。可分开窗框，也可用同一窗樘。但占用室内空间。

（二）铝合金窗的构造

铝合金窗多采用水平推拉式的开启方式，窗扇在窗框的轨道上滑动开启。窗扇与窗框之间用尼龙密封条进行密封，以避免金属材料之间相互摩擦。玻璃卡在铝合金窗框料的凹槽内，并用橡胶压条固定。

铝合金窗一般采用塞口的方法安装，固定时，窗框与墙体之间采用预埋件、燕尾铁脚、金属膨胀螺栓、射钉固定等方式连接（图 14-4）。

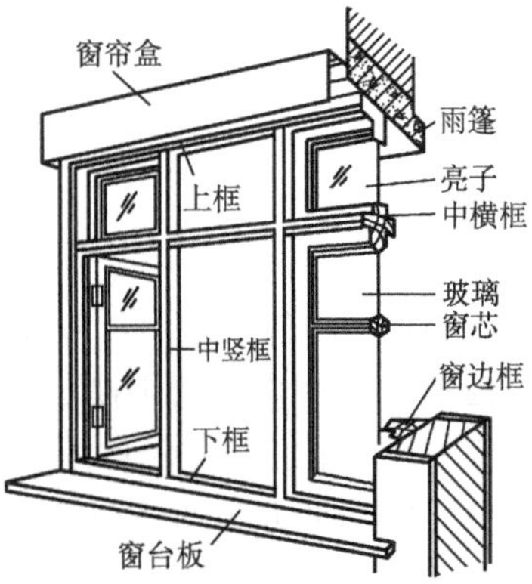

图 14-3　木窗的构造

（三）塑钢窗的构造

塑钢窗是以 PVC 为主要原料制成空腹多腔异型材，中间设置薄壁加强型钢，经加热焊接而成窗框料，它具有热导率低，耐弱酸碱，无需油漆并具有良好的气密性、水密性、隔声性等优点。塑钢窗的开启方式及安装构造与铝合金窗基本相同。

塑钢窗构造

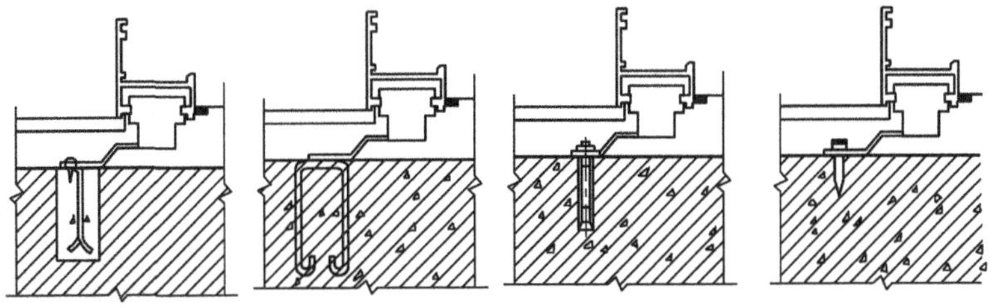

图 14-4　铝合金窗框与墙体的固定方式

a）预埋件　b）燕尾铁脚　c）金属膨胀螺栓　d）射钉

第二节　门

一、门的组成、作用、分类和尺寸

1. 门的组成与作用

门是房屋建筑的围护构件，对保证建筑物安全、坚固、舒适起着很大的作用，门的作用是供交通出入、分隔联系建筑空间，有时也起通风和采光作用。因此，对门的要求是坚固耐久、开启方便、便于维修，同时要有保温、隔热、防火和防水等功能。

门一般由门框、门扇、五金零件及附件组成（图 14-5）。门框是门与墙体的连接部分，由上框、边框、中横框和中竖框组成；门扇一般由上、中、下冒头和边梃组成骨架，中间固定门芯板；五金零件包括铰链、插销、门锁、拉手等；附件有贴脸板、筒子板等。

2. 门的分类与尺寸

（1）按门的使用材料分类。按门的使用材料分为木门、铝合金门、塑钢门、彩板门、

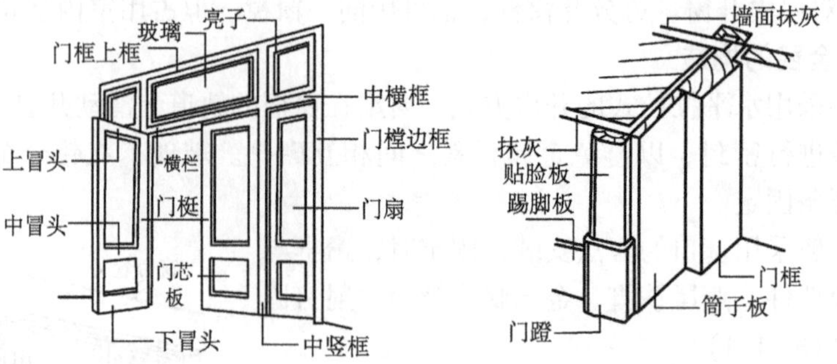

图 14-5　门的组成

玻璃钢门、钢门等。木门自重轻、开启方便、加工方便，所以在民用建筑中应用广泛。

（2）按门在建筑物中所处的位置分类。按门在建筑物中所处的位置分为内门和外门。内门位于内墙上，起分隔作用，如隔声、阻挡视线等；外门位于外墙上，起围护作用。

（3）按门的使用功能分类。按门的使用功能分为一般门和特殊门。一般门是满足人们最基本要求的门，而特殊门除了满足人们基本要求外，还必须有特殊功能，如保温门、隔声门、防火门、防护门等。

门的分类

（4）按门的构造分类。按门的构造分为镶板门（图 14-6）、拼板门、夹板门、百叶门等。

（5）按门扇的开启方式分类。按门扇的开启方式分为平开门、弹簧门、推拉门、折叠门、转门、卷帘门等（图 14-7）。

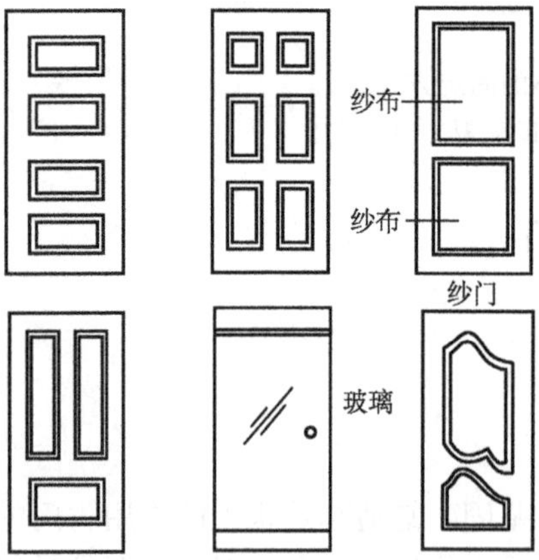

图 14-6　镶板门

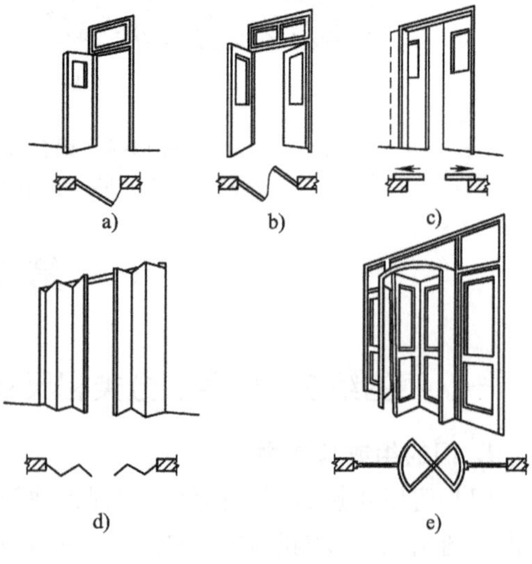

图 14-7　门的开启方式

a）平开门　b）弹簧门　c）推拉门
d）折叠门　e）转门

（6）门的尺度。门的尺度指门洞的高宽尺寸，应满足人流疏散，搬运家具、设备的要求，并应符合《建筑模数协调标准》（GB/T 50002—2013）的规定。

一般情况下，公共建筑的门单扇门为 950 ~ 1000mm 宽，双扇门 1500 ~ 1800mm 宽，高度2.1~2.3m；居住建筑的门可略小些，外门约900~1000mm宽，房间门900mm宽，厨房门800mm宽，厕所门700mm宽，高度统一为2.1m。供人日常生活活动进出的门，门扇高度常在1900~2100mm左右，宽度单扇门为800~1000mm，辅助房间如浴厕、储藏室的门600~800mm，腰头窗高度一般为300~900mm。工业建筑的门可按需要适当提高。

二、门的构造

1. 木门的构造

木门主要由门框、门扇、腰头窗、贴脸板（门头线）、筒子板（垛头板）和配套五金零件等部分组成。

（1）门框。门框的断面形状与尺寸取决于门扇的开启方式和门扇的层数，由于门框要承受各种撞击荷载和门扇的重量作用，应有足够的强度和刚度，故其断面尺寸较大。门框与墙体的连接，根据门的开启方式及墙体厚度不同分为外平、居中、内平、内外平四种（图14-8）。

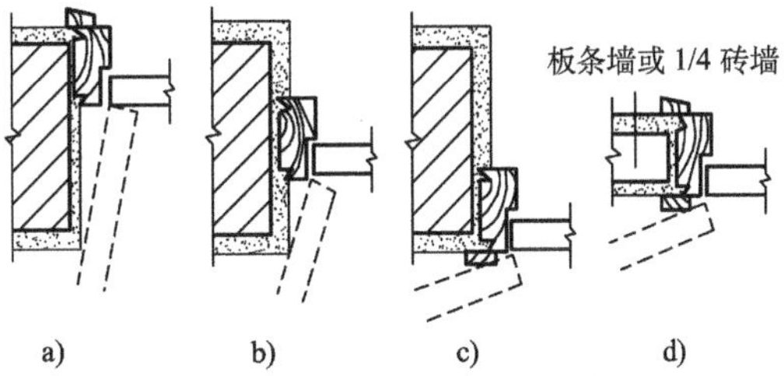

图14-8 门框在洞口中的位置
a）外平 b）居中 c）内平 d）内外平

（2）门扇。木门门扇的做法很多，常见的有镶板门扇、夹板门扇、拼板门扇、玻璃门扇和弹簧门扇等。

1）镶板门。由上、中、下冒头和边梃组成骨架，中间镶嵌门芯板，门芯板可采用15mm厚的木板拼接而成，也可采用胶合板、硬质纤维板或玻璃等（图14-6）。

2）夹板门。用小截面的木条（35mm×50mm）组成骨架，在骨架的两面铺钉胶合板或纤维板等（图14-9）。

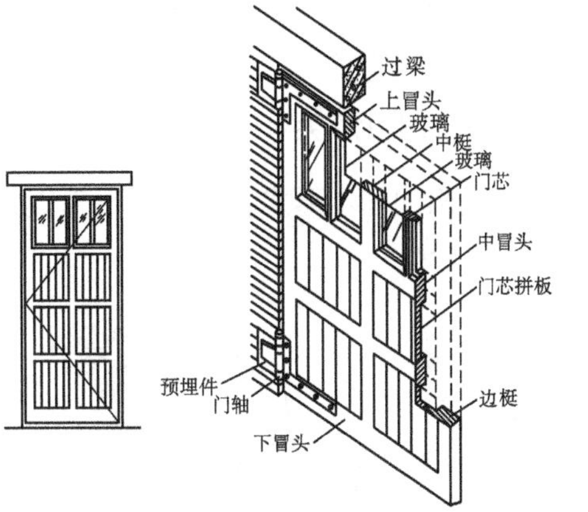

图14-9 夹板门的构造

3）拼板门。构造与镶板门相同，由骨架和拼板组成，只是拼板门的拼板用35~45mm厚的木板拼接而成，因而自重较大，但坚固耐久，多用于库房、车间的外门（图14-10）。

4）玻璃门。门扇构造与镶板门基本相同，只是门芯板用玻璃代替，用在要求采光与透明的出入口处。（图14-11）。

5）弹簧门。单面弹簧门多为单扇，常用于需有温度调节及气味要遮挡的房间，如厨房、厕所等，双面弹簧门适用于公共建筑的过厅、走廊及人流较多的房间。须用硬木，门扇厚度为42~50mm，上冒头及边框宽度为100~120mm，下冒头宽为200~300mm。

6）门的五金零件。门的五金零件主要有把手、门锁、铰链、闭门器和门挡组成。

2. 铝合金门的构造

铝合金门多为半截玻璃门，有推拉和平开两种开启方式。推拉铝合金门有70系列和90系列两种，基本门洞高度有2100mm、2400mm、2700mm、3000mm，基本门洞宽度有

1500mm、1800mm、2100mm、2700mm、3000mm、3300mm、3600mm。

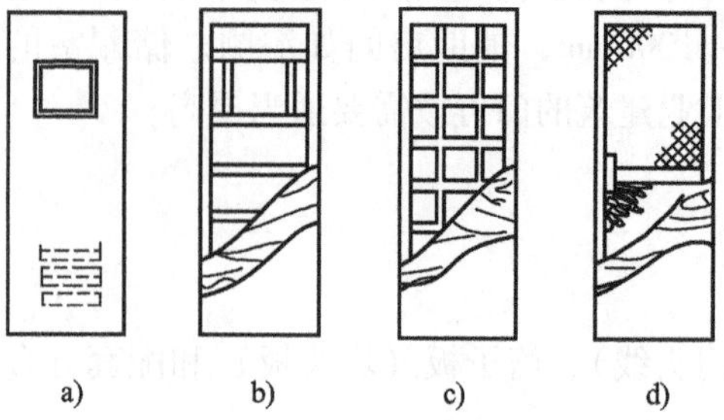

图 14-10　拼板门的构造

a）门扇外观　b）水平骨架　c）双向骨架　d）格状骨架

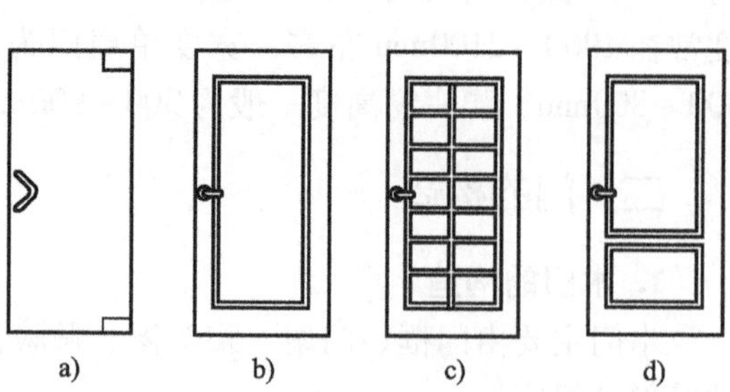

图 14-11　玻璃门

a）钢化玻璃一整片的门　b）四方框里放入压条，固定住板玻璃的门　c）装饰方格中放入玻璃的门　d）腰部下镶板上面装玻璃的门

第三节　遮阳设施

一、遮阳的作用

遮阳是为了防止阳光直接射入室内，避免夏季室内温度过高和产生眩光而采取的构造措施。

建筑遮阳措施有三种：一是绿化遮阳；二是调整建筑物的构配件；三是在窗洞口周围设置专门的遮阳设施来遮阳。遮阳设施有活动遮阳（图 14-12）和固定遮阳板两种类型。

二、遮阳的分类

固定遮阳的基本形式有水平式、垂直式、综合式和挡板式（图 14-13）。

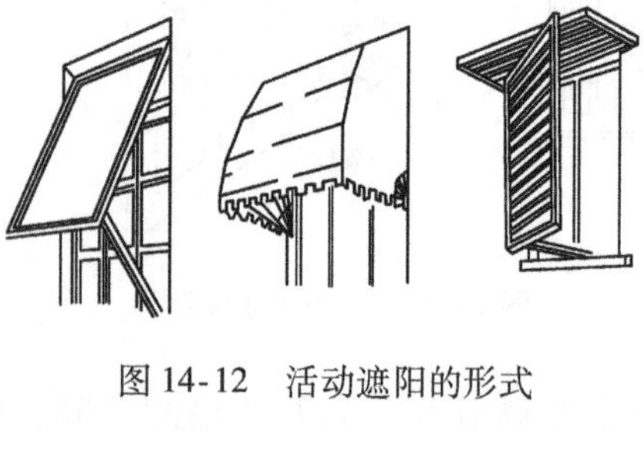

图 14-12　活动遮阳的形式

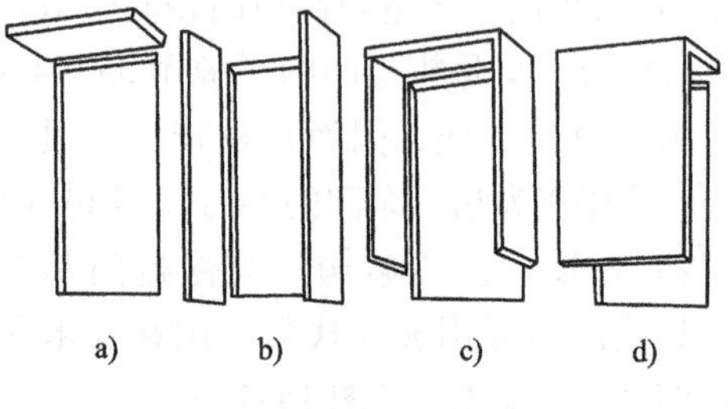

图 14-13　固定遮阳的形式

a）水平式　b）垂直式　c）综合式　d）挡板式

在实际工程中，遮阳可由基本形式演变出造型丰富的其他形式。如为避免单层水平式遮阳板的出挑尺寸过大，可将水平式遮阳板重复设置成双层或多层；当窗间墙较窄时，将综合式遮阳板连续设置；挡板式遮阳板结合建筑立面处理，或连续或间断。同时，遮阳的形式要与建筑立面相符合。

本章小结

（1）门、窗的类型、尺度和构造；木门、铝合金门的构造；铝合金窗、塑钢窗和节能窗的构造。

（2）建筑遮阳。

复习思考题

1. 什么是平开门？什么是塑钢窗？“立口”的含义是什么？
2. 门窗按开启方式分为哪些类型？各有何特点？简述门窗的构造组成。
3. 常用的木门扇有哪些？各有何特点？
4. 简述铝合金窗的构造。

第十五章　工 业 建 筑

学习目标：

掌握单层工业厂房的结构组成；掌握屋顶与天窗、大门与侧窗的构造；掌握厂房外墙、地面的构造；了解厂房其他构造设施；了解轻钢结构厂房的组成和基本构造。

学习重点：

工业厂房建筑的分类与特点；厂房内部的起重运输设备；单层厂房承重构件的组成及其作用；单层厂房平面设计的基本原理及定位轴线的划分；单层厂房剖面设计的原理和方法；单层工业厂房屋面的组成及特点；单层工业厂房侧窗的作用、种类以及钢侧窗的细部构造；矩形天窗的构造做法；了解平天窗、矩形通风天窗、井式天窗的构造。

学习建议：

着重学习单层工业厂房的结构组成、屋顶与天窗、大门与侧窗的构造，同时加强对这些部位构造详图的识读，以便达到理论联系实际的效果。

第一节　工业建筑的特点与分类

一、工业厂房建筑的分类

工业建筑的分类

现代工业企业由于生产任务、生产工艺的不同而种类繁多。厂房建筑从不同的角度可以进行各种分类。

（1）按用途分类。按用途分为主要生产用房、辅助生产用房、后勤管理用房等。

（2）按层数分类。按层数分为单层厂房、多层厂房及层次混合的厂房等。

1）单层厂房。主要适用于一些生产设备或振动比较大，原材料或成品比较重的机械、冶金等重工业厂房。其优点是内外设备布置及联系方便等，缺点是占地多、土地利用率低。单层厂房可以是单跨，也可以是多跨联列，如图15-1所示。

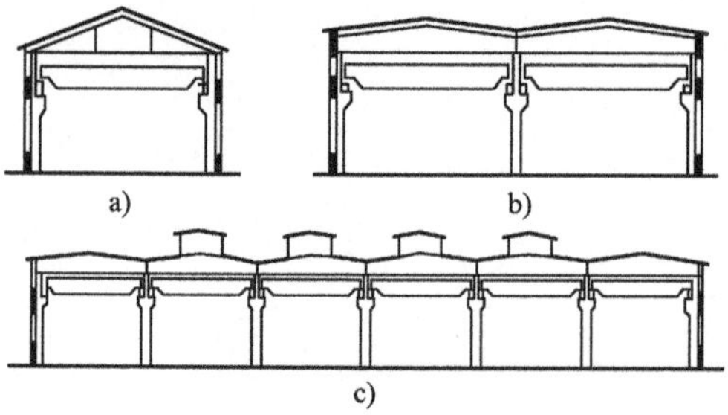

图 15-1　单层厂房

a）单跨　b）双跨　c）多跨

2）多层厂房。主要适用于垂直方向组织生产及工艺流程的生产车间及设备和产品均较轻的一些车间，如面粉加工、轻纺、电子、仪表等生产厂房。近年来在部分大中城市中，厂区用地紧张时逐步出现高层厂房。多高层厂房占地面积少、建筑面积大、造型美观，应予以提倡，如图 15-2 所示。

3）层次混合的厂房。如某些化学工业、热电站的主厂房等。图 15-3a 所示为热电厂的主厂房，汽轮发电机设在单层跨内，其他为多层。图 15-3b 所示为一化工车间，高大的生产设备位于中间的单层跨内，两个边跨则为多层。

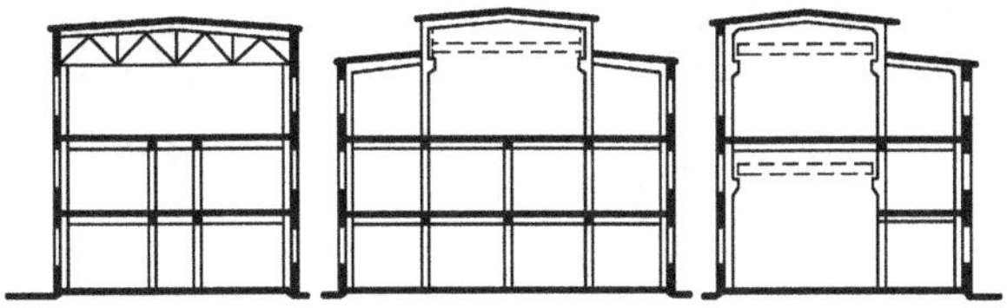

图 15-2　多层厂房

（3）按生产状况分类。按生产状况分为热加工车间、冷加工车间、有侵蚀性介质作用的车间、恒温恒湿车间、洁净车间等类型。

生产状况是确定厂房平面、剖面、立面以及围护结构形式的主要因素之一，设计时应予考虑。

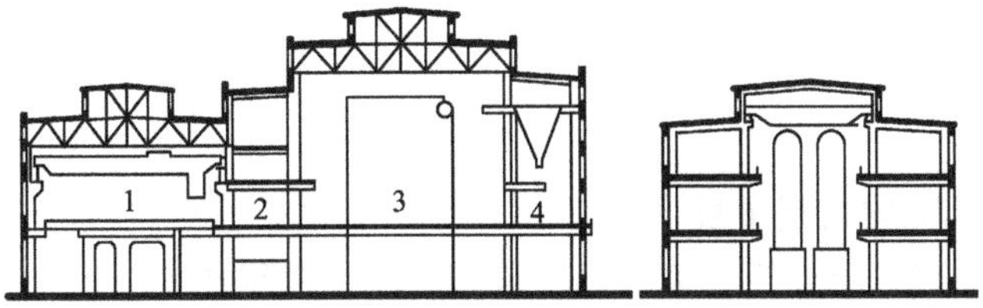

a)　　b)

图 15-3　层次混合的厂房

a）热电厂主厂房　b）某化工车间

二、工业厂房建筑的特点

由于生产工艺复杂、生产环境要求多样，和民用建筑相比工业厂房在设计、使用要求、室内通风与采光、屋面排水及构造方面具有以下特点：

（1）凡是工业产品的生产都要经过一系列的加工过程，这个过程称为生产工艺流程。生产所需的设备都应按照工艺流程的要求来布置，因而工业建筑的平面形状应按照工艺流程及设备布置的要求进行设计。

（2）有许多工业产品的体积、重量都很大，生产时需要与之相应的起重运输设备。因此，工业建筑通常具有宽大的内部空间，并在厂房内部设有起重运输设备。

（3）某些加工过程是在高温下完成的，生产时往往需要排放许多热量和烟尘。这样，生产厂房就需设置有效的通风设施。

（4）许多产品的生产需要严格的环境条件，如有些厂房要求一定的温度、湿度和洁净度，有些厂房要求无振动，无电磁辐射等。

（5）为了满足生产要求和提供环境保障，厂房内往往要布置大量的工程技术管网。

三、厂房内部的起重运输设备

由于工艺布置要求，生产过程中常需装卸、搬运各种原材料、半成品、成品或进行生产设备的检修工作，厂房内应设置必要的起重运输设备。厂房内的起重运输设备主要有三类：一是板车、电瓶车、汽车、火车等地面运输设备；二是安装在厂房上部空间的各种类型的起重机；三是各种输送管道、传送带等。在这些起重运输设备中，以起重机对厂房的布置、结构选型等影响最大。

起重机主要有单轨悬挂式起重机、梁式起重机、桥式起重机等类型。

厂房内部的起重运输设备

1. 单轨悬挂式起重机

它是由电动葫芦和工字钢轨道组成，如图 15-4 所示。

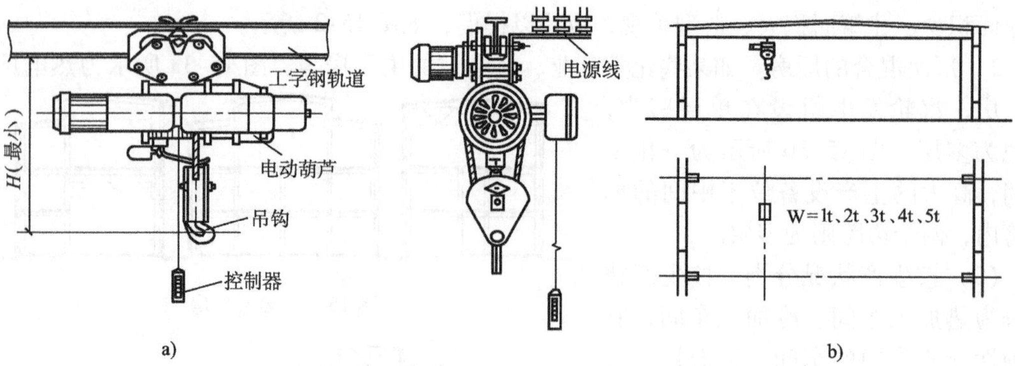

图 15-4　单轨悬挂式起重机

a）外形　b）位置

2. 梁式起重机

它是由梁架、工字钢轨道和电动葫芦组成，如图 15-5 所示。

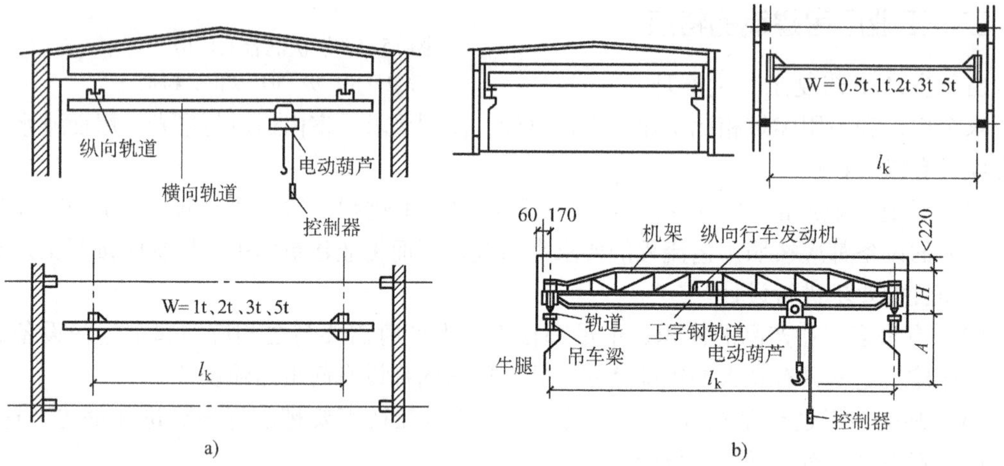

图 15-5　梁式起重机

a）悬挂式梁式起重机　b）支承式梁式起重机

3. 桥式起重机

它通常是在厂房排架柱上设牛腿，牛腿上搁置吊车梁，吊车梁上安装钢轨，钢轨上设置能沿着厂房纵向滑移的双榀钢桥架（或板梁），桥架上设支承小车，小车能沿桥架横向滑移，如图15-6所示。

为确保起重机运行及厂房的安全，起重机的界限尺寸及安全间隙尺寸应符合图 15-6 的规定。

根据起重机开动时间与全部生产时间的比率，起重机工作制分轻级、中级、重级、超重级四种。以 JC　%表示。

轻级工作制：JC15%。

中级工作制：JC25%。

重级工作制：JC40%。

超重级工作制：JC≥60%。

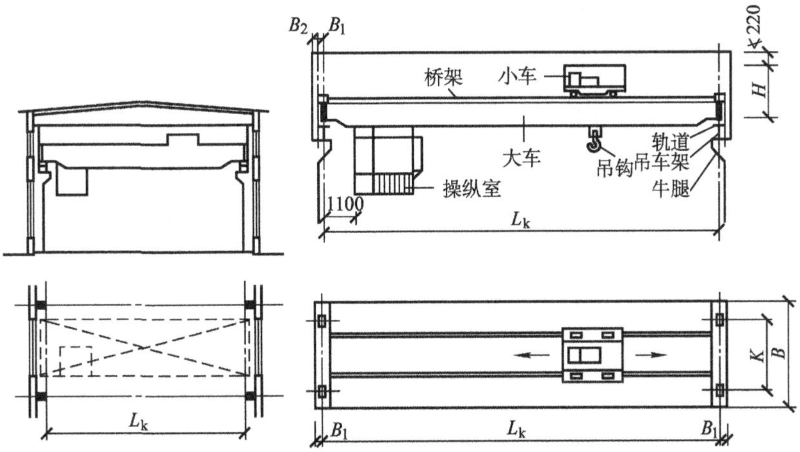

图 15-6　桥式起重机

第二节　单层工业厂房的组成

一、单层厂房的结构组成

我国较多采用钢筋混凝土排架结构，其结构构件的组成如图 15-7 所示。

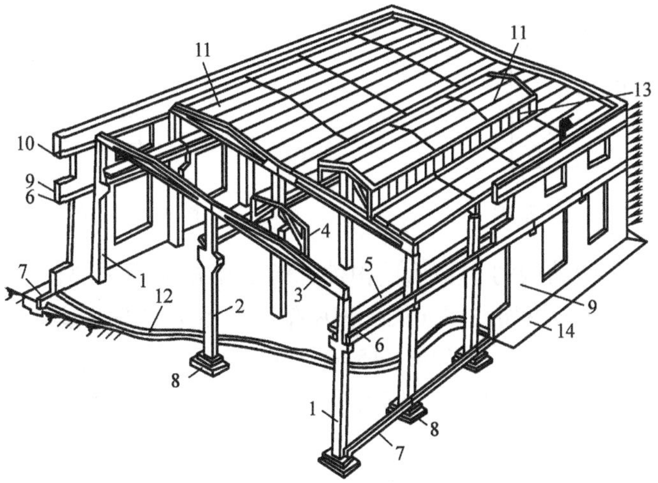

图 15-7　单层厂房构造组成

1—边柱　2—中柱　3—屋面梁　4—天窗架　5—吊车梁　6—连系梁　7—基础梁
8—基础　9—外墙　10—圈梁　11—屋面板　12—地面　13—天窗扇　14—散水

1. 承重构件

（1）柱。它是厂房结构的主要承重构件，承受屋架、吊车梁、支撑、连系梁和外墙传来的荷载，并传递给基础，如图 15-8 所示。目前，许多地方大量使用钢柱，其截面形式多为工字形。

（2）基础和基础梁。

1）基础承受柱和基础梁传来的全部荷载，并将荷载传给地基。基础形式有条形基础、杯形基础、桩基础等（图 15-9、图 15-10）。

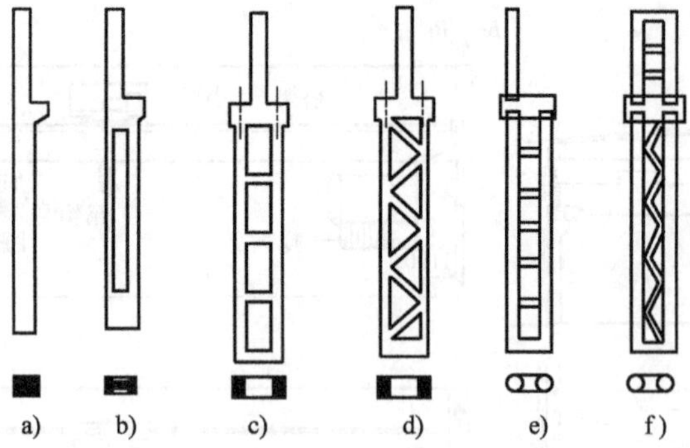

图 15-8　常用的钢筋混凝土柱

a）矩形柱　b）工字形柱　c）平腹杆双肢柱　d）斜腹杆双肢柱　e）平腹杆双肢管柱　f）斜腹杆双肢管柱

2）基础梁承受上部砖墙重量，并传递给基础。

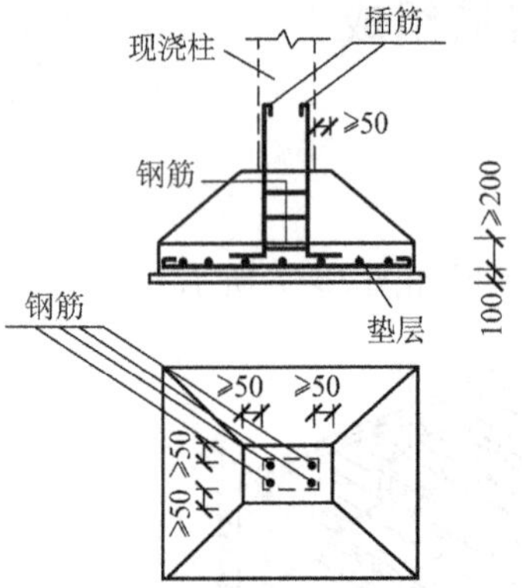

图 15-9　现浇柱下基础

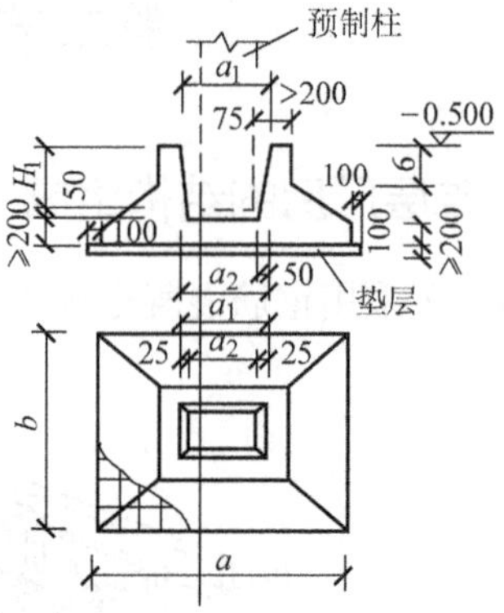

图 15-10　预制柱下杯形基础

（3）屋架。它是屋盖结构的主要承重构件，承受屋盖上的全部荷载并传递给柱。屋架按制作材料分为钢筋混凝土屋架或屋面梁、钢屋架、木屋架和钢木屋架；形式有三角形、梯形、折线形、拱形等；尺寸有 9m、12m、15m、18m、24m、30m、36m 等。

（4）屋面板。屋面板铺设于屋架、檩条或天窗架上，直接承受各类荷载并传递给屋架。屋面板有钢筋混凝土槽形板、彩钢板等。

（5）吊车梁。吊车梁设在柱子的牛腿上，承受起重机和起重的重量，运动中将所有荷载（包括起重机自重、吊物重量以及起重机起动或制动所产生的横向制动力、纵向制动力以及冲击荷载）传递给排架柱。

（6）连系梁。连系梁是厂房纵向柱列的水平连系构件，用以增加厂房的纵向刚度，承受风荷载和上部墙体的荷载，并传递给柱列。

（7）支撑系统。支撑系统构件分设于屋架之间和纵向柱列之间，作用是加强厂房的空间整体刚度和稳定性，传递水平荷载和起重机产生的水平制动力。

屋盖支撑的类型主要有：上弦横向水平支撑、下弦横向水平支撑、纵向水平支撑、垂直支撑、纵向水平系杆、常用屋架垂直支撑等（图 15-11）。支撑、系杆构件为钢材或钢筋混凝土制作。

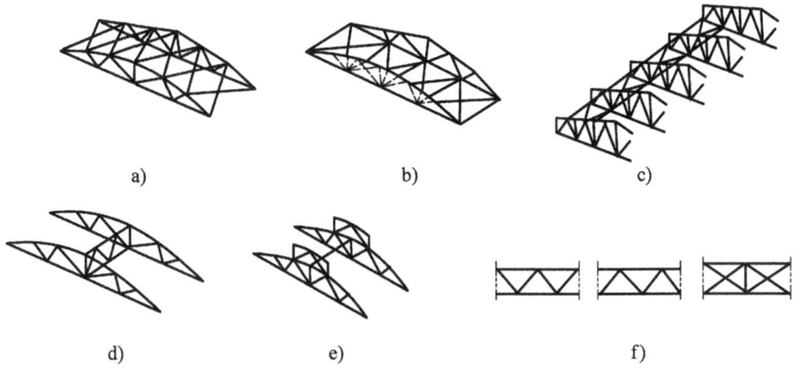

图 15-11　屋盖支撑的类型

a）上弦横向水平支撑　b）下弦横向水平支撑　c）纵向水平支撑　d）垂直支撑　e）纵向水平系杆　f）常用屋架垂直支撑

横向水平支撑和垂直支撑一般布置在厂房端部和伸缩缝两侧的第一柱或第二柱间上。

（8）抗风柱。单层厂房山墙比较高大，需承受较大的水平风荷载，因此，单层排架结构中的自承重山墙处需设置抗风柱以增加墙体的刚度和稳定性。

2. 围护构件

（1）屋面。单层厂房屋顶起维护构件作用，其面积较大，屋面防水、排水、保温隔热等处理较复杂。

（2）外墙。厂房外墙的大部分荷载由排架结构承担，因此外墙是自承重墙，除承担墙体自重及风荷载外，主要起防风、保温隔热和防火的作用。

（3）门窗。供交通运输和采光通风用。

（4）地面。为厂房生产和运输提供良好的室内环境。

二、单层工业厂房的柱网尺寸和定位轴线

1. 柱网尺寸（跨度和柱距）

厂房中，承重结构的柱子在平面上排列时所形成的网格称为柱网。

柱网的尺寸是由柱距和跨度组成的（图 15-12）。柱网的选择，其实质是选择厂房的跨

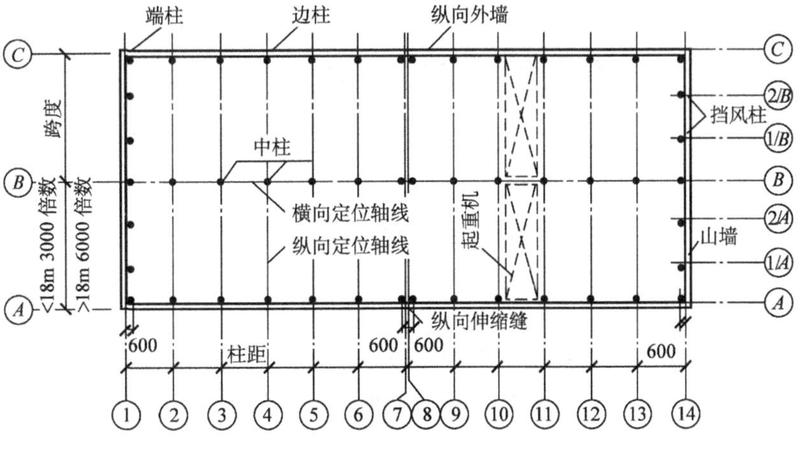

图 15-12　单层厂房平面柱网布置示意图

度与柱距。屋架或屋面梁的跨度即为厂房的跨度；相邻两柱之间的距离称为柱距。柱距和跨度尺寸必须符合国家规范《厂房建筑模数协调标准》（GB/T 50006—2010）的有关规定。

（1）柱网尺寸的确定。柱网的选择应满足生产工艺要求，并有利于建筑工业化。

1）跨度尺寸的确定。通过对生产工艺设备及运输通道、人员活动空间的计算来确定厂房的跨度。为符合《厂房建筑模数协调标准》（GB/T 50006—2010）的要求，当屋架跨度小于18m时，采用扩大模数30M的数列，即跨度尺寸是18m、15m、12m、9m及6m；当屋架跨度大于18m时，采用扩大模数60M的数列，即跨度尺寸是18m、24m、30m、36m、42m等。当工艺布置有明显优越性时，跨度尺寸可采用21m、27m、33m。

2）柱距尺寸的确定。我国单层厂房主要采用装配式钢筋混凝土结构体系，其基本柱距是6m，而相应的结构构件，例如基础梁、吊车梁、连系梁、屋面板、横向墙板等，均已配套成型，有全国通用的构件标准图集。

（2）扩大柱网的尺寸及其优越性。常用扩大柱网（跨度×柱距）为12m×12m、15m×12m、18m×12m、24m×12m、18m×18m、24m×24m等。

扩大柱网的优点是可以提高厂房面积利用率（图15-13），扩大柱网尺寸应主要是扩大柱距尺寸，其屋顶承重分有托架和无托架两种方案（图15-14、图15-15）。

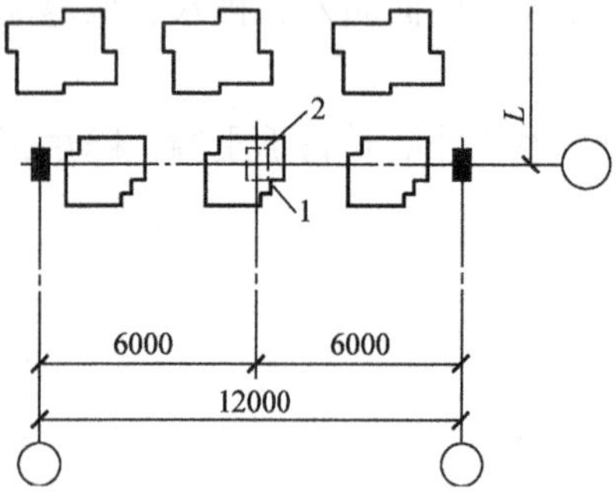

图15-13　扩大柱距后设备布置情况

1—扩大柱距省去柱子　2—扩大柱距后增加的设备

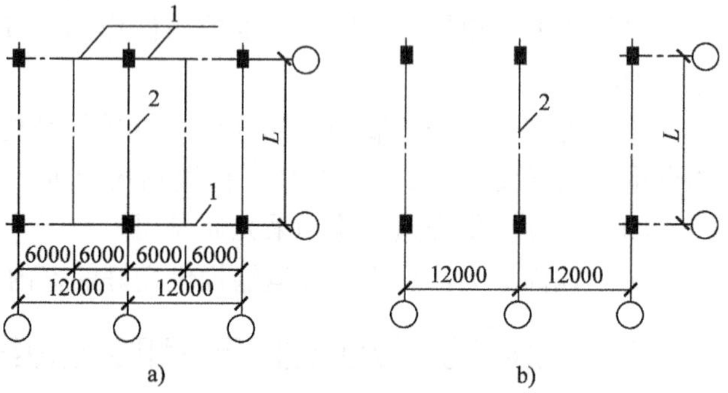

图15-14　扩大柱网屋顶承重方案

a）有托架方案　b）无托架方案

1—托架　2—屋架

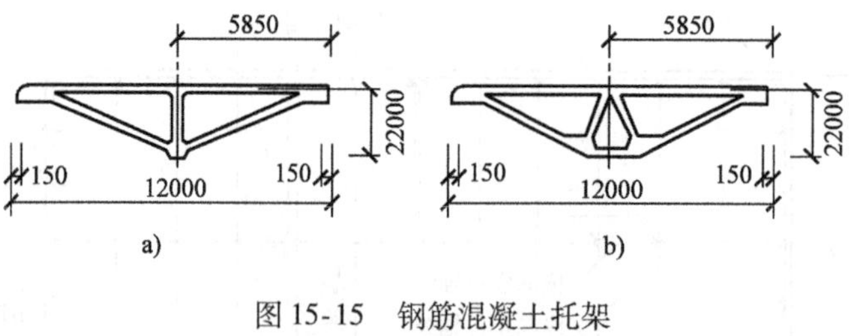

图15-15　钢筋混凝土托架

a）三角形托架　b）折线形托架

2. 定位轴线

定位轴线包括横向定位轴线和纵向定位轴线（图15-16）。

（1）横向定位轴线。单层厂房的横向定位轴线用来确定厂房纵向构件如屋面板、吊车梁的长度（标志尺寸）。

1）中间柱与横向定位轴线的联系（图15-17a）。除山墙端部排架柱以及横向伸缩缝处

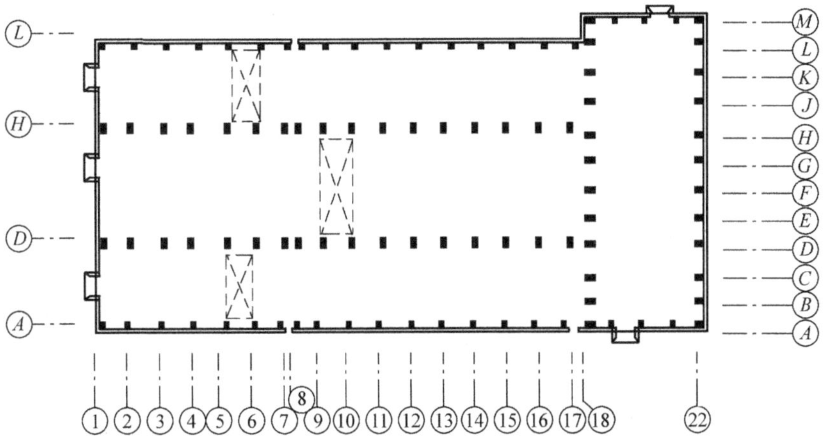

图 15-16　单层厂房平面柱网的布置及定位轴线划分

和防震缝处的柱以外，横向定位轴线一般与柱截面宽度的中心线重合，每根柱轴线都通过了由柱基础、屋架中心线及上部两块屋面板横向搭接缝隙中心。

2）横向伸缩缝、防震缝与定位轴线的联系（图 15-17b）。横向温度伸缩缝和防震缝处的柱子采用双柱双屋架，可以使结构与建筑构造简化。根据伸缩缝与防震缝宽度的要求，此处应设两条横向定位轴线，两柱的中心线应由定位轴线向缝的两侧各移 600mm。两条定位轴线间设插入距 A 值，即伸缩缝或防震缝的缝宽 C。该处两横向定位轴线和相邻横向定位轴线之间的距离与其他轴线间的柱距相等。

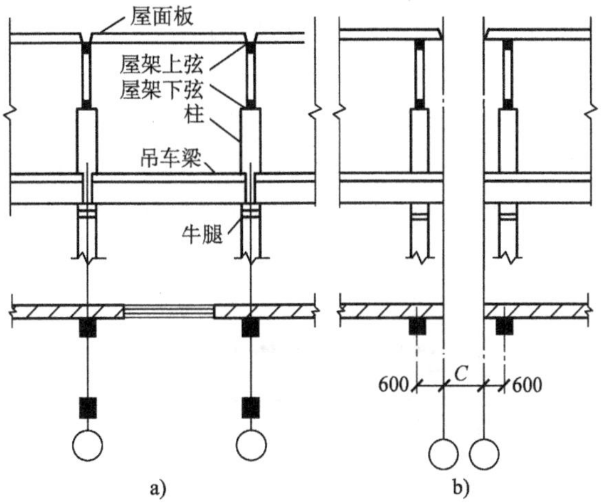

图 15-17　横向定位轴线与墙柱的联系

a）纵向柱列的中间柱与横向定位轴线的关系

b）纵向柱列温度缝双柱与横向定位轴线的关系

3）山墙与横向定位轴线的联系。单层厂房山墙按受力情况分为非承重墙与承重墙，其横向定位轴线的划分也不相同。

① 山墙为非承重墙（图 15-18）。横向定位轴线与山墙内缘重合，并且与屋面板的端部形成“封闭”式联系，端部柱的中心线应从横向定位轴线内移 600mm，即端部柱距实际减少 600mm，也便于山墙处设置抗风柱。抗风柱的布

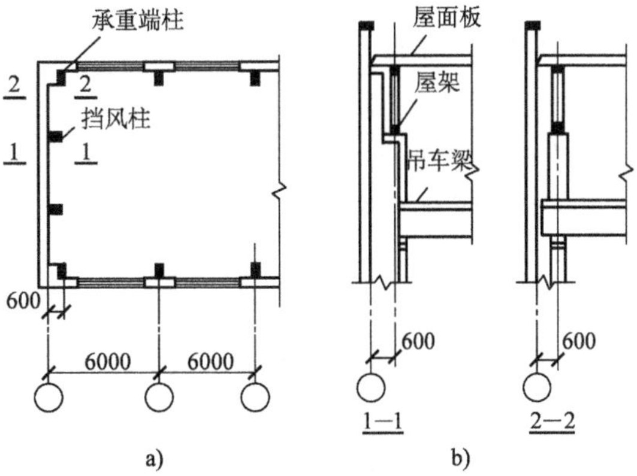

图 15-18　非承重山墙与横向定位轴线的联系

a）平面图　b）剖面图

置原则有两点：一是在柱的选型上一般与排架柱同型；二是抗风柱的柱距采用15M数列，如4500mm、6000mm、7500mm等。抗风柱需通至屋架上弦处，与屋架用弹簧板铰接，以便传递风荷载，因此为避免与端部屋架发生冲突，需在端部让出抗风柱上柱的位置（图15-19）。

② 山墙为承重墙时（图15-20），山墙与横向定位轴线的距离为λ，λ根据砌体的块材类别决定，为半块或半块的倍数，或墙体厚度的一半。屋面板直接伸入墙内，并与墙上的钢筋混凝土梁垫连接。

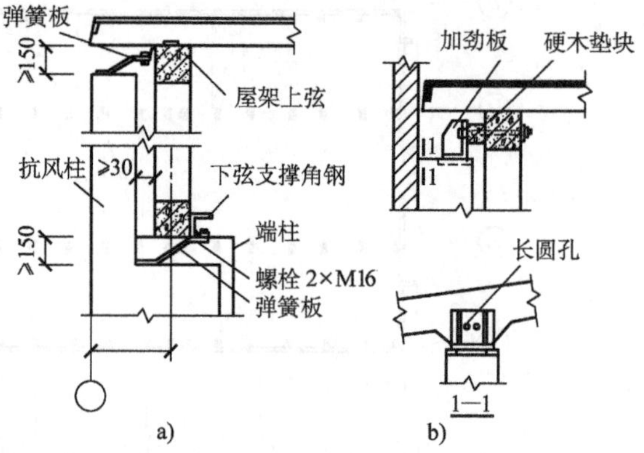

图15-19　抗风柱与屋架的连接

a）一般情况下采用　b）厂房沉降较大时采用

（2）纵向定位轴线。单层厂房的纵向定位轴线主要用来标注厂房横向构件，如屋架的长度（标志尺寸）。墙、柱与纵向定位轴线的联系方式除考虑构造简单、结构合理外，应保证起重机安全运行所需尺寸。

1）外墙、边柱与纵向定位轴线的联系。

① 在无起重机的厂房中，常采用带有承重壁柱的外墙，这时墙内缘与纵向定位轴线相重合（图15-21a），或与纵向定位轴线的距离为λ，λ的取值如图15-21b所示。

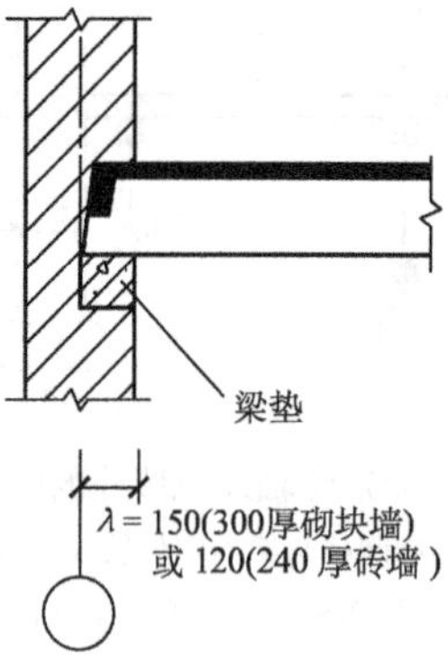

图15-20　承重山墙横向定位轴线

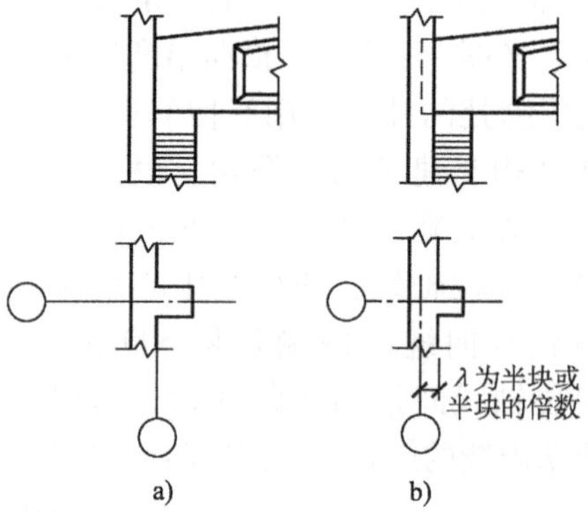

图15-21　承重与纵向定位轴线的联系

a）带较大承重壁柱的外墙　b）带较小承重壁柱的外墙

② 在有起重机的厂房设计中，由于屋架跨度和起重机轮距都是标准的，为使两者规格相协调，确定两者关系为

$$L = L_K + 2e$$

式中　L——厂房跨度（即屋架跨度）；

L_K——起重机跨度，即起重机的轮距，可查起重机规格资料；

e——起重机轨道中心至纵向定位轴线间的距离，其值一般为750mm。当起重机为重级工作制而需要设安全走道板，或者起重机起重量大于50t时，可采用1000mm。

由图15-22a知：

$$e = h + K + B$$

则 $$K=e-(h+B)$$

式中 K ——起重机尽端外缘至上柱内缘的安全距离；

h ——上柱截面高度；

B ——轨道中心线至起重机尽端外缘的距离。由起重机规格表查明。

由于起重机起重量、形式、柱距、跨度、有无安全走道板等因素，边柱外缘与纵向定位轴线的联系有两种情况。

a）封闭式结合的纵向定位轴线。当边柱外缘、墙内缘与定位轴线三者相重合时，称封闭式结合的纵向定位轴线（图 15-22a）。这时屋架上的屋面板与外墙内缘紧紧相靠，可全部采用标准板，不需设非标准的补充构件。

此时 $Q\leqslant 20$t，查起重机规格，知 $B\leqslant 260$mm，$K\geqslant 80$mm。柱距小、起重机轻，一般 $h\leqslant 400$mm，如不设安全走道板，$e=750$mm，则 $e-(h+B)\geqslant 90$mm，满足 $K\geqslant 80$mm 的要求。

从上式得出，当 $Q\leqslant 20$t，$e=750$mm 时，采用封闭结合，可满足起重机安全运行的净空要求，简化屋面构造，施工方便。

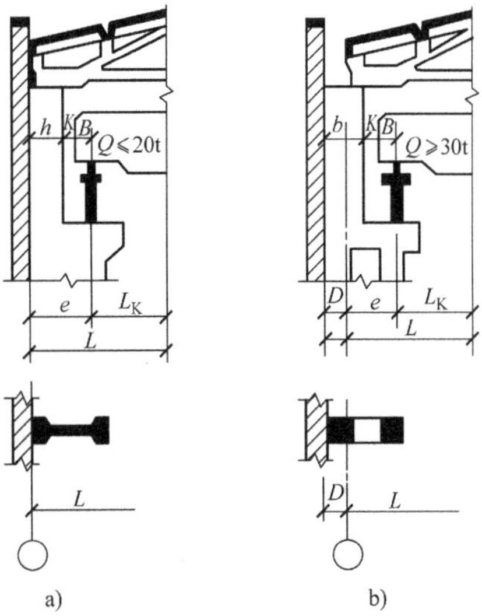

图 15-22　边柱与纵向定位轴线的联系

a）封闭结合　b）非封闭结合

b）非封闭式结合的纵向定位轴线。当边柱外缘与纵向定位轴线之间有一定的距离，屋架上的屋面板与墙内缘之间有一段空隙时称为非封闭结合（图 15-22b）。有起重机厂房外墙、起重机起重量 $Q\geqslant 30$t，$B\geqslant 300$mm，$K\geqslant 80$mm，柱距大、起重机重，$h\geqslant 400$mm，如不设安全走道板，$e=750$mm，则 $e-(h+B)\leqslant 50$mm，不能满足 $K\geqslant 80$mm 的要求。

为保证起重机安全运行所需净空，同时又不增加构件的规格，设计时需将边柱外缘从定位轴线向外扩移一定距离，即加设联系尺寸 D，其值为 150mm、250mm、500mm 三种。

此时墙内缘与标准屋面板之间的空隙需作构造处理，如墙挑砖封平或增设屋面板补充构件。因此非封闭结合构造复杂，施工不便，起重机荷载对柱的偏心距也较大，同时增加了厂房占地面积，成本相应提高。

2）中柱与纵向定位轴线的联系。

① 平行等高跨中柱其上柱中心线与纵向定位轴线重合，通常设单柱单轴线处理（图 15-23）。其截面宽度 h 一般为 600mm，以满足两侧屋架的支承长度为 300mm 的要求。

② 不等高跨中柱当两邻跨都采用封闭结合时，高跨上柱外缘、封墙内缘和低跨屋架标志尺寸端部应与纵向定位轴线相重合（图 15-24a）。

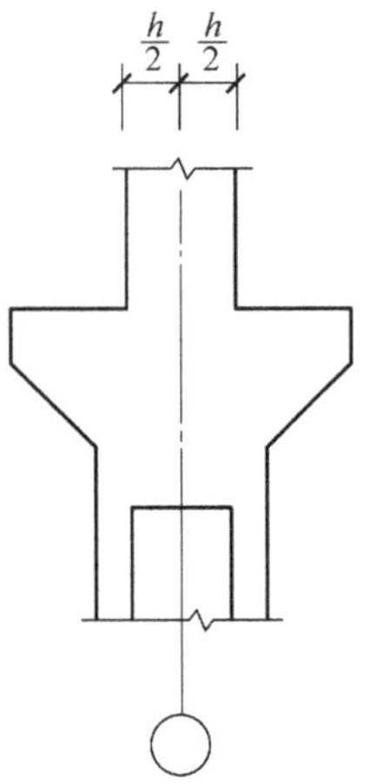

图 15-23　平行等高跨中柱与纵向定位轴线联系

当高跨为非封闭结合时，上柱外缘与纵向定位轴线不重合，应采用两条定位轴线，其间的插入距 A 值等于联系尺寸 D（图 15-24b）。如封墙处采用墙板结构时，可按图15-24c、d 处理。

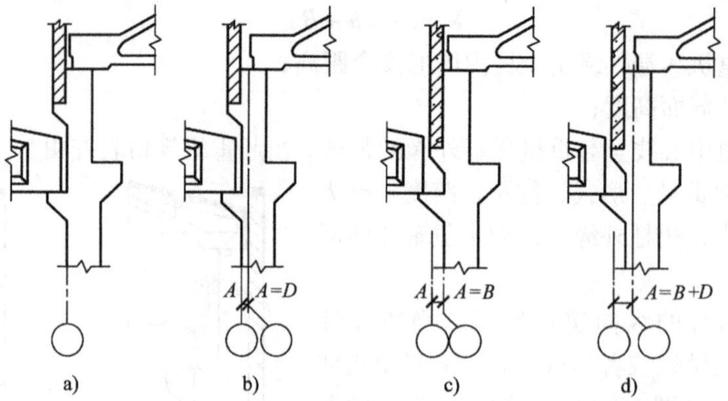

图 15-24　无变形缝平行高低跨处单柱与纵向定位轴线联系

a）单轴线封闭结合　b）单轴线非封闭结合　c）双轴线封闭结合　d）双轴线非封闭结合

A—插入距　B—墙体厚度　D—联系尺寸

3）纵向伸缩缝处柱与纵向定位轴线的联系。当厂房宽度较大，沿厂房宽度方向需设纵向伸缩逢，以解决横向变形。

① 等高跨中柱纵向伸缩缝处一般采用单柱单轴线处理，缝一侧的屋架放在柱头上，另一侧屋架搁置在活动支座上，上柱中心线仍与纵向定位轴线重合（图 15-25a）。

若伸缩缝兼作防震缝时，原伸缩缝按防震缝加宽。若仍按单柱处理，应设两条纵向定位轴线，其间的插入距为 A（$A=C$）（图 15-25b）。

② 不等高跨中柱纵向伸缩缝一般设在高低跨处，若采用单柱，需设两条定位轴线，两轴线间设插入距 A。当两相邻跨都为封闭结合时，$A=C$（图 15-26a）；当高跨为非封闭结合时，$A=C+D$（图 15-26b）。C 为伸缩缝宽，D 为联系尺寸。

图 15-25　平行等高跨中柱与纵向定位轴线的联系

a）无变形缝　b）有变形缝

A—插入距　C—变形缝宽

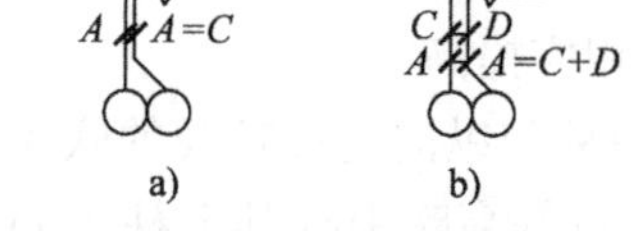

图 15-26　高低跨纵向伸缩缝处单柱与纵向定位轴线的联系

a）未设联系尺寸　b）设联系尺寸

当不等高跨高差悬殊或者起重机起重量差异较大时，再采用单柱处理往往不甚适宜，且不利于防震。故常在高低跨处结合伸缩缝，防震缝采用双柱及双轴线。两柱与定位轴线的联系按属于各跨的边柱与其定位轴线相联系。两轴间设插入距 A。当两相邻跨都为封闭结合时，$A=B+C$（图 15-27a）；当高跨采用非封闭结合时，$A=B+C+D$（图 15-27b）。B 为封墙宽度。

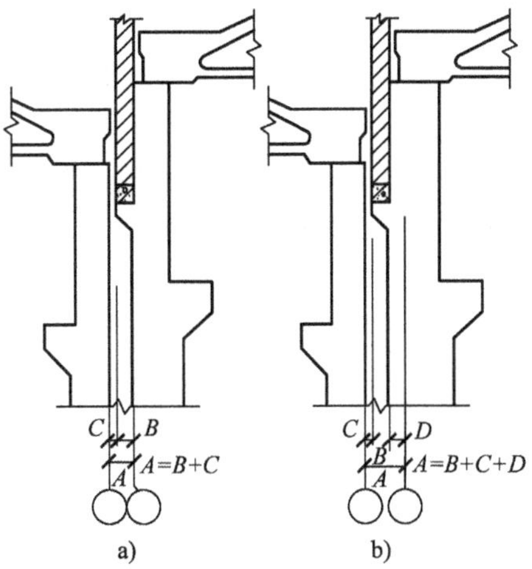

图 15-27　低跨纵向伸缩缝处双柱与纵向定位轴线的联系
a）未设联系尺寸　b）设联系尺寸

第三节　厂房外墙、大门、侧窗与天窗

一、厂房外墙

1. 外墙类型

单层工业厂房的外墙按材料分为砖墙、砌块墙、板材墙以及开敞式外墙，按承重方式分为承重墙和非承重墙。由于单层工业厂房的外墙自身高度与跨度大，同时承受较大的自重和风荷载，有时还受到厂房内生产设备的振动影响，因此墙身须有足够的刚度和稳定性。

（1）砖墙及砌块墙。单层工业厂房的砖砌外墙一般只起围护作用，厚度可取 240mm 和 370mm，单层工业厂房砖砌外墙的砌筑要求与民用建筑类似。

1）承重砖墙在我国小型单层厂房（当厂房跨度小于 15m，起重机吨位不超过 5t，柱距不大于 6m 时）可用砖砌外墙作为承重墙，并做墙体壁柱，承重墙需承受自重、屋顶起重机荷载及地震力作用等多种荷载。外墙下设条形基础，并在墙体适当部位设置圈梁。其特点是构造简单，施工方便，造价较低；但墙体自重大，承载能力较低，抗震性能较差（图 15-28）。

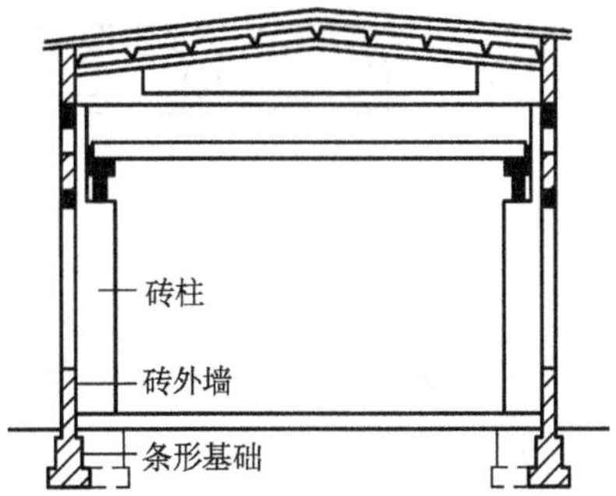

图 15-28　承重砖墙单层厂房

2）当起重机吨位大，厂房跨度较大时，一般均采用钢筋混凝土骨架承重或钢骨架承重，使承重与围护功能分开，外墙起到围护、承受自重和风荷载作用。这时围护墙体大都不做基础，而采用两端搭于杯形基础上（或小牛腿上）的基础梁支承墙体重量，以防产生不均匀沉降。当墙体较高时，上部墙体重量由连系梁承担，经小牛腿将重量传给柱子再传至基础，下部墙体重量则通过基础梁传至基础。为增强墙体的稳定性和整体性则应设置圈梁。

3）为解决砖墙存在的缺点，块材墙在国内外均得到一定发展，与民用建筑一样，厂房多利用轻质材料制成块材或用普通混凝土制成空心块材砌墙。块材墙的砌筑与砖墙基本相同，即块材之间应横平竖直、灰浆饱满、错缝搭接，块材与柱子之间由柱子伸出钢筋砌入水平缝内实现错位。块材墙的整体性与防震性比砖墙要好。

（2）板材墙。板材墙是采用在工厂生产的大型墙板，在现场装配而成的墙体。与砖墙（砌块墙）相比，板材墙能充分利用工业废料和地方材料，简化、净化施工现场，加快施工速度，促进建筑工业化。

1）墙板的规格在我国现行工业建筑标准中，长度和高度采用扩大模数 3M，长度有 4500mm、6000mm、7500mm（用于山墙）、12000mm 四种，可适用于 6m 或 12m 柱距及 3m 整倍数的跨距。板高有 900mm、1200mm、1500mm 和 1800mm 四种。板厚以 20mm 为模数进级，常用厚度为 160～240mm。

2）按照板材的材料和构造方式划分，墙板有钢筋混凝土槽形板、空心板，配筋轻混凝土墙板和组合墙板三大类。

① 钢筋混凝土槽形板、空心板的优点是耐久性好、制造简单、可施加预应力。槽形板也称肋形板，其钢材、水泥用量较省，但保温隔热性能差且易积灰，故只适用于某些热加工车间和保温隔热要求不高的车间、仓库等。空心板材料用量较多，但其双面平整，具有不易积灰的优点，并有一定的保温隔热能力，虽比 240mm 砖墙热工性能稍差，但仍得到较广泛的应用。

② 配筋轻混凝土墙板种类较多，如粉煤灰硅酸盐混凝土墙板、各种加气混凝土墙板等，它们的共同优点是比普通混凝土墙和砖墙轻，保温隔热性能好。缺点是吸湿性较大，故必须加水泥砂浆等防水面层，有的还有龟裂或锈蚀配筋的缺点。适用于对保温或隔热要求较高以及既要保温又要隔热，但湿度不大的车间（图 15-29）。

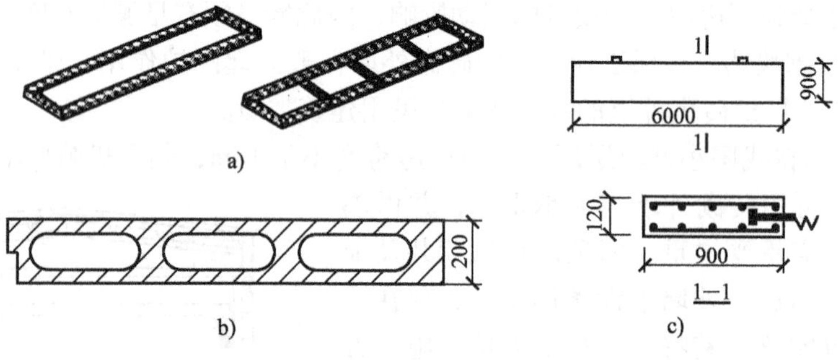

图 15-29　单一材料墙板

a）钢筋混凝土槽形板　b）钢筋混凝土空心板　c）配筋轻混凝土墙板

③ 组合墙板是由一个承重的外壳、骨架和各种轻质夹心材料组合成大型墙板，组合墙板能使材料各尽所长，有防火、防水、保温（隔热）、轻质、高强的特点。

这类墙板的主要缺点是制造工艺较复杂，用作保温时易产生“热桥”的不利影响（图 15-30）。

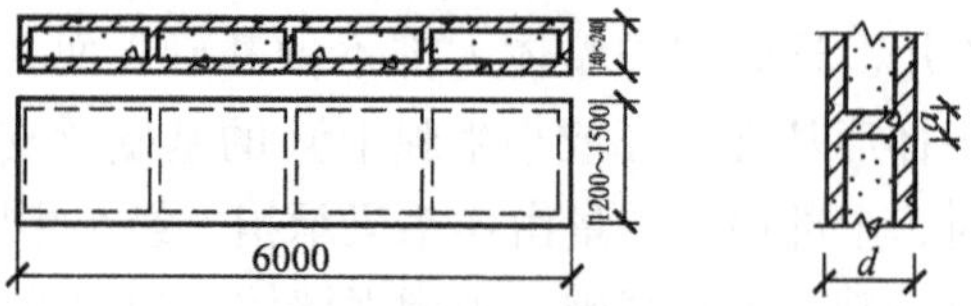

图 15-30　组合墙板示例

（3）开敞式外墙。开敞式外墙适用于炎热地区的热加工车间或某些化工车间。按构造形式分有全开敞式和半开敞式。它是在厂房柱子上安装一系列挡雨板形成的围护结构，这种结构能迅速排除烟、尘和热量，有利于通风、换气、避雨等。通常用石棉水泥波形瓦和钢筋混凝土作挡雨板。挡雨板之间的垂直距离应按当地的挡雨角和车间的挡雨要求来确定。如图 15-31 和图 15-32 所示。

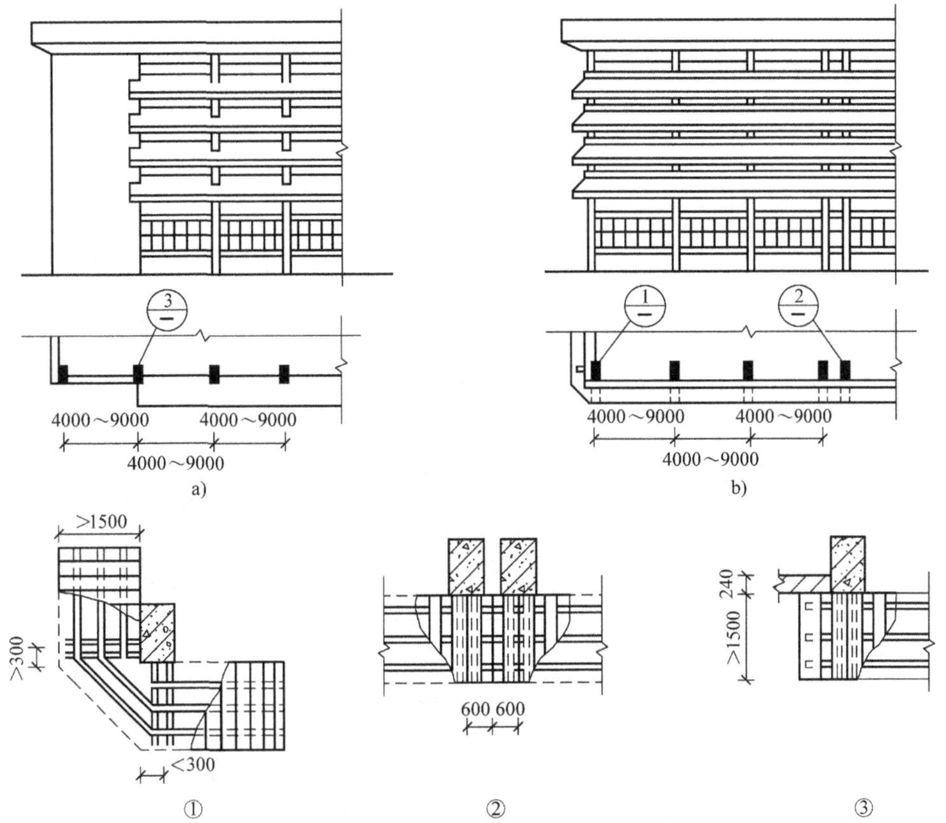

图 15-31 开敞式外墙布置

a）单面开敞外墙 b）四面开敞外墙

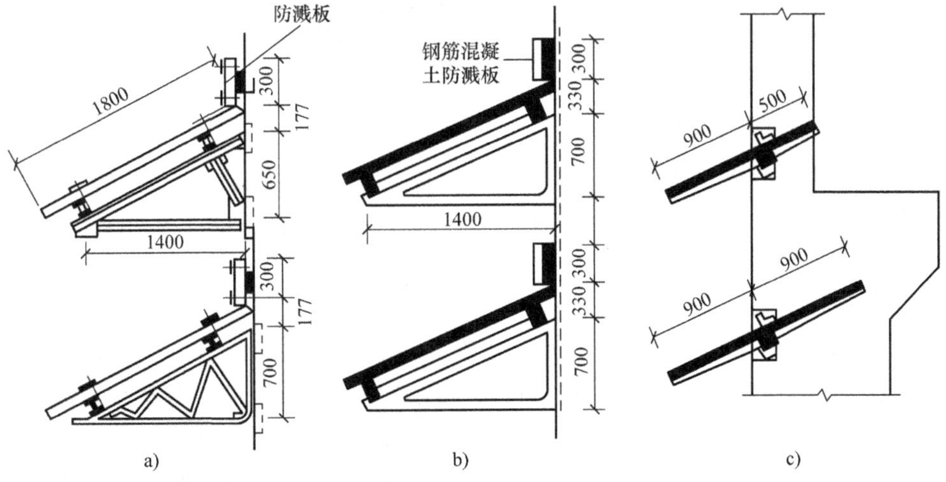

图 15-32 挡雨板构造

a）钢支架 b）钢筋混凝土支架 c）无支架挡雨板

2. 外墙与柱的相对关系

（1）砖墙（砌块墙）和柱子的相对位置。单层工业厂房围护墙与厂房柱的相对位置一般有两种布置方案。

1）一种是将外墙布置在柱外侧，具有构造简单、施工方便、热工性能好，便于基础梁与连系梁等构配件的定型化和统一化等优点，所以在单层厂房中广泛采用。

2）另一种是将外墙嵌在柱列之间，具有节省建筑占地面积、增加柱列刚度、代替柱间支撑的优点，但要增加砍砖量，施工麻烦，不利于基础梁、连系梁等构配件统一化，且柱子直接暴露在外，不利于保护，热工性能也较差（图 15-33）。

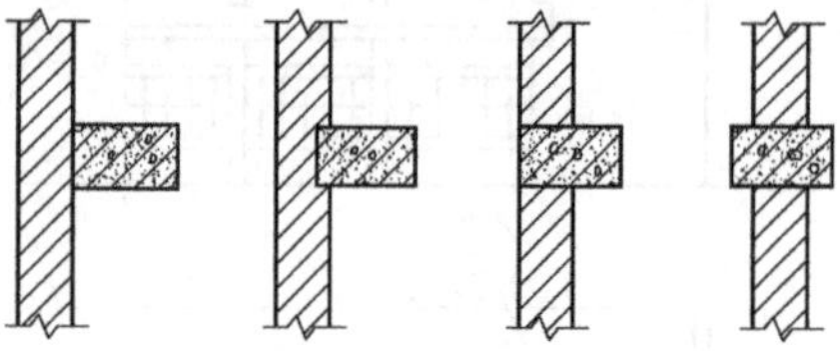

图 15-33　砖墙与柱相对位置

（2）板材墙和柱子的相对位置。对于板材墙，板柱连接分为柔性连接和刚性连接（图 15-34）。连接方法应保证连接安全可靠，便于制作、安装和检修。

1）柔性连接。是通过墙板与柱的预埋件和柔性连接件将板柱两者拉接在一起。常用的方法有螺栓挂钩连接、角钢挂钩连接（又称握手式连接）、短钢筋焊接连接和压条连接。其中螺栓挂钩连接方案构造简单、连接可靠、焊接工作量少、维修较方便，缺点是金属零件用量多，易受腐蚀；角钢挂钩连接用钢量较少、施工速度快，缺点是金属件的位置要求精确；短钢筋焊接连接安装比较灵活简便，缺点是焊接工作量较大；压条连接方案多用于不适宜埋设预埋件的轻质墙板，板垂直缝被压条封盖，墙板密封性好，缺点是增加了一种压条构件，施工误差较大时，压条孔不易套进柱伸出的螺栓。柔性连接的特点是，墙板在垂直方向一般由钢支托支承，水平方向由连接件拉接。因此，墙板与厂房骨架以及板与板之间在一定范围内可相对独立位移，能较好地适应振动（包括地震）等引起的变形，加上墙板每块板自身整体性较好、又轻（振动惯性力就小），使其具有优越于砖墙抗震性的条件。它适用于地基软弱，或有较大振动的厂房以及抗震设计烈度大于 7 度的地区的厂房（图 15-35）。

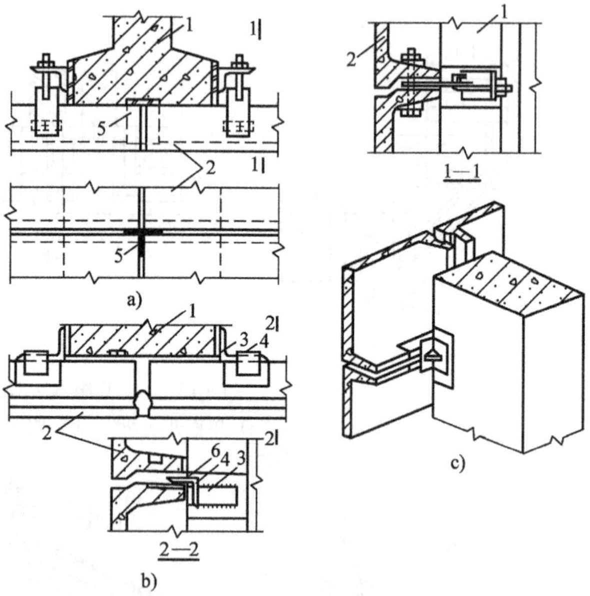

图 15-34　墙板与柱连接示意图

a）螺栓挂钩柔性连接和钢支托　b）角钩挂钩柔性连接　c）刚性连接

1—柱　2—墙板　3—柱侧预焊角钢

4—角钢　5—钢支托　6—上下板连接筋

2）刚性连接。是将每块板材与柱子用型钢焊接在一起，无需另设钢支托。其突出的优点是用钢量少，当板本身的强度和刚度较大时，厂房纵向刚度好。但由于刚性连接失去了能相对位移的条件，并能传递振动或不均匀沉降引起的荷载，使墙板易产生裂缝等破坏，故刚性连接可用在地基条件较好、没有较大振动的设备或非地震区及地震烈度小于 7 度的地区的厂房。

3）板缝防水构造。大型墙板接缝不仅要满足防水、防风、保温、美观耐久等性能要求，还要安装方便。板缝防水构造与民用建筑类似，有材料防水和构造防水。

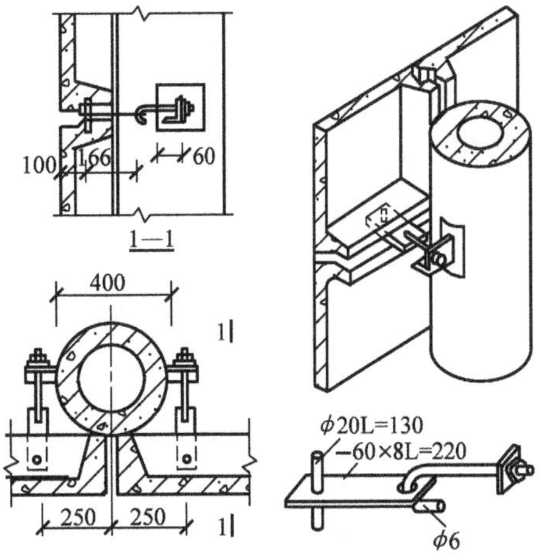

图 15-35　墙板与管柱柔性连接

外墙的细部构造

3. 外墙的细部构造和与其他构件的关系

单层工业厂房非承重围护墙通常不做墙身基础，下部墙身通过基础梁将荷载传至柱下基础；上部墙身支承在连系梁上，连系梁将荷载通过柱子传至基础。墙体的细部构造包括基础梁与基础的连接构造、连系梁与柱的连接构造、墙体与柱的连接、墙体与屋架的连接、墙体与屋面板的连接构造（图 15-36）。

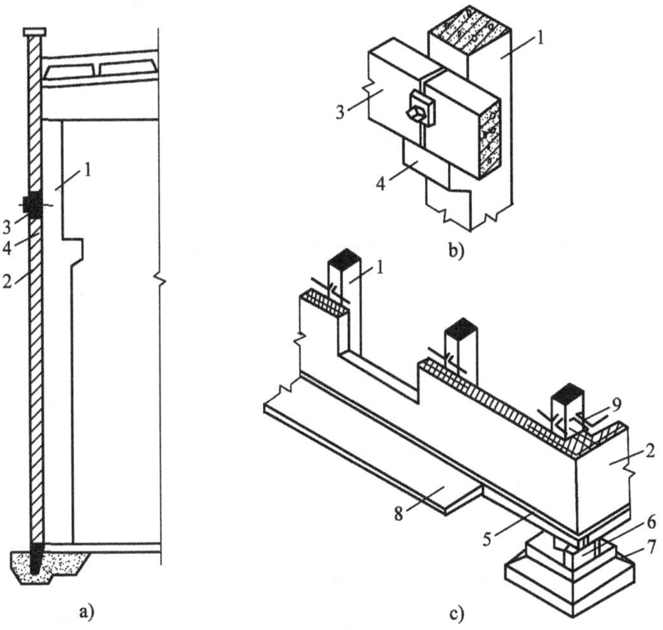

图 15-36　较高的砖墙结构

a）砖砌外墙剖面图　b）连系梁与柱子的连接　c）砖墙支承在基础梁上

1—柱　2—砖外墙　3—连系梁　4—牛腿　5—基础梁　6—垫块　7—杯形基础　8—散水　9—墙柱连接筋

（1）基础梁与基础的连接。由于基础梁支承在柱基础上，柱下基础的埋深直接影响到基础梁与柱下基础的连接方式。基础梁的顶面标高应低于室内地面 50mm，以便在该处设置墙身防潮层，或用门洞口处的地面做面层保护基础梁。基础梁与基础的连接主要有四种方式，当基础埋置较浅时，基础梁可直接搁置在柱基础顶面，或通过混凝土垫块搁置在柱基础顶面，如图 15-37a、b 所示；当基础埋置较深时，可用高杯形基础，或采用牛腿支托，以保证基础梁的标高，减少墙体的工程量，如图 15-37c、d 所示。

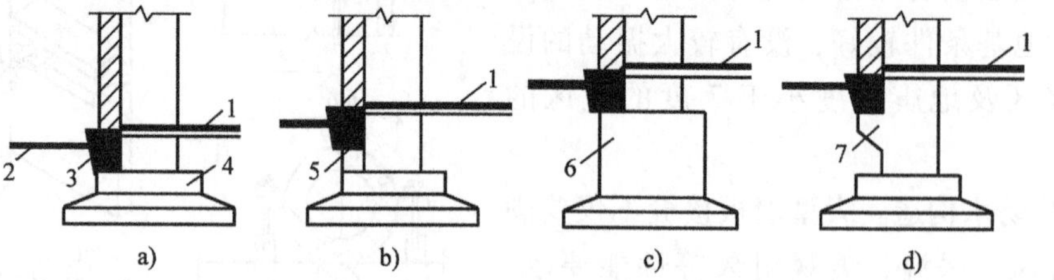

图 15-37　基础梁与基础的连接

1—室内地面　2—散水　3—基础梁　4—柱杯形基础　5—垫块　6—高杯形基础　7—牛腿

冬季，北方地区非采暖厂房回填土为冻胀土时，基础梁下部宜用炉渣等松散材料填充以防土壤冻胀时对基础梁及墙身产生不利的反拱影响，冻胀严重时还可在基础梁下预留空隙（图15-38）。

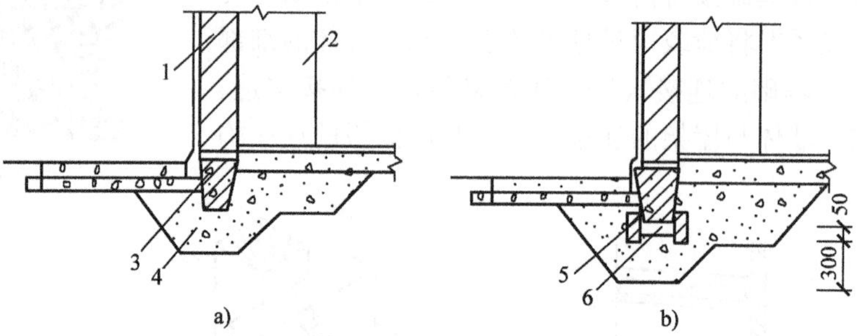

图 15-38　基础梁下部防冻胀保温措施

a）基础梁下部保温　b）基础梁底留空防冻胀构造

1—外墙　2—柱　3—基础梁　4—炉渣保温材料　5—立砌普通砖　6—空隙

（2）连系梁与柱的连接。连系梁可以提高厂房结构及墙身的刚度和稳定性。用来承担墙身重量的连系梁是承重连系梁，否则为非承重连系梁。在确定连系梁标高时，应考虑其与窗过梁的统一，以连系梁代替窗过梁。连系梁多为预制连系梁，现浇连系梁由于施工速度慢、现场湿作业多，使用较少。连系梁的横断面一般为矩形，当墙厚为 370mm 时，可做成 L 形。

现浇非承重连系梁是将柱中的预留钢筋与连系梁整体浇筑在一起的，预制非承重连系梁与柱子可用螺栓连接。承重连系梁与柱的连接方式，是将连系梁搁置在支托连系梁的牛腿上，用螺栓或焊接的方法连接牢固（图 15-39）。

（3）墙与柱的连接。单层工业厂房的外墙主要受到水平方向的风压力和吸力作用，为了保证墙体的整体稳定性，外墙应与厂房柱及屋架端部有良好的连接。外墙与厂房柱及屋架端部一般采用拉结筋连接。由柱、屋架端部沿高度方向每隔 500 ~ 600mm 伸出 2ϕ6 钢筋砌入砖缝内，以起到锚拉作用。

由于厂房山墙端部与柱子有一定的距离，常用的做法是将山墙局部厚度增大，使山墙与柱子挤紧。嵌砖砌筑是将砖墙砌筑在柱子之间，将柱子两侧伸出的拉结筋嵌入砖缝内进行锚拉，嵌砖砌筑能有效提高厂房的纵向刚度。

（4）墙体与屋架的连接。一般在屋架上下弦预埋拉结钢筋，若在屋架的腹杆上不便预

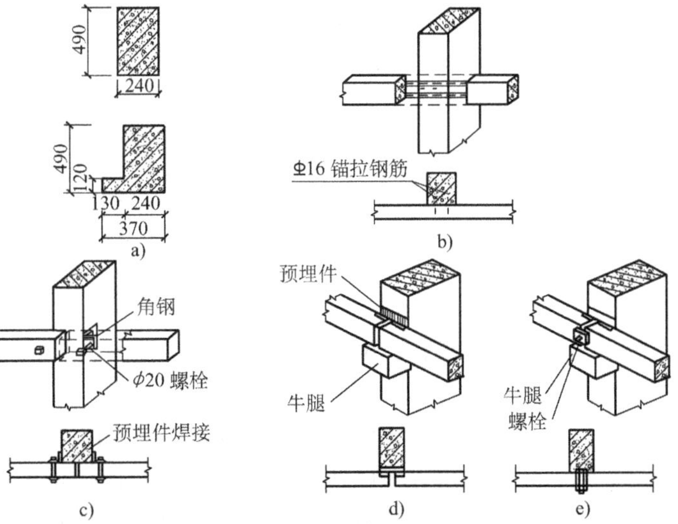

图 15-39　连系梁与柱的连接

a）连系梁断面　b）现浇非承重梁　c）预制非承重连系梁　d）、e）承重连系梁

埋钢筋时，可在腹杆上预埋钢板，再焊接钢筋与墙体连接。

（5）墙体与屋面板的连接。当外墙伸出屋面形成女儿墙时，为了保证女儿墙的稳定性，墙和屋面板之间应采取拉结措施（图 15-40）。

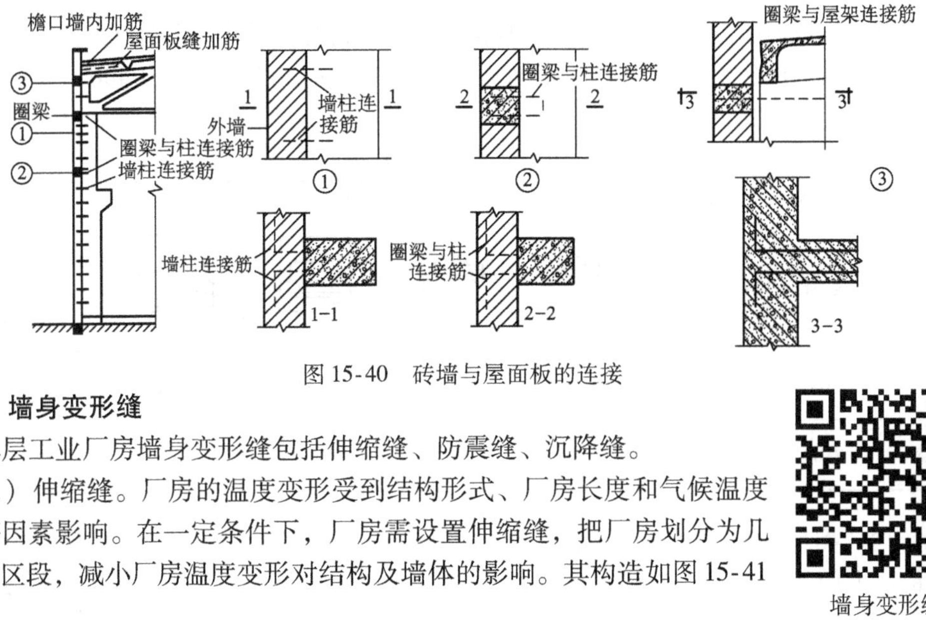

图 15-40　砖墙与屋面板的连接

4. 墙身变形缝

墙身变形缝

单层工业厂房墙身变形缝包括伸缩缝、防震缝、沉降缝。

（1）伸缩缝。厂房的温度变形受到结构形式、厂房长度和气候温度变化等因素影响。在一定条件下，厂房需设置伸缩缝，把厂房划分为几个温度区段，减小厂房温度变形对结构及墙体的影响。其构造如图 15-41 所示。

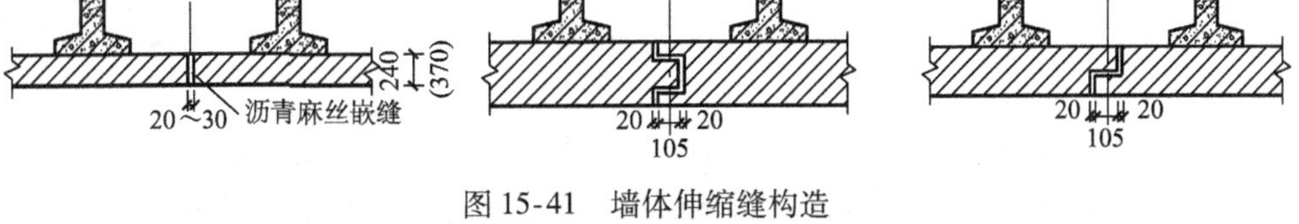

图 15-41　墙体伸缩缝构造

（2）防震缝。一般在纵横跨交接处、纵向高低交接处以及与厂房毗连贴建的生活间、变电所、炉子间等附属房屋均应用防震缝分开，缝两侧应设墙或柱（图 15-42）。

（3）沉降缝。处理沉降缝时所采用的材料和构造方法要求能适应缝两侧的结构构件在垂直方向的自由沉降。

5. 墙身表面维护

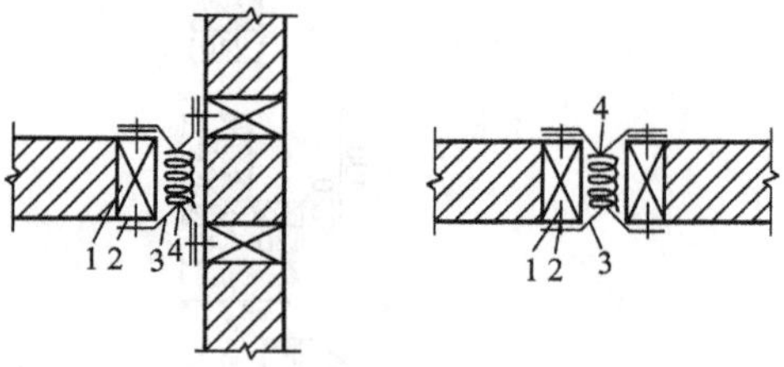

a)　　b)

图 15-42　砖外墙防震缝构造

1—防腐木砖　2—卷材　3—镀锌薄钢板　4—沥青麻丝

单层工业厂房砖砌墙体的外墙面可根据厂房的用途、厂房所处的环境及投资的大小选择墙面装饰，有清水墙类、贴面类、涂料类等。内墙面除对清洁要求较高的车间做内粉刷外，一般只做简单的喷白。

当车间内有腐蚀性气、雾或粉末等腐蚀介质产生时，应考虑采用混合砂浆、石灰砂浆或水泥砂浆抹灰；当有大量的酸性介质侵蚀时，需在水泥砂浆抹灰层表面加罩一层耐酸涂料。内墙面与地坪交接处，做 200mm 高的 1∶2 水泥砂浆踢脚板。

二、厂房大门

1. 大门尺寸与类型

（1）洞口尺寸。工业厂房的大门主要是供日常车辆和人通行以及紧急情况疏散之用，因此门的尺寸应根据所需运输工具类型、规格、运输货物的外形并考虑通行方便等因素来确定。一般门的宽度应比满装货物时的车辆宽 600～1000mm，高度应高出 400～600mm（表 15-1）。

表 15-1　厂房大门尺寸　（单位：mm）

运输工具	3t 矿车 	电瓶车 	轻型卡车 	中型卡车 	重型卡车 	汽车起重机 	火车 
洞口高	2100	2400	2700	3000	3900	4200	5100 5400
洞口宽	2100	2100	3000	3300	3600	3900	4200 4500

（2）门的类型。车间大门的类型较多，这是由于车间性质、运输、材料及构造等因素所决定的。大门按用途分：有供运输通行的普通大门、防火门、保温门、防风沙门等。按材料分：有木门、钢木门、普通型钢和空腹薄壁钢门等。门宽 1.8m 以内时采用木制的。当门洞口尺寸较大时，为了防止门扇变形和节约木材，常采用型钢作骨架的钢木大门或钢板门。按开启方式分为平开门、上翻门、推拉门、升降门、折叠门、卷帘门等（图 15-43）。

大门尺寸与类型

1）平开门构造简单，开启方便，但门扇受力状态较差，易产生下垂或扭曲变形，故门洞较大时不宜采用。门向内开虽免受风雨的影响，但占用室内空间，也不利于疏散，一般多采用外开门，门的上方应设雨篷。当运输货物不多，大门不需经常开启时，可在大门扇上开设供人通行的小门。

2）推拉门的开闭是通过滑轮沿着导轨向左右推拉，门扇受力状态较好，构造简单，不易变形，但五金零件较复杂，安装要求较高，是工业厂房中广泛使用的一种形式的门。但由于推拉门一般密闭性差，故不宜用于冬季采暖的厂房。推拉门常设在墙的外侧，雨篷沿墙的宽度最好为门宽的两倍以上。

3）折叠门由几个较窄的门扇相互间以铰链连接组合而成。开启时通过门扇上下滑轮沿着导轨左右移动。这种形式，在开启时可使几个门扇折叠在一起，占用的空间较少，适用于较大的门洞。

4）升降门不占厂房面积，开启时门扇沿导轨上升，只需在门洞上部留有足够的上升高度即可，常用于大型厂房。门洞高时可沿水平方向将门扇分为几扇，开启的方式有手动和电动两种。

5）上翻门的门扇侧面有平衡装置，门的上方有导轨，开启时门扇沿导轨向上翻起。平衡装置可用重锤或弹簧。这种形式可避免门扇被碰损，常用于车库大门。

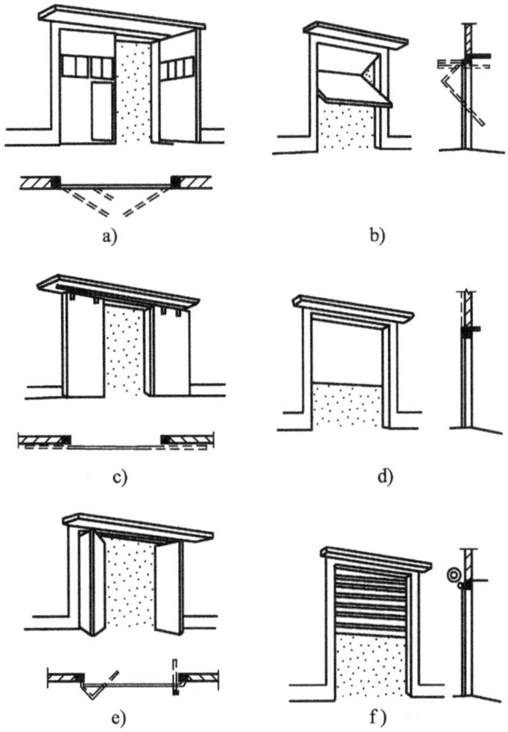

图 15-43　大门开启方式

a）平开门　b）上翻门　c）推拉门　d）升降门　e）折叠门　f）卷帘门

6）卷帘门是用很多冲压成形的金属叶片连接而成的。开启时，由门洞上部的转动轴将叶片卷起。它适用于4000～7000mm 宽的门洞，高度不受限制。卷帘门有手动和电动两种，当采用电动时，必须考虑停电时手动开启的备用设施。卷帘门适用于非频繁开启的高大门洞，这种门制作复杂，造价较高。

2. 大门构造

工业厂房的大门构造做法类似民用建筑大门的做法。

（1）平开门构造简单门向外开时，门洞应设雨篷。平开门由门扇、铰链及门框组成，门洞尺寸一般不宜大于 3. 6m ×3. 6m。当门的面积大于 $5m^2$ 时，宜采用角钢骨架。大门门框有钢筋混凝土和砖砌两种。当门洞宽度大于 3m 时，设钢筋混凝土门框，在安装铰链处预埋件。洞口较小时可采用砖砌门框，墙内砌入有预埋件的混凝土块，砌块的数量和位置应与门扇上铰链的位置相适应。一般是每个门扇设两个铰链。

常用钢木平开门（图 15-44），门扇用角钢做骨架，15mm 厚木板做门芯板，为了防止门扇变形，中间设有角钢的横撑和交叉支承以增强门扇的刚度。寒冷地区要求保温的大门可采用双层木板，中间填以保温材料，并在门扇下沿与地面空隙处以及门扇与门框，门扇与门扇的缝隙处加钉橡胶条或水龙带，以防止风沙吹入。

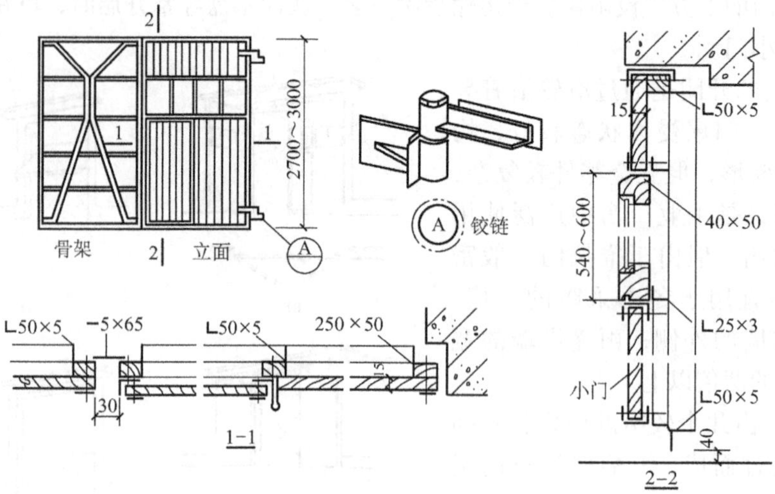

图 15-44　钢木平开门

（2）推拉门的开关是通过滑轮沿着导轨向左右推拉，门扇受力状态较好，构造简单，不易变形，常设在墙的外侧。雨篷沿墙的宽度最好为门宽的两倍。工业厂房中广泛采用推拉门，但不宜用于密闭要求高的车间。推拉门由门扇、门轨、地槽、滑轮及门框组成，门扇可采用木门、钢板门、空腹薄壁钢门等，每个门扇宽度不大于 1.8m，根据门洞的大小，平面可布置成单轨双扇、双轨双扇、多轨多扇等形式（图 15-45），常用者为单轨双扇。推拉门支承的方式可分上挂式或下滑式两种。当门的高度小于 4m 时，用上挂式，即门扇通过滑轮挂在门洞上方的导轨上。

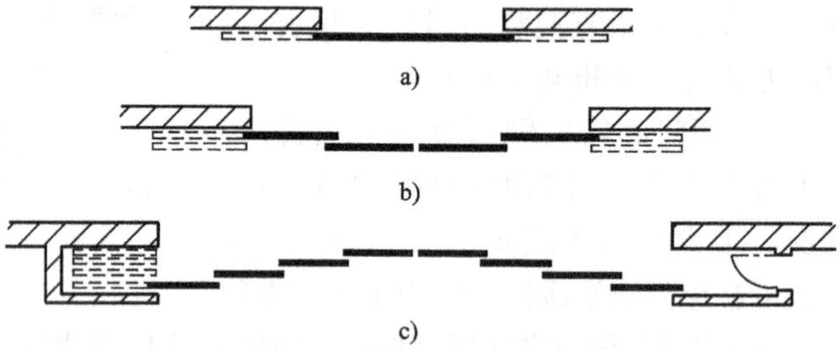

图 15-45　推拉门布置形式

a）单轨双扇　b）双轨双扇　c）多轨多扇

当门扇高度大于 4m 时，多用下滑式，在门洞上下均设导轨，门扇沿上下导轨推拉，下面的导轨承受门扇的重量。推拉门位于墙外，门上方需设雨篷。上悬式钢木推拉门由于门扇是通过滑轮挂在导轨上的，门扇变小，因此门扇太高时，门扇角钢骨架中间只设横撑，在安装滑轮处设斜撑，导轨是通过支架与钢筋混凝土门框的预埋件连接，门扇下边有导向装置。如果安装地滑轮，它沿地槽左右移动，门扇下边还设铲灰刀，清除地槽尘土，为了防止滑轮脱轨，在导轨尽端设门挡，并在门框处做小壁柱。由于推拉门的门缝较大，门扇尺寸应比洞口宽 200mm 为宜。

（3）折叠门由几个较窄的门扇相互间以铰链连接组合而成。开启时通过门扇上下滑轮沿着导轨可左右移动。这种形式在开启时可使几个门扇折叠在一起，占用的空间较少，适用于较大门洞。折叠门一般可分为侧挂式、侧悬式和中悬式折叠三种（图 15-46）。侧挂式折叠门可用普通铰链，靠框的门扇如为平开门，在它侧面一般只挂一扇门，不适于较大的洞口。侧悬式和中悬式折叠门在洞口上方设有导轨，各门扇间除下部用铰链连接外，在门扇顶部还装有带滑轮的铰链，下部装地槽滑轮，折叠门开闭时上下滑轮沿导轨移动，带动门扇折

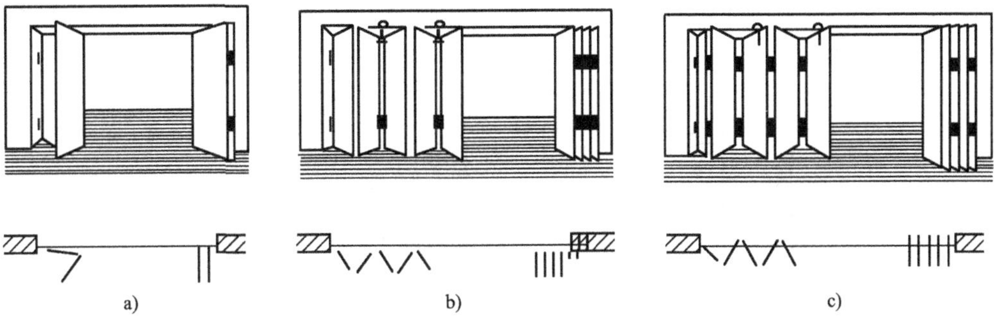

图 15-46　折叠门的几种类型

a）侧挂式　b）侧悬式　c）中悬式

叠，它适用于较大的洞口。滑轮铰链安装在门扇侧边为侧悬式，开关较灵活。中悬式折叠门的滑轮铰链装在门扇中部，门扇受力较好，但开关比较费力。

（4）防火门用于加工易燃品的车间和仓库。根据车间对防火门耐火等级的要求，门扇可以采用钢板、木板外贴石棉板再包以镀锌薄钢板或木板外直接包镀锌薄钢板等构造措施。当采用后两种方式制作防火门时，考虑被烧时木材的碳化会放出大量气体，因此在门扇上应设泄气孔。室内有可燃气体时，为防止液体流淌，扩大火灾蔓延，防火门下宜设门槛，高度以液体不流淌到门外为准。自重下滑防火门是将门上导轨做成5% ~8%坡度，火灾发生时，易熔合金熔断后，重锤落地，门扇依靠自重下滑关闭（图15-47）。易熔合金的熔点为70℃，含有铋（Bi）50%、铅（Pb）25%、锡（Sn）12.5%。当洞口尺寸较大时，可做成两个门扇相对下滑。

（5）保温门要求门扇具有一定热阻值和门缝密闭处理，故常在门扇两层板间填以轻质疏松的材料（如玻璃棉、矿棉、岩棉、软木、聚苯板等）。

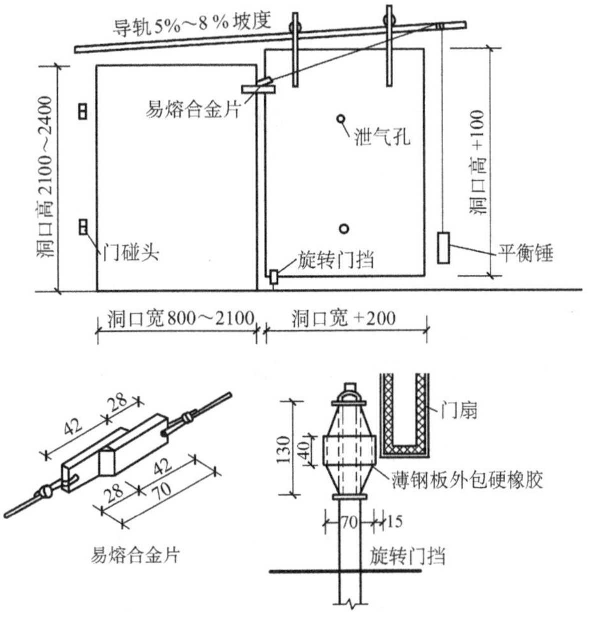

图 15-47　自重下滑防火门

（6）隔声门的隔声效果与门扇的材料和门缝的密闭有关，虽然门扇越重隔声越好，但门扇过重开关不便，五金零件也易损坏，因此隔声门常采用多层复合结构，也是在两层面板之间填吸声材料（如矿棉、玻璃棉、玻璃纤维板等）。

一般保温门和隔声门的面板常采用整体板材（如五层胶合板、硬质木纤维板，热压纤维板等），因为企口木板干缩后会出现缝隙，对隔声性能或保温性能带来不利影响，图15-48所示为一般保温门和隔声门门缝处理的做法。门缝密闭处理对门的隔声、保温以及防尘等使用要求有很大影响，通常在门缝内粘贴填缝材料，填缝材料具有足够的弹性和压缩性，如橡胶管、海绵橡胶条、羊毛毡条、泡沫塑料条等。

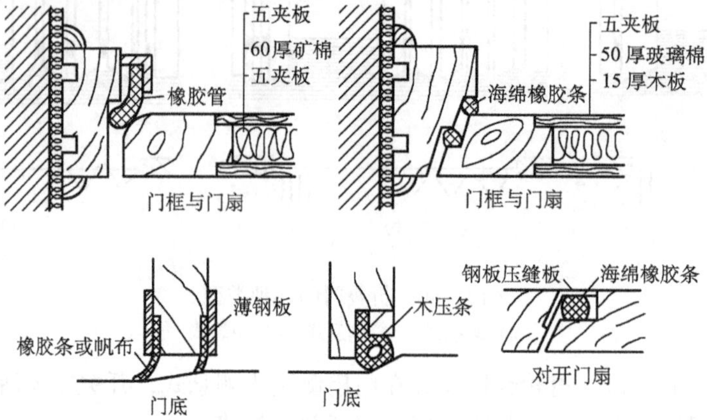

图 15-48 保温门、隔声门门缝处理

三、厂房侧窗

1. 侧窗的设计要求及类型

在工业建筑中，侧窗不仅要满足采光和通风的要求，还要根据生产工艺的特点，满足一些特殊要求。例如有爆炸危险的车间，侧窗应便于泄压；要求恒温恒湿的车间，侧窗应有足够的保温隔热性能；洁净车间要求侧窗防尘和密闭等。而且工业建筑侧窗面积较大，如果处理不当，容易产生变形损坏和开关不便，不但影响生产，还会增加维修费用。因此，在进行侧窗构造设计时，除满足生产要求外，还应考虑坚固耐久、开关方便、构造简单、节省材料、降低造价。

为节省材料和造价，工业建筑侧窗一般情况下都采用单层窗，只有严寒地区在4m以下高度范围，或生产有特殊要求的车间（如恒温、恒湿、洁净车间），才部分或全部采用双层窗或双层玻璃窗。双层窗冬季保温、夏季隔热，而且防尘密闭性能均较好，但造价高，施工复杂。

工业建筑侧窗常见的开启方式有：中悬窗、平开窗、固定窗、垂直旋转窗。

侧窗类型

（1）中悬窗。窗扇沿水平中轴转动，开启角度可达80°，并可利用自重保持平衡，便于采用一般的机械开关器或绳索控制开关，因此常用于车间外墙的上部。中悬窗的缺点是构造较复杂，由于开启扇之间有缝隙，易产生飘雨现象。中悬窗还可作为泄压窗，调整其转轴位置，使转轴位于窗扇重心之上，当室内达到一定的压力时，便能自动开启泄压。

（2）平开窗。窗口阻力系数小，通风效果好，构造简单，开关方便，便于做成双层窗，常设在车间外墙下部，作为通风的进气口。

（3）固定窗。构造简单，节省材料，常用在较高外墙的中部，既可采光，又可使热压通风的进、排气口分隔明确，便于更好地组织自然通风。有防尘要求车间的侧窗也多做成固定窗，以避免缝隙渗透。

（4）垂直旋转窗。窗扇沿垂直轴转动，通风好，可以根据不同的风向调节开启角度，适用于要求通风良好，密闭要求不高的车间，常用于热加工车间的外墙下部，作进风口。

根据车间通风的需要常将平开窗、中悬窗或固定窗组合在一起，形成组合窗。组合窗应考虑窗扇便于开关和使用，一般平开窗位于下部，中悬窗位于上部，固定窗位于中部。在同一横向高度内，应采用相同的开关方式（图 15-49）。

图 15-49　侧窗组合类型

2. 钢侧窗

钢侧窗具有坚固耐久、防火、耐潮、关闭紧密、遮光少等优点，广泛用于大中型工业厂房。目前我国生产的钢窗主要有实腹钢窗和空腹薄壁钢窗两种。工业厂房中采用的实腹钢窗多为 32mm 高的标准钢窗型料。空腹薄壁钢窗是用 1.2mm 厚冷轧低碳带钢，经高频焊接轧制成形，其特点是重量轻、抗扭强度高，与实腹钢窗相比，可节约钢材 40% ~50%，但因壁薄，不宜用于有酸碱介质侵蚀和湿度较大的厂房和地区。钢侧窗洞口尺寸应符合 3M 数列，大面积的钢侧窗必须由若干个基本窗拼接而成为组合窗。为便于制作和安装，基本窗的尺寸一般不宜大于 1800mm ×2400mm（宽×高）。实腹钢侧窗示例如图 15-50 所示。

在组合窗中，横向拼接时左右窗框间须加竖挺，当仅有两个基本窗横向组合，其洞口尺寸小于或等于 2400mm ×2400mm 时，可用 T 形钢作竖挺；若由两个或两个以上基本窗横向组合，其组合高度大于 2400mm 时，可用圆钢管作竖挺。竖向组合时上下窗框间须加横挡，当仅有两个基本窗竖向组合，其洞口尺寸小于等于 2400mm ×2400mm 时，可用披水板作横挡；若基本窗竖向间距较大，横向又由多个基本窗拼接时，为保证组合窗的整体刚度与稳定性，须用角钢或槽钢构成横挡，以支承上部钢窗重量。组合窗中所有竖挺和横挡两端都必须伸入窗洞四周墙体的预留孔内，并用细石混凝土填实（或与墙、柱、梁之预埋件焊牢）。空腹薄壁钢窗构造示例如图 15-51 所示。

窗框和窗扇均为定型产品。工业钢窗玻璃厚度通常采用 3mm 厚，先用铁卡子固定，然后用油灰填实。钢窗框与窗洞四周墙体的连接，一般采用在墙体上预留 50mm ×50mm ×100mm 的孔洞，把燕尾铁脚一端插入孔洞内，用 1∶2 水泥砂浆或 C15 细石混凝土填实，另一端则与窗框用螺栓固定。每边第一只铁脚的位置距边框 180mm，其余等分，铁脚中距约 500mm 左右。若窗洞四周墙体不便于预留孔洞时，如窗顶为钢筋混凝土过梁或大型墙板，

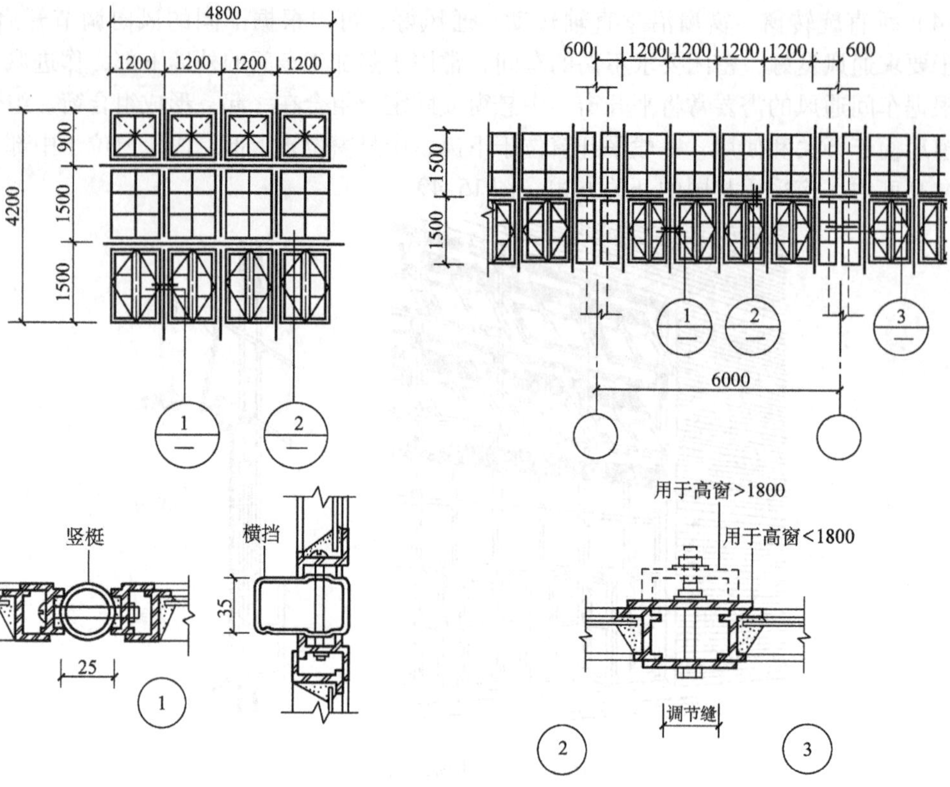

图 15-50　组合实腹钢侧窗示例

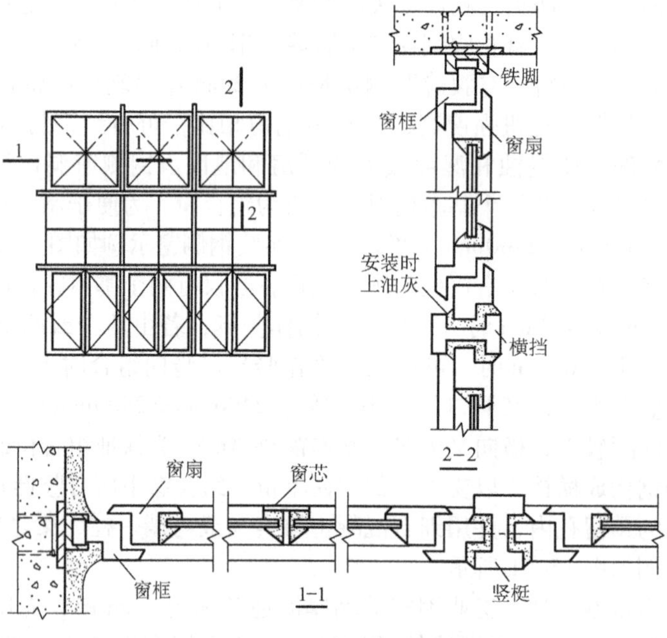

图 15-51　空腹薄壁钢窗构造示例

则应在洞口周围按铁脚相应的位置预埋件，安装时用连接件与窗框连接。窗框固定后，四周缝隙必须用 1∶2 水泥砂浆填实，以防渗漏雨水。

3. 其他类型侧窗

工业厂房还有其他类型的侧窗，如垂直旋转窗、固定式通风高侧窗、百叶窗等。

1）垂直旋转窗不但可用钢材、木材制成，还可采用钢丝网水泥或细石混凝土制成。不透明材料制成的垂直旋转窗还可以起到遮阳的作用。常见的钢丝网水泥垂直旋转窗构造是由冷拔钢丝与水泥砂浆浇筑而成的，优点是节约钢材、坚固耐久、不易变形。

由于钢丝网水泥窗只有30mm厚，考虑制作、运输、安装和使用方便，窗面积不宜过大。一般高度不大于3000mm，宽度有710mm、810mm、910mm三种。板与板之间横向搭缝长度为10mm，以减少冬季冷风进入车间。为减少窗扇开启时雨水飘入车间，在窗的上部设置水平挡雨板，板的伸出长度应大于窗扇开启与墙面呈90°时的长度。垂直旋转窗的一般开启角度为45°、90°、135°。它利用圆形钢板和金属插销作固定器，为了安装方便，在圆形钢板上开有槽口，安装完毕后用硬木块将槽口填实固定（图15-52）。

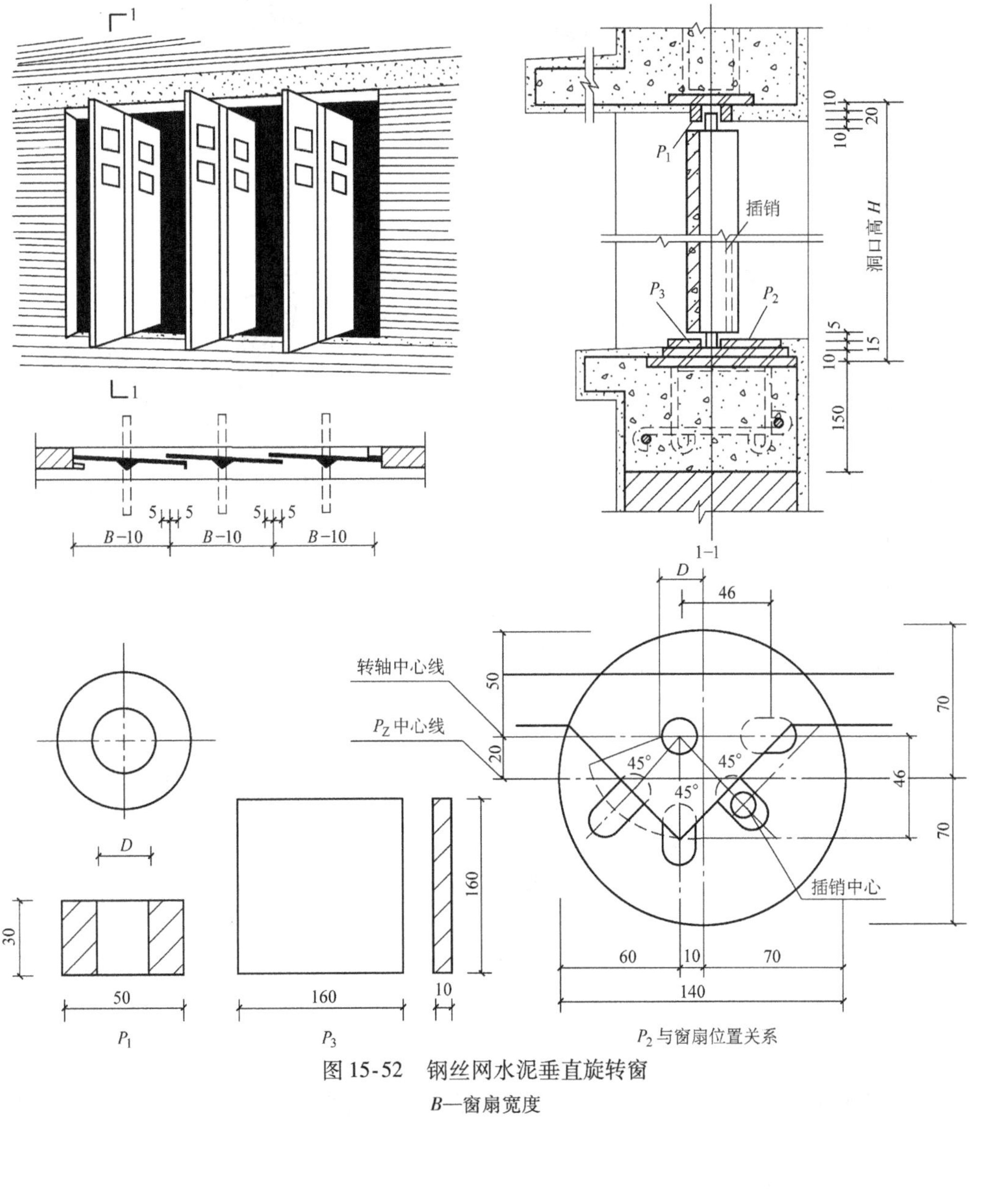

图15-52　钢丝网水泥垂直旋转窗

B—窗扇宽度

2）近年来在我国南方地区，结合气候特点，创造出多种形式的通风高侧窗。它们的特点是：能采光、能防雨、能常年进行通风、不需设开关器、构造简单以及管理和维修方便，其形式如图 15-53 所示。

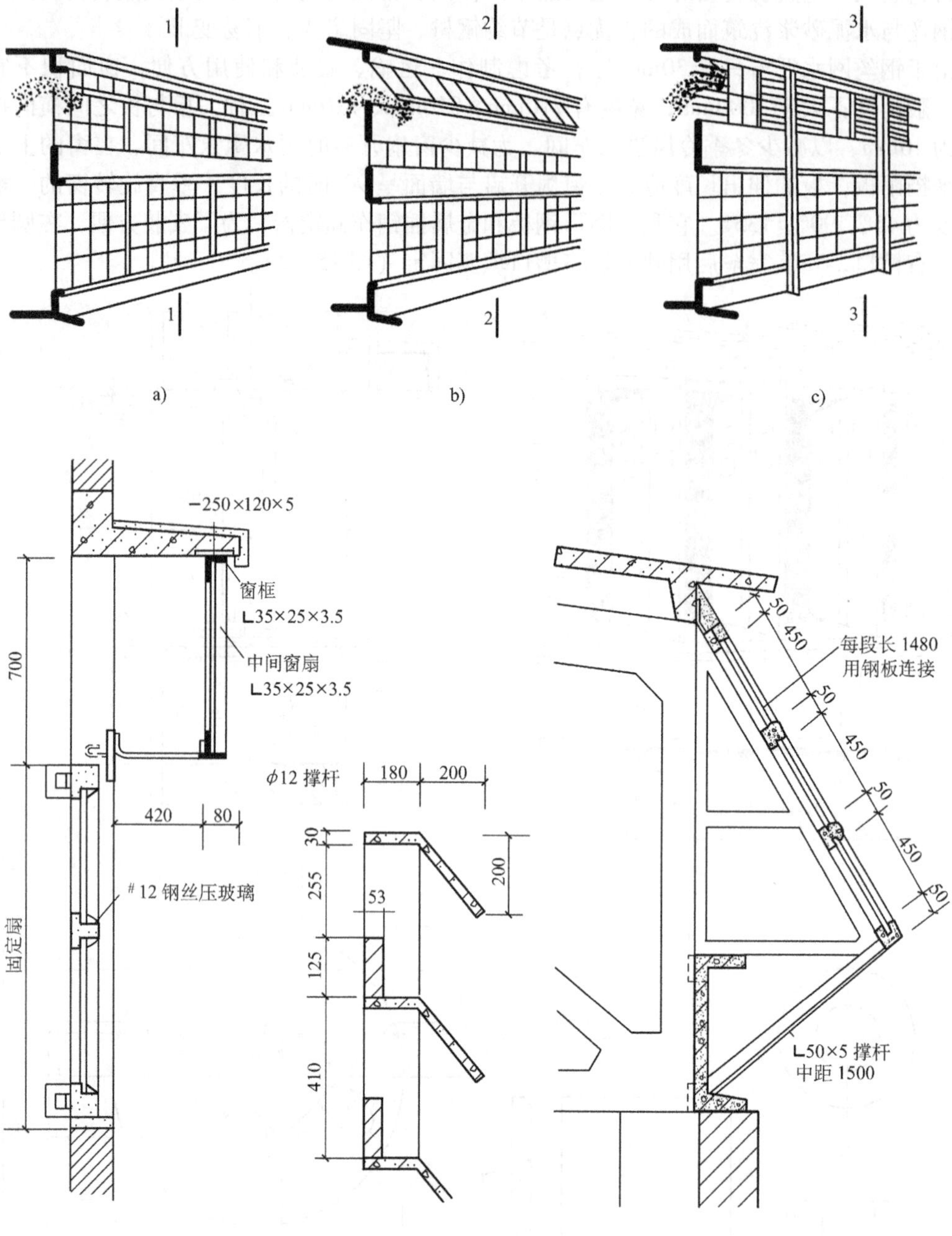

图 15-53　通风高侧窗

a）垂直错开　b）倾斜固定　c）通风百叶

3）百叶窗主要作通风用，同时也兼有遮阳、防雨、遮挡视线的功能。其形式有固定式和活动式两种。工业建筑中多采用固定式百叶窗，叶片常做成45°或60°。金属叶片百叶窗采用1.5mm厚钢板冷弯成形，用铆钉固定在窗框上（图15-54）。为了防止鸟鼠虫进入车间引起事故，可在百叶窗后加设一层钢丝网或窗纱。当对百叶窗的挡光要求较高时，可将叶片做成折线形，并将叶片涂黑，这样就能透风而不透光。

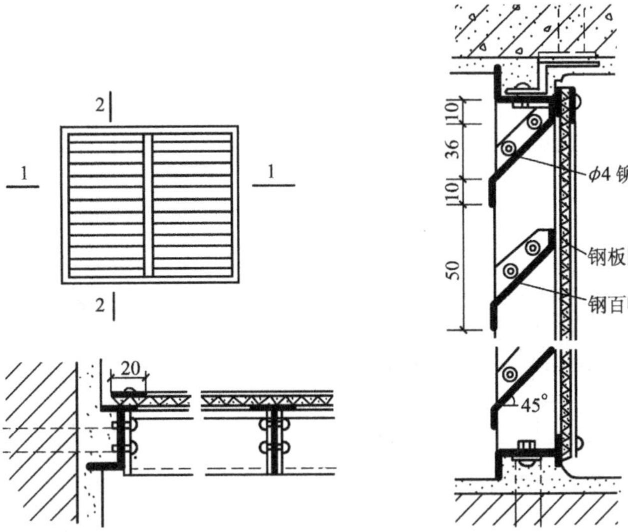

图15-54　固定钢百叶窗

4）工业厂房侧窗面积较大，上部侧窗需借助于开关器进行开关。开关器按传动杆件材料可分为刚性和柔性两种；按传动动力可分电动、气动和手动。目前侧窗开关器一般采用手动，其中蜗轮蜗杆手摇开关器制作较复杂，如图15-55a所示；撑臂式开关器是利用杠杆推拉转臂来开关，其杆件、零件可利用现成的钢管、扁钢、螺钉、螺母等，制作简单，如图15-55b所示；此外还可用链条、拉绳等柔性手动开关。

四、厂房天窗

1. 天窗类型及特点

单层厂房中，为了满足天然采光和自然通风的要求，在屋顶上常设置各种形式的天窗。按天窗的作用可分为采光天窗和通风天窗两类。实际上只有采光作用，或只有通风作用的天窗较少，大多数采光天窗同时具有通风作用，而大部分通风天窗也兼有一定的采光作用。采光天窗兼作通风时，一般很难保证排气的稳定性，影响通风效果。因此，采光兼通风的天窗常用于对通风要求不很高的冷加工车间。通风天窗排气稳定，通风效率高，故多用于热加工车间。

目前我国常见的天窗形式中，主要用作采光的有：矩形天窗、锯齿形天窗、平天窗、三角形天窗、横向下沉式天窗等。主要用作通风的有：矩形通风天窗、纵或横向下沉式天窗、井式天窗等。

2. 矩形天窗

矩形天窗主要由天窗架、天窗扇、天窗端壁板、天窗檐口、天窗侧板、天窗开关器组成，矩形天窗既可采光又可通风，而且防雨和防太阳辐射均较好，但矩形天窗的天窗架支承

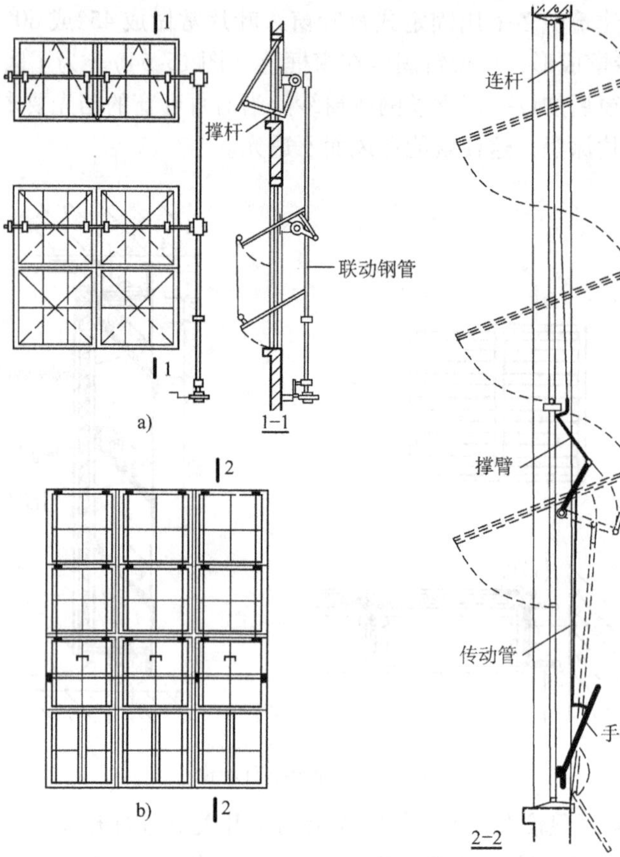

图 15-55　侧窗开关器

a）蜗轮蜗杆手摇开关器　b）撑臂式开关器

在屋架上弦，增加了房屋的荷载，增大了建筑物的体积和高度。

矩形天窗沿厂房纵向布置，在厂房屋面两端和变形缝两侧的第一柱距通常不设天窗，一方面可以简化构造，另一方面还可作为屋面检修和消防通道。在每段天窗的端壁处应设置上天窗屋面的消防检修梯。

矩形天窗

（1）天窗架。天窗架是天窗的承重结构，它直接支承在屋架上，天窗架的材料一般与屋架一致，常用的有钢筋混凝土天窗架、钢天窗架。

钢筋混凝土天窗架通常由 2 ~ 3 个三角架拼装而成，制作及安装均较方便，目前常用的钢筋混凝土天窗架可配合上悬钢天窗扇、中悬钢天窗扇、木天窗扇使用。常用钢筋混凝土天窗架的尺寸见表 15-2。

表 15-2　常用钢筋混凝土天窗架的尺寸　（单位：mm）

天窗架形式	⊓形							W 形	
	6000				9000			6000	
天窗扇高度	1200	1500	2×900	2×1200	2×900	2×1900	2×1500	1200	1200
天窗架高度	2070	2370	2670	3270	2670	3270	3870	1950	2250

钢天窗架多与钢屋架配合使用。它重量轻，易于做较大的天窗宽度，有时也可用于钢筋混凝土屋架上。钢天窗架的形式有桁架式和多压杆式两种，桁架式天窗架适用于天窗宽度较大时；多压杆式天窗架制作简单，但只适用于天窗宽度小于10m的情况（图15-56）。

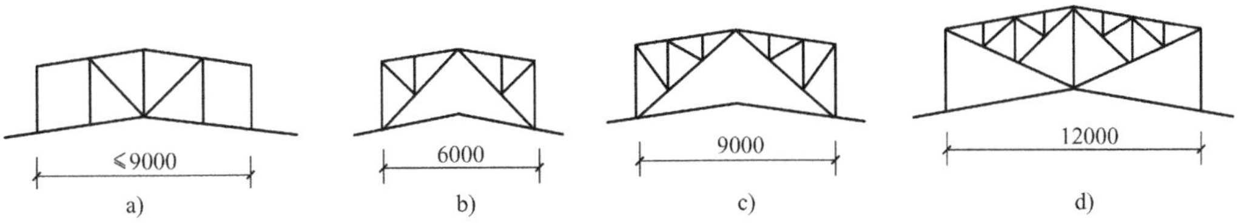

图15-56　钢天窗架形式

a）多压杆式　b）~d）桁架式

（2）天窗扇。天窗扇分为钢天窗扇和木天窗扇。钢天窗扇具有耐久、耐高温、重量轻、挡光少、使用过程中不易变形、关闭紧密等优点。因此，工业建筑中常采用钢天窗扇。目前有定型的上悬钢天窗扇和中悬钢天窗扇。木天窗扇造价较低，但耐久性差、易变形、透光率较差、易燃，故只适用于火灾危险性不大、相对湿度较小的厂房。

1）上悬钢天窗扇防飘雨较好，但最大开启角只有45°，上悬钢天窗扇主要由开启扇和固定扇等基本单元组成，可以布置成通长窗扇和分段窗扇。

通长窗扇是由两个端部固定窗扇及若干个中间开启窗扇连接而成。开启扇可长达数十米。其长度应根据矩形天窗长度，采光和通风要求，以及天窗开关器的起动能力等因素决定。开启扇各个基本单元是利用垫板和螺栓连接。分段窗扇是每个柱距设一个窗扇，各窗扇可单独开启。不管是通长窗扇还是分段窗扇，在开启扇之间以及开启扇与天窗端壁之间，均须设置固定窗扇来起竖框的作用。为了防止从开启扇的两端飘进雨水，可在上述固定窗扇后侧面附加挡雨扇（增设一块固定窗扇）。通长窗扇较分段窗扇节省钢材，但开启的灵活性较差，而且必须设置机械开关器，故常采用分段窗扇。

上悬钢天窗扇是由上下冒头、垂直楞及边梃组成。窗扇上冒头为槽钢，它挂在通长的弯钢上，弯钢用螺栓固定在窗框上，窗框通过一个短角钢与天窗架连接。窗扇的下冒头关闭时搭在下挡或中挡或直接搭在侧板上，边梃为角钢。当设置两排以上的窗扇时，在上下两排窗扇之间必须设置角钢中挡（图15-57）。

2）中悬钢天窗扇因受天窗架的阻挡和受转轴位置的限制，只能分段设置，于每个柱距内设一个窗扇（图15-58）。

（3）天窗端壁板。天窗端壁板常采用预制钢筋混凝土端壁板和石棉瓦端壁两种。预制钢筋混凝土端壁板常作成肋形板，它代替端部的天窗架支承天窗屋面板并兼起围护作用。根据天窗宽度不同，端壁板可由二块或三块预制板拼接做成，端壁板通过焊接固定在屋架上弦的一侧，屋架上弦的另一侧搁置相邻的屋面板。端壁板顶部与天窗屋面板之间的缝隙，应用砖填实并作好压檐，端壁板下部与屋面相交处应作好泛水处理。

当厂房需要保温时，在端壁板内侧填以保温材料，然后在保温材料表面钉以钢丝网，并抹20mm厚的水泥砂浆。有时为了减少构件类型，可直接在钢筋混凝土天窗架上挂石棉水泥波瓦构成天窗端壁。

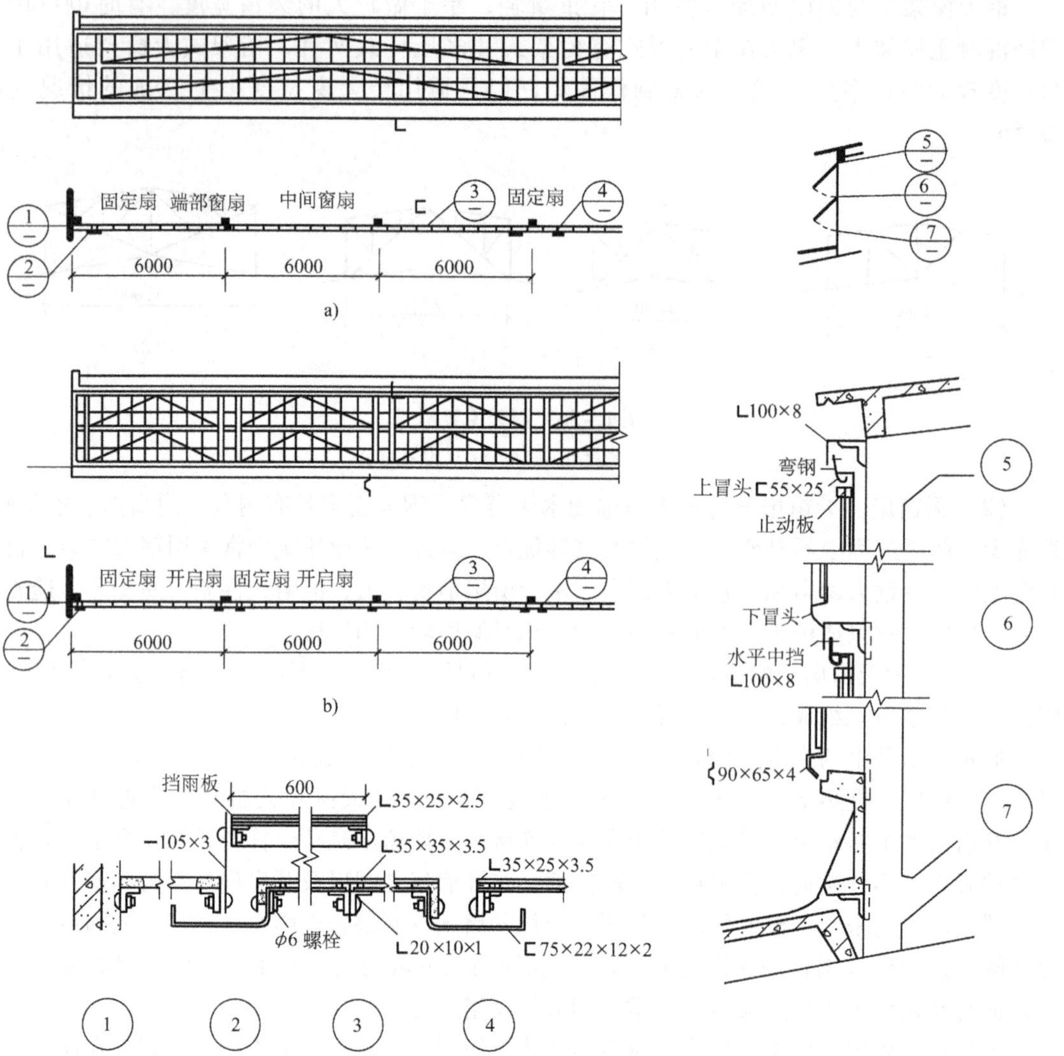

图 15-57 上悬钢天窗扇

a）通长天窗扇平面图、立面图 b）分段天窗扇平面图、立面图

在钢天窗架或钢筋混凝土天窗架上，每隔1500mm左右高度焊横向角钢，石棉水泥波瓦通过螺栓固定在角钢上。在端壁与天窗扇交接处，常采用30mm厚木板封严，外面钉以镀锌薄钢板作保护层，提高其耐久性。当厂房要求保温时，可在石棉水泥波瓦端壁的内侧钉25～50mm厚的木丝板（图15-59）。

（4）天窗檐口。天窗屋面的构造与厂房屋面构造相同，天窗檐口常采用无组织排水。

1）带挑檐的屋面板，无组织排水的挑檐出挑长度一般为500mm，若采用上悬式天窗扇，因防雨较好，故出挑长度可小于500mm，若采用中悬式钢天窗时，因防雨较差，其出挑长度可大于500mm。

2）设檐沟板，有组织排水可采用带檐沟屋面板，或者在钢筋混凝土天窗架端部预埋件焊接钢牛腿，支承天沟（图15-60）。

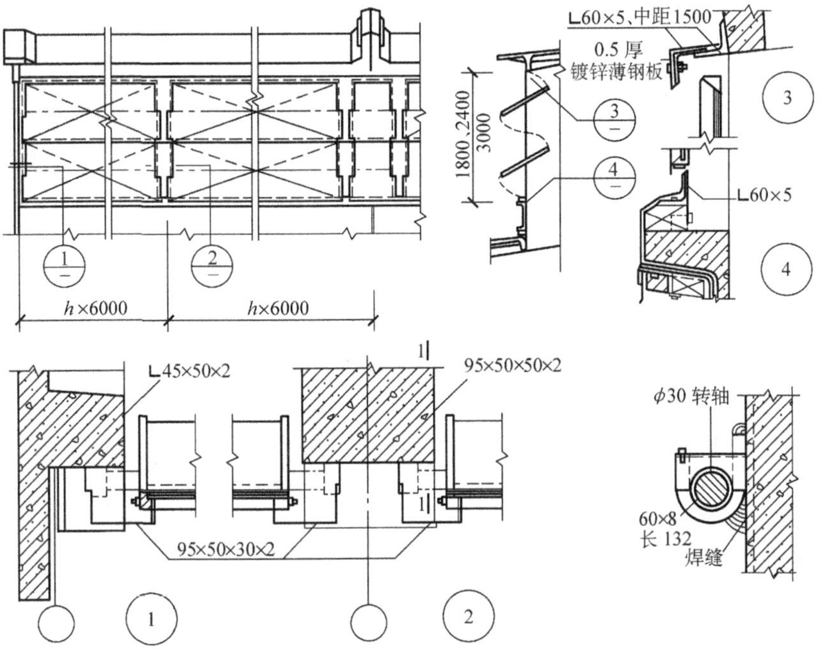

图 15-58　中悬钢天窗扇

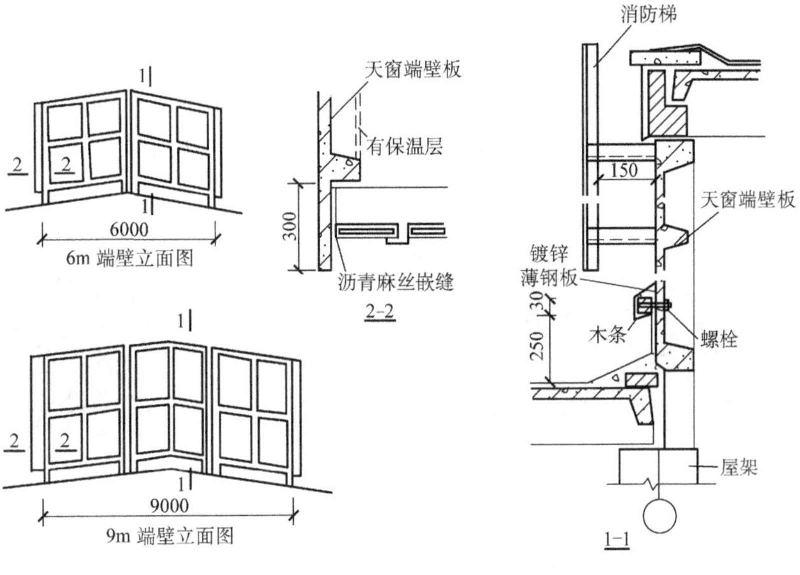

图 15-59　钢筋混凝土端壁

(5) 天窗侧板。在天窗扇下部需设置天窗侧板，侧板的作用是防止雨水溅入车间以及防止因屋面积雪挡住天窗扇。从屋面到侧板上缘的距离，一般为 300mm，积雪较深的地区，可采用 500mm。侧板的形式应与屋面板构造相适应。

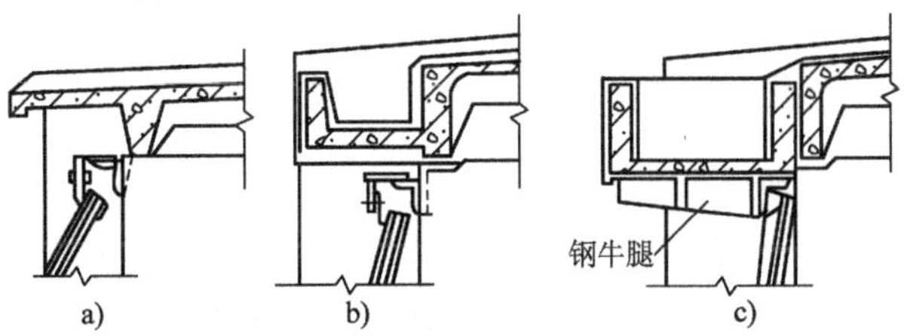

图 15-60　钢筋混凝土檐口构造

a) 挑檐板　b) 带檐沟的屋面板　c) 牛腿支承檐沟板

采用钢筋混凝土𠃍字形天窗架、钢筋混凝土大型屋面板，则侧板采用长度与天窗架间距相同的钢筋混凝土槽板，它与天窗架的连接方法是在天窗架下端相应位置预埋件，然后用短角钢焊接，将槽板置于角钢上，再将槽板的预埋件与角钢焊接（图 15-61）。

（6）天窗开关器。由于天窗位置较高，需要经常开关的天窗应设置开关器。天窗开关器的类型很多，用于中悬天窗的有电动引伸式、手动水平拉杆式，以及简易拉绳式等，用于上悬天窗的有撑臂式开关器。

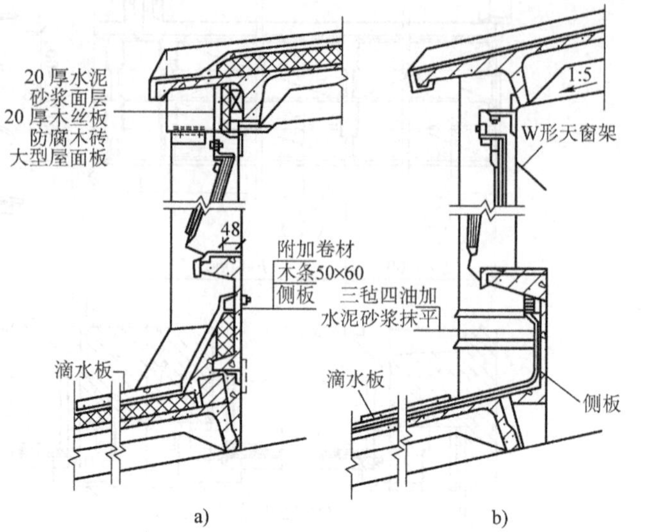

图 15-61　钢筋混凝土檐口及侧板

a）对拼天窗架（屋面保温）　b）W 形天窗架（不保温）

3. 矩形通风天窗

矩形通风天窗是在矩形天窗两侧加挡风板构成的，矩形通风天窗挡风板，其高度不宜超过天窗檐口的高度，一般应比檐口稍低，$E=0.1\sim0.5h$。挡风板与屋面板之间应留空隙，$D=50\sim100$mm，便于排出雨雪和积尘，在多雪的地区不大于 200mm。因为缝隙过大，风从缝隙吹入，产生倒灌风，影响天窗的通风效果。挡风板的端部必须封闭，防止平行或倾斜于天窗纵向吹来的风，影响天窗排气。是否设置中间隔板，根据天窗长度、风向和周围环境等因素而定。在挡风板上还应设置供清灰和检修时通行的小门（图 15-62）。

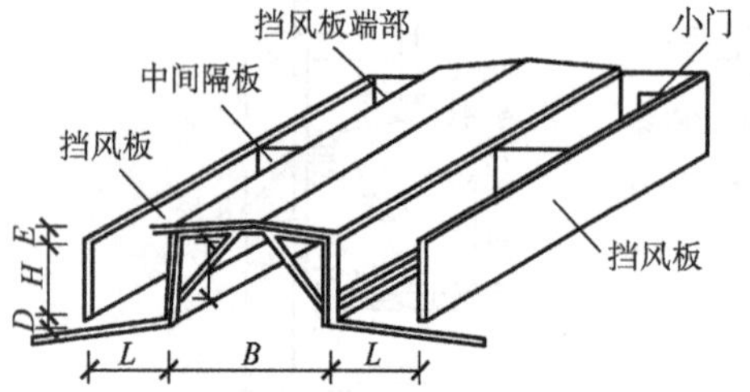

图 15-62　矩形通风天窗

通风矩形天窗

第四节　屋顶、地面及其他设施

一、屋顶

1. 屋顶特点

单层厂房屋面的作用、设计要求和构造与民用建筑基本相同，但是在某些方面也存在一定的差异，这些差异主要表现在以下三个方面：

（1）厂房屋面承受的荷载较大。有起重机的厂房需承受起重机传来的冲击荷载和机械振动时的振动荷载及高温，因此屋面必须具有足够的强度和整体刚度。

（2）厂房屋面面积大，排水、防水构造复杂。现代单层厂房多是多跨成片建筑，有时跨间又出现高差或设各种形式天窗，以解决室内采光、通风问题。为排除屋面上的雨雪，需设置天沟、檐沟、水斗及雨水管致使屋面构造复杂。

（3）厂房屋面的保温、隔热要求较为复杂。屋面对工作区的热辐射影响是随高度的增加而减少，因此除较低厂房以外可不做隔热处理，一般柱顶标高在 8m 以上可不考虑隔热；恒温恒湿车间，其保温、隔热要求常较一般民用建筑为高；在有爆炸危险的厂房要考虑屋面的防爆、泄压问题；有腐蚀介质的车间，屋面应考虑防腐蚀问题。因而在设计厂房屋面时，应根据具体情况，选择合理、经济的结构构造方案，减轻屋面自重，降低造价。

2. 屋顶组成

单层厂房屋面由屋面的面层部分和基层部分组成。而常常将面层部分叫作屋面，例如，屋面做法则主要是指基层以上部分的做法。厂房屋面的基层分为有檩体系和无檩体系两种（图 15-63）。

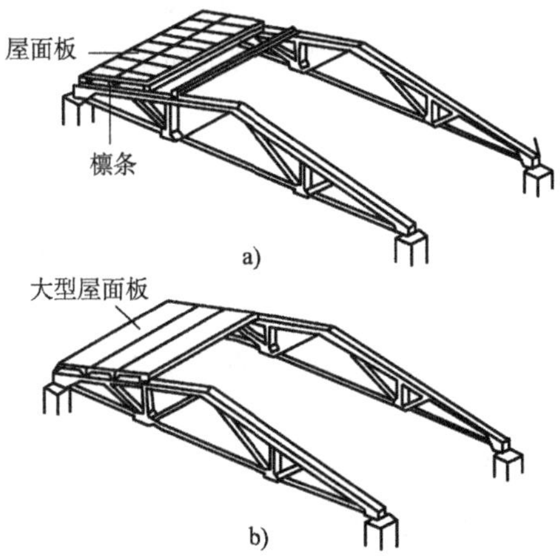

图 15-63　屋面基层结构类型

a）有檩体系　b）无檩体系

屋顶组成

（1）在屋架（或屋面梁）上弦搁置檩条，在檩条上铺小型屋面板（或瓦材），称为有檩体系。其特点是构件小、重量轻、吊装方便。但构件数量多，施工烦琐，工期长，故多用在施工机械起吊能力较小的施工现场。

（2）在屋架（或屋面大梁）上弦直接铺设大型屋面板。其特点是构件大、类型少、便于工业化施工，但要求有较强的施工吊装能力。无檩体系目前在工程中广泛应用。屋面基层结构常用的是大型屋面板及檩条（图 15-64）。

二、地面

1. 地面的特点与要求

单层工业厂房地面面积大，承受较大的荷载，并受腐蚀、磨损等影响，应满足以下要求：

1）具有足够的强度和刚度，满足大型生产和运输设备的使用要求，有良好的抗冲击、耐震、耐磨、耐碾压性能。

2）满足不同生产工艺的要求，如隔热、防火、防水、防腐蚀、防尘等。

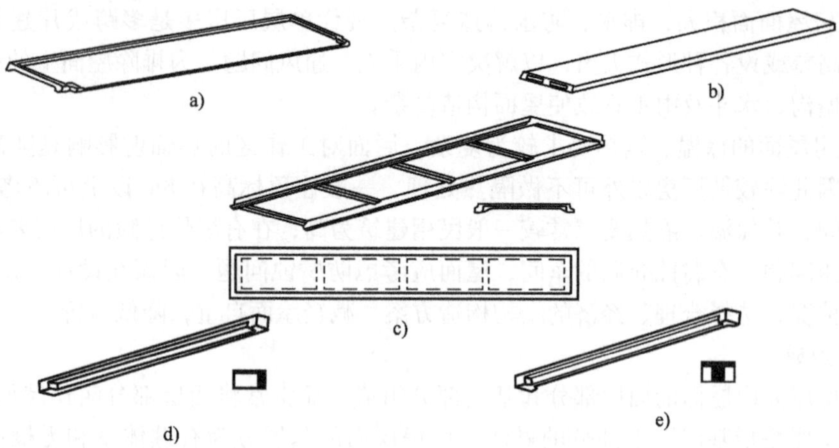

图 15-64　钢筋混凝土大型屋面板及檩条

a）F 形板　b）预应力空心屋面板　c）肋型板　d）L 形檀条　e）T 形檀条

3）处理好设备基础、不同生产工段对地面不同要求引起的多类型地面组合拼接。

4）满足设备管线敷设、地沟设置等特殊要求。

5）合理选择材料与构造做法，降低造价。

2. 地面的类型与构造

（1）地面组成与类型。与民用建筑地面相似，单层工业厂房地面同样是由面层、垫层和基层组成的。

1）面层。面层是直接使用的表层，它与车间的工艺生产特点有直接关系。面层有整体面层和块料面层。

2）垫层。垫层起传递荷载的作用，厚度需按计算确定，有刚性垫层和柔性垫层。常用的刚性垫层有混凝土垫层、碎砖三合土垫层等；柔性垫层有夯实的砂垫层、素炉渣垫层等。

3）基层。基层一般为地基土，要有足够的承载力，有素土基层或在土中碾入碎石、碎砖等骨料的基层。为便于排水，地面可设 0.5% ~1% 的坡度。

单层工业厂房地面有单层整体地面、多层整体地面和块材地面。

（2）单层整体地面。单层整体地面是将面层和垫层合为一层直接铺在基层上。常用的地面有灰土地面、黏土地面、碎石地面、三合土夯实地面等。这种地面可承受高温及巨大的冲击作用，适用于对平整度和清洁度要求不高的车间，如铸造车间、炼钢车间、钢坯库等。

（3）多层整体地面。多层整体地面垫层厚度较大，面层厚度薄。按面层材料不同有水泥砂浆地面、水磨石地面、混凝土地面、水玻璃混凝土地面、菱苦土地面等。不同的面层材料可以满足不同的生产工艺要求。

1）水泥砂浆地面。水泥砂浆地面构造做法与民用建筑构造相同。对地面有较高的耐磨要求时，可在面层的水泥砂浆中加入适量的铁粉，提高面层的耐磨能力。

水泥砂浆地面能承受一般的机械作用，不耐磨、易起尘，适用于具有水、中性液体、油类作用的车间。

2）水磨石地面。水磨石地面构造做法与民用建筑构造相同。若对地面有不起火花的要求，可采用与金属或石料撞击不起火花的石子材料，如大理石、石灰石等。

水磨石地面强度高、耐磨、不渗水、不起灰，适用于对清洁要求较高的车间，如计量室、仪器仪表装配车间、食品加工车间等。

3）混凝土地面。混凝土地面有60mm厚C15混凝土地面和40mm厚C20细石混凝土地面等，如图15-65所示。为防止地面开裂，可在面层设纵横向的分仓缝，缝距一般为12m，缝内用沥青等防水材料灌实。混凝土骨料采用密实的石灰石或碱性的矿渣，可做成耐碱混凝土地面。

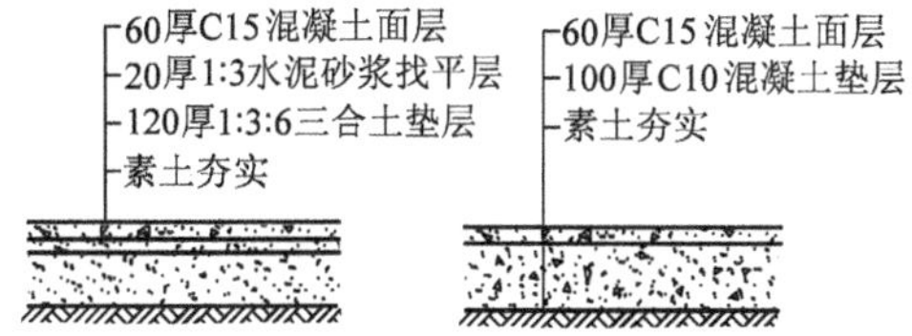

图15-65　混凝土地面图

混凝土地面能承受较大的机械作用，在单层工业厂房中应用较多，适用于金工车间、热处理车间、机械装配车间、涂料车间、油料库等。

4）水玻璃混凝土地面。水玻璃混凝土由耐酸粉料、耐酸砂子、耐酸石子配以水玻璃胶结剂和氟钙酸钠硬化剂调制而成。这种地面机械强度高、整体性好，具有良好的耐酸性、耐热性，但抗渗性较差，需在地面中加设防水隔离层。如图15-66所示。

水玻璃混凝土地面多用于有酸腐蚀作用的车间或仓库。

5）菱苦土地面。菱苦土地面是在混凝土垫层上铺设20mm厚的菱苦土面层，如图15-67所示。菱苦土面层由菱镁矿、沙子和氯化镁水溶液组成，它具有良好的弹性、保温性能，不产生火花，不起灰。

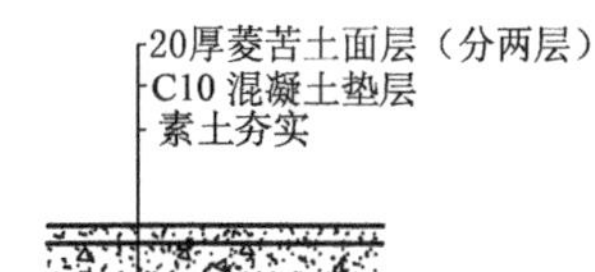

图15-66　水玻璃混凝土地面

菱苦土地面适用于精密生产装配车间、计量室和纺纱、织布车间。

（4）块材地面。块材地面是在垫层上铺设块料或板料的地面，如砖块、石块、预制混凝土地面板、瓷砖、铸铁板等。块材地面承载力强，便于维修。

块材地面的垫层有刚性垫层和非刚性垫层。

1）砖、石地面。砖地面面层由普通砖侧砌而成，如图15-68所示。若先将砖用沥青浸渍，可做成耐腐蚀地面。

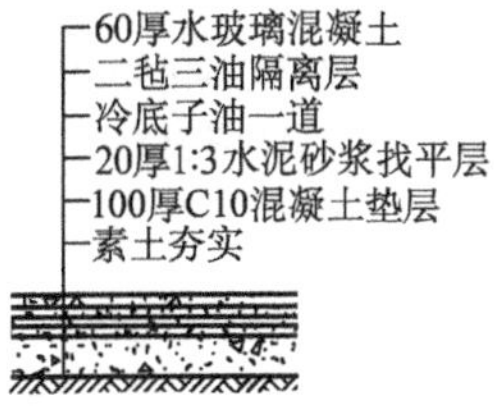

图15-67　菱苦土地面

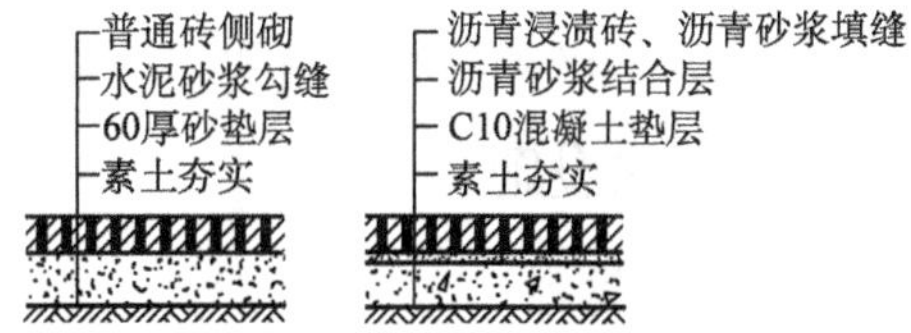

图15-68　砖地面

石材地面有块石地面和石板地面，如图15-69所示。这种地面较粗糙、耐磨损。用不同的石材可做成耐腐蚀块石地面。耐酸性好的石材有花岗石、石英石、玄武石，耐碱性好的石材有石灰石、白云石、大理石等。

2）预制混凝土板地面。预制混凝土板地面采用C20预制细石混凝土板做面层，如图15-70所示。预制细石混凝土板常用的规格有250mm×250mm、500mm×500mm、600mm×600mm，厚度按计算确定。这种地面主要用于预留设备位置或人行道处。

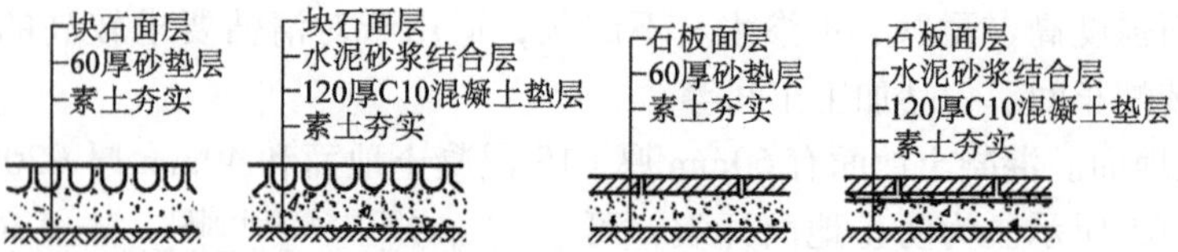

图 15-69　块石及石板地面

3）铸铁板地面。铸铁板地面的构造做法如图 15-71 所示，它有较好的抗冲击和耐高温性能，板面可直接浇铸成凸纹或穿孔防滑。

图 15-70　预制混凝土板地面

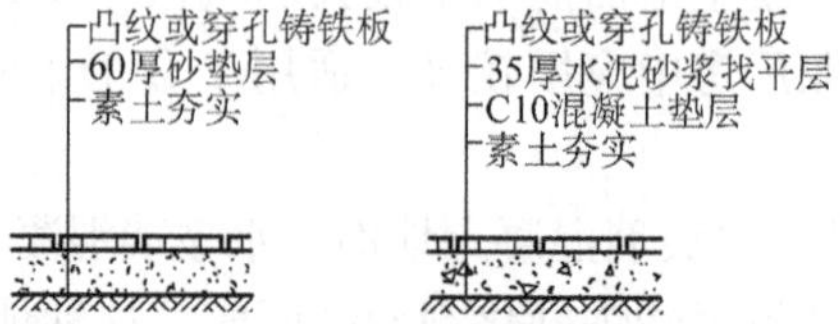

图 15-71　铸铁板地面

（5）地面接缝构造。常见的地面接缝有同一种类地面的接缝、两种不同种类地面间的接缝、地面与铁路路轨的接缝。

对普通混凝土和水玻璃混凝土等刚性材料地面，为防止变形破坏，需适当设置变形缝。炉渣等非刚性材料地面一般可不设变形缝。

1）同一种类地面间的接缝如图 15-72 所示。

2）两种不同种类地面间的接缝、地面与铁路路轨的接缝构造相似，均需在接缝处设边堵，如图 15-73 所示。

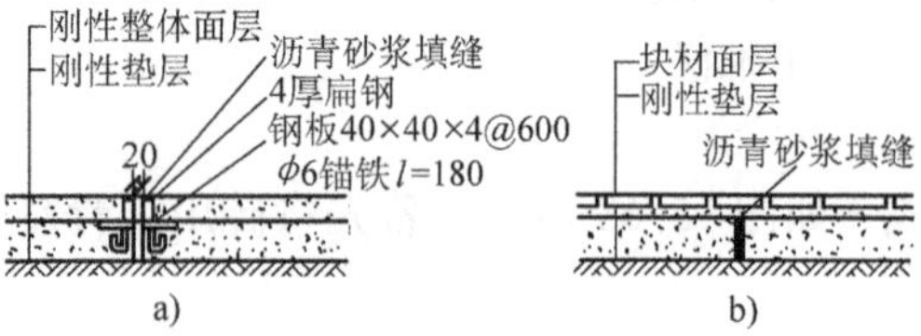

图 15-72　同一种类地面间的接缝
a）刚性整体面层　b）块材面层

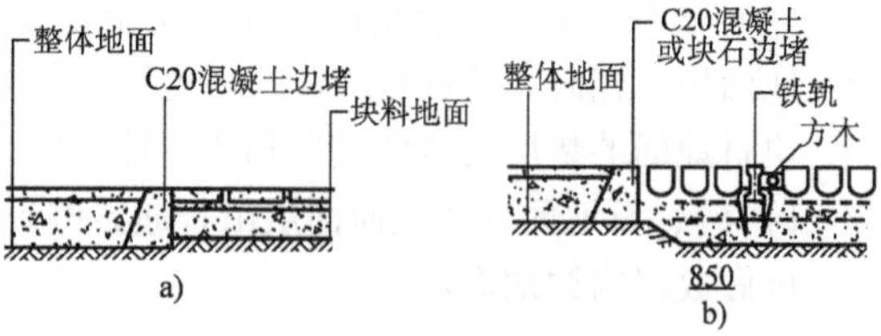

图 15-73　两种不同种类地面间的接缝
a）不同地面接缝　b）地面与铁路路轨接缝

三、其他设施

1. 平台及钢梯

单层工业厂房由于内部空间和设备高度较大，需设各种钢梯及平台以满足生产要求。平台及钢梯按用途不同分为作业平台钢梯及平台、起重机钢梯和平台、消防检修钢梯等。钢梯的宽度一般为 600 ~ 800mm，每级踏步高 300mm 左右。按材料不同分为钢平台和钢筋混凝土平台。

（1）作业平台钢梯及平台。作业平台是指在一定高度上用于设备操作的平台。为与地面联系，设有作业平台钢梯，如图 15-74 所示。

作业平台一般为钢梯，钢梯具有坚固耐用、占地面积少和施工方便等优点。作业平台钢梯按平台高度不同，与地面夹角也各不相同，如图 15-75 所示。

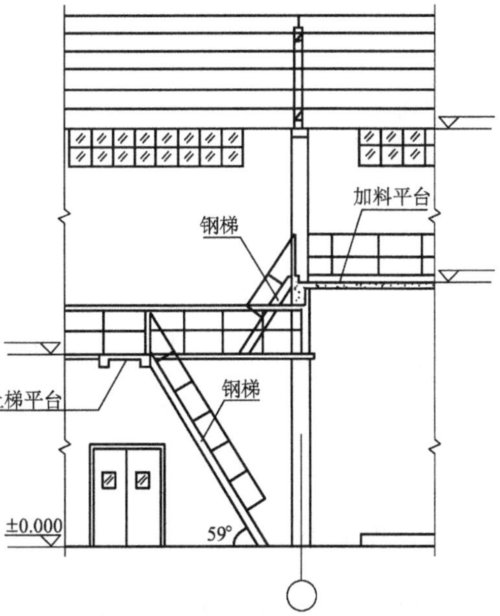

图 15-74　作业平台示例图

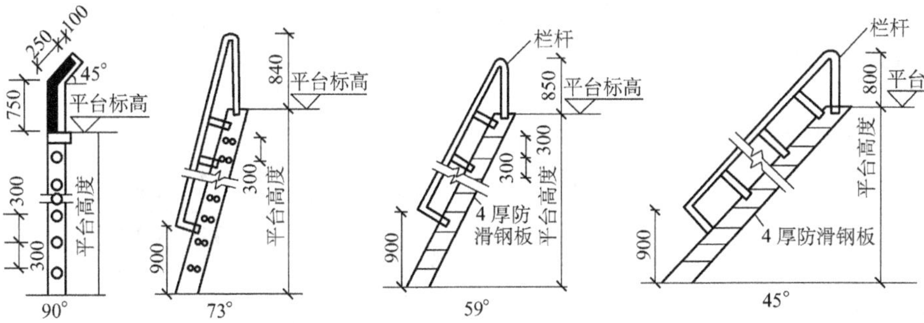

图 15-75　作业平台钢梯

（2）起重机钢梯及平台。为方便起重机司机上下，且不影响生产工艺布置和生产操作，应在有起重机司机室的一侧设置起重机钢梯及平台，如图 15-76 所示。

起重机钢梯均为斜梯，有直跑和双跑梯段。起重机钢梯一般设置在厂房边柱或中柱处。当起重机钢梯设置在中柱时，可在柱的一侧有平台，也可在柱的两侧有平台。

（3）消防检修梯。当单层工业厂房屋面高度大于 9m 时，应设通至屋面的室外钢梯用于消防和屋面检修。

消防检修梯一般设置在厂房外墙上，其形式多为直梯，如图 15-77 所示。当厂房过高时，可设有休息平台的斜梯。

2. 走道板

走道板是沿吊车梁顶面铺设，用于检修起重机与轨道安全的走道板，如图 15-78a 所示。根据起重机轨道高度和起重机工作制级别的不同，可设单侧走道板和双侧走道板。

走道板由支架、走道板和栏杆组成。走道板有木板、钢板和钢筋混凝土板等，其中钢筋混凝土走道板用得较多，其支架和栏杆为钢材。

走道板可设在厂房边柱位置或中柱位置。

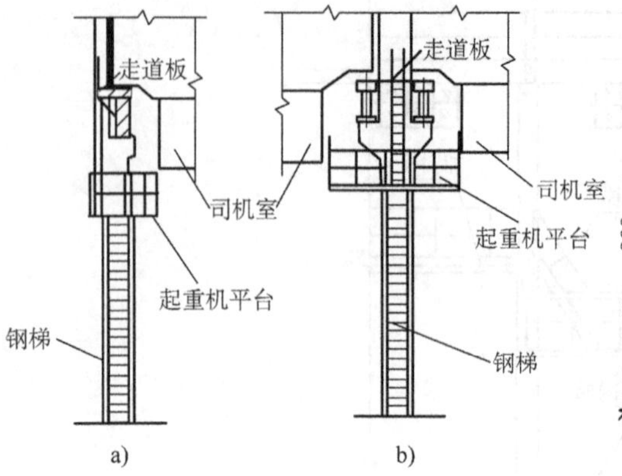

图 15-76　起重机钢梯及平台

a）柱子一侧设平台　b）柱子两侧设平台

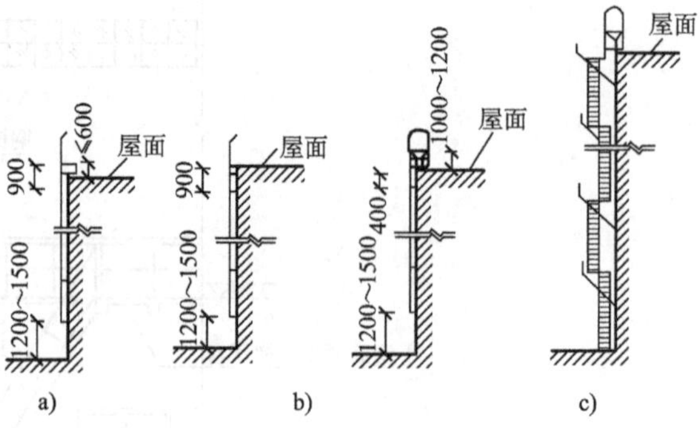

图 15-77　消防检修梯

a）端墙处设置　b）纵墙设置

c）厂房很高时消防检修梯形式

走道板一般用钢支架支撑固定，若利用外墙支撑，可不另设支架，如图 15-78b 所示。当走道板设在中柱而中柱两侧吊车梁轨顶等高时，走道板可直接铺放在两个吊车梁上，如图 15-78c 所示。

3. 地沟

单层工业厂房地沟主要用于铺设各种生产管线，有电缆地沟，通风、采暖、压缩空气管道地沟等。地沟断面尺寸应根据生产工艺所需的管道数量、大小、类型等确定。地沟上面一般都加有盖板。

常用的地沟有砖砌地沟和现浇钢筋混凝土地沟。砖砌地沟用于地下水位以上，其沟底为现浇混凝土，沟壁由普通砖砌筑，如图 15-79a 所示。现浇钢筋混凝土地沟能用于地下水位以下，其沟底和沟壁由混凝土整体浇筑而成，如图 15-79b 所示。地沟应根据地下水情况采取防水或防潮措施。

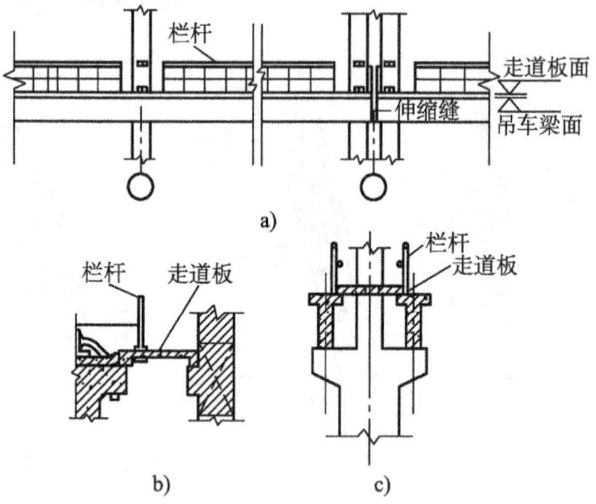

图 15-78　走道板的构造

a）栏杆立面图　b）边柱钢筋混凝土走道板

c）中柱两侧吊车梁轨顶等高

地沟盖板多为预制钢筋混凝土板，设有活络拉手。地沟盖板还有木板、钢板等形式。

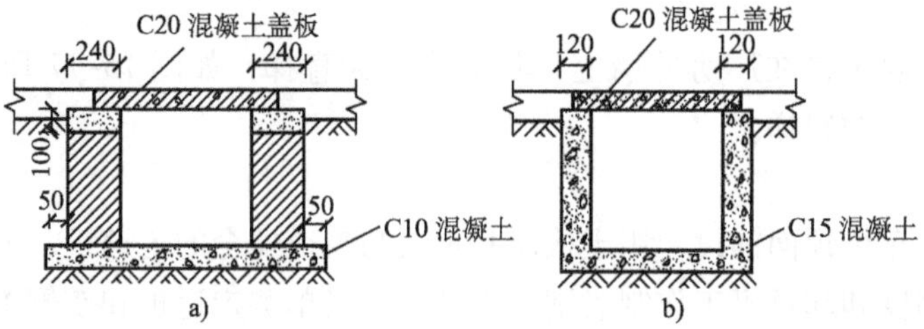

图 15-79　地沟

a）砖砌沟壁地沟　b）混凝土地沟

4. 隔断

用隔断可以根据不同需要在单层工业厂房内设置出车间办公室、工具间、临时仓库等房间。常用的隔断有木板隔断、金属网隔断、钢筋混凝土板隔断、铝合金板隔断和混合隔断等。隔断高度一般为2100mm。

第五节　轻钢工业厂房的组成和基本构造

一、轻钢工业厂房的特点

轻钢工业厂房即轻型门式钢架工业厂房，在我国的应用大约始于20世纪80年代初期。近十多年来得到迅速的发展，目前国内每年有上千万平方米的轻钢工业厂房竣工投入使用。

相对于钢筋混凝土结构工业厂房而言，轻型门式钢架工业厂房具有以下特点：

（1）施工速度快。由于轻型门式钢架工业厂房构造相对简单，构件加工制作工厂化，现场安装预制装配化程度高。

（2）自重轻。屋面、墙面采用压型钢板及冷弯薄壁型钢等材料组成，屋面、墙面的重量都很轻；承重结构门式钢架轻；基础小。

（3）绿色环保。由于钢材可以回收利用，厂房也可搬迁重复利用，是绿色环保建筑。

二、轻钢工业厂房的组成

轻钢工业厂房主要由屋盖系统、柱子系统、吊车梁系统、墙架系统、屋面支撑系统等部分组成，如图15-80所示。

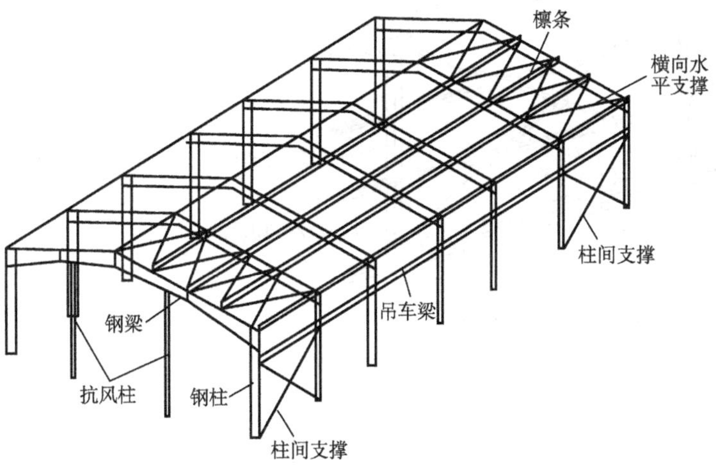

图15-80　门式钢架结构

轻钢工业厂房结构

（1）屋盖系统主要由檩条、斜拉条、撑杆、隅撑、屋面板等组成。檩条主要有C形和Z形两种截面形式，C形截面檩条适用于坡度较小的屋面，Z形截面檩条适用于坡度较大的屋面。檩条是由交替的撑杆和拉条支承的。在斜梁的下翼缘受压区设置隅撑，保证钢架平面外的稳定性。如图15-81所示。

图 15-81　屋盖系统组成

（2）柱子系统由承重钢柱和柱间支撑组成。柱间支撑的截面形式主要有：采用两个角钢组成的 T 形截面、圆钢管截面，一般布置在厂房两端第一开间或者是第二开间，若厂房长度较长（超过 60m），则需要在中部再加设一道支撑。柱间支撑根据厂房使用要求可以布置成十字形或者八字形。柱间支撑主要传递山墙传来的风荷载，如图 15-82 所示。

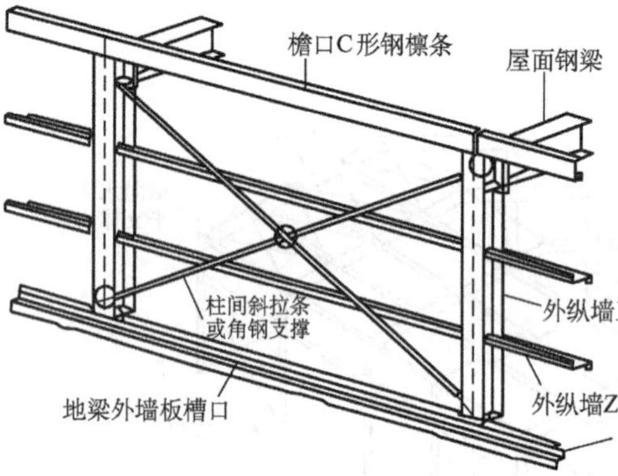

图 15-82　柱间支撑的布置图

（3）吊车梁系统主要由起重机与吊车梁组成。

（4）墙架系统主要由墙梁、拉条、斜拉条、撑杆，以及墙面板等组成。拉条的作用主要是承受墙梁竖向荷载，减小墙梁平面内竖向挠度。墙梁主要承受由墙板传递的风荷载。墙梁的截面主要是 C 形和 Z 形两种冷弯薄壁型钢截面形式。

（5）屋面支撑系统主要由屋面横向水平支撑和系杆组成。水平支撑为圆钢，用花篮螺栓张紧；系杆用圆管。屋面横向水平支撑系统主要用来传递风荷载，增强结构的整体稳定性能。

本章小结

(1) 工业建筑是建筑的重要部分，主要满足工业生产的需要，因此在建筑空间、建筑结构、建筑设备等方面具有自己的特点。

(2) 单层工业厂房的起重运输设备对厂房的平面布置、空间高度和结构造型起关键作用。

(3) 通过对单层厂房平面设计、剖面设计、定位轴线划分的学习，应掌握厂房平面形式的选择、柱网尺寸的确定以及厂房柱顶标高、轨顶标高的确定；了解并掌握有起重机厂房柱网采用封闭结合和非封闭结合的条件；掌握自然通风的原理，了解避风天窗的原理和作用。

(4) 掌握工业厂房外墙类型、外墙与柱的相对关系以及外墙的细部构造和与其他构件的关系等相关知识点。

(5) 掌握工业厂房屋顶、地面与其他设施的特点、组成与分类。

(6) 了解轻钢工业厂房的特点及组成。

复习思考题

1. 工业建筑有哪些特点？工业建筑有哪些类型？
2. 厂房内部起重运输设备主要有哪些？其特点和范围是什么？
3. 什么是柱网？如何确定柱网的尺寸？扩大柱网有哪些特点？定位轴线的作用是什么？
4. 天窗的作用是什么？天窗的形式有哪些？各有什么特征？
5. 轻钢厂房的特点是什么？轻钢厂房由哪几部分组成？

第十六章　房屋建筑施工图

学习目标：

熟悉和掌握建筑施工图的图示内容和识读方法，以及有关的国家标准规定。

学习重点：

掌握房屋建筑施工图的有关规定以及其图示内容和识读方法。

学习建议：

找些建筑施工图的图样进行识读练习，进一步加强识读建筑施工图的能力。

第一节　房屋建筑施工图概述

一、建筑工程设计的基本内容

每一项建筑工程从拟定计划到建成使用都要通过编制工程设计任务书、选择建设用地、场地勘测、设计、施工、工程验收及交付使用等几个阶段。而设计工作又是其中重要环节，具有较强的综合性。

建筑工程设计是指设计一个建筑物或建筑群所要做的全部工作，包括建筑设计、结构设计、设备设计等三个方面的内容。习惯上人们常将这三个部分统称为建筑工程设计。

1. 建筑设计

建筑设计是在总体规划的前提下，根据任务书的要求，综合考虑基地环境、使用功能、结构施工、材料设备、建筑经济及建筑艺术等问题，着重解决建筑物内部各种使用功能和使用空间的合理安排，建筑物与周围环境、与各种外部条件的协调配合，内部和外表的艺术效果，各个细部的构造方式等，创造出既符合科学性又具有艺术性的生产和生活环境。建筑设计在整个工程设计中起着主导和先行的作用，一般由注册建筑师来完成。

2. 结构设计

结构设计主要是根据建筑设计选择切实可行的结构方案，进行结构计算及构件设计，结构布置及构造设计等。一般是由结构工程师来完成。

3. 设备设计

设备设计主要包括给水排水、电气照明、采暖通风、动力等方面的设计，由有关工程师配合建筑设计来完成。

以上几方面的工作既有分工，又密切配合，它们以建筑设计为基础，形成一个整体。各专业设计的图样、计算书、说明书及预算书汇总，就构成一个建筑工程的完整文件，作为建筑工程施工的依据。

二、建筑工程设计的过程

（一）设计前的准备工作

建筑设计是一项复杂而细致的工作，涉及的学科较多，同时要受到各种客观条件的制约。为了保证设计质量，设计前必须做好充分准备，包括掌握设计任务书的要求、广泛深入地进行调查研究、收集必要的设计基础资料等几方面。

1. 落实设计任务

（1）掌握必要的批文。建设单位必须具有以下批文才可向设计单位办理委托设计手续。

1）主管部门对建设项目的批准文件。包括建设项目的使用要求、建筑面积、单方造价、总投资等。

2）城市建设部门同意设计的批文。包括建设项目的用地范围（常用红色线划定），有关规划、环境及个体建筑的要求。

（2）熟悉设计任务书。设计任务书是经上级主管部门批准提供给设计单位进行设计的依据性文件，一般包括以下内容：

1）建设项目总的要求、用途、规模及一般说明。

2）建设项目的组成，单项工程的面积，房间组成，面积分配及使用要求。

3）建设项目的投资及单方造价，土建设备及室外工程的投资分配。

4）建设基地大小、形状、地形，原有建筑及道路现状，并附地形测量图。

5）供电、供水、采暖及空调等设备方面的要求，并附有水源、电源的使用许可文件。

6）设计期限及项目建设进度计划安排要求。

在熟悉设计任务书的过程中，设计人员应认真对照有关定额指标，校核任务书的使用面积和单方造价等内容。同时，设计人员在深入调查和分析设计任务书以后，从全面解决使用功能、满足技术要求、节约投资等考虑，从基地的具体条件出发，也可以对任务书中某些内容提出补充和修改，但必须征得建设单位的同意。

2. 调查研究、收集资料

在设计开始之前，需收集必要的设计资料和原始数据。这些资料和数据主要是：建设地区的气象水文地质资料；基地环境及城市规划要求；施工技术条件及建筑材料供应情况；与设计项目有关的定额指标及已建成的同类型建筑的资料等。

设计人员还应采用调查研究的方法，获得第一手资料，其主要内容有：

（1）访问使用单位对建筑物的使用要求，调查同类建筑在使用中出现的情况。通过分析和总结，全面掌握所设计建筑物的特点和要求。

（2）了解建筑材料供应和结构施工等技术条件，如：地方材料的种类、规格、价格，施工单位的技术力量、构件预制能力、起重运输设备等条件。

（3）现场踏勘，对照地形测量图深入了解现场的地形、地貌、周围环境，考虑拟建房屋的位置和总平面布局的可能性。

（4）了解当地传统经验、文化传统、生活习惯及风土人情等。

（二）设计阶段的划分

建筑设计过程按工程复杂程度、规模大小及审批要求，划分为不同的设计阶段。一般应分为方案设计、初步设计和施工图设计三个阶段。对于大型的、技术复杂的工程项目也有采用四个设计阶段的，即在初步设计基础上，增加一个技术设计阶段（扩大初步设计），以协调建筑、结构、设备和各工种间的主要技术问题，为施工图设计提供更为详细的资料。

1. 方案设计阶段

方案设计是供主管部门审批而提供的文件，也是初步设计和施工图设计的依据。

方案设计阶段应当完成的设计文件主要有：设计总说明、总平面设计、各层建筑平面图、剖面图、主要立面图及表现图（透视图或鸟瞰图）。大型民用建筑及其他重要工程可制作模型。

2. 初步设计阶段

方案设计经建设单位同意和主管部门批准后，就可以进行初步设计。初步设计是方案设计具体化的阶段，也是各种技术问题的定案阶段。经批准后的技术图样和说明书即为编制施工图、主要材料设备订货及工程拨款的依据文件。

初步设计的图样和文件与方案设计大致相同，但更详细些。具体内容包括总平面图、建筑的各层平面图、主要剖面图、立面图、建筑外观效果图、工程概算书、技术经济分析和相关的文字说明。

3. 施工图设计阶段

施工图设计是建筑设计的最后阶段，是提交施工单位进行施工的设计文件。施工图设计的主要任务是为施工单位提供施工图，满足设备材料采购、非标准设备制作和施工的要求，解决施工中的技术措施、用料及具体做法。施工图还是监理单位和建筑质量监督部门进行工程监理和监督的依据。

施工图设计阶段应完成的主要任务是：

（1）图样。包括总平面图、建筑物各层平面图、剖面图、（东、西、南、北）立面图、建筑构造详图、基础平面图、基础详图、结构布置图、钢筋混凝土构件详图、水电平面图及系统图、建筑防雷接地平面图等。

（2）文件。包括设计说明书、门窗和构件统计表、图样目录、工程预算书。

设计单位应当按合同规定的时间向施工单位提供施工所需的全套设计文件，并参加图样会审和技术交底工作。同时，设计单位还要在工程施工过程中为建设单位和施工单位提供与设计有关的技术服务，及时变更设计中存在的问题，及时解决施工中遇到的技术问题。

三、建筑专业施工图在工程中的作用

建筑施工图是全部工程施工图的重要组成部分，主要是用来描绘建筑立面与体型的总体及细部设计、建筑内部空间布置、建筑细部构造及室内外装饰做法和效果的工程图样。它也是结构施工图和设备施工图设计的基础和依据，同时还是施工单位进行施工放线、高程控制、安装门窗、进行室内外装修和编制施工概算及施工组织计划的主要依据。

四、常用的图例及符号

为确保图面质量，提高制图和识图的效率，在国家编制的制图标准中规定了各种图例及符号。

1. 常用的图例

表 16-1 ~ 表 16-3 分别列出了常用建筑材料图例、总平面图图例、常用建筑构件图例。

2. 建筑符号及表示方法

（1）定位轴线及编号。房屋施工图中的定位轴线是设计和施工中定位、放线的重要依据。凡承重的墙、柱、梁、屋架等承重构件应标注纵、横定位轴线，以确定其位置。对于非承重的分隔墙、次要构件等，可用附加轴线（分轴线）表示其位置，也可注明它们与附近轴线的相关尺寸以确定其位置。

表 16-1　常用建筑材料图例

序号	名　称	图　　例	备　注
1	自然土壤		包括各种自然土壤
2	夯实土壤		—
3	砂、灰土		—
4	砂砾石、碎砖三合土	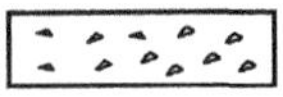	—
5	石材	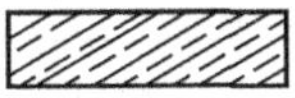	—
6	毛石	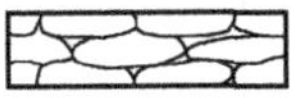	—
7	实心砖、多孔砖	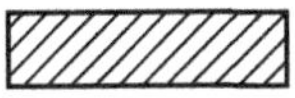	包括普通砖、多孔砖、混凝土砖等砌体
8	耐火砖		包括耐酸砖等砌体
9	空心砖、空心砌块		包括空心砖、普通或轻骨料混凝土小型空心砌块等砌体
10	加气混凝土	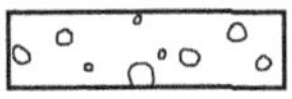	包括加气混凝土砌块砌体、加气混凝土墙板及加气混凝土材料制品等
11	饰面砖	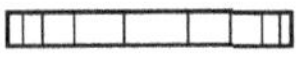	包括铺地砖、玻璃马赛克、陶瓷锦砖、人造大理石等
12	焦渣、矿渣	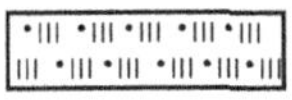	包括与水泥、石灰等混合而成的材料
13	混凝土		1. 包括各种强度等级、骨料、添加剂的混凝土 2. 在剖面图上绘制表达钢筋时，则不需绘制图例线 3. 断面图形较小，不易绘制表达图例线时，可填黑或深灰（灰度宜70%）
14	钢筋混凝土		
15	多孔材料		包括水泥珍珠岩、沥青珍珠岩、泡沫混凝土、软木、蛭石制品等
16	纤维材料	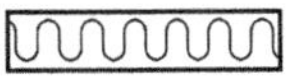	包括矿棉、岩棉、玻璃棉、麻丝、木丝板、纤维板等
17	泡沫塑料材料	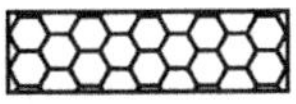	包括聚苯乙烯、聚乙烯、聚氨酯等多聚合物类材料
18	木材	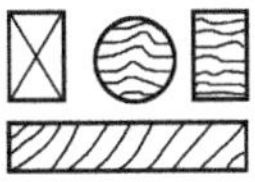	1. 上图为横断面，左上图为垫木、木砖或木龙骨 2. 下图为纵断面
19	胶合板		应注明为×层胶合板
20	石膏板		包括圆孔或方孔石膏板、防水石膏板、硅钙板、防火石膏板等
21	金属	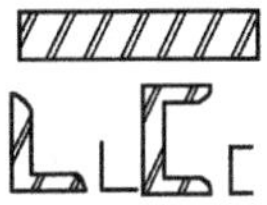	1. 包括各种金属 2. 图形较小时，可填黑或深灰（灰度宜70%）
22	网状材料		1. 包括金属、塑料网状材料 2. 应注明具体材料名称
23	液体	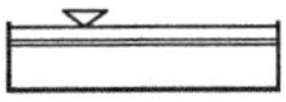	应注明具体液体名称
24	玻璃		包括平板玻璃、磨砂玻璃、夹丝玻璃、钢化玻璃、中空玻璃、夹层玻璃、镀膜玻璃等
25	橡胶		—
26	塑料		包括各种软、硬塑料及有机玻璃等
27	防水材料		构造层次多或绘制比例大时，采用上面的图例
28	粉刷		本图例采用较稀的点

表 16-2　总平面图图例

图　　例	名　　称	图　　例	名　　称
	新设计的建筑物右上角以点数表示层数	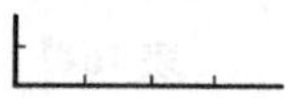	表示砖石、混凝土及金属材料围墙
	原有的建筑物	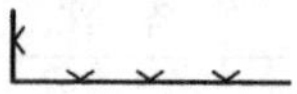	表示镀锌钢丝网，篱笆等围墙
	计划扩建的建筑物或预留地	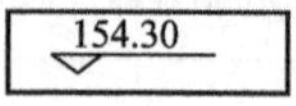	室内地坪标高
	拆除的建筑物		室外整平标高
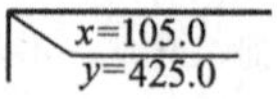	测量坐标		原有的道路
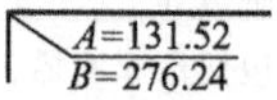	建筑坐标		计划的道路
	散状材料露天堆场	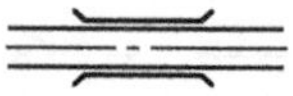	公路桥
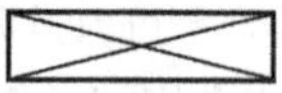	其他材料露天堆场或露天作业场		铁路桥
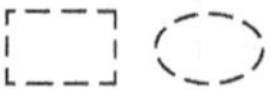	地下建筑物或构筑场	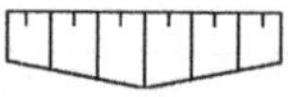	护坡

表 16-3　常用建筑构件图例

图　　例	名　　称	图　　例	名　　称
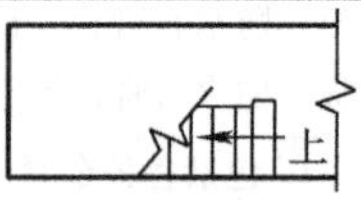	底层楼梯		空门洞
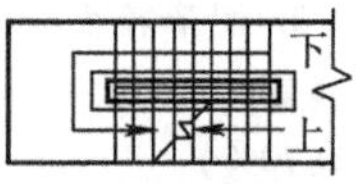	中间层楼梯		单扇门
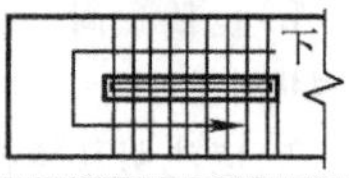	顶层楼梯	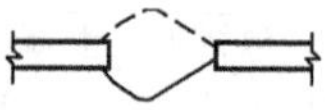	单扇双面弹簧门
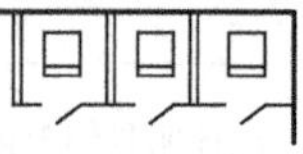	厕所间		双扇门
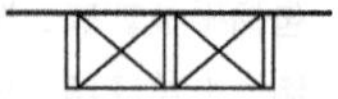	淋浴小间		对开折叠门
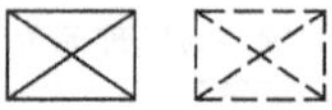	检查孔 地面检查孔 顶棚检查孔		双扇双面弹簧门
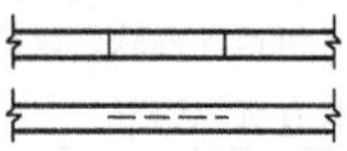	墙上预留洞口 墙上预留槽	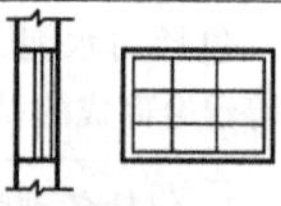	单层固定窗
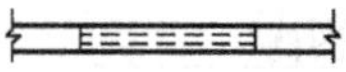	高窗	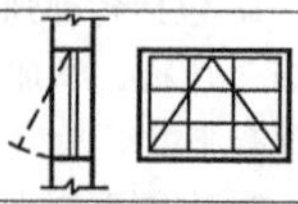	单层外开上悬窗
		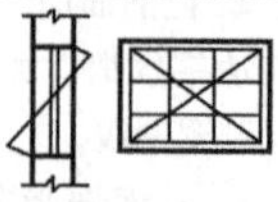	单层中悬窗
		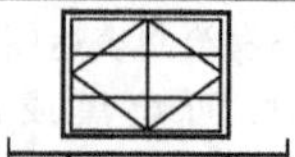	单层外开平开窗

定位轴线应用细点长画线绘制，轴线末端画细实线圆圈，直径为 8 ~ 10mm，定位轴线圆的圆心，应在定位轴线的延长线或延长线的折线上，且圆内应注写轴线编号，如图 16-1 所示。

定位轴线的编号，宜标注在图样的下方或左侧。横向编号应用阿拉伯数字按从左至右的顺序编写，纵向编号应用大写拉丁字母从下至上顺序编写（图 16-1）。拉丁字母中的 I、O、Z 不得用作轴线编号，以免与阿拉伯数字 1、0、2 混淆。在两轴线之间，附加轴线用分数编号，分母表示前一主轴线的编号，分子以阿拉伯数字表示附加定位轴线的编号，如图 16-2 所示。

对于详图上的轴线编号，若该详图同时适用多根定位轴线，则应同时注明各有关轴线的编号，如图 16-3 所示。通用详图的定位轴线，只画圆圈不注写轴线编号。

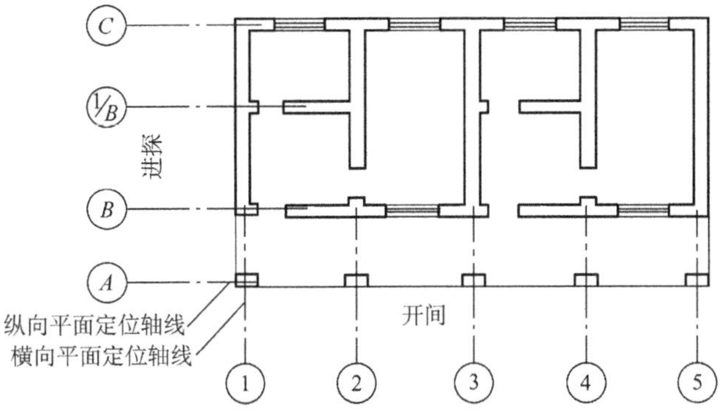

图 16-1　定位轴线及其编号

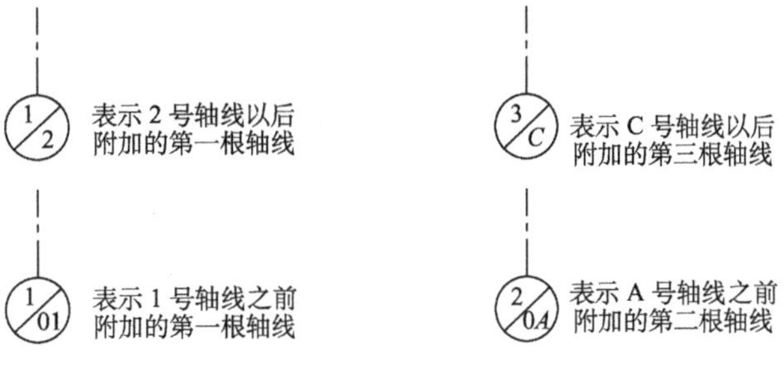

图 16-2　附加定位轴线的编号

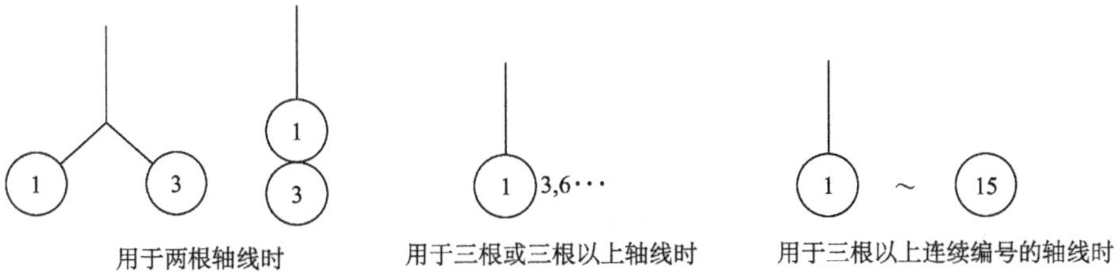

图 16-3　详图的轴线编号

（2）索引符号和详图符号。施工图中某一部位或某一构件无法表达清楚时，通常将这些部位和构件用较大的比例放大画出，这种放大后的图就称为详图。为便于查找及对照阅读，可通过索引符号和详图符号来反映基本图与详图之间的对应关系。

索引符号由直径为 8 ~ 10mm 的圆和其水平直径组成，圆及其水平直径均应以细实线绘制。索引符号编写规定见表 16-4。注意当索引出的是局部剖视详图时，应在被剖切的部位绘制剖切位置线，然后再用引出线引出索引符号。引出线所在的一侧表示剖切后的投影方向，详图符号用粗实线圆圈表示，直径为 14mm。

（3）标高。建筑物各部分的竖向高度，在图样上常用标高来表示。标高符号应以等腰直角三角形表示，用细实线画出。标高数字以米（m）为单位，数字后面不写单位名称，但要注写到小数点后第三位，在总平面图上的标高符号，宜用涂黑的三角形表示，可注写到小数点第二位。零点标高应注写成 ±0.000，低于零点的负数标高前应加注“ - ”号，高于零点的正数标高前不注“ + ”，如图 16-4 所示。

表 16-4　索引符号与详图符号

名　称	符　号	说　明
详图的索引符号	5 —— 详图的编号 — —— 详图在本张图纸上 5 —— 局部剖面详图的编号 — —— 剖面详图在本张图纸上	细实线单圆圈直径应为 10mm 详图在本张图纸上 剖开后从上往下投影
	5 —— 详图的编号 4 —— 详图所在的图纸编号 5 —— 局部剖面详图的编号 4 —— 剖面详图所在的图纸编号	详图不在本张图纸上 剖开后从下往上投影
	J103 —— 标准图册编号 5 —— 标准详图编号 4 —— 详图所在的图纸编号	标准详图
详图的符号	5 —— 详图的编号	粗实线单圆圈直径应为 14mm 被索引的在本张图纸上
	5 —— 详图的编号 2 —— 被索引的图纸编号	被索引的不在本张图纸上

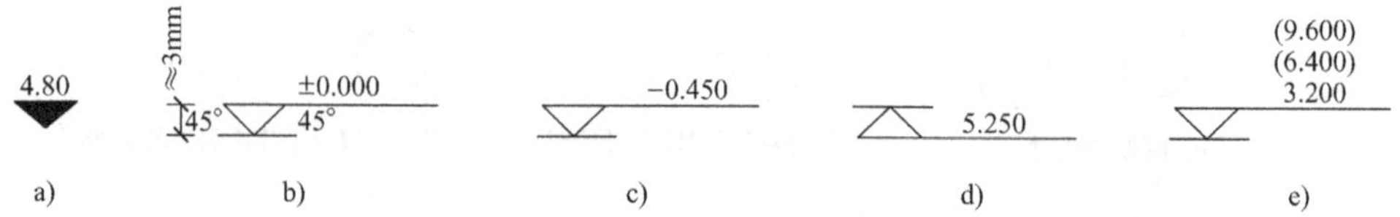

图 16-4　标高符号及标高数字注

a）总平面图标高　b）零点标高　c）负数标高　d）正数标高　e）一个标高符号标注多个标高数字

标高按所注的部位分为建筑标高和结构标高，其中建筑标高是指标注在建筑物装饰面层处的标高；结构标高是指标注在建筑物结构部位（例如注在梁底、板底处）的标高。如图 16-5 所示。

（4）引出线。对图样中某些部位由于图形比例较小，其具体内容或要求无法标注时，常用引出线注出文字说明或详图索引符号。引出线用细实线绘制，并宜用与水平方向呈 30°、45°、60°、90°的直线或经过上述角度再折为水平的折线。文字说明宜注写在水平线的上方或端部。索引详图的引出线应对准索引符号的圆心，如图 16-6 所示。同时引出几个相同部分的引出线，宜相互平行，如图 16-7a 所示，也可画成集中于一点的放射线，如图 16-7b所示。

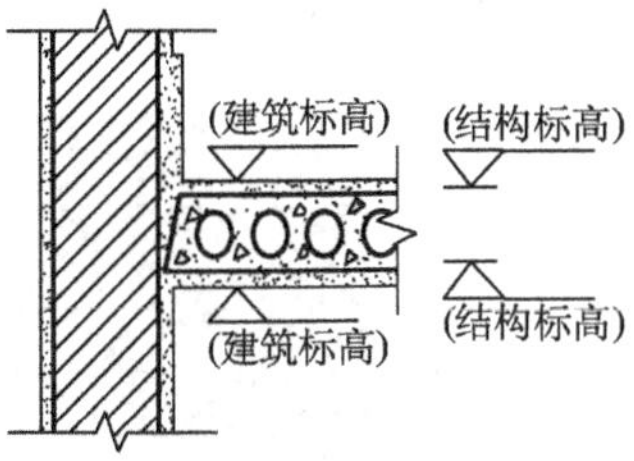

图 16-5　建筑标高和结构标高

图 16-6　引出线标注

房屋建筑中，有些部位是由多层材料或多层做法构成的，如屋面、地面、楼面以及墙体等。为了对多层构造部位加以说明，可以用引出线表示。引出线必须通过需引的各层，其文字说明编排次序应与构造层次保持一致（即垂直引出时，是由上而下注写；水平引出时，是从左到右注写），文字说明应注写在引出横线的上方或一侧，如图 16-8 所示。

a)　b)

图 16-7　共用引出线的标注

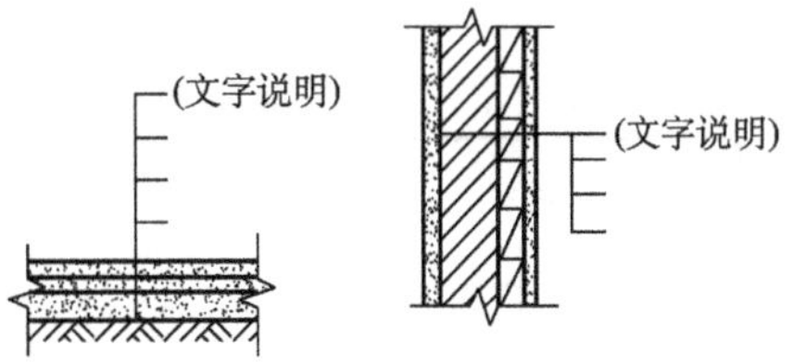

a)　b)

图 16-8　多层构造引出线

（5）图形折断符号。在工程图中，为了将不需要表明或可以节缩的部分图形删去，可采用折断符号画出。如图 16-9 所示。

（6）对称符号。当房屋施工图的图形完全对称时，可只画该图形的一半，并画出对称符号，以节省图纸篇幅。对称符号即是在对称中心线（细单点长画线）的两端画出两段平行线（细实线）。平行线长度为 6 ~ 10mm，间距为 2 ~ 3mm，且对称线两侧长度对应相等，如图 16-10 所示。

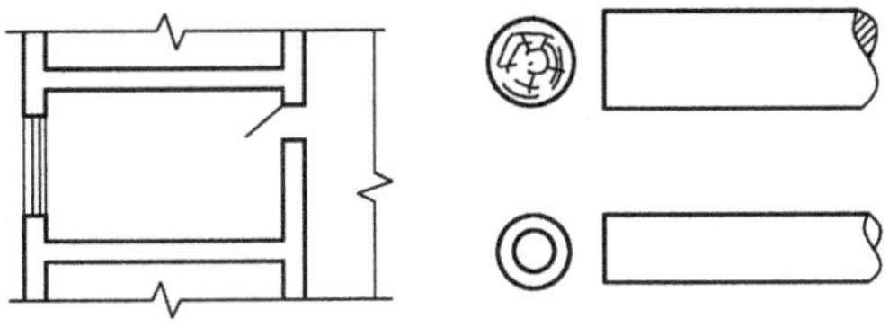

a)　b)

图 16-9　折断符号标注

a）直线折断　b）曲线折断

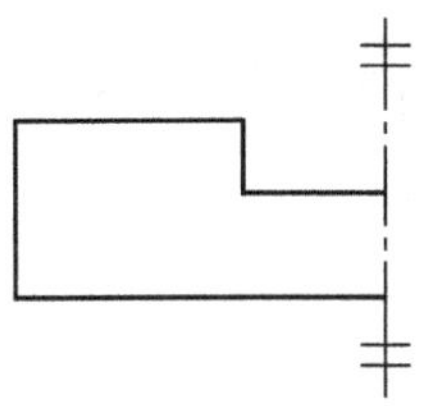

图 16-10　对称符号的标注

（7）坡度标注。在房屋施工图中，其倾斜部分通常加注坡度符号，一般用箭头表示。箭头应指向下坡方向，坡度的大小用数字注写在箭头上方。对于坡度较大的坡屋面、屋架等，可用直角三角形的形式标注它的坡度。

（8）连接符号。对于较长的构件，当其长度方向的形状相同或按一定规律变化时，可断开绘制，断开处应用连接符号表示。连接符号为折断线（细实线），并用大写拉丁字母表示连接编号，如图 16-11 所示。

（9）指北针及风向频率玫瑰图。在房屋总平面图及底层建筑平面图上，一般都画有指北针，以指明建筑物的朝向。指北针形状如图 16-12 所示。圆的直径宜为 24mm，用细实线绘制。指针尾端的宽度 3mm，需用较大直径绘制指北针时，指针尾部宽度宜为圆的直径的 1/8，指针涂成黑色，针尖指向北方，并注“北”或“N”字。

房屋建筑施工图

风向频率玫瑰图又叫作风玫瑰图，是一种根据当地多年平均统计所得的各个方向吹风次数的百分数，并按一定比例绘制的图形。图中吹风方向是指从外面吹向中心。粗实线表示全年风向频率；虚线表示夏季风向频率，按六、七、八三个月统计；细实线表示冬季风向频率。不同地区的风向频率玫瑰图各不相同，如图 16-13 所示。

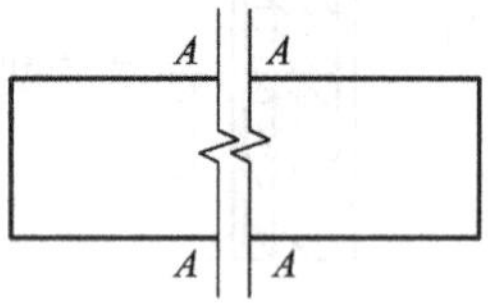

图 16-11　连接符号

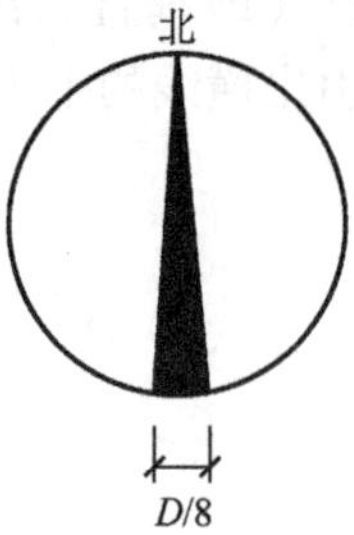

图 16-12　指北针

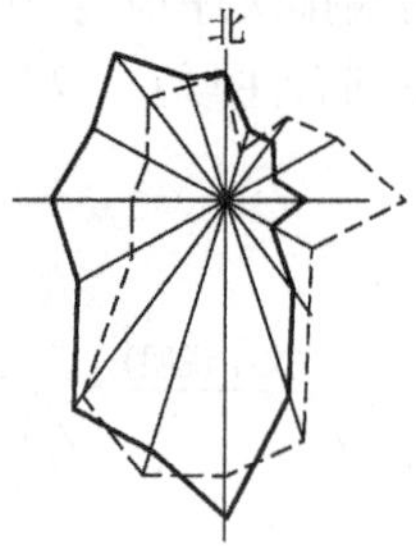

图 16-13　风向频率玫瑰图

第二节　建筑施工图识读

一、建筑专业施工图的组成

建筑施工图用来表达建筑物的总体布局、外部造型、内部布置、细部构造、内外装修以及有关的施工要求，它是房屋建筑图中最基本的图样，也是本章介绍的重点。具体包括：设计说明、总平面图、建筑平面图、建筑立面图、建筑剖面图、建筑详图。

二、建筑专业施工图的识读

建筑施工图是直接用来进行指导房屋施工的图样，是房屋建造的重要依据，力求做到图纸完整统一、尺寸齐全、标注明确无误。这样才方便设计、施工和监理三者之间的交流沟通。所以建筑施工图的绘制应遵守《房屋建筑制图统一标准》（GB/T 50001—2017）、《建筑制图标准》（GB/T 50104—2010）及《总图制图标准》（GB/T 50103—2010）等的有关规定。

（一）设计说明

设计说明（或建筑设计总说明）又叫作首页图。设计说明是对建筑施工图中，未能详细表达或不必用图形表达的内容，用文字、数字、图表等加以说明。它的内容一般包括：图纸目录、设计依据、技术经济指标、工程概况、总说明、建筑装修及工程做法、材料的选用、标准图集的选用、门窗统计表等。见表 16-5、表 16-6、图 16-14。

此外，某些建筑工程还要向有关部门提供该工程的环境、卫生防疫和交通论证依据等文字资料。

表 16-5　图纸目录

图　　号	图　　名		建施引用图集名称
建施 －01	建筑设计说明		JJ2001 －114
建施 －02	室内装修、门窗统计、配电箱尺寸表		00J202 －1
建施 －03	总平面图		JJ91 －231
建施 －04	底层平面图		吉 J2002 －115
建施 －05	标准层平面图		99SJ403
建施 －06	顶层平面图		
建施 －07	屋顶排水平面图		
建施 －08	dd 户型标准层单元大样图		
建施 －09	正立面（①－㊳轴立面图）		
建施 －10	1 －1 剖面图；2 －2 剖面图；3 －3 剖面图		
建施 －11	Ⓒ轴外墙节点详图		
建施 －12	楼梯详图		

（二）总平面图

建筑总平面图是假设在建设区的上空向下投影所得的水平投影图。它主要表达拟建房屋的位置和朝向，与原有建筑物的关系，周围道路、绿化布置及地形地貌等内容。建筑总平面图可作为拟建房屋定位、施工放线、土方施工以及施工总平面布置的依据。

1. 总平面图的内容

建筑总平面图用以表示新建区域的总体布置，一般以 1∶500 的比例绘制（也可以用 1∶2000或 1∶1000 的比例）。

（1）标出测量坐标网（坐标用 x、y 表示）或施工坐标网（坐标用 A、B 表示）明确红线范围。

（2）标出新建筑物的定位坐标尺寸、名称、层数及首层室内标高与基地绝对标高的换算关系。

（3）表明相邻建筑或拆除建筑的位置。

（4）画出附近的地形地物，如等高线、道路、水沟、土坡等。

（5）画出指北针或风向频率玫瑰图。

（6）标出绿化规划、管道布置、供电线路等。

2. 建筑总平面图的识读

（1）了解图样比例、熟悉图例及有关文字说明。

（2）了解工程性质、地形地貌和周边环境等情况。如栋数、每栋层数、标高、相互间距、周围道路及与原有建筑物关系。

（3）总平面图中所注的标高为绝对标高，从等高线上所注的标高可以了解各处的高差。

（4）明确拟建房屋的朝向，拟建房屋四周的道路，绿化规划。了解建筑物周围的给水排水供暖、电气的管线布置。

3. 识读举例

图 16-15 是某小区一期工程的总平面图，按 1∶500 的比例绘图，图中显示新建 B6 号住宅楼坐北朝南，该住宅楼的总长度为 45. 06m，总宽为 11. 71m。该住宅楼距东面 B7 号住宅楼为 43. 63m，距离北面 B2 号楼为 25. 00m，距离西面 B5 号楼为 13. 85m，距离南面 B12 号楼为 25. 20m。拟建住宅楼底层地面的绝对标高是 222. 90m，楼外整平地面的绝对标高是 222. 15m，室内外高差为 0. 75m。

表 16-6 室内装修、门窗统计、配电箱尺寸表

室内装修表

层数	部位 / 房间名称		楼、地面	墙面	踢脚板	顶棚	窗台
一至六层	（主）卧室、起居室、餐厅、储藏室、户内走道		50厚细石混凝土压实赶光（内铺设地热管）	20厚混合砂浆刮大白	150mm高1:3水泥砂浆暗踢脚板	10厚混合砂浆刮大白	
	厨房、卫生间		30厚细石混凝土压实赶光（内铺设地热管）	20厚1:2水泥砂浆拉毛		10厚混合砂浆刮大白	贴墙面砖
	封闭阳台		50厚细石混凝土压实赶光（内铺设地热管）	20厚1:2水泥砂浆抹面		10厚混合砂浆刮大白	
	楼梯间	一层	10厚1:1水泥细砂浆贴米黄色防滑地面砖	米黄色仿砂岩面砖	咖啡色仿石砖	10厚混合砂浆刮大白	米黄色仿砂岩面砖
		二至六层	10厚1:1水泥细砂浆贴米黄色防滑地面砖	白色内墙涂料	咖啡色仿石砖	10厚混合砂浆刮大白	米黄色仿砂岩面砖
夹层			20厚1:2.5水泥砂浆随打随压光	20厚混合砂浆抹面	20厚1:3水泥砂浆暗踢脚板	10厚混合砂浆抹面	

配电箱尺寸表

型号	尺寸/mm（长×宽×厚）	备注
PDX1	400×350×100	箱底距地1800
PDX2	600×450×200	中心距地1500
DDX3	300×200×150	箱底距地300
DHX4	300×400×130	箱底距地300
DSX5	450×550×200	箱底距地300
DHX6 DSX6	200×250×120	箱底距地300

门窗统计表

编号	洞口尺寸/mm（宽×高）	数量 一层	二~五层	六层	夹层	合计	备注
M1	1500×2100	3				3	电子可视对讲防盗门
M2	1500×2100	3				3	不锈钢玻璃门（现场定做安装）
M3	600×1800	6	6×4	6		36	丙级防火门（门槛高100mm）
M4	1000×2100	6	6×4	6		36	彩钢三防门
M5	900×2100	18	18×4	18		108	只留口不上门
M6	2000×2550	6	6×4	6		36	同上
M7	800×2100	6	6×4	6		36	同上
M8	700×2100	6	6×4	6		36	同上
M9	1700×2550	6	6×4	6		36	同上
M10	1710×2550	6	6×4	6		36	同上
M11	700×2450	12	6×4	2		38	一层门为三层夹胶玻璃塑钢门（门槛高50mm） 二层以上门为单框双层玻璃塑钢门（门槛高50mm）
C1	1200×2350	6	6×4	2		32	一层窗为三层夹胶玻璃塑钢窗（窗台高150mm） 二层以上窗为单框双层玻璃塑钢窗（窗台高150mm）
C2	700×2350		6×4			24	单框双层玻璃塑钢窗（窗台高150mm）
C3	1800×2350	6	6×4			30	同上
C4	1800×1900	6	6×4			30	同上（窗台高600mm）

编号	洞口尺寸/mm（宽×高）	数量 一层	二~五层	六层	夹层	合计	备注
C5	1800×1900	6	6×4	6		36	一层窗为三层夹胶玻璃塑钢窗（窗台高600mm） 二层以上窗为单框三层玻璃塑钢窗（窗台高600mm）
C6	600×1300	8	8×4	8		48	同上（窗台高1200mm）
C7	640×1900	6	6×4	6		36	同上（窗台高600mm）
C8	2100×1900	6	6×4	6		36	同上
C9	1050×1600	6	6×4	6		36	同上（窗台高900mm）
C10	1200×1200		3×4	3		15	单框三层玻璃塑钢窗（窗台高见楼梯详图）
C11	700×1900			6		6	单框双层玻璃塑钢窗（窗台高600mm）
C12	1800×1900			6		6	同上
C13	1800×1900			6		6	同上
C14	1200×2900			4		4	同上（窗台高900mm）
C15	1000×750				6	6	同上（屋顶老虎窗）
C15′	1000×750				6	6	单框三层玻璃塑钢窗（屋顶老虎窗）
C16	异形窗（见窗分格图）				3	3	单框双层玻璃塑钢窗
C16′	异形窗（见窗分格图）				3	3	单框双层玻璃塑钢窗

建筑设计说明

1. 概述

1）工程名称：绿地长春上海城一期工程 B11 区；子项工程名称：绿地长春上海城一期工程 B11 区 B－6 号楼。

2）建设单位：上海绿地集团长春置业有限公司。

3）建设位置：长春市绿园区，东侧是西环城路，南边界至南阳路，具体位置详见总平面图。

4）设计标高：室内地面设计标高 ±0.000 相当于测量标高 222.90；室外地面设计标高 －0.750 相当于测量标高 222.15。

2. 设计依据

1）本工程设计合同第 04－37－B－6 号。

2）业主提供的长春市规划局审批的"绿地长春上海城规划方案"。

3）业主提供的施工图设计指导书、施工图设计深度要求及相关联系函。

4）业主提供的规划，单体方案、彩色效果图及岩土工程勘察报告。

5）《民用建筑设计通则》（GB 50352—2005）、《住宅设计规范》（GB 50096—2011）、《建筑设计防火规范》（GB 50016—2014）。

3. 设计范围

1）基地范围内的总图设计。

2）建筑、结构、给水排水、暖通、电气专业施工图设计，不包含室外环境及室内装修设计。

4. 工程概况

建筑等级和使用年限	一级、50 年	建筑层数	6 层
主体结构形式	砖砌体结构	建筑高度/m	18.55
抗震设防烈度	七度	建筑层高/m	2.9
总建筑面积/m^2	4728.15	阳台面积/m^2	163.80
建筑占地面积/m^2	763.38		

5. 防火设计

本工程耐火等级为一级。各种构件耐火极限均附合一级防火等级要求。

6. 节能设计

1）本工程严格按照民用建筑节能标准节能 50%，其耗热指标为 21.7（W/m^2）体形系数小于 0.3。设计外墙、屋顶、地面，其构造见详图。

2）窗户（含阳台门上部）、外门其传热系数小于 2.5W/(m^2·K)。

3）住宅一层在四周无地沟情况下，距外墙内皮 2000mm 范围做防潮保温地面，传热系数小于 0.3W/(m^2·K) 见详图。

4）节能墙体传热系数小于 0.56W/(m^2·K)，构造见墙面做法，屋顶传热系数小于 0.5W/(m^2·K) 构造见屋面做法。

5）在窗口四周窗框与墙体之间用聚氨酯发泡密封胶填充及封缝。

7. 建筑主要材料与构造要求

（1）墙体

1）450 厚外墙，采用 370 厚黏土实心砖外抹 20 厚水泥砂浆找平层，再贴 60 厚 EPS 保温板。330 厚外墙采用 240 厚黏土实心砖外抹 20 厚水泥砂浆找平层，再贴 70 厚 EPS 保温板。内墙采用 240 厚黏土实心砖。砖标为 MU10，一层用 M7.5 混合砂浆砌筑，二层以上用 M5 混合砂浆强度等级筑。阳台采用 100 厚和 150 厚钢筋混凝土板外贴 80 厚 EPS 保温板。

2）砌体墙与钢筋混凝土交接处墙体附加 400mm 宽钢丝侧压缝，水泥钉固定，外抹灰。外墙保温阻燃聚苯乙烯保温板密度≥20kg/m，热导率≤0.042。所有外墙门窗框的四周均用聚氨脂现场发泡封闭。

3）楼梯间结构楼板比楼层标高降 30mm；其他房间结构楼板比楼层标高降 70mm。

4）墙体容重，构造要求及砌筑方法构造柱过梁均按结构说明施工，建筑图中不再标注。

5）外墙各处挑出构件，装饰线角，门窗洞口均应做滴水线，见详图。

（2）瓦屋面采用深色沥青瓦

（3）屋面防水、保温

1）应甲方要求，屋面防水等级为Ⅱ级，防水层耐用年限 15 年，二道防水设防，采用 SBS 改性沥青防水卷材。

2）屋面保温采用阻燃聚苯乙烯泡沫塑料板 120 厚。

（4）卫生间、厨房防水采用聚氨脂防水涂料，墙体周边做起 300mm 高，浴盆处做起 1000mm 高。凡设有地漏处，地面均向地漏找 1% 坡

（5）墙身防潮：设在 －0.060 处采用 20 厚 1:2 水泥砂浆内掺 5% TS95 硅质密实剂

（6）落水、排水

1）屋面排水均采用灰色 UPVCϕ100 雨水管。

2）建筑四周均做 800mm 宽散水。

（7）外墙装饰：本工程外墙以涂料和面砖为主，涂料局部勾缝。装修应做小样，待建设单位及建筑师同意后方可大面积采用

（8）室内装饰：室内墙、柱阳角处均作 1:2 水泥砂浆护角，做洞口时，抹过洞口墙角各 100mm，做到门窗时，一侧抹过 100mm，另一侧压入框料灰口线内，其高度在门窗处为门窗高度，在洞口处为通高

8. 门、窗设计

1）单元门为键盘式电子可视对讲防盗门；分户门为彩钢门；户内门预留洞口；封闭阳台门预留洞口。

2）木门均采用一、二等红松及相近的材质或其他优质木材制作，木材需经干燥处理，含水率合格后方能加工。

3）外墙窗均采用塑钢窗，北向居室二层以上为单框三层中空玻璃塑钢窗；南向居室为单框双层玻璃塑钢窗；一楼居室为三层夹胶玻璃塑钢窗（开启扇为单框双层玻璃塑钢窗）。具体详见平面图、门窗表及门窗详图。

4）凡窗台低于 900mm 高的窗均设防护栏杆，做法详见节点详图。

5）门立口内墙居中，外墙门、窗立口与保温层内表面一齐向内反。

6）门亮子及一般门的门扇玻璃采用 3mm 的平板玻璃，镶大块玻璃的镶玻璃门及玻璃门，应采用 5mm 的平板玻璃。

7）门、窗所有五金零件均按照要求配全。

8）窗户的气密性不应低于外窗空气渗透性能的Ⅲ级水平。

9. 油漆工程

1）木制门刷一道底漆、两道面漆，颜色后定。

2）金属构件必须除锈并刷防锈漆一道、调和漆两道。

3）凡预留木砖和木活隐蔽处，均刷沥青漆两道。

4）所有室外钢管栏杆及钢构件均刷防锈漆一道，调和漆两道，颜色后定。

10. 零星工程

1）厨房，卫生间采用变压式风道，选自《DBJT 06－89－2002》，烟道外形尺寸 340mm×300mm，风道外形尺寸 320mm×240mm。模板预留孔每边加 50mm。

2）本工程一层外窗应安装防盗设施，具体作法甲方自理。

3）住宅信报箱由甲方定做。

4）墙体留洞凡超过 200mm×200mm 者位置见建施图，不超过 200mm×200mm 者见各专业施工图。

5）厨房、卫生间变压式排风道出屋顶详见施工图。

11. 施工注意事项

1）楼板上预留孔洞要求预留位置准确，严禁剔凿、断筋，孔洞应用防水套管并用 C20 细石混凝土浇灌严密，要求做闭水试验，24h 无渗漏方为合格。管道井在管道安装完毕后每层在楼板处做防火分隔。

2）所有卫生间楼面按质量要求做蓄水试验，无渗漏者方为合格。

3）所有涂料按规定在水泥抹面基层干燥后方可施工，且不应在风雨中施工。

4）屋面阴阳角处、立墙处均按屋面构造要求做泛水加强带，向垂直、水平方向延伸 500mm。

12. 其他

1）本工程施工图须经消防部门、施工图审查事务所等审查同意并履行了有关手续后方可按图施工。

2）本设计总平面图和标高以 m 为单位，其他尺寸以 mm 为单位。

3）未尽事宜按国家现行规范、规程、标准执行。

图 16-14　建筑设计说明

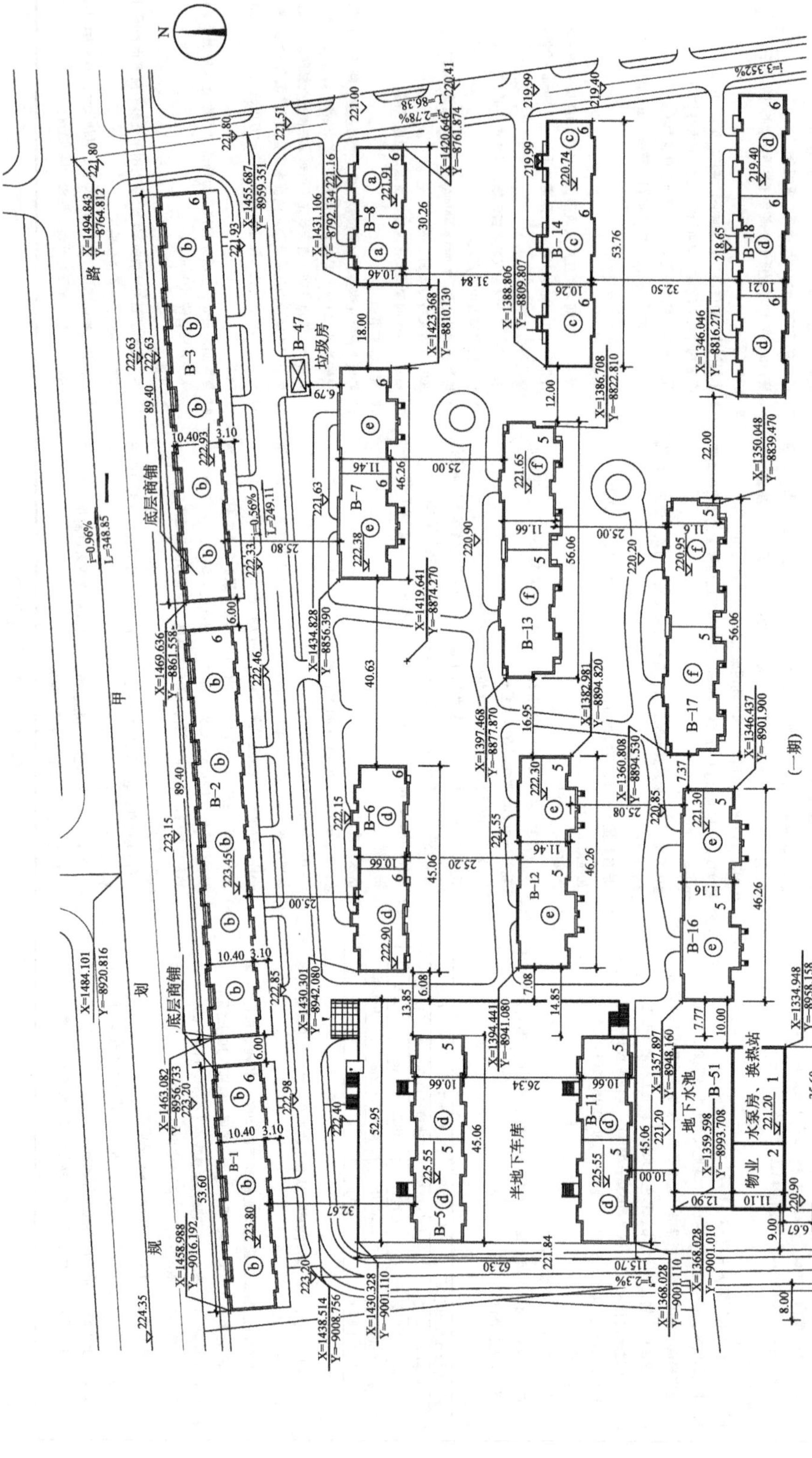

总平面图 1:500

(一期)

图 16-15 总平面图

建筑施工图识读

（三）建筑平面图

1. 建筑平面图的形成

假想用一个水平的剖切平面沿房屋窗台以上的部位剖开（剖切部位一般距本层地面1.5m左右），移去上部后向下投影所得的水平投影图，称为建筑平面图，简称平面图。如图16-16所示。建筑平面图是房屋的水平剖面图，但按习惯不必标注其剖切位置，也不称其为剖面图。

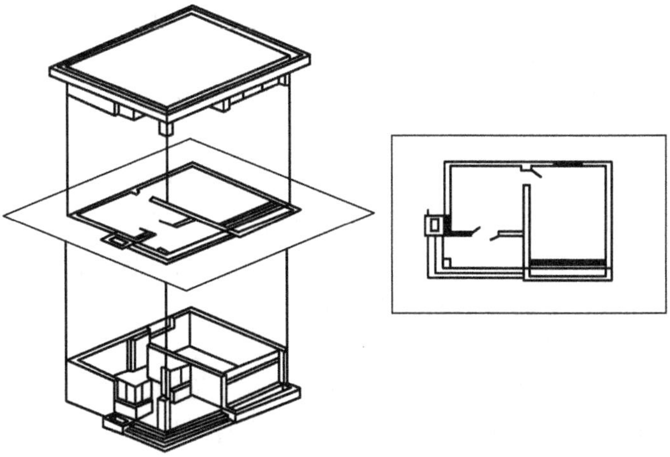

图16-16 平面图的形成

2. 建筑平面图的作用

主要反映房屋的平面形状、大小和房间布置，墙（或柱）的位置、厚度和材料、门窗的位置、开启方向等。建筑平面图可作为施工放线，砌筑墙、柱，门窗安装和室内装修及编制预算的重要依据。因此，建筑平面图是施工图中最常用的，也是最重要的图样之一。

3. 建筑平面图的主要内容

建筑平面图实质上是房屋各层的水平剖面图。一般地说，房屋有几层，就应画出几个平面图，并在图形的下方注出相应的图名、比例等。沿房屋底层门窗洞口剖切所得的平面图称为底层平面图，最上面一层的平面图称为顶层平面图。中间各层如果房间的数量、大小和布置都一样时，可用同一个平面图表示，称为标准层平面图或某层平面图。此外，还有屋顶平面图和局部平面图（单元详图或单元大样图）等。具体来说，建筑平面图应包括以下内容：

（1）图名（表明是哪层平面图）、比例。

（2）纵横定位轴线及其编号，分轴线及其编号。定位轴线是在平面设计时用来确定建筑物各主要承重构件在水平方向上位置的尺寸基准线，也是施工时用来定位放线的尺寸依据。

（3）各房间的组合和分隔、墙的厚度、柱的断面形状和尺寸等。

（4）门窗布置及型号。

（5）楼梯梯段的形状，楼梯的走向和级数。

（6）其他构配件的布置和必要的尺寸。

（7）各层平面图的尺寸和标高。

（8）底层平面图除表示内部情况外，还应画出室外的台阶（坡道）、花池、雨水管等及剖面图的剖切位置线、剖视方向和其编号，剖面图的剖切位置线和剖视方向及编号；二层平面要画本层室外的雨篷，故应单独画出。

（9）屋顶平面图应表示出排水系统的布置和处理，以及屋面以上的构筑物或其他设施的水平投影。

（10）表示房屋朝向的指北针。

（11）详图索引符号。

（12）房间名称。

4. 平面图中的线型

平面图中的线型应粗细分明，凡是被剖面剖切到的墙、柱等断面轮廓线均用粗实线表示，所有墙、柱、轮廓线不包含粉刷线的厚度，门的开启方向线和窗台、台阶、散水（明沟）、花台、梯段及扶手等轮廓线，虽未剖到但看得见的线均使用中粗实线表示，窗户的玻璃线等用细实线表示。

建筑平面图所采用的比例为1∶50、1∶100和1∶200，其中1∶100又最为常用。比例小于1∶200时可不画图例，但平面图比例若为1∶100～1∶200时可画简化的材料图例如砖墙涂红，钢筋混凝土涂黑，门、窗、污水池、小便槽、卫生间、孔洞、烟道、花格等构造与配件均不按真实投影绘制而按规定的图例表示（表16-3）。

5. 识图方法

（1）先从图名了解该图属于哪一层平面图，以及画图时采用的比例。了解如底层方向、室内外高差、比例、楼梯间位置、主要通道及出入口、开间、进深、走廊及房间布局、室内外地坪高差、剖面符号及剖切位置、有几个节点引出符号、编号、详图位置、尺寸标注和轴线编号等。

（2）了解定位轴线的编号及间距，房屋的定位轴线是表示房屋的墙、柱和梁等承重构件和相对位置，以便于施工时定位放线和确定墙体及各构件之间相互关系的基准线。按国际标准规定，定位轴线采用细点划线表示，轴线编号的圆圈用细实线绘制，直径一般为8～10mm，圆心在轴线的延长线或延长线的折线上。

（3）了解平面图各部分的尺寸。图中的尺寸可分为外部尺寸和内部尺寸。

1）外部尺寸。为了确定和便于施工，外部尺寸一般标注三道。第一道表示门、窗、洞口宽度尺寸和门窗间墙体及各细部的构造尺寸（定形尺寸）。第二道表示轴线间的距离（定位尺寸）。第三道表示房屋外轮廓线的总尺寸、总长和总宽（总尺寸）。三道尺寸线互相间距一般为7～10mm。第一道尺寸距离建筑最外围轮廓线距离应大些，一般不得小于10mm，有时还得考虑一些细小尺寸。如房屋不对称，则上下、左右四个方向均需标注尺寸。另外室外台阶、花台和散水等设施尺寸可单独标注在该配件的周围。

2）内部尺寸。内部尺寸应注明内墙门窗洞的位置、洞口宽度、墙体厚度、设备的大小和位置。

（4）了解平面图中的各部分地面标高。平面图中各部分的高差用标高表示，底层室内主楼地面标高为相对标高±0.000，相邻地面高度不同时应画细实线进行分隔。

（5）门窗、设备等形状复杂、线条较多在平面图中采用图例表示。

（6）应标明底层平面图上的剖切位置符号，如1－1、2－2、3－3等，以便与剖面图对照查阅。

各层平面图的主要区别是从内部看，首先看各层楼梯间的图例，在不同平面中，只有底层和中间各层有上又有下，而顶层只有下无上，且由于剖切的位置的不同，各层的标高也不相同。

从外部看，底层平面图还包含了门厅室外、台阶、雨水管、散水、指北针等，而楼层的平面图只表示下一层的雨篷、遮阳板等。

6. 建筑平面图识读举例步骤

(1) 底层平面图。图 16-17（见书后插页）是某小区一期工程 B6 号住宅楼一层平面图。从图中可以看出该建筑物底层的平面形状，各房间的平面布置情况，出入口、走廊、楼梯的位置和各种门、窗的布置等。

1) 了解图名、比例及文字说明。由图 16-17 可知，这是某小区一期工程 B6 号住宅楼一层平面图，比例为 1∶100。

2) 了解纵横定位轴线及编号。从图中可看出该住宅楼为砖混结构，承重外墙为 37 墙加外保温，承重内墙为 24 墙。图中纵向定位轴线编号从Ⓐ~Ⓗ，横向定位轴线编号从①~㉕。

3) 了解房屋的平面形状和总尺寸。该住宅楼平面形状为矩形，总长 45.06m，总宽 11.71m，由此可计算出该住宅楼的用地面积。

4) 了解房间的布置、用途及交通联系。该住宅楼为一梯两户一单元组合，两个单元出入口在建筑的北向，分别位于⑥~⑧、⑱~⑳轴线之间。每单元两户均为对称布置的三室两厅两卫格局。

5) 了解门窗的布置、数量及型号。门的名称代号是 M，窗的名称代号是 C，不同型号和尺寸的门窗，在代号后面用不同的阿拉伯数字编号，如 M-1、M-2…和 C-1、C-2…。一般施工图中还配有门窗明细表，以注明门窗的编号、洞口尺寸、数量、型号和采用图集号等。

6) 了解房屋的开间、进深、细部尺寸和室内外标高。本图中的住宅底层共有 4 户人家，每户的起居室开间是 4.2m，且带有室外庭院。主卧室开间为 3.6m，次卧室开间为 3.3m。细部尺寸主要有：门窗宽度及位置、楼梯起步距轴线尺寸、台阶尺寸、窗台尺寸及其定位尺寸、室外散水宽度等。底层室内标高 ±0.000，室外地面标高为 -0.750。

7) 了解房屋细部构造和设备配置等情况。如建筑内部的楼梯、每户室内家具布置及房间的应用；建筑外部的台阶、花池、散水、雨水管等的布置。

8) 了解剖切位置及索引符号。图 16-17 在③~⑤轴线间注有 1-1 阶梯剖切符号，在⑥~⑧轴线间注有 2-2 剖切符号和⑫~⑬轴线间注有 3-3 剖切符号，剖开后从右向左投影。在图样上还注有表明细部做法的索引符号及相应的标准图集号，由此可知道这些部位的构造做法。

对于房屋的楼梯，由于底层平面图是底层窗台上方的一个水平剖面图，故只画出第一个梯段的下半部分楼梯，并按规定用倾斜折断线断开。

(2) 标准层平面图。楼层平面图的图示方法与底层平面图相同。因为室外的台阶、花池、明沟、散水和雨水管的形状及位置已在底层平面图中表达清楚了，所以中间各层平面图除要表达本层室内情况外，只需画出本层的室外阳台和下一层室外的雨篷、遮阳板等（图 16-18、图 16-19，见书后插页）。

(3) 顶层平面图。因剖切情况不同，顶层平面图中楼梯部分梯段的情况与底层和标准层均不相同（图 16-20，见书后插页）。

(4) 屋顶排水平面图。屋顶平面图主要表明屋顶的形状，屋面排水方向及坡度，檐沟、女儿墙、屋脊线、落水口、上人孔、水箱及其他构筑物的位置和索引符号等。屋顶平面图比较简单，可用较小的比例绘制，如图 16-21 所示，见书后插页。

(5) 局部平面图（单元大样图）。当某些楼层的平面布置大部分相同，仅有局部差异时，可用局部平面图表示那些差异处。局部平面图的图示方法与底层平面图相同。为了清楚表明局部平面图所处的位置，必须标注与平面图一致的轴线及编号。常见的局部平面图有卫生间、楼梯间、单元详图等，如图 16-22 所示，见书后插页。

7. 建筑平面图作图步骤

（1）比例选择、布置图面。

（2）画定位轴线、墙厚与柱的断面。轴线是建筑物的核心线，也是控制线。

（3）确定门窗位置，画出细部形状。如楼梯、台阶、散水及卫生间等。

（4）经检查后，按规定线型加深图线，标注轴线编号、尺寸，画剖切位置线、索引符号，写其他文字说明，最后在平面图的下方写出图名比例等。底层平面图还应在图外适当的位置画上指北针图例，以示方位。

建筑平面图

（四）建筑立面图

1. 建筑立面图的形成

以平行于房屋外墙面的投影面，用正投影的原理绘制出的房屋投影图，称为建筑立面图，简称立面图（图 16-23）。立面图通常按房屋各面的朝向确定名称（如：南立面图、北立面图、西立面图等）；也可用反映建筑物主要出入口或反映主要造型特征的立面来命名，如正立面图、侧立面图、背立面图；或根据两端定位轴线号编注立面图名称（如：①～⑩立面图，⑧～⑩立面图等）。

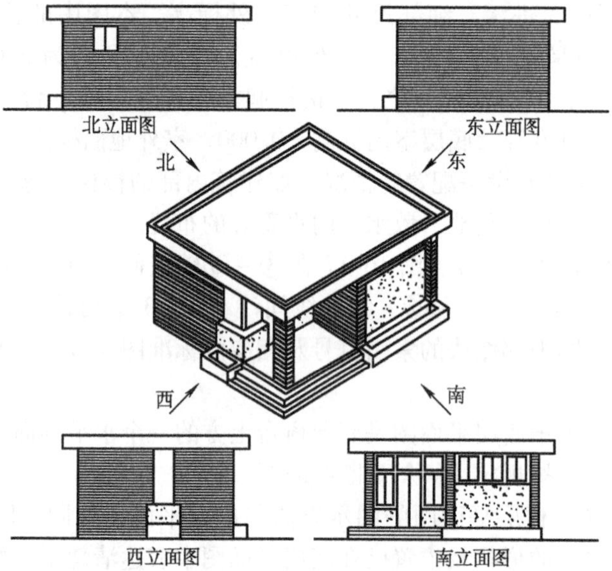

图 16-23　立面图的形成

2. 建筑立面图的作用

建筑立面图主要反映房屋的体型和外貌、门窗的形式和位置、墙面的材料和装修做法等，是施工的重要依据。

3. 建筑立面图的主要内容

立面图是反映各部分配件的形状及相互关系，如檐口、门窗、洞口及门窗外形、花格、阳台、雨篷、花台、雨水管、壁柱、勒脚、台阶及踏步等。

同时，在立面图上还应标注外墙各部分的装修材料和做法以及建筑各部分的标高，如门窗洞口、过梁标高、窗台标高、檐口标高及室内外地面标高、局部详图索引符号等。

4. 建筑立面图的表示方法

（1）定位轴线。在立面图中一般只画出两端的轴线及其编号，以便与平面图对照识读。

（2）图线。为使图面清晰，层次感强，便于识读，建筑立面图的外轮廓线用粗实线画出；立面上凹进或凸出墙面的轮廓线、门窗洞口、较大的建筑构配件的轮廓线用中实线画出；较小的建筑构配件或装修线如门窗扇、雨水管、墙面引条线、文字说明的引出线均用细实线绘制。室外地坪线用加粗实线表示。

（3）比例与图例。立面图的绘制比例同平面图一样，常用1∶50、1∶100、1∶200的比例绘制。对门窗、阳台、栏杆及墙面复杂的装修可按规定的图例绘制。

（4）立面图上外墙面的装修做法一般用文字加以说明。

（5）详图索引符号的要求同平面图。

（6）尺寸标注。立面图上一般应在室外地坪、室内地面、各层楼面、屋顶、檐口、窗台、窗顶、雨篷底、阳台面等处注写标高，并宜沿高度方向注写各部分的高度尺寸。

5. 识图方法

（1）先读图名与比例，明确是什么图，了解本工程的正立面外貌形状，然后对照平面图，深入了解屋面、门窗、雨篷、台阶及踏步等细部的形状及位置。

（2）从立面图的右侧可找到立面的主要部位的标高，如室外地面、室内地面，各层窗台和过梁下沿、檐口等标高。标注标高时要注意除门窗洞口均不包括粉刷层。

（3）从立面图的注释中可以了解外墙各部分墙面选用的装饰材料、颜色和做法。

（4）如立面图局部需画详图时还应标注详图索引符号。

6. 建筑立面图的图示内容及识读步骤

下面以图16-24（见书后插页）为例，说明建筑立面图的内容及识读步骤。

（1）了解图名及比例。从图名可知，该图是①～㉕立面图，对照平面图（图16-17）可看出此图表示房屋南向立面，比例为1∶100。

（2）了解立面图与平面图的对应关系。本图左端轴线编号为①，右端轴线编号为㉕，与平面图南外墙轴线①～㉕对应。据此可知该立面图是反映建筑主要特征的正立面图。

（3）了解房屋的外貌特征及装修做法。由图16-24可知，该住宅为六层坡屋顶对称式立面造型。底层有四个直接通向室外庭院的出入口。每层每户均设外挑阳台，阳台护栏为灰色成品铁艺护栏600mm高。坡屋顶上深色沥青瓦作装饰用，檐口处做欧式装饰线条。底层用文化石装饰室外台阶。整体运用红褐色外墙面砖与米黄色外墙涂料装饰，用灰色外墙涂料做外墙立面分隔缝。

（4）了解房屋的竖向标高。从图中所注标高可知，房屋室外地坪比室内地面低0.75m，每层层高为2.9m，檐口处标高17.4m，建筑最高处标高为21.21m。楼梯间屋顶标高，窗洞底部和顶部标高及尺寸在图中均有明确标注。

7. 建筑立面图的画法

（1）用加粗的粗实线表示该建筑物的室外地坪线（一般类同图框线），而用粗实线表示该建筑物的主要外墙轮廓线、屋顶线。

（2）用中实线绘制，根据层高、各部分标高和平面图窗门洞口尺寸，画出立面图上的门窗洞、凹进或凸出等外形轮廓线。

（3）用细实线画出少量门窗扇、墙面分格线、阳台、花格、雨水管等。

（4）在地坪线下方画出立面图左右两端的轴线及编号，以便与平面图对照阅读。

（5）对外墙面的装饰材料要求作附加说明（在建筑施工总说明中已交代清楚者也可不再标明）。

（6）立面图上的高度尺寸主要用标高的方式来标注，对外形也可附加一些线形尺寸。对室外地坪、室内首层地面和各楼层楼面、阳台、栏杆和女儿墙的顶面应标注到包括装修层内的完工之后的建筑标高。而对门窗洞口、屋檐和外阳台及雨篷梁的底面，一般均指不包括装修粉刷层在内的结构标高。为清晰起见，必要时可在这些标高数值后面用括号加注“结构”二字。

（7）其他。还应在立面图中标注详图的索引符号、轴编号等，另外在图下方注上图名及比例。

建筑立面图

（五）建筑剖面图

1. 建筑剖面图的形成

建筑剖面图是假想用一个或多个竖直平面去剖切房屋，移去观察者和剖切平面之间的部分，所得到的并且在截断面上画上材料图例后的正投影图称为建筑剖面图，简称剖面图。建筑剖面图是整幢建筑物的垂直剖面图。

剖面图的图名应与底层平面图上标注的剖切符号的编号一致，如 1－1 剖面图、2－2 剖面、3－3 剖面图等。

2. 建筑剖面图的作用

建筑剖面图主要用以表示房屋内部结构、分层情况及各楼层高度、楼地面和屋面的构造以及各配件在垂直方向的相互关系等。它与建筑平面图、立面图相配合，是建筑施工中不可缺少的重要图样之一。

3. 建筑剖面图剖切位置和数量的选择

剖切平面的位置应选择在房屋内部结构构造比较复杂的或有变化的位置，而且能够同时体现出其内部的水平交通路线或垂直交通路线的部位。因此剖切平面一般要通过主要出入口（大门、房门）、门厅、过道或楼梯间以及各房间的窗口等。

一幢房屋要画多少个剖面图，应根据房屋的复杂程度和实际需要而定。当用单一的剖切平面进行剖切不能达到完整表达的目的时，可用多个互相平行而又错开的平面作“阶梯剖切”。

一般简单的房屋仅作一个横剖面图，即用侧平面进行剖切房屋所得到的剖面图。复杂的房屋除了横剖面图之外，还应根据实际需要作纵剖面图或其他位置的剖面图。

4. 建筑剖面图的表示方法

（1）定位轴线。剖面图中的定位轴线一般只画两端的轴线及其编号，以便与平面图对照。

（2）图线。室内外地坪线用加粗实线表示。剖切到的墙身、楼板、屋面板、楼梯段、楼梯平台等轮廓线用粗实线表示。未剖切到的可见轮廓线如门窗洞、楼梯段、楼梯扶手和内外墙轮廓线用中实线表示。较小的建筑构配件与装修面层线等用细实线表示。尺寸线、尺寸界线、引出线索引符号和标高符号按规定画成细实线。

（3）比例。剖面图的绘制比例与平面图、立面图相同，常用的有 1∶50、1∶100、1∶200

三种。

（4）图例。剖面图中，被剖切到的构配件断面材料图例，根据不同的绘图比例而采用不同的表示方法：图形比例大于1∶50时，应画材料图例；比例为1∶100～1∶200时，材料图例可采用简化画法，如砖墙涂红，钢筋混凝土涂黑，但宜画出楼地面的面层线；比例小于1∶200时，剖面图可不画材料图例。按习惯画法，剖面图不包括基础部分。

（5）尺寸标注。剖面图中必须标注垂直尺寸和标高。外墙的高度尺寸一般也注三道：最外侧一道为室外地面以上的总高尺寸；中间一道为层高尺寸；里面一道为门、窗洞及窗间墙的高度尺寸。此外，还应标注某些局部尺寸，如室内门窗洞、窗台的高度及有些没有另画详图的构配件尺寸等。

在建筑剖面图上，还应标注出室内外地面、各层楼面、楼梯平台面、檐口或女儿墙顶面，以及高出屋面的水箱顶面、烟囱顶面、楼梯间顶面等处的标高。注写标高及尺寸时，注意与立面图和平面图相一致。

（6）楼、地面各层构造做法。剖面图中一般可用引出线指向所说明的部位，并按其构造层次的顺序，逐层加以文字说明，以表示各层的构造做法。

（7）详图索引符号。剖面图上有时还须表示详图之处的索引符号。

5. 识图方法

（1）对照底层平面图中的剖切符号，可以知道该剖面图是横剖面图还是纵向剖面图，剖切位置在哪些轴线之间。剖面图的比例可与平、立面图一致，但有时为了要清楚地表达，也可以用较大的比例画出，如1∶50等。

（2）从剖面图中可以看出房屋的内部构造形成，如梁板的铺设方向，墙体及门窗洞、梁板与墙体的连接，层高、梁底高等。

（3）房屋地面、楼面、屋面等构造较为复杂，在图中无法表达清楚，一般在该部位画构造层次引出线并按构造层次自上而下逐层用文字说明。说明内容包括各层的材料名称及施工方法等。

（4）平屋面的屋面坡度用箭头表示，箭头指向流水方向，或标上坡度，如坡屋面的坡度可用一个倒直角三角形形成标注，并在两直角边上写上数字，如读作坡度1∶3。

6. 建筑剖面图的图示内容和识读步骤

下面以图16-25（见书后插页）为例，说明剖面图的内容及识读步骤。

（1）了解图名及比例。由图名知，这是1－1剖面图、2－2剖面图、3－3剖面图，比例为1∶100，与建筑平面图相同。

（2）了解剖面图与平面图的对应关系。将图名和轴线编号与一层平面图（图16-17）的剖切符号对照，在③～⑤轴线间注有1－1阶梯剖切符号，在⑥～⑧轴线间注有2－2剖切符号和⑫～⑬轴线间注有3－3剖切符号，剖开后从右向左投影，这3个剖面图剖到了建筑的主要出入口、楼梯间及平面变化处。剖面图的宽度应与平面图宽度相等，剖面图高度应与立面图保持一致。

（3）了解房屋的结构形式。从1－1剖面图、2－2剖面图、3－3剖面图上可以看出，该建筑的楼板、屋面板、各种梁、楼梯、雨篷、室内搁板等水平承重构件均用钢筋混凝土制作，墙体用砖砌筑，属砖混结构。

（4）了解主要标高和尺寸。在1－1剖面图、2－2剖面图、3－3剖面图中注明了房屋主要部位的标高，即底层室内外地坪、各层楼面、屋面、楼梯休息平台、檐口、屋顶等处均注明了标高数值。从楼面标高可推算出该房屋的层高为 2.9m。除标高外，图中还标注出了门窗洞口等细部尺寸和高度尺寸。楼梯因另有详图，其尺寸不必在此图中注明。

（5）了解屋面、楼面、地面的构造层次及做法。在图 16-25 中，用索引符号注明屋面、楼面、地面的构造层次及各层的材料、厚度和做法。

（6）了解屋面的排水方式。结合屋顶排水平面图，可了解房屋的排水方式及排水坡度。

（7）了解索引详图所在的位置及编号。

7. 建筑剖面图的画法

（1）确定并画出轴线、室内外地坪线、楼面线、屋面线等，并画出墙身。

（2）确定门窗、楼梯位置，画细部，如门窗洞、楼梯、栏杆、梁、板、雨篷、雨水管、屋面（根据屋面坡度画屋面）、檐口、水箱、上人孔、阳台及明沟等。

（3）画标高符号、尺寸线、轴线编号等图线，经过检查之后，擦去多余线条，按照施工图的要求最后加深图线。并画出材料图例、标写尺寸数字、图名、比例及有关文字说明等。

（4）剖面图中还应画出主要承重墙的轴线及轴线编号和轴线间的间距尺寸。在剖面图的外侧一般应标注三道尺寸：一道为窗洞口尺寸和窗间墙尺寸；二道为层高尺寸；三道为总高度，从室外地坪起算，也称为拔地。

除以上三道尺寸外，剖面图上还应标注窗台过梁、楼面、地面、屋面室外、地面等外标高。

（六）建筑详图

1. 建筑详图的形成

建筑详图是建筑细部的施工图，也称详图或大样图。由于画平面图、立面图、剖面图时所用的比例较小，房屋上许多细部的构造无法表示清楚，为了满足施工的需要，必须分别将这些部位的形状、尺寸、材料、做法等用较大的比例详细画出图样，这种图样称为建筑详图，简称详图。

建筑剖面图

2. 建筑详图的特点及作用

建筑详图的特点，一是比例大，二是图示内容详尽清楚，三是尺寸标注齐全、文字说明详尽。建筑详图是建筑平面图、立面图、剖面图的一种补充。由于它所采用的比例较平、立、剖面图大，所以可以理解为平面图、立面图的局部放大图或放大的局部剖面图。是建筑工程的细部施工、建筑构配件的制作及编制预算的依据。

建筑详图所表示的部分，除应在相应的平面、立面图、剖面图中标出它的索引符号外，还需要在所画详图的下方标出详图符号和比例，必要时还应写明详图的名称，以便查阅。如果在平面图、立面图、剖面图中索引出的建筑细部（例如门窗）的做法是套用标准设计或通用详图的，只要注明所套用的标准图集的名称、编号即可，而不必再画详图。

3. 建筑详图的种类

建筑详图可分为节点构造详图和构配件详图两类。凡表达房屋某一局部构造做法和材料组成的详图称为节点构造详图（如檐口、窗台、勒脚、明沟等）。凡表明构配件本身构造的详图，称为构件详图或配件详图（如门、窗、楼梯、花格、雨水管等）。

4. 建筑详图的表示方法

（1）比例。绘制详图的常用比例是 1:5、1:10、1:20，1:25，1:50，必要时可用比例是 1:3、1:15、1:30 等。

（2）详图的数量。详图的数量和图示内容与房屋的复杂程度及平面图、立面图、剖面图的内容和比例有关。有的只需一个剖面详图就能表达清楚（如墙身剖面详图），有的则需另加平面详图（如楼梯平面详图、卫生间平面详图等）或立面详图（如门窗、阳台详图等）。有时还要在详图中再补充比例更大的详图。还有一些构配件详图除画平面详图、立面详图、剖面详图外，还需要画一些构配件的断面图，如门窗断面图。

（3）对于套用标准图或通用图的建筑构配件和节点，只需注明所套用图集的名称、型号或页次（索引符号），可不必另画详图。

（4）对于节点构造详图，除了要在平面图、立面图、剖面图等基本图样中的有关部位注明索引符号外，还应在详图上注明详图符号或名称，以便对照查阅。而对于构配件详图，可不注索引符号，只在详图上写明该构配件的名称或型号即可。

5. 建筑详图的内容

一幢房屋施工图通常需绘制以下几种详图：外墙剖面详图、楼梯详图、门窗详图及室内外一些构配件的详图，如室外的台阶、花池、散水、明沟、阳台等，室内的厕所、盥洗间、壁柜、搁板等。各详图的主要内容有：

（1）图名（或详图符号）、比例。

（2）表达出构配件各部分的构造连接方法及相对位置关系。

（3）表达出各部位、各细部的详细尺寸。

（4）详细表达构配件或节点所用的各种材料及其规格。

（5）有关施工要求、构造层次及制作方法说明等。

6. 建筑详图识图举例

（1）外墙剖面详图。外墙剖面详图实质上是建筑剖面图中外墙部分的局部放大。它主要表达房屋的屋面、楼面、地面、檐口的构造、楼板与墙的连接，以及门窗顶、窗台、勒脚、散水、明沟等处的尺寸、材料、做法等构造情况，它是砌墙、室内外装修、门窗安装、编制施工预算以及材料估算的重要依据。

外墙剖面详图一般采用1:20的较大比例绘制，为节省图幅，通常采用折断画法，往往在窗洞中间处断开，成为几个节点详图的组合，如图16-26所示（见书后插页）。如果多层房屋中各层的构造情况一样时，可只画底层、顶层或加一个中间层来表示。

外墙剖面详图上标注尺寸和标高，与建筑剖面图基本相同，线型也与剖面图一样，剖到的轮廓线用粗实线，粉刷线则为细实线，断面轮廓线内应画上材料图例。

现以图16-26为例，说明外墙剖面详图的内容。

1）外墙剖面详图采用的比例为1:20，从轴线符号可知为Ⓒ轴线外墙身。

2）图中表明散水和地面的做法参照索引详图。窗台为陶粒混凝土预制板，挑出60mm，厚度60mm。外窗台向外做坡度为4%的抹灰并做滴水线。窗户与外墙的安装连接构造。

3）由图中的材料图例可知，墙体采用普通砖砌筑，外罩70mm厚保温苯板，为外墙外保温形式。窗过梁、压顶、天沟、楼板等均为钢筋混凝土制作。

4）底层地坪、楼层、屋顶的构造做法和内外墙面、踢脚板、明沟、勒脚、窗台、女儿墙等处的材料、尺寸及做法均用文字注明。外挑阳台护栏和窗台护栏的构造做法。

5）图中反映出楼板与墙体、天沟板与墙体、雨水管与墙体、过梁与墙体等相互间的位置关系。

6）图中还注明了室外设计地面、室内地面、窗台、过梁底面、雨水斗等处的标高。

（2）楼梯详图。楼梯是多层房屋垂直方向的主要交通设施，楼梯由梯段（包括踏步和斜梁）、平台（包括平台板和平台梁）和栏板（或栏杆）等部分组成。

楼梯的构造比较复杂，一般需另画详图，以表示楼梯的类型、结构形式、各部位尺寸及装修做法，楼梯详图是楼梯施工放样的主要依据。

楼梯详图一般包括楼梯平面图、剖面图及踏步、栏杆、扶手等处的节点详图。这些详图应尽可能画在同一张图纸内。平面详图、剖面详图比例要一致（如1:20、1:30、1:50），以便对照阅读。踏步、栏杆、扶手详图比例要大些（如1:5或1:10），以便更详细、清楚地表达该部分构造情况。楼梯详图分建筑详图与结构详图，并分别绘制，编入“建施”和“结施”中。但对一些构造和装修较简单的现浇钢筋混凝土楼梯，其建筑和结构详图可合并绘制，编入“建施”或“结施”均可。

下面以图16-27（见书后插页）为例介绍楼梯详图的内容及识读步骤。

1）楼梯平面图。楼梯平面图是楼梯某位置上的一个水平剖面图。它的剖切位置与建筑平面图的剖切位置相同。楼梯平面图主要反映楼梯的外观、结构形式、楼梯中的平面尺寸及楼层和休息平台的标高等。

在一般情况下，楼梯平面图应绘制三张，即楼梯底层平面图、中间层平面图（梯段从第二层至顶层楼梯平面无变化时）和顶层平面图。有时由于梯段数目的变化，也会画出相应变化的楼层平面图。

底层平面图的剖切位置在第一跑梯段上，因此在底层平面图中只画半个梯段，梯段断开处画45°折断线（见图16-27A楼梯一层平面详图）。

中间层平面图的剖切位置在某楼层向上的梯段上，所以在中间层平面图上既有向上的梯段，又有向下的梯段，在向上梯段断开处画45°折断线（见图16-27A楼梯三~五层平面详图）。

顶层平面图的剖切位置在顶层楼层平台一定高度处，没有剖切到楼梯段，因而在顶层平面图中只有向下梯段，平面图中没有折断线（见图16-27A楼梯六层平面详图）。

从以上三幅图中可以看出这三个平面图画法的相同之处和不同之处。

相同之处：

① 当楼梯梯段被剖切面截断时，按规定在平面图中以一条与梯级踢面倾斜45°的折断线表示梯段被截断。

② 在梯段处画出一个长箭头，并注明“上”或“下”。

③ 都要标明该楼梯间的轴线、尺寸、楼地面的标高及各细部的尺寸。

不同之处：

① 底层平面图的楼梯梯段虽然注明“上”“下”，折断线的另一侧是楼梯底的空间。

② 中间层（例如第三层）平面图既表现了从第三层楼面往上走到第四层的梯段，也表示了从第四层楼面往下走到第三层的梯段。即中间层楼梯的梯级既有“上”也有“下”，折断线的两侧表现的都是梯段。

③ 六层平面图表现的只有往下走的梯段，这些梯段没有被剖切平面截断，在梯段处没有折断线。此外，在楼梯口的另一侧要画出护栏的投影。

由图16-27可知：

① 此单元楼梯位于横向定位轴线⑥～⑧、纵向定位轴线Ⓔ～Ⓗ之间。

② 了解楼梯的平面形式和踏步尺寸。

该楼梯间平面为矩形，其开间尺寸 2700mm，进深尺寸 5900mm，中间休息平台宽 2060mm，并在中间平台处设管道井。该楼梯没有梯井，每层踏步数共有 18 级，每梯段位 9 级。

各层平面图上梯段处所画的每一分格，表示一级踏面，由于梯段的踏步最后一级踏面与平台面或楼面重合，因此平面图中梯段踏面投影数总是比梯段的步级数少 1 个。图 16-27 三～五层平面图中梯段的踏步分格为 8，表示该梯段实际踏步数为 9(8+1)步，每层两个梯段共 18 个踏步。

③ 了解楼梯间各楼层平台、休息平台面的标高；了解中间层平面图中管道井的投影。

④ 了解楼梯间墙、柱、门、窗的平面位置、编号和尺寸；了解楼梯剖面图在楼梯底层平面图中的剖切位置。

2）楼梯剖面图。楼梯剖面图是楼梯垂直剖面图的简称，其剖切位置与底层平面图的剖切位置相同。如图 16-27 所示。

楼梯剖面图主要表达楼梯的梯段数、踏步数、类型及结构形式，表示各梯段、平台、栏杆等的构造及它们的相互关系。习惯上，若楼梯间屋面没有特殊之处，可用折断线断开不必画出。在多层房屋中，若中间各层的楼梯构造相同时，剖面图可只画出底层、中间层和顶层，中间层用折断线分开。

楼梯剖面图中应注明地面、楼面、平台面等处的标高，还应注出梯段、栏杆的高度尺寸及窗洞、窗间墙等处的细部尺寸。

3）楼梯节点详图。楼梯节点详图一般包括踏步、扶手、栏杆详图和梯段与平台处的节点构造详图。依据所画内容的不同，详图可采用不同的比例，以反映它们的断面形式、细部尺寸、所用材料、构件连接及面层装修做法等。

建筑详图

本章小结

学习本章后，应了解建筑施工图的形成、作用和内容，弄清建筑施工图的图示方法。能初步掌握阅读专业施工图的方法，具有阅读有关专业施工图的能力。

建筑施工图的绘制

复习思考题

1. 建筑总平面图是如何形成的？它表达了哪些内容？
2. 在建筑总平面图上，用什么方法确定拟建房屋的位置？
3. 建筑平面图是怎样形成的？一幢房屋常需画出哪些建筑平面图？
4. 建筑平面图上的尺寸标注有何规定？如何识读建筑平面图？
5. 建筑立面图是怎样形成的？它有哪些命名方法？
6. 建筑立面图主要表达哪些内容？如何识读建筑立面图？
7. 建筑剖面图是如何形成的？它与建筑平面图有何关系？
8. 建筑剖面图的剖切位置如何选择？它主要表达哪些内容？

9. 建筑剖面图的表示方法有哪些？如何识读建筑剖面图？
10. 什么叫建筑详图？建筑详图有哪几种？对建筑详图有何要求？
11. 外墙节点详图表达了哪些节点构造？
12. 楼梯详图该如何识读？
13. 建筑平、立、剖面图之间有什么联系？

第十七章　建筑装饰施工图

学习目标：

熟悉和掌握建筑装饰施工图的图示内容和识读方法，以及有关的国家标准规定。

学习重点：

掌握建筑装饰施工图的有关规定以及其图示内容和识读方法。

学习建议：

找些建筑装饰施工图的图样进行识读练习，进一步加强识读建筑装饰施工图的能力。

第一节　建筑装饰施工图的图示内容

随着我国经济的发展及人民生活水平的提高，建筑装饰越来越受到人们的重视，成为建筑工程中不可忽视的内容，所以，识读装饰施工图也是学习建筑识图的任务之一。

装饰施工图与建筑施工图的图示方法、尺寸标注、图例代号等基本相同，因此，其制图与表达应遵守建筑制图的规定。装饰施工图是在建筑施工图的基础上，结合环境艺术设计的要求，更详细地表达了建筑空间的装饰做法及整体效果。

装饰施工图是用于表达建筑物室内室外装饰美化要求的图样。它是以透视效果图为主要依据，用正投影等投影法反映建筑的装饰结构、装饰造型、饰面处理，以及反映家具、陈设、绿化等布置内容。

装饰施工图主要反映的是“面”，即外表的内容，但构成和内容较复杂，多用文字或其他符号作为辅助说明，而对结构构件及内部组成反映得较少。

图样内容一般有平面布置图、顶棚平面图、装饰立面图、装饰剖面图和节点详图等。

装饰施工图的主要特点是：装饰施工图套用了建筑设计的制图标准，如图例、符号等；装饰施工图中采用的图例符号尚未完全规范；装饰施工图中大多数采用文字注写来补充图的不足。

一、楼地面装饰施工图的图示内容

（一）楼地面装饰施工图的形成

楼地面装饰施工图是假想用一水平的剖切平面，沿需装饰的房间的门窗洞口处作水平全剖切。移去上面部分，对剩下部分所作的水平正投影图。楼地面装饰图的主要内容是根据建筑功能和平面布置设计提出的需要，明确地表示出楼地面各个部位所铺的材料及铺装后所达到的要求。对于由块材铺装的地面，应用细实线画出块材的分格线，以表示施工时的铺装方向（非整块时应安排在周边或较隐蔽的地方）。对于拼花造型的地面（如花岗石拼花、木地板拼花）应表示出造型图案的式样，标注出它们的尺寸、大小及材料、色彩的名称等。

当地面材料和造型比较复杂时，要单独表示或画大样图；当地面做法比较简单时，可将其形式、材料和做法直接绘制和标注在平面图上，有以下几种不同的表现方法：

（1）示意性画法，如在房间平面图中选一块家具不多的地方画出地面分格线，示意性表示所用材质，其大小不一定与实际铺设相一致，具体可另外画出地面材料图或施工时排列，如图 17-1a 所示。

（2）实际放样画法，如在平面图中画出地面分格线，并标注尺寸、材料和颜色，分格的大小与实际分格的大小相同，如图 17-1b 所示。

（3）直接通过引出线标注地面做法，如图 17-1c 所示。

（二）楼地面装饰施工图的图示内容

1）通过定位轴线及编号，表明装饰空间在建筑空间内的平面位置及其与建筑结构相互关系尺寸。

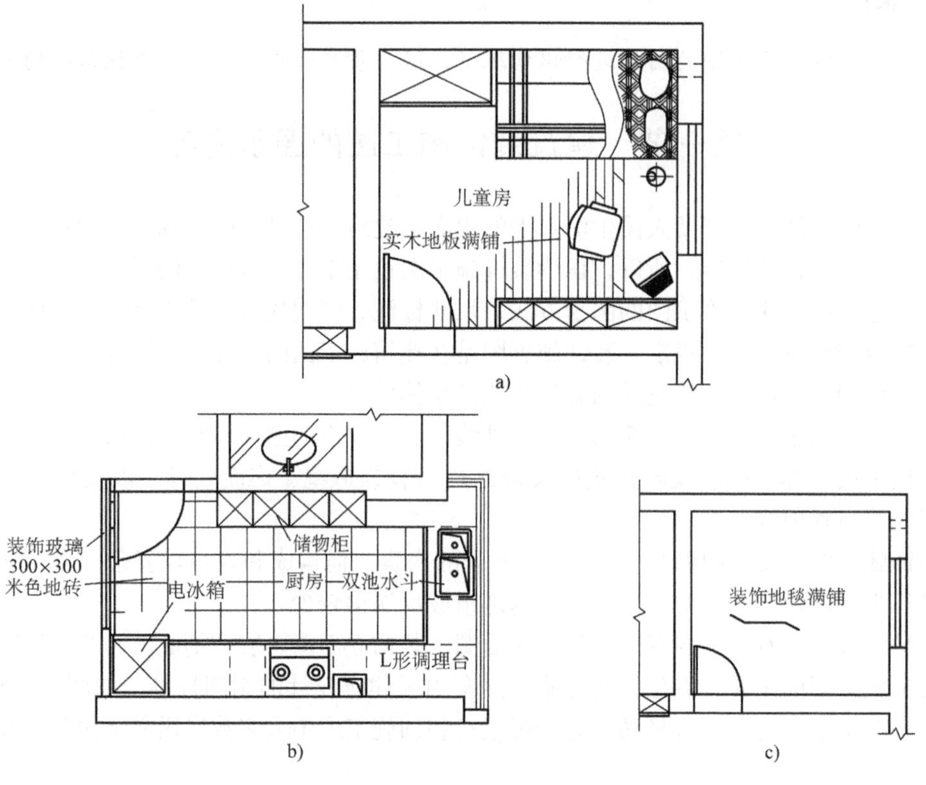

图 17-1 地面材料表示

2）表明装饰空间的结构形式、平面形状和长宽尺寸。

3）表明门窗的位置、平面尺寸、门的开启方式及墙柱的断面形状及尺寸。

4）表明室内家具、设施（电气设备、卫生设备等）、织物、摆设（如雕像等）、绿化、地面铺设等平面布置的具体位置，并说明其数量、规格和要求。

5）表明地（楼）饰面材料和工艺要求。

6）表明与此平面图相关的各立面图的视图投影关系和视图的位置编号。

7）表明各种房间的位置及功能。

粗实线主要用于平面图与剖面图中的主要构件（如墙、柱）的断面轮廓线。

中实线主要用于平面图中的家具外轮廓线，平、立、剖面图中可视家具、陈设、设施以及主要造型线和造型外轮廓线。

尺寸起止符号，即尺寸起止点的短斜线。

细实线主要用于图例、索引符号、尺寸线、尺寸界限、引出线、标高符号、家具内部线、造型线及较小图形的中心线。

二、顶棚装饰施工图的图示内容

（一）顶棚装饰施工图形成

顶棚又称天花，是指楼板层的下面部分。它是在该层平面图的基础上，加入了顶棚的镜像投影，省去了房间名称、门窗、房屋施工用的详细尺寸，而形成的投影图。

顶棚的装修一般要求表面光洁、美观，且能起一定的反射光线的作用。顶棚大都为水平式，也可作成弧形、高低形、折线形等。依其构造方式的不同，可有直接式顶棚和悬吊式顶棚之分。直接式顶棚是指直接在钢筋混凝土楼板下表面喷、刷或粘贴装修材料的一种构造方式。一般建筑中没有特殊要求的顶棚大都采用直接式抹灰装修。悬吊式顶棚是借预埋于楼板内的吊筋将龙骨悬吊固定在某一高度的位置上，然后在龙骨底面铺设装饰面板或铺钉木板条后抹灰而形成的。

顶棚装饰施工图实质上是楼板层底面的装修图。成套的顶棚施工图通常包括顶棚平面图、节点构造详图和装饰详图等。

（二）顶棚装饰施工图图示的主要内容

1）被水平剖切面剖到的墙与墙壁柱和柱以及墙上的门、窗、洞口。

2）表明顶棚装饰造型平面形状和尺寸。

3）表明灯具的种类、规格及布置形式和安装位置。

4）说明顶棚装饰所用的装饰材料及规格、颜色。

5）顶棚的净空高度、顶棚标高、造型尺寸标注。

6）表明空调送风口的位置、消防自动报警系统及与顶棚有关的音响设施的平面布置形式及安装位置。

7）对需要另画剖面详图的顶棚平面图，应注明剖切符号或索引符号。

8）图名与比例。

三、墙、柱面装饰施工图的图示内容

立面装饰施工图主要用来表达室内四周竖直立面的装修、装饰做法。包含两个方面：一是墙面装饰施工图，一般包括该室内的四个立面图（含剖面图）及有关文字说明；二是建筑中承重柱子的立面装饰施工图。

将建筑物装饰的外观墙面或内部墙面向铅直的投影面所作的正投影图就是装饰立面图。主要反映墙面的装饰造型、饰面处理，以及剖切到的顶棚的断面形状、投影到的灯具或风管等内容。

装饰立面图所用比例为1∶100、1∶50或1∶25，室内墙面的装饰立面图一般选用较大比例。

1. 立面装饰施工图的两种表现形式

（1）用剖面图的形式表现。由于室内顶棚的构造也被剖切到，所以剖面图表现形式可同时兼作表达顶棚的装修做法使用，如图 17-2a 所示。为了使该立面装修图所表现的内容更丰富、更完整，通常在图中还适当地将位于该室内立面前方的家具和陈设物的投影画出。

（2）用立面图的形式表现。如图 17-2b 所示。此时，其画法仍是用粗实线表示该室内周边结构层的内缘（但不画粉刷层），用加粗的粗实线表示地坪线并将两端画出图形之外少许，为了突出主题，该表现形式仅表达出属于该室内立面的装修、装饰做法，并且尽量用简洁的图例说明各处的施工要求，必要时再用引出线和文字做一些附加说明。对位于该室内立面前方的构件、家具和其他陈设物，一律省去不画。

装饰施工图的图示内容

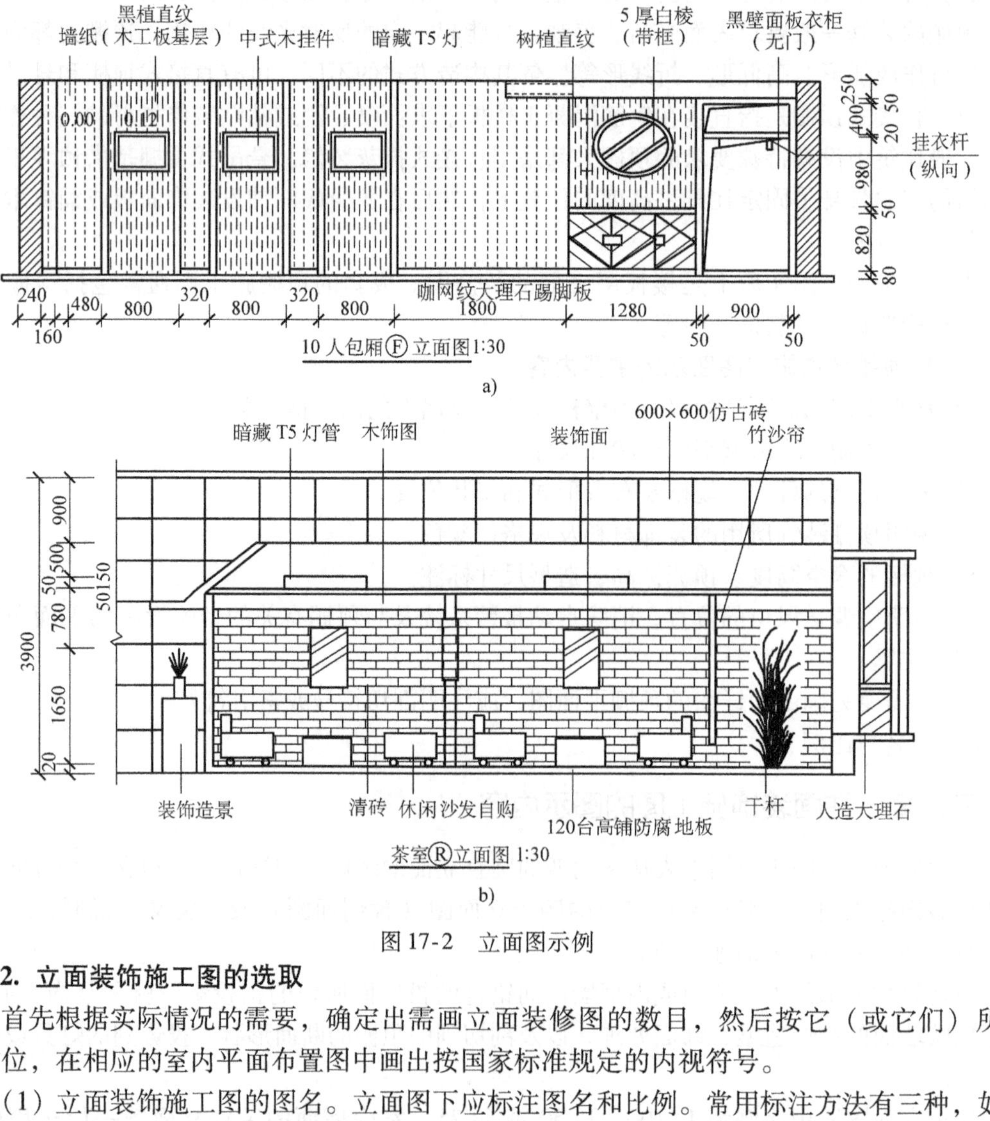

a)

b)

图 17-2　立面图示例

2. 立面装饰施工图的选取

首先根据实际情况的需要，确定出需画立面装修图的数目，然后按它（或它们）所处的方位，在相应的室内平面布置图中画出按国家标准规定的内视符号。

（1）立面装饰施工图的图名。立面图下应标注图名和比例。常用标注方法有三种，如图 17-3 所示，其中第三种方法书写方便，故是常用方法。还可以以房间功能命名，如某住宅电视机背景设计图、某住宅客厅沙发背景墙设计图、某住宅餐厅背景墙装饰设计图等，用文字标注来表示图名。

（2）图示内容。

1）使用相对标高，以室内地坪为标高零点，进而标明装饰立面有关部位的标高。

2）表明装饰吊顶顶棚的高度尺寸及其迭级造型的构造关系和尺寸。

3）表明墙面装饰造型的构造方式，并用文字说明所需装饰材料。

4）表明墙面所用设备及其位置尺寸和规格尺寸。

5）表明墙面与顶棚的衔接收口方式。

6）表明门、窗、隔墙、装饰隔断物等设施的高度尺寸和安装尺寸。

7）表明景园组景及其他艺术造型的高低错落位置尺寸。

8）表明建筑结构与装饰结构的连接方式、衔接方法及其相关尺寸。

装饰施工图的要求

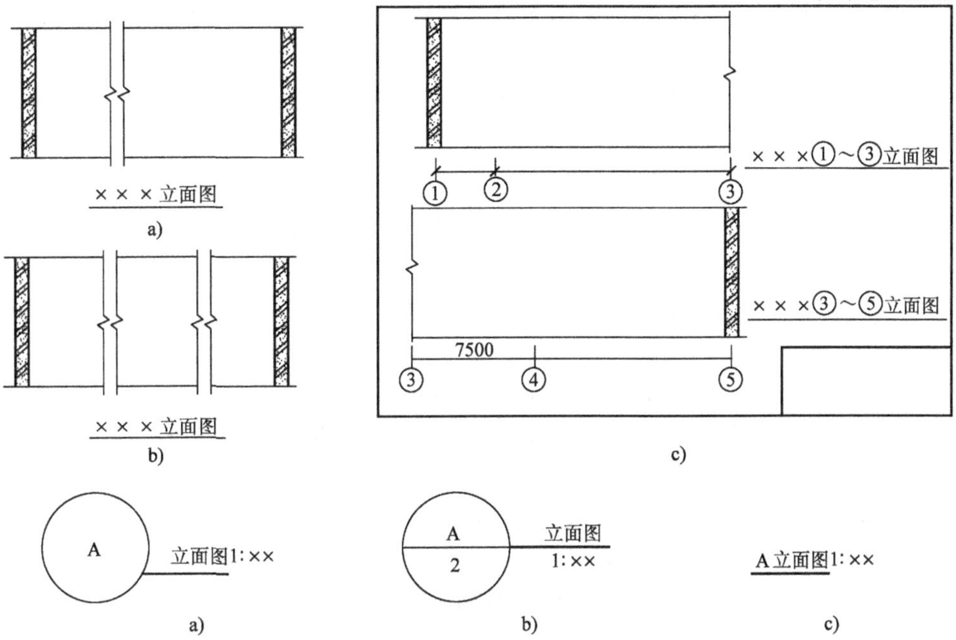

图 17-3　立面装饰施工图名表示方法

3. 绘制装饰施工图的一般规定

在本书前几章的内容中对图样、图线、文字、比例与图名符号、图例和尺寸标注、剖面符号等都已有详细规定，在此就不再重复。但是，室内设计制图，除了遵循相关标准中的各种绘制规定外，在表示手法上也确有一些与建筑设计不同的特殊性。

（1）图线。为清楚地表示装饰施工图中的各种要素，并分清主次，应根据图纸的大小、图样的需要和规范的规定，以及图样的复杂程度和比例大小等，使用粗、中、细不同的线型。常用的线型有实线、虚线、点划线和折断线。

首先根据图样的幅面大小和内容确定粗实线的宽度，再选定中实线和细实线的宽度，并使它们构成一个适当的线宽组。粗、中、细的比例常取 4∶2∶1，粗线的宽度约在 0.35～1.00mm。

下面介绍各线型的基本用法。

1）粗实线。在室内设计工程图中，粗实线主要用于平面图与剖面图中的主要构件（如墙、柱）的断面轮廓线；立面图中的外轮廓线；详图中主要部分的断面轮廓线和外轮廓线及图名与比例的下划线。

2）中实线。主要用于平面图中的家具外轮廓线，平、立、剖面图中可视家具、陈设、设施以及主要造型线和造型外轮廓线；尺寸起止符号，即尺寸起止点的短斜线。

3）细实线。主要用于图例、索引符号、尺寸线、尺寸界限、引出线、标高符号、家具内部线、造型线及较小图形的中心线。

4）极细实线。平、立、剖面图中的填充图线，以及比例较小图形内部构造线。

5）细虚线。主要用于图例，如用相间的细实线和细虚线表示石材横面等；在室内设计中用在平顶中表示泛光灯槽或灯带，在平、立、剖面图上用于不可见的轮廓线。

6）点划线。主要是细型线。最多的是用作中心线、对称线和定位轴线。

7）折断线。用于平、立、剖面图中表示需要截断的地方，两端的直线和中间的折线均为细实线。

8）图样中的图框线、标题栏外框线及标题栏中的分格线，是一个粗、中、细的线宽组，但可分别比图样的粗、中、细线宽一档。

（2）比例与图名。

1）比例。建筑空间比较大且复杂，绘图时必须采用一定的比例，把绘图的对象缩小（节点有时是放大），再表达于图样上。绘图的比例一般情况下，平面图、顶面图的比例常采用1∶100、1∶60、1∶50；立面图的比例常采用1∶50、1∶30、1∶20、1∶10；详图、节点大样图等采用1∶10、1∶5、1∶2等比例。其中以1∶100、1∶50、1∶20比例最多。

2）图名。平面图、剖面图的图名和比例应注写在图样的下方，字号比图中数字大两号，图名下有一条粗实线，线长与图名所占长度相等。比例的字号比图名的字号小一号，字的底部与图名取平，其下不画线。

（3）引出线。引出线是用来标注文字和数字说明的。这些文字和数字，用以说明引出线所指部位的名称、尺寸、材料和做法等。

引出线有三种：局部引出线、共同引出线和多层构造引出线。

1）局部引出线。局部引出线指某个局部附加的文字和数字，只用来说明这个局部的名称、尺寸、材料及做法。局部引出线用细实线绘制。为使图面整齐清楚，用斜线或折线作引出线时，其斜线或折线部分与水平方向形成的角度最好一致，如均为45°或均为60°等，如图17-4所示。

图17-4　局部引出线标注形式

2）共同引出线。共同引出线用来指引名称、尺寸、材料或做法相同的部位，如图17-5所示。因为如果一个一个地引出，不仅工作量大，还会影响图面的清晰性。

当图样上有多个名称、尺寸、材料和做法相同的部分时，可将这些部分用一条引出线“串联”起来，统一附加说明。为使被指引的部分确切无误，可在被指示的部位画一个小圆点，如图17-6所示。

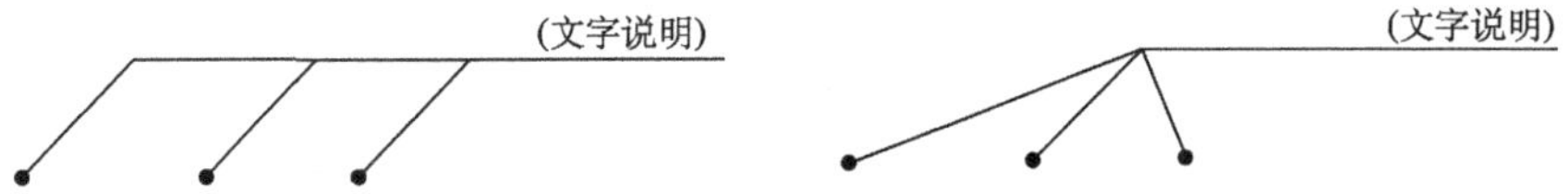

图 17-5　共同引出线

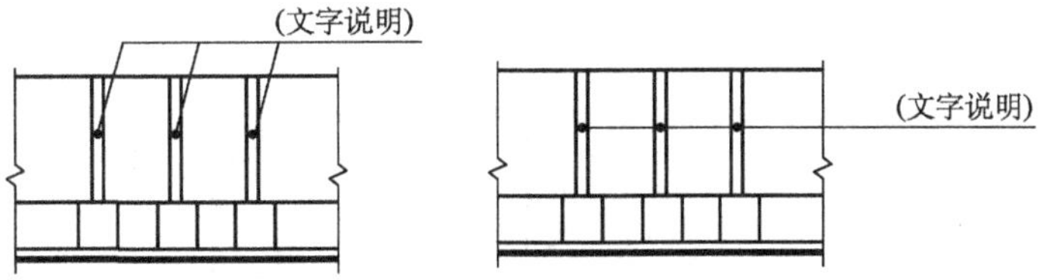

图 17-6　串联式引出线

3）多层构造引出线。多层构造引出线用于指引多层构造物，如由若干构造层次形成的墙面、地面、池底及池壁等。当构造层次为水平方向时，文字与数字说明的顺序应由上至下地标注，即与构造层次的顺序相一致；当构造层次为垂直方向时，文字与数字说明的顺序也应由上至下地标注，其顺序应与构造层次由左至右的顺序相一致，如图 17-7 所示。

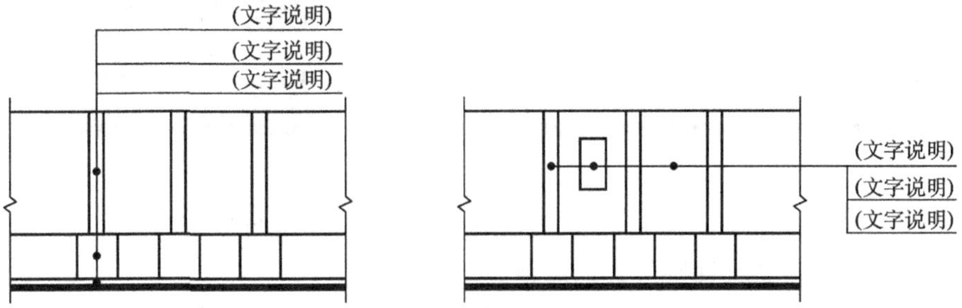

图 17-7　多层构造引出线

（4）立面指向符号。立面指向符号是建筑装饰施工图中用于表示室内垂直界面的符号。它由一个等边直角三角形和圆圈组成。等边直角三角形中，直角所指的方向即为所表示的立面。圆圈上半部的数字为立面图的编号，下半部的数字为该立面图所在的图样编号。如果立面图就在本张图样上，下半部便画一段短横线，如图 17-8 所示。需特别注意的是：不管立面指向符号指向何方，用来编号的数字始终正写。当所画厅室等空间较小，而难于放下指向符号时，可用引出线将指向符号引到空间的外部。

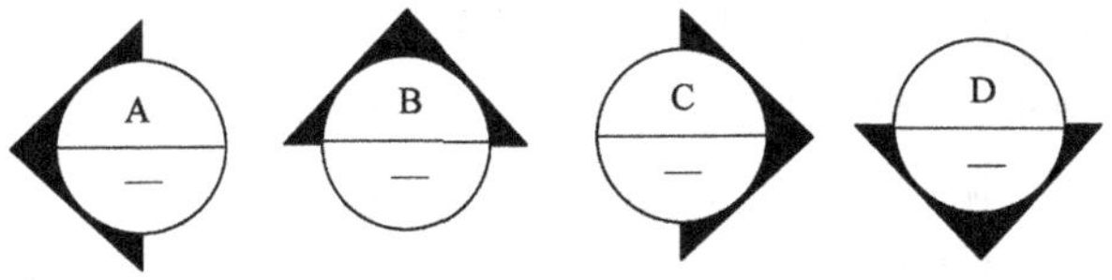

图 17-8　立面指向符号

装饰施工图的图示内容

第二节　建筑装饰施工图的图示方法

一、楼地面图示方法

楼地面装饰平面图与建筑平面图的投影原理基本相同，两者的重要区别是所表达的内容不完全相同。建筑平面图用于反映建筑基本结构，而楼、地面装饰平面图在反映建筑基本结构的同时，主要反映地面装饰材料、家具和设备等布局，以及相应的尺寸和施工说明，如图 17-9 为某小区单元住宅装修前的平面图，图 17-10 为某小区单元住宅装修后的平面图。

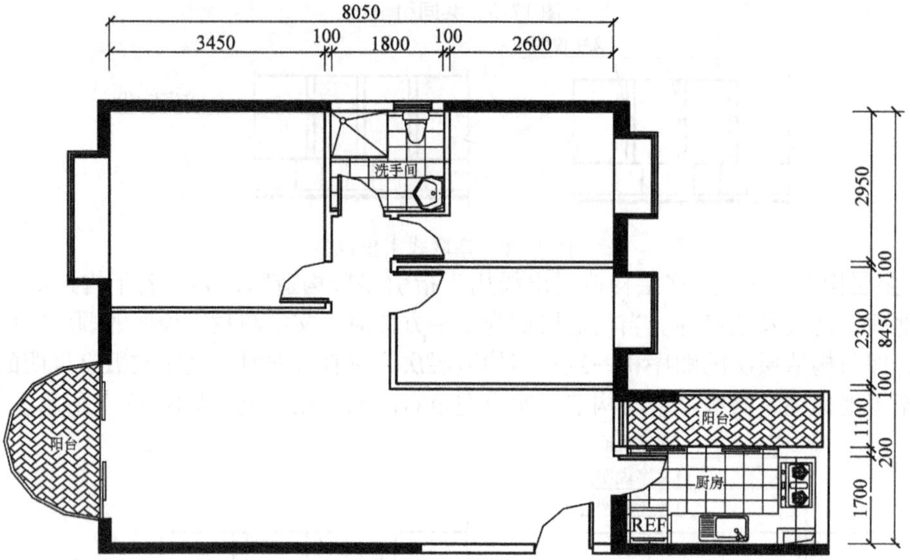

图 17-9　某小区单元住宅装修前的平面图

为了不使图样过于繁杂，在平面图上剖切到的装饰面都用两条细实线表示，并加以文字说明，而细部结构则在装饰详图中表示清楚。

装饰平面图一般都采用简化建筑结构，突出装饰布局的画图方法，结构用粗实线或涂黑表示。

读图 17-9 可知这是一个三室两厅两卫的单元住宅。

1）图上尺寸内容有两种：一是建筑结构体的尺寸；二是装饰布局和装饰结构的尺寸。因为是单元住宅装修，所以没有给出轴线尺寸。同时家具、设备为固定尺寸构件，故也没有给出尺寸。

2）表明装饰结构的平面布置、具体形状及尺寸，表明饰面的材料和工艺要求。一般装饰体随建筑结构而做，但有时为了丰富室内空间，增加变化和新意，而将建筑平面在不违反结构要求的前提下进行调整。从图 17-10 中根据装饰材料图例可以看出，图中地面共用了 4 种装饰材料。其中 3 个卧室地面为木质地板，厨房和两个卫生间是小块的地面砖，起居室、餐厅和走廊是大块地面砖，生活阳台和服务阳台地面是小块的拼接木地板。

3）室内家具、设备、陈设、织物、绿化的摆放位置及说明。本图中卧室的床和起居室的沙发是家具陈设中的主体，其他家具环绕布置，为主要功能服务。平面四角放置了其他家具用于点缀。

4）表明门窗的开启方式及尺寸。有关门窗的造型、做法在平面布置图中不反映，交由详图表达。所以图中可见入户门和居室门均为内开门，书房门和阳台门为推拉门。

5）表明各房间的用途。

6）画出各面墙的立面投影符号（或剖切符号）。

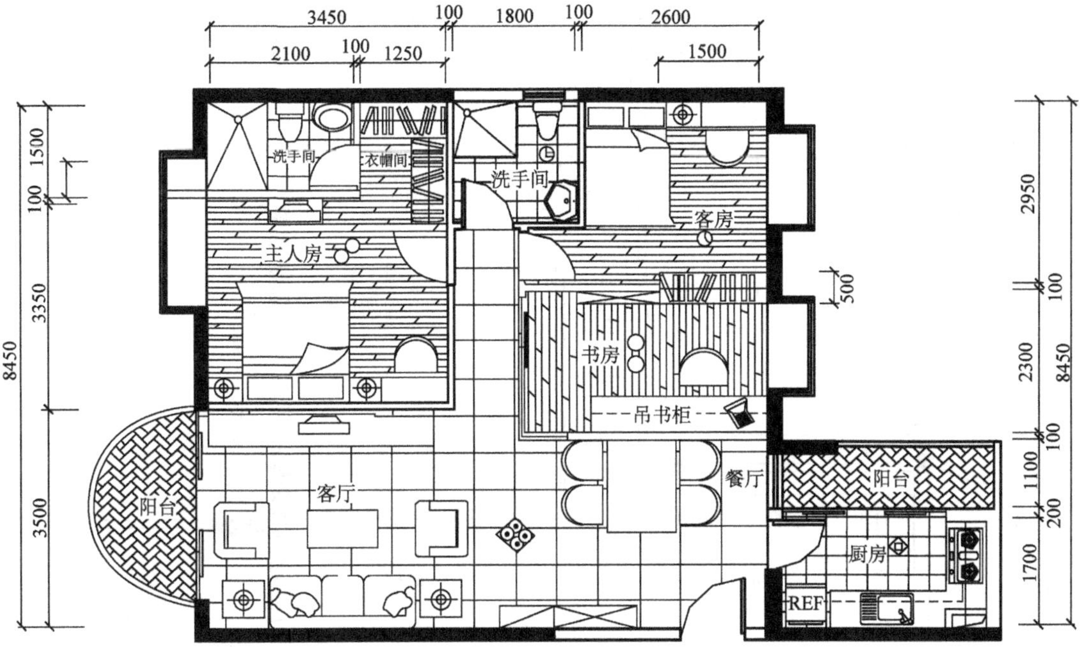

图 17-10　某小区单元住宅装修后的平面图

二、顶棚图示方法

顶棚平面图用于反映房间顶面的形状、装饰做法及所属设备的位置、尺寸等内容，常用比例同平面布置图，顶棚平面图一般不画成仰视图。

图 17-11 为某小区单元住宅的顶棚平面图。

（1）反映顶棚范围内的装饰造型及尺寸。本图所示为顶棚，有三种情况：

1）厨房和两个卫生间因管道外露而做了吊顶，顶棚面的标高为 2.400m（通常指从本层地面到顶棚下皮的标高）。

2）餐厅、主卧起居室和走廊采用筒灯，标高为 2.580m。

3）其他处顶棚标高为 2.500m。

（2）反映顶棚所用的材料规格、灯具、灯饰等装饰内容及设备的位置。

装饰施工图的图示方法（平面）

三、墙、柱面图示方法

装饰立面图是建筑外观墙面及内部墙面装饰的正立投影图，用以表明建筑内外墙面门窗各种装饰图样、相关尺寸、相关位置和选用的装饰材料等。用以表现建筑内部装饰的各立面图，实际上都是建筑物竖向剖切平面的正立投影图。

如果墙面没有什么特殊装饰，只是一般的装饰（如粉刷、贴墙纸等），其墙立面图可以省略。

（一）装饰立面图表现方法

1）外墙表现方法同建筑立面图施工图。

2）单纯在室内空间见到的内墙面的图示：若只表现单一空间的装饰立面图，以粗实线画出这一空间的周边断面轮廓线（即楼板、地面、相邻墙交线），表现出墙面、门窗装饰、内视立面中的家具、陈设、壁画以及有关施工的内容，力求图样与尺寸标注完善。

图 17-11　某小区单元住宅的顶棚平面图

立面图虽多表现单一室内空间，也更容易扩展到相邻的空间，在立面图中不仅要图示墙面布置和工程内容，还必须把空间可见的家具、摆设、悬吊的装饰物都表现出来，投影图轴线编号、控制标高、必要的尺寸数据、详图索引符号等也都应标注详细，图名应与投影符号编号一致。

上述所示立面图只表现一面墙的图样，有些工程常需要同时看到所围绕的各个墙面的整体图样。根据展开图的原理，在室内某一墙角处竖向剖开，对室内空间所环绕的墙面依次展开在一个立面上，所画出的图样，称为室内立面展开图。使用这种图样可以研究各墙面间的统一和对比效果，可以看出各墙面的相互关系，可以了解各墙面的相关装饰做法，给读图者以整体印象，一目了然。

室内立面展开图的图示方法：首先用特粗实线画出地面线（或楼面线），用粗实线把连续墙面外轮廓线和面与面转折的阴角线画出，按投影原理用中、细实线作主次区别地画出各墙面的正投影图样。

为了区别墙面位置，要在图的两端和墙阴角处的下方标注与平面图相一致的轴线编号。还要标注各种有用的尺寸数据和标高、详图索引号、引出线上的文字说明。装饰施工的具体做法主要在装饰详图上表现。这种立面展开图多用大比例表现，图名应以表达厅、室的名称命名为好。

（二）装饰立面图的图示内容

图 17-12 为某小区单元住宅部分装饰立面图，图示内容为：

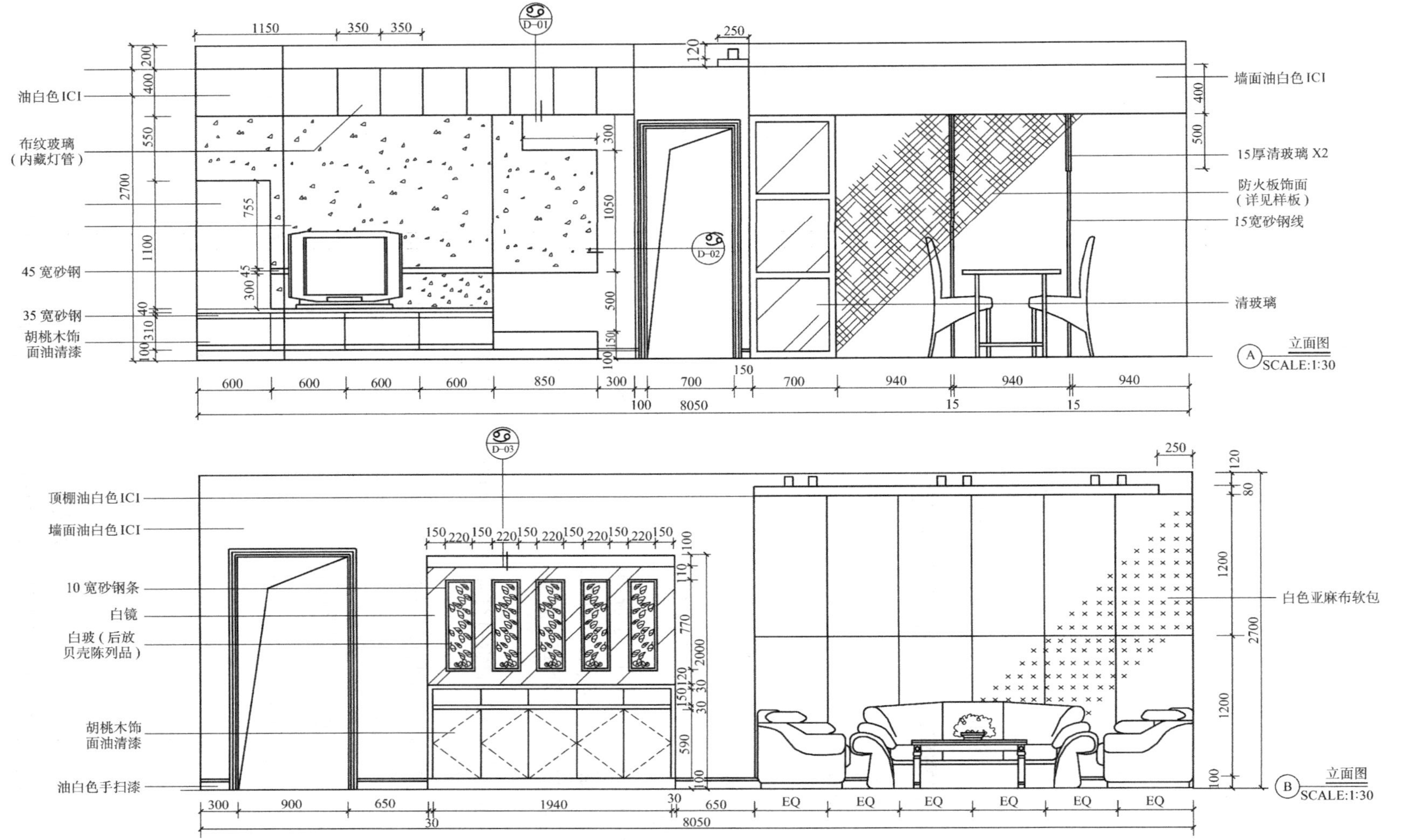

图 17-12　某小区单元住宅部分装饰立面图

1）图中用相对于本单元地面的高度为参照物，标注踢脚板等的位置尺寸。

2）顶棚面的距地标高及其叠级（凸出或凹进）造型的相关尺寸。

3）墙面造型的样式及饰面的处理。A 立面图为起居室电视背景墙和餐厅立面图，其中起居室的电视背景墙为澳洲砂岩饰面，餐厅立面为防火板饰面，以 15mm 宽的砂钢线分格；B 立面图为起居室沙发背景墙和餐厅，与 A 立面图正好相对，其中沙发背景墙为白色亚麻布软包，餐厅立面为白玻和胡桃木清漆的陈列柜。

4）墙面与顶棚面相交处的收边尺寸做法。

5）门窗的位置、形式及墙面、顶棚面上的灯具及其他设备。本图顶棚上装有吸顶灯和筒灯。

6）固定家具、壁灯、挂画等在墙面中的位置、立面形式和主要尺寸。

7）墙面装饰的长度及范围，以及相应的定位轴线符号、剖切符号等。

8）建筑结构的主要轮廓及材料图例。

四、装饰平面施工图的识读要点

装饰平面图在装饰施工图中是主要图样，其他图样都是以装饰平面图为依据，进行装饰设计的其他方面工作。识读装饰施工图与识读建筑施工图一样，首先看装饰平面图。其要点如下：

1）先看标题栏，认定为何种平面图，进而了解整个装饰空间的各房间功能、面积及门窗走道等主要位置尺寸。

2）明确为满足各房间功能要求所设置的家具与设施的种类、数量、大小及位置尺寸，应熟悉图例。

3）通过对平面图的文字说明，明确各装饰面的结构材料及饰面材料的种类、品牌和色彩要求；了解装饰面材料间的衔接关系。

4）通过平面图上的投影符号，明确投影图的编号和投影方向，进一步查阅各投影方向的立面图。

5）通过平面图上的索引符号（或剖切符号）明确剖切位置及剖切后的投影方向，进一步查阅装饰详图。

6）识读顶棚平面图，需明确面积、功能、装饰造型尺寸，装饰面的特点及顶面的各种设施的位置等关系尺寸。此外要注意顶棚的构造方式，应同时结合对施工现场的勘察。

五、装饰立面图识读要点

1）读图时，先看装饰平面图，了解室内装饰设施及家具的平面布置位置，由投影符号查看立面图。

2）明确地面标高、楼面标高、楼梯平台等与装饰工程有关的标高尺寸。

3）清楚了解每个立面有几种不同的装饰面，这些装饰面所选用的材料及施工要求。

4）立面上各装饰面之间的衔接收口较多，应注意收口的方式、工艺和所用材料。这些收口的方式，一般由索引符号去查找节点详图。

5）装饰结构与建筑结构的连接方式和固定方法应搞清楚。

6）要注意有关装饰设施在墙体上的安装位置，如电源开关、插座的安装位置和安装方式，如需留位者，应明确所留位置和尺寸。

7）根据装饰工程规模大小，一项工程往往需要多幅立面图才可满足施工要求，这些立面图的投影符号均在楼、地面装饰平面图上标出。因此，装饰立面图识读时，须结合平面图查对，细心地进行相应的分析研究，再结合其他图样逐项审核，掌握装饰立面的具体施工要求。

装饰施工图的图示方法（立面）

本章小结

学习本章后，应了解建筑装饰施工图的形成、作用和内容，弄清建筑装饰施工图的图示方法。能初步掌握阅读建筑装饰施工图的方法，具有阅读有关建筑装饰施工图的能力。

复习思考题

1. 简述建筑装饰施工图的特点。
2. 简述建筑装饰施工图的分类。
3. 简述建筑装饰施工图的主要内容。
4. 简述装饰平面施工图的图示内容。
5. 简述装饰立面施工图的图示内容。
6. 简述装饰平面施工图的识读要点。
7. 简述装饰立面施工图的识读要点。

参考文献

[1] 陈玉华，郑国权．画法几何［M］．5 版．上海：同济大学出版社，2012.
[2] 谢平，涂晓斌，周慧芳．画法几何及土建制图［M］．成都：西南交通大学出版社，2017.
[3] 何斌，陈锦昌．建筑制图［M］．7 版．北京：高等教育出版社，2014.
[4] 何铭新，郎宝敏，陈星铭．建筑工程制图［M］．北京：高等教育出版社，2004.
[5] 李必瑜，王雪松．房屋建筑学［M］．武汉：武汉理工大学出版社，2014.
[6] 赵研．建筑识图与构造［M］．3 版．北京：高等教育出版社，2014.
[7] 吴舒琛．建筑识图与构造［M］．2 版．北京：高等教育出版社，2015.
[8] 舒秋华．房屋建筑学［M］．5 版．武汉：武汉工业大学出版社，2015.
[9] 袁雪峰，王志军．房屋建筑学［M］．北京：科学出版社，2001.
[10] 崔艳秋．房屋建筑学［M］．3 版．北京：中国电力出版社，2014.
[11] 吴运华，高远．建筑制图与识图［M］．武汉：武汉理工大学出版社，2004.
[12] 寇方洲，等．建筑制图与识图［M］．北京：化学工业出版社，2007.
[13] 白丽红．建筑工程制图与识图［M］．北京：北京大学出版社，2016.
[14] 舒秋华，李世禹．房屋建筑学［M］．武汉：武汉理工大学出版社，2005.
[15] 赵研．房屋建筑学［M］．北京：高等教育出版社，2002.
[16] 武六元，杜高潮．房屋建筑学［M］．北京：中国建筑工业出版社，2001.
[17] 吴运华，高远．建筑制图与识图［M］．2 版．武汉：武汉理工大学出版社，2004.
[18] 李思丽．建筑装饰工程制图与识图［M］．北京：机械工业出版社，2013.
[19] 中国机械工业教育协会．建筑制图［M］．北京：机械工业出版社，2005.
[20] 韩朝霞，吴伟轩，段晓伟．建筑装饰制图与识图［M］．西安：西安交通大学出版社，2017.

教材使用调查问卷

尊敬的老师：

您好！欢迎您使用机械工业出版社出版的教材，为了进一步提高我社教材的出版质量，更好地为我国教育发展服务，欢迎您对我社的教材多提宝贵的意见和建议。敬请您留下您的联系方式，我们将向您提供周到的服务，向您赠阅我们最新出版的教学用书、电子教案及相关图书资料。

本调查问卷复印有效，请您通过以下方式返回：

邮寄：北京市西城区百万庄大街22号机械工业出版社建筑分社(100037)
张荣荣 （收）

传真：01068994437 张荣荣（收） Email：54829403@qq. com

一、基本信息

姓名：________职称：______________职务：________________

所在单位：____

任教课程：____

邮编：______________地址：______________________

电话：______________电子邮件：__________________

二、关于教材

1. 贵校开设土建类哪些专业？

□建筑工程技术 □建筑装饰工程技术 □工程监理 □工程造价

□房地产经营与估价 □物业管理 □市政工程 □园林景观

2. 您使用的教学手段：□传统板书 □多媒体教学 □网络教学

3. 您认为还应开发哪些教材或教辅用书？______________________

4. 您是否愿意参与教材编写？希望参与哪些教材的编写？

课程名称：____

形式： □纸质教材 □实训教材(习题集) □多媒体课件

5. 您选用教材比较看重以下哪些内容？

□作者背景 □教材内容及形式 □有案例教学 □配有多媒体课件

□其他____

三、您对本书的意见和建议（欢迎您指出本书的疏误之处）________________

____

____

____

四、您对我们的其他意见和建议________________________

____

____

请与我们联系：

100037 北京百万庄大街22号

机械工业出版社·建筑分社 张荣荣 收

Tel：010—88379777(O)，68994437(Fax)

E－mail：streettour@163. com

http：//www. cmpedu. com(机械工业出版社·教育服务网)

http：//www. cmpbook. com(机械工业出版社·门户网)

http：//www. golden－book. com(金书网·机械工业出版社旗下网站)

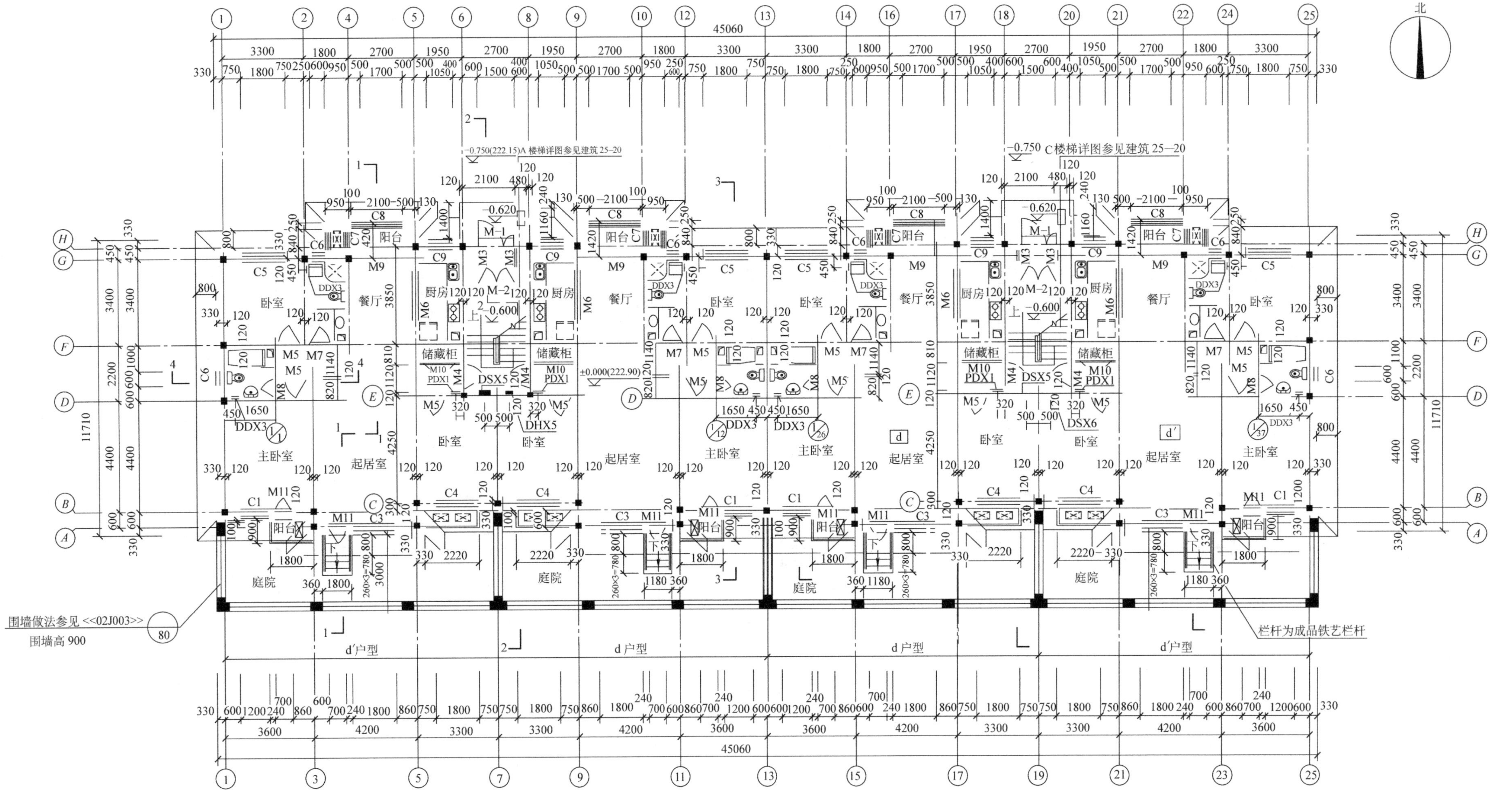

一层平面图 1:100

注：d、d′户型放大图详见建施 25-10。

图 16-17　一层平面图

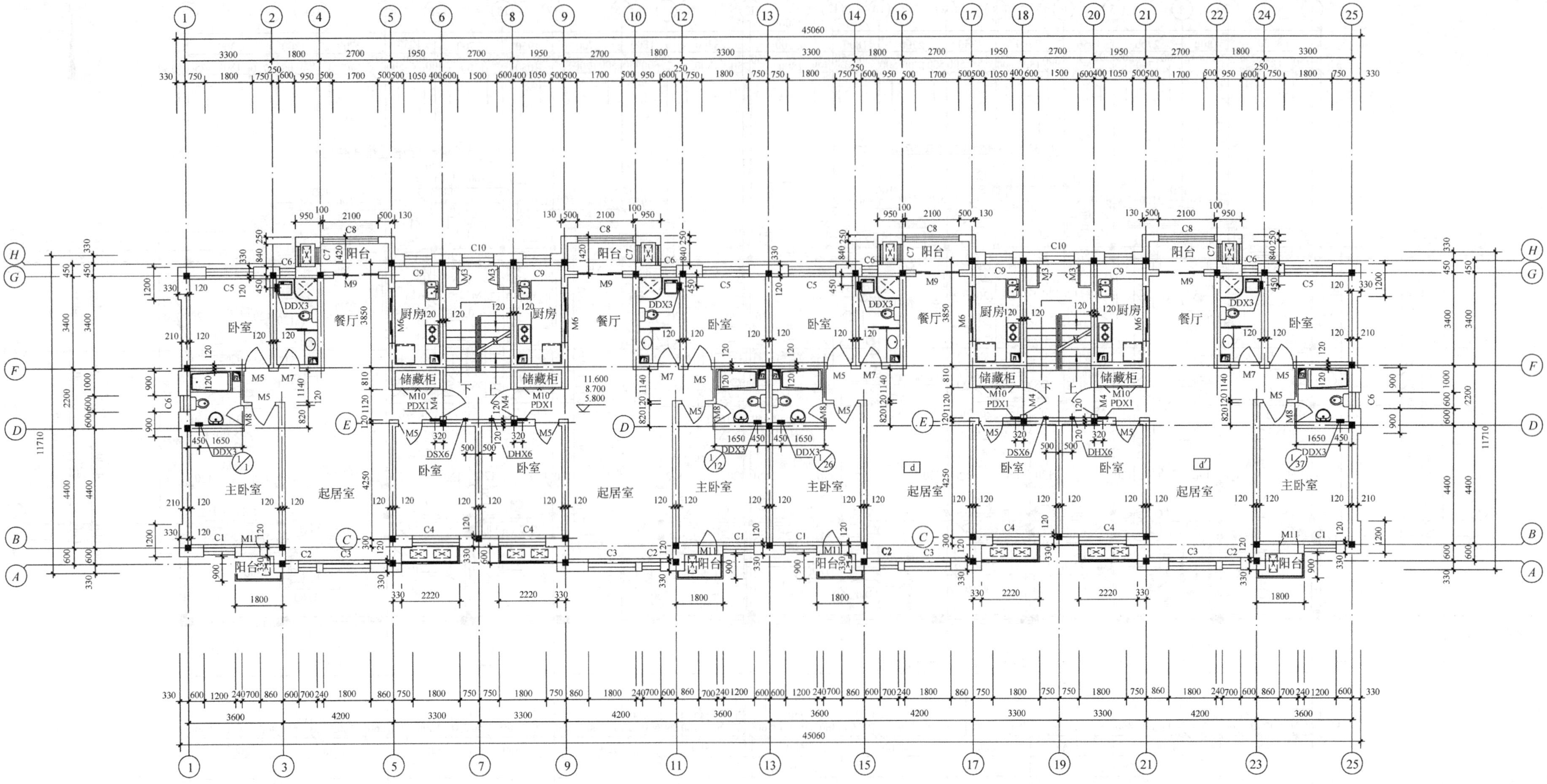

注：d、d′户型放大图详见建施25-12。

二层平面图 1:100

图 16-18　标准层平面图（二层平面图）

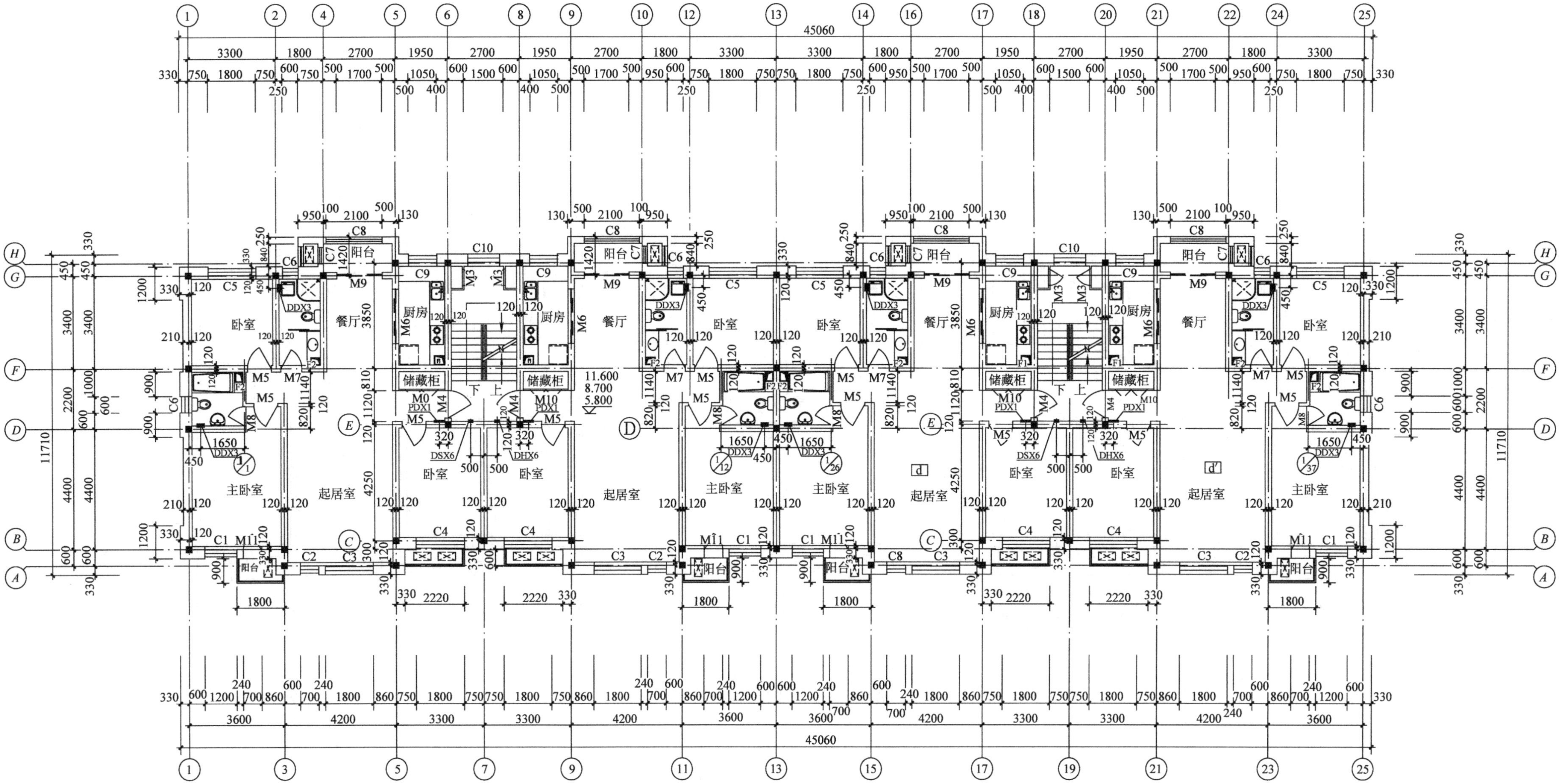

注：d、d′户型放大图详见建施25-12

三~五层平面图 1:100

图 16-19 标准层平面图（三～五层平面图）

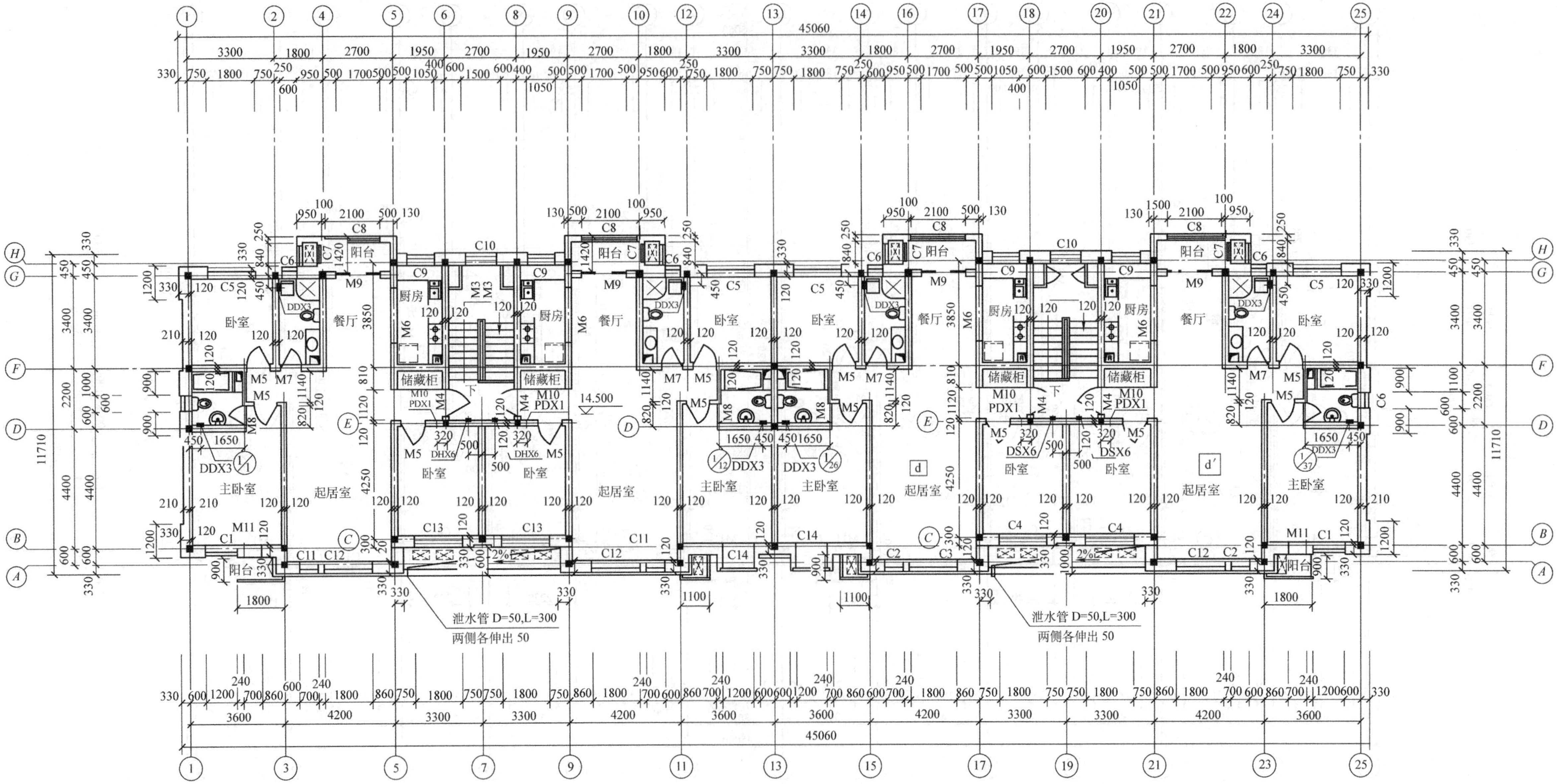

注：d、d′户型放大图详见建施25-12。

六层平面图 1:100

图 16-20　顶层平面图（六层平面图）

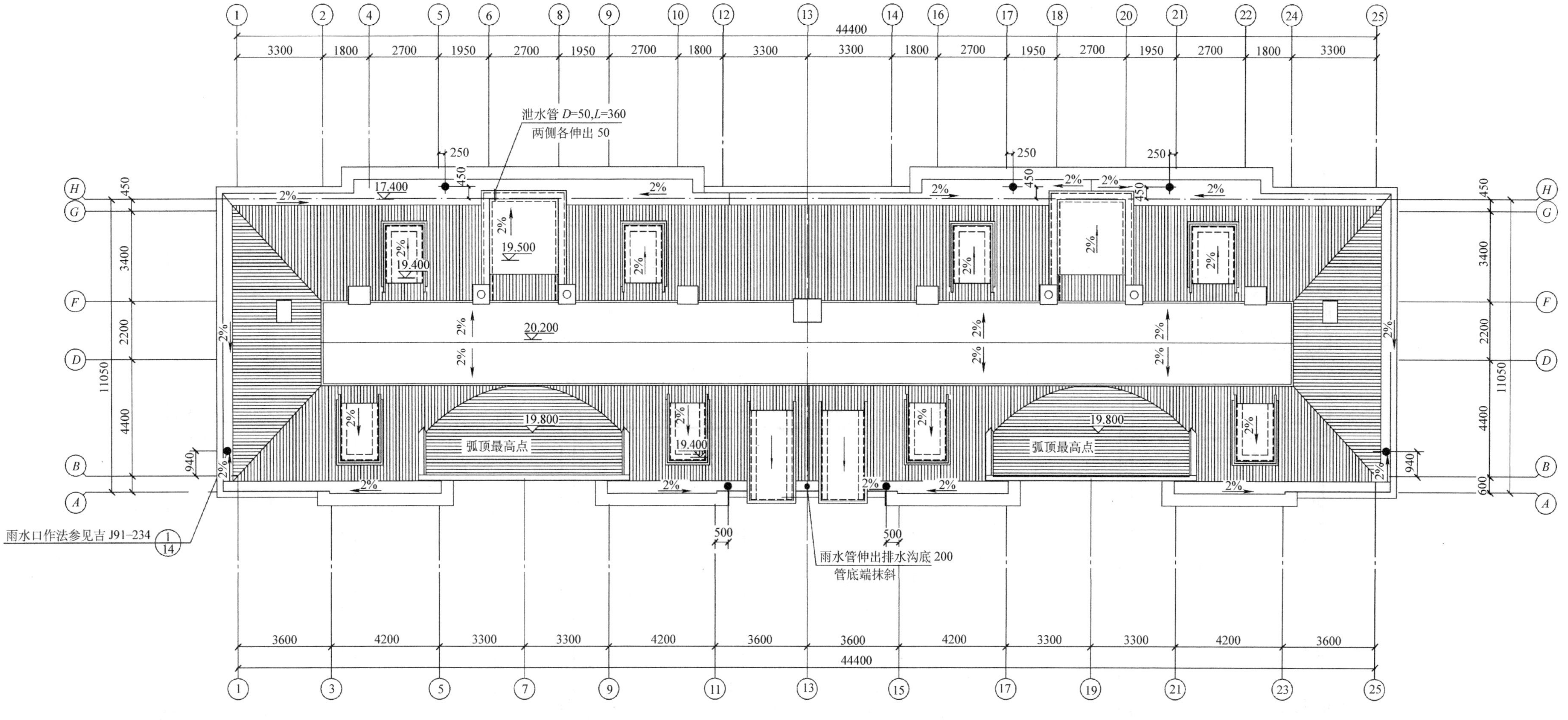

注：d、d′户型放大图详见建施25-15，本图中的标高均为法构标高。

屋顶排水平面图 1:100

图 16-21　屋顶排水平面图

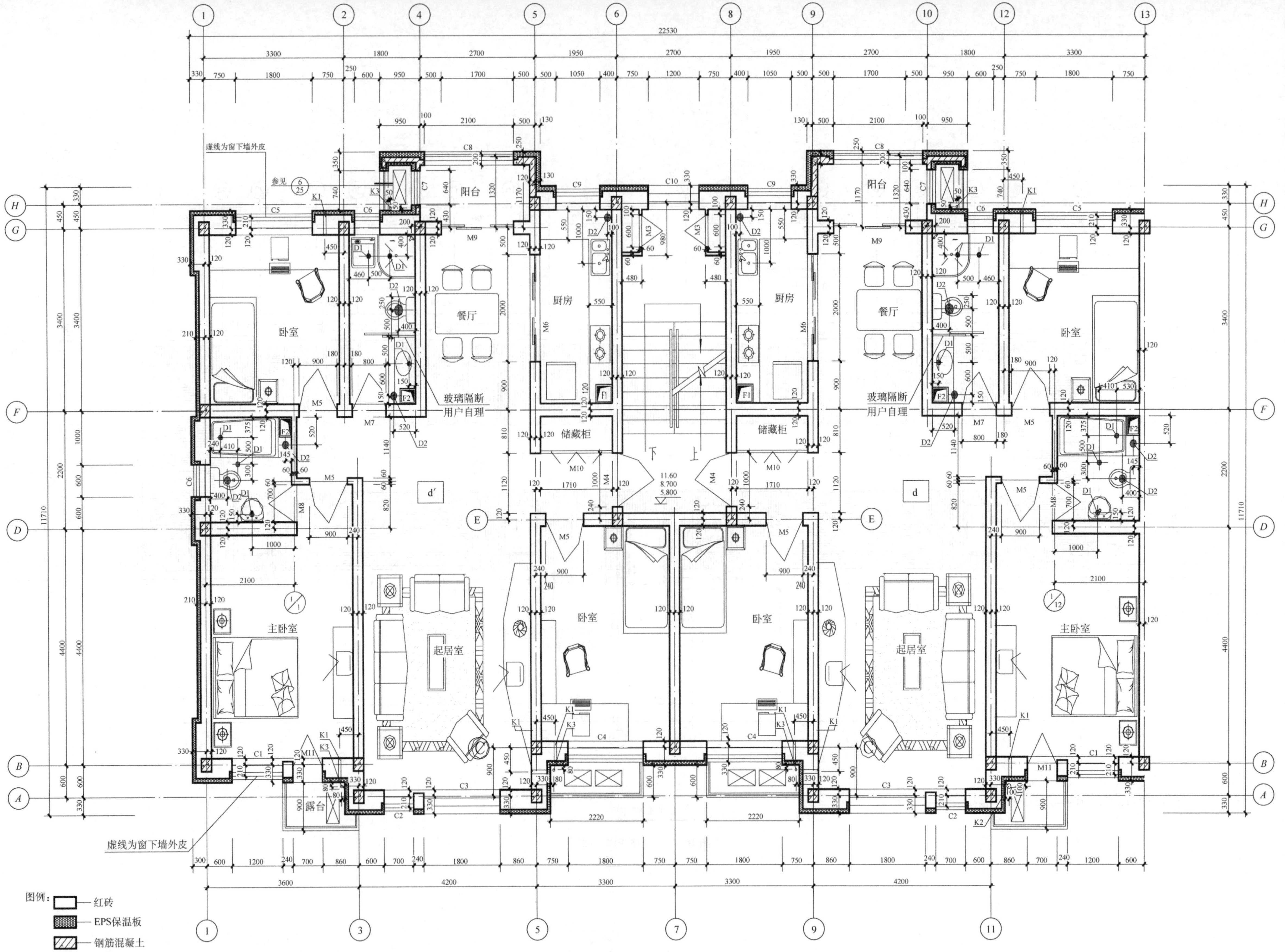

注：1. 图中风道F1为厨房排烟道，烟道尺寸为340mm×300mm，楼板预留洞尺寸为390mm×350mm；风道F2为卫生间排风道，风道尺寸为320mm×240mm，楼板预留洞尺寸为370mm×290mm。
2. K1为预留ϕ75钢套管，距室内地面高2100，K2为雨水管兼背冷凝水管预留洞ϕ100mm，K3为冷凝水管留洞ϕ50。
3. 配电箱标注见建施25-4。
4. 阳台放大详图见25-22。

d′、d户型三～五层平面放大详图 1:50

图 16-22　局部平面图放大样图

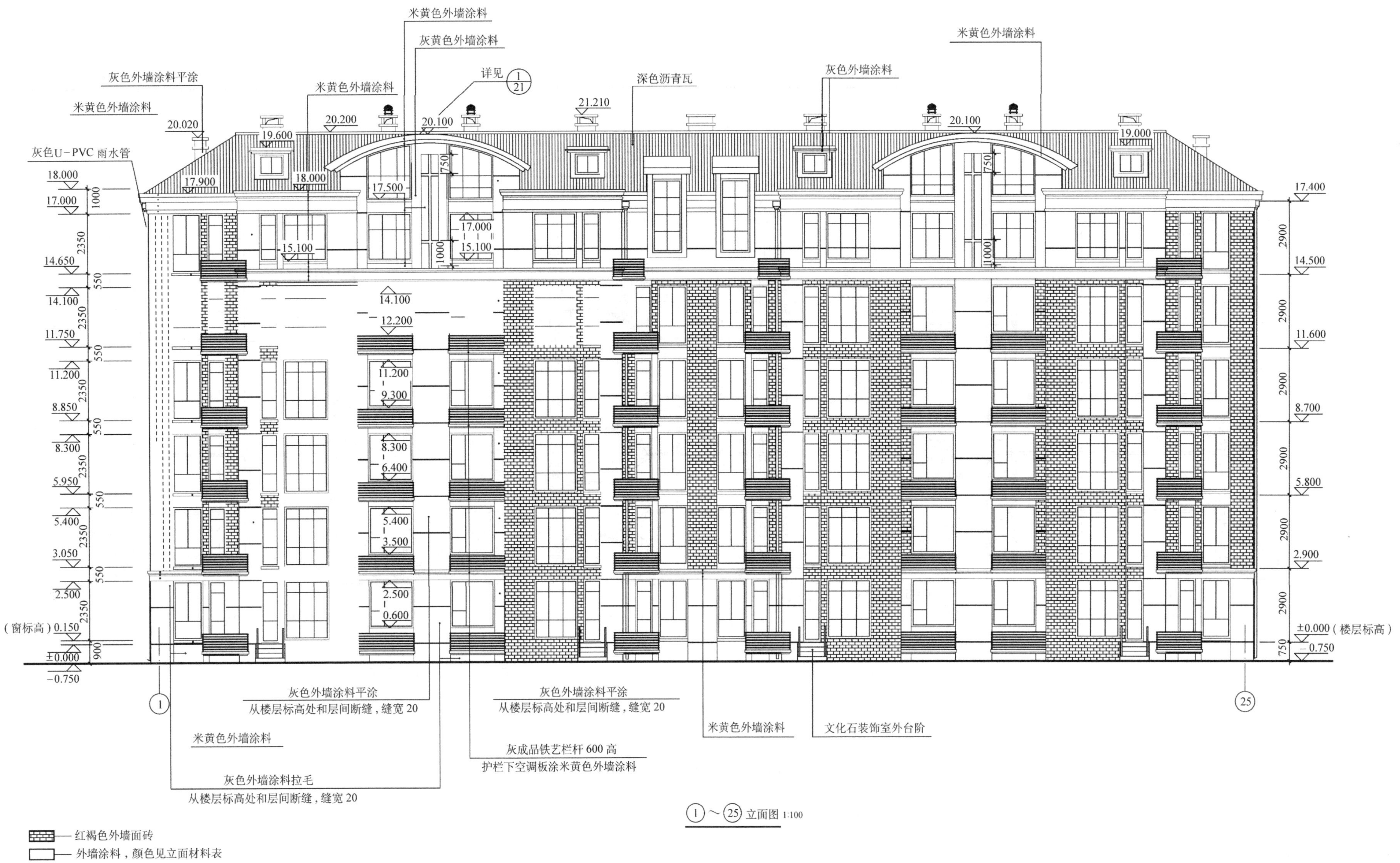

图 16-24 ①~㉕立面图 1:100

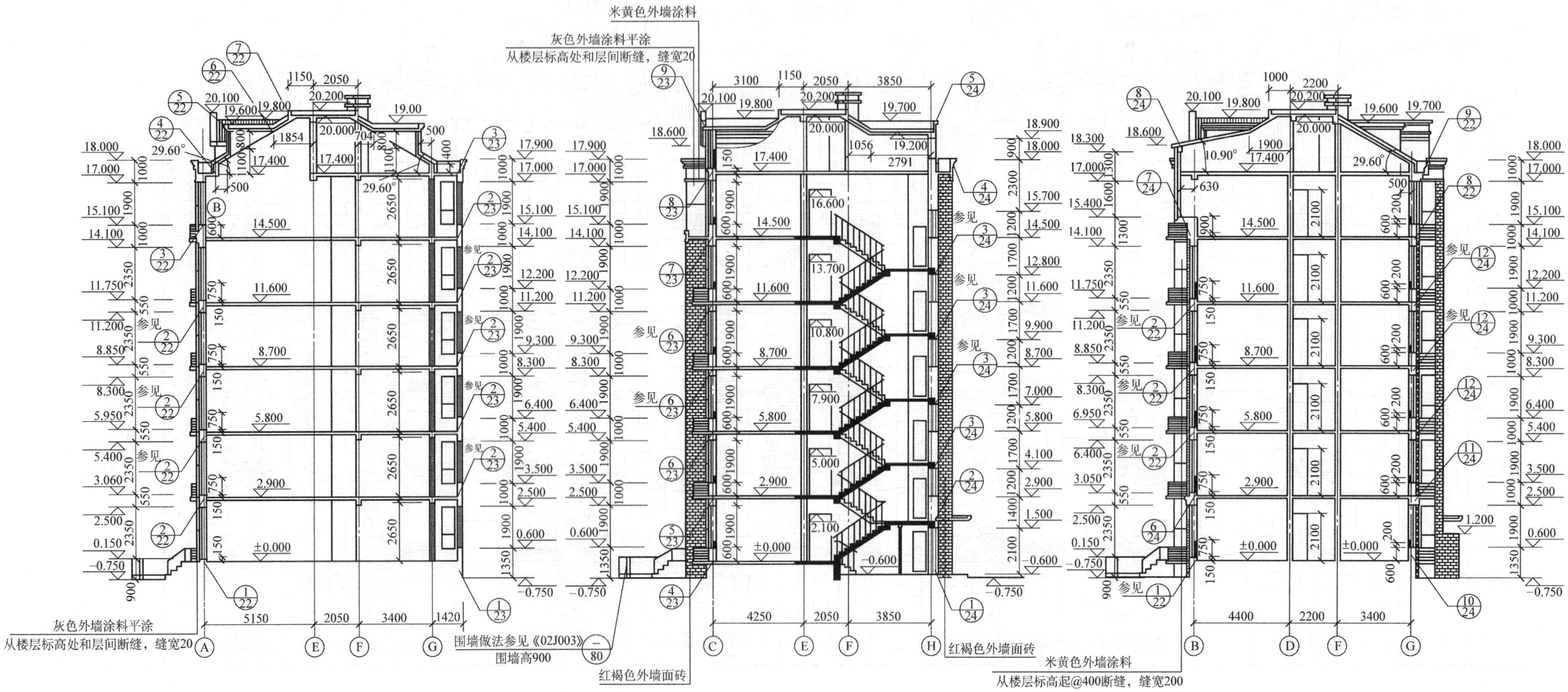

2-2剖面图 1:100

3-3剖面图 1:100

图 16-25　1－1 剖面图、2－2 剖面图、3－3 剖面图

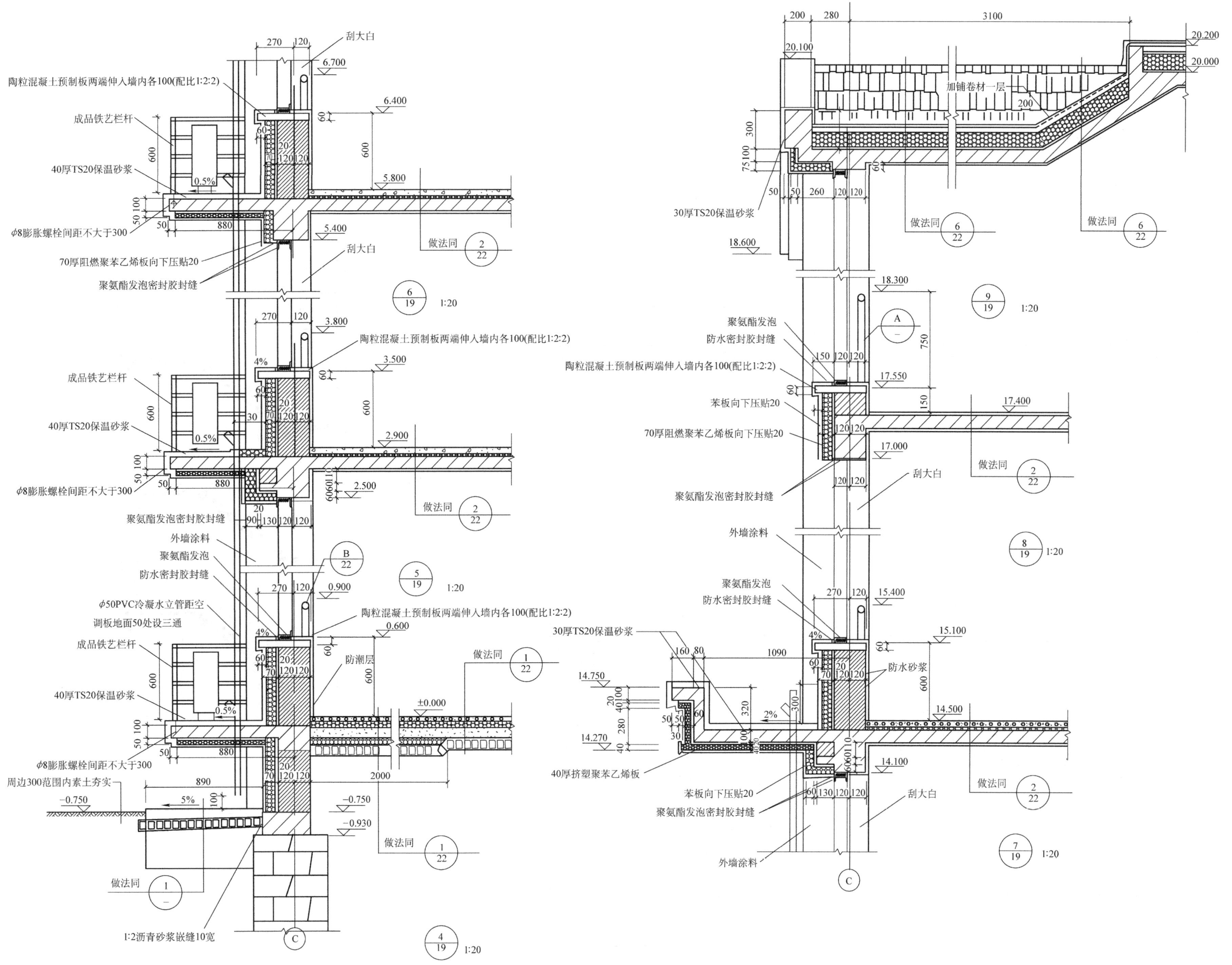

图 16-26　Ⓒ轴外墙节点详图

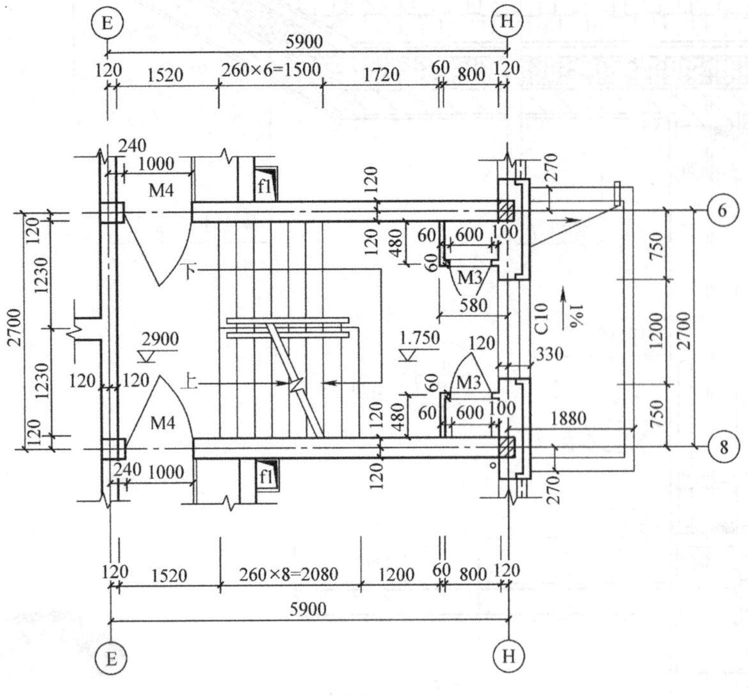

A 楼梯二层平面详图 1:5

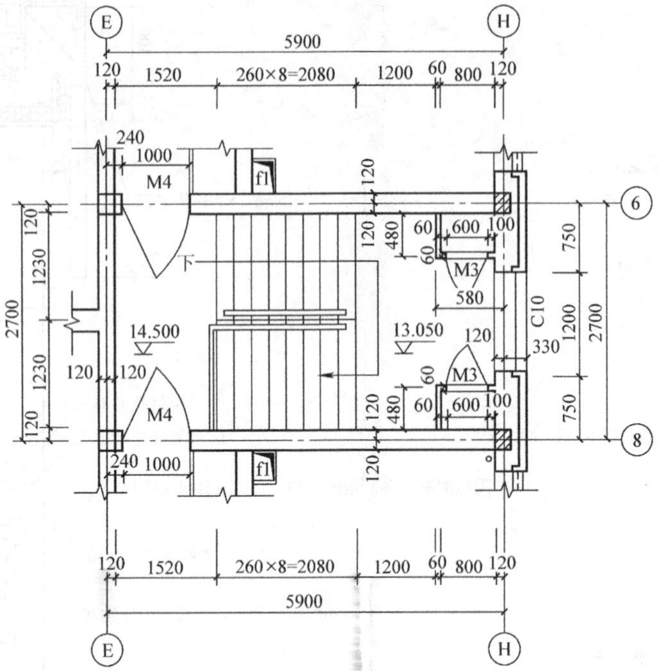

A 楼梯六层平面详图 1:5

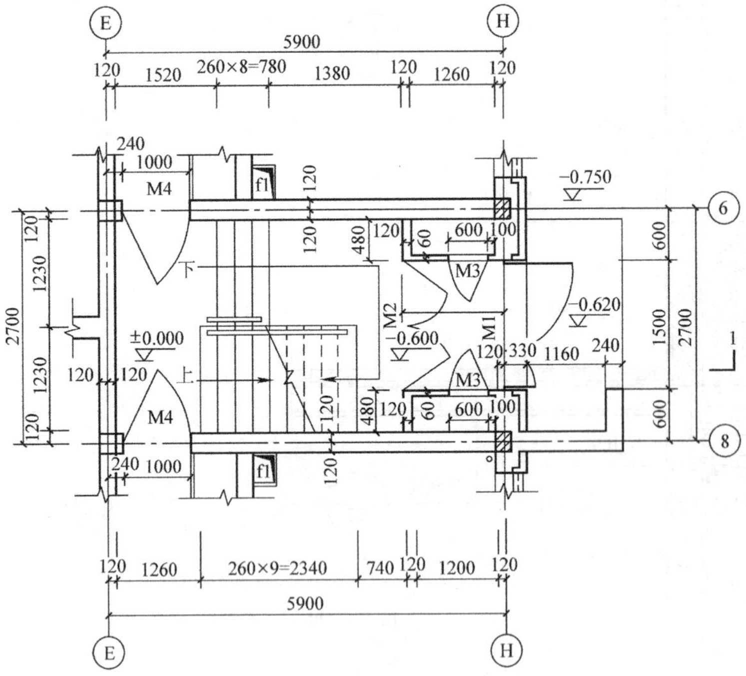

A 楼梯一层平面详图 1:5

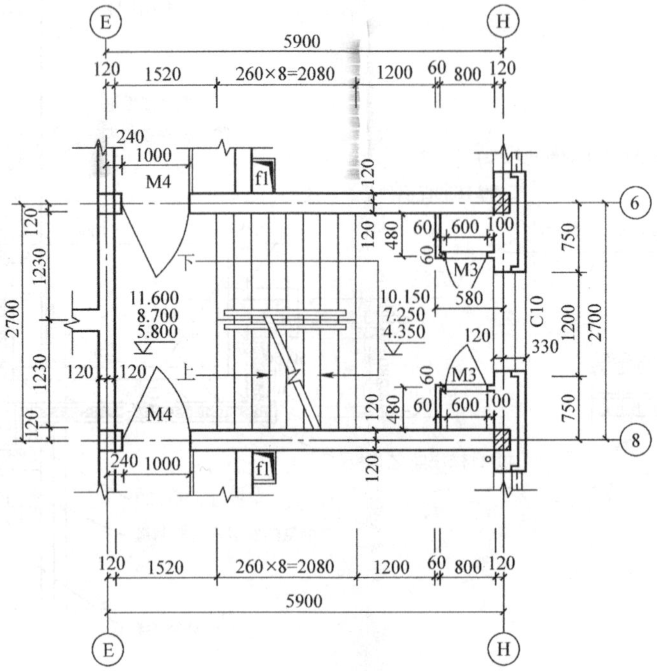

A 楼梯 三～五层平面详图 1:5

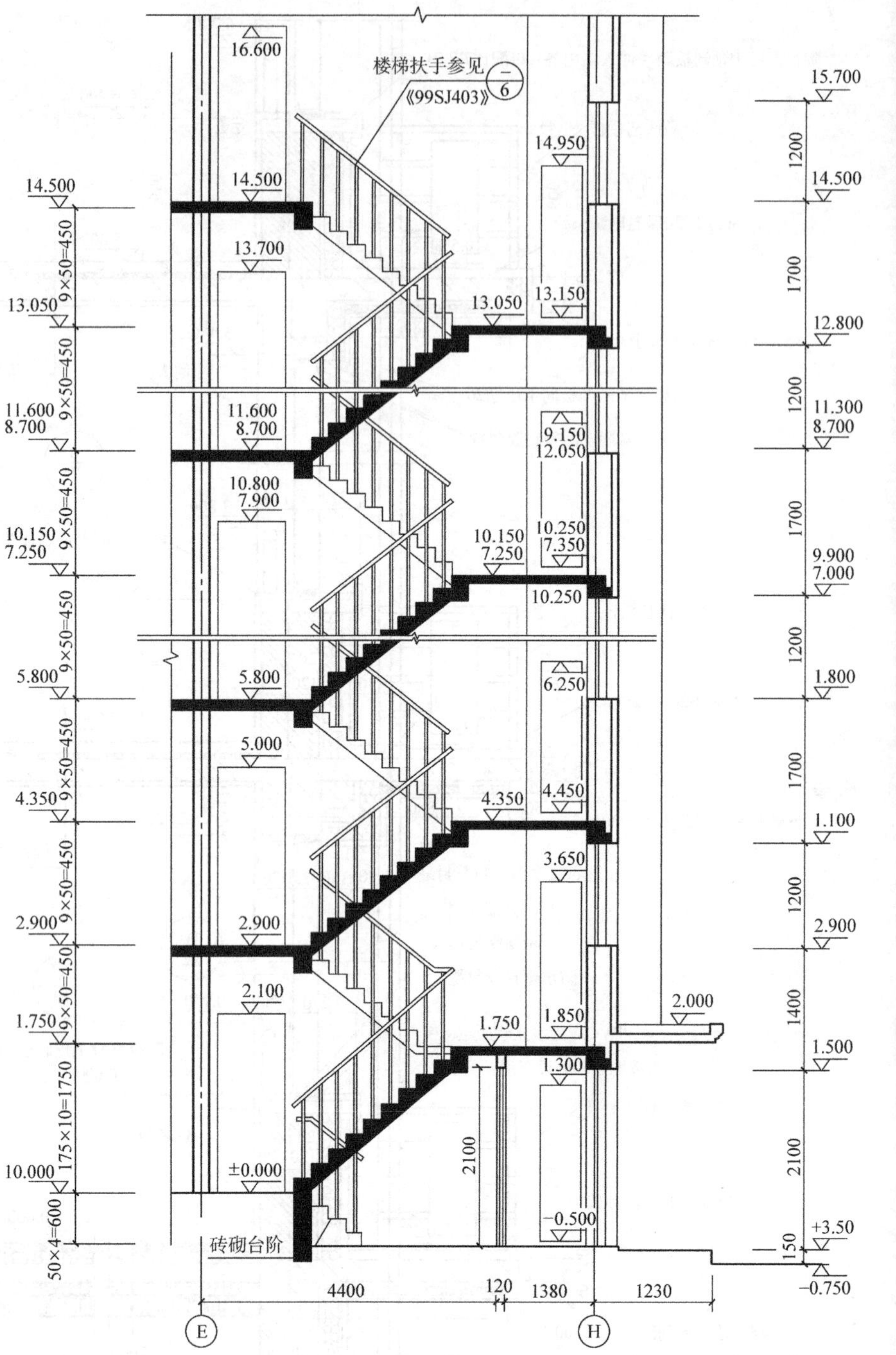

A 楼梯 1—1 剖面详图 1:50

说明：楼梯栏杆扶手 900mm高，水平段超过 500mm的栏杆扶手 1050mm高。

图 16-27　楼梯详图